Autonomieunterstützung und emotionales Erleben
in der Schule

Empirische Erziehungswissenschaft

herausgegeben von

Band 81

Stefan Markus

Autonomieunterstützung und emotionales Erleben in der Schule

Zusammenhänge der Öffnung von Unterricht mit Lern- und Leistungsemotionen im Mathematikunterricht der Sekundarstufe

Waxmann 2023
Münster • New York

Die vorliegende Arbeit wurde von den Gutachter*innen Prof. Dr. Thomas Eberle, Prof. Dr. Michaela Gläser-Zikuda und Prof. Dr. Gerda Hagenauer als Dissertation mit dem Titel „Autonomieunterstützung und emotionales Erleben in der Sekundarstufe. Effekte der Öffnung von Unterricht auf Lern- und Leistungsemotionen" an der Philosophischen Fakultät und am Fachbereich Theologie der Friedrich-Alexander-Universität Erlangen-Nürnberg zur Erlangung des Doktorgrades der Philosophie angenommen.

Bibliografische Informationen der Deutschen Nationalbibliothek
Die Deutsche Nationalbibliothek verzeichnet diese Publikation in der Deutschen Nationalbibliografie; detaillierte bibliografische Daten sind im Internet über http://dnb.dnb.de abrufbar.

Empirische Erziehungswissenschaft, Bd. 81
ISSN 1862-2127
Print-ISBN 978-3-8309-4634-2
E-Book-ISBN 978-3-8309-9634-7

Steinfurter Straße 555, 48159 Münster

www.waxmann.com
info@waxmann.com

Umschlaggestaltung: Pleßmann Design, Ascheberg
Druck: CPI Books GmbH, Leck

Gedruckt auf alterungsbeständigem Papier,
säurefrei gemäß ISO 9706

Printed in Germany

Danksagung

Ohne die motivationale und emotionale Unterstützung zahlreicher Personen hätte die vorliegende Arbeit nicht realisiert werden können. Ich möchte mich daher bei allen Menschen in meinem privaten und beruflichen Umfeld bedanken, die mich die praktische Umsetzung der Selbstbestimmungstheorie sowie der Kontroll-Wert-Theorie haben erleben lassen!

Ich danke meinem Doktorvater Prof. Dr. Thomas Eberle für seine Wertschätzung, seine Offenheit und die Unterstützung meiner drei psychologischen Grundbedürfnisse: Mein herzlichster Dank für…

…das Vertrauen in meine Kompetenzen vom ersten Tag an,

…die positive Autonomie sowie kollegiale Begleitung, die mich meinen eigenen Weg gehen ließen,

…die Verbundenheit, die nun zu einer väterlichen Freundschaft geworden ist.

Diese Unterstützung hat mich nicht nur motivational gefördert, sondern die gesamte Arbeit auf vielfältige Weise bereichert!

Ebenso herzlich möchte ich mich bei Prof. Dr. Michaela Gläser-Zikuda und Prof. Dr. Gerda Hagenauer bedanken, die es zum einen durch ihre vielen konstruktiven Ratschläge und ihr wertschätzendes Feedback geschafft haben, mein Kontrollerleben bezüglich der Dissertation sukzessive zu steigern. Zum anderen konnten sie durch ihre Erfahrungen und den wertvollen Austausch sehr dazu beitragen, mir den intrinsischen (und wenn nötig auch extrinsischen) Wert der Arbeit zu verdeutlichen. Beide haben auf diese Weise erheblich zu den vielen positiven Emotionen beigetragen, die ich mit meiner Promotionsphase und der empirischen Bildungsforschung im Allgemeinen verbinde.

Meinen Kolleg*innen in Nürnberg danke ich für all die großen und kleinen Tipps, die sie mir auf dem Weg zur Promotion mitgegeben haben, die vielen Freundschaften, die dabei entstanden sind, und die soziale Eingebundenheit, die ich durch sie erfahren durfte. Es erscheint mir fast unmöglich, einzelne meiner Kolleg*innen hervorzuheben, dennoch möchte ich insbesondere Elvira Brandl, PD Dr. Marion Händel, Dr. Katharina Marquardt, Dr. Ruth Merk, Felix Reichel und Gabi Seibold für ihre so herzliche Art und die tolle gemeinsame Zeit danken.

Es müssten etliche Seiten gefüllt werden, um all das, was ich meiner ehemaligen Bürokollegin und Mentorin Dr. Barbara Jacob zu verdanken habe, in Worte zu fassen: Ohne sie würde diese Arbeit nicht existieren, daher ein herzliches „Dankschee“ für einfach alles, die gute Zusammenarbeit, unzählige Tipps und endlose Gespräche als Kollegin und gute Freundin!

Meinen Wuppertaler Kolleg*innen am Institut für Bildungsforschung Prof. Dr. Susanne Buch, Prof. Dr. Cornelia Gräsel und dem ganzen Team danke ich, dass sie mir die Fertigstellung meiner Dissertation ermöglicht und mich durch konstruktive Diskussionen unterstützt haben. Bei Prof. Dr. Susanne Schwab möchte ich mich bedanken für ihren mitreißenden Tatendrang und ihren positiven Anspruch, die Struktur meiner Arbeit (und meiner Arbeitsweise) zu verbessern und mir neue Horizonte zu eröffnen!

Die Durchführung der Studie wurde vom Schulamt Nürnberger Land sowie von vielen Schulen auf großartige Weise unterstützt. Ein herzlicher Dank gilt hier insbesondere Dr. Gerald Klenk, Jörg Baldamus, Kai Lichtenstein sowie allen beteiligten Schulleitungen, Lehrkräften und Schüler*innen für die Ermöglichung und die Teilnahme an der Studie.

Doch die vielfältige berufliche Unterstützung wäre wenig wert, wenn ich nicht auch im Privaten einen großartigen Rückhalt erfahren würde. Zuallererst möchte ich mich bei meinen Eltern bedanken, die mich auf all meinen Wegen bedingungslos unterstützt haben und mir immer mit Rat und Tat zur Seite standen! Sie haben mir nicht nur das Gefühl von Autonomie, Selbstwirksamkeit und Verbundenheit mit auf den Weg gegeben, sondern haben mir auch den Wert von Bildung und Beharrlichkeit vorgelebt. Mein herzlichstes „Vergelt's Gott", dass ihr es mir ermöglicht habt, meine Aspirationen zu verwirklichen!

Meinen Schwiegereltern möchte ich von Herzen für all Ihre Unterstützung danken. Sie sind zum einen immer für unsere Familie da, wenn wir sie brauchen. Zum anderen sind sie aber auch erstklassige Korrekturleser und interessierte Gesprächspartner, um (schul-)pädagogische Themen zu diskutieren. Euch gilt ein riesiges Dankeschön für euren unermüdlichen Einsatz!

All meinen Freunden und Verwandten, die sich – auch wenn ich nicht immer der Freund war, den sie verdient gehabt hätten – nicht davon abbringen ließen, ein offenes Ohr und eine helfende Hand für mich zu haben, danke ich für ihre Nachsicht und ihren Glauben an mich.

Mein größter Dank gebührt zu guter Letzt den drei wichtigsten Menschen in meinem Leben. Auch wenn meine Frau und unsere beiden Kinder auf einiges verzichten mussten, damit ich meinen Traum verfolgen kann, haben sie mir immer den Rücken gestärkt und mir Flügel gegeben, damit ich noch ein bisschen höher fliegen kann. Ich danke euch aus tiefstem Herzen, dass ihr immer geduldig mit mir wart, wenn ich mal wieder arbeiten musste und keine Zeit für euch hatte; für euer Verständnis, wenn ich körperlich oder gedanklich nicht bei euch sein konnte; für eure Liebe sowie die vielen aufmunternden Worte und Gesten, die mir immer wieder Kraft und Motivation gegeben haben. ∞

Zusammenfassung

Autonomieunterstützung nimmt den Annahmen der Kontroll-Wert-Theorie folgend eine entscheidende Rolle bei der Entstehung von Lern- und Leistungsemotionen ein, da die von Schüler*innen wahrgenommene Selbstbestimmung deren Kontroll- und Valenz-Appraisals beeinflusst, welche wiederum entscheidend für die Emotionsentstehung sind (Pekrun & Perry, 2014). Einige Studien konnten diese Zusammenhänge bereits aufzeigen, erfassen Selbstbestimmung aber oftmals undifferenziert, obwohl im Unterricht verschiedene Facetten an Autonomie unterstützt und von Schüler*innen wahrgenommen werden können. Das Ziel der vorliegenden Studie ist daher, differentielle Zusammenhänge von schülerperzipierter Autonomieunterstützung mit Appraisals sowie Lern- und Leistungsemotionen zu untersuchen.

In der querschnittlichen Trait-Untersuchung wurden 1291 Schüler*innen der Sekundarstufe per standardisiertem Fragebogen im Mathematikunterricht befragt. Zur Erfassung der schülerperzipierten Autonomieunterstützung wurde ein Instrument auf Grundlage des Rasters zur Beurteilung des Grades der Öffnung von Unterricht (Peschel, 2002) entwickelt.

Explorative und konfirmatorische Faktorenanalysen sprechen insgesamt für eine hierarchische Struktur schülerperzipierter Autonomieunterstützung. Zwei latente second-order-Faktoren lassen sich durch drei bzw. zwei first-order-Dimensionen beschreiben (organisatorische/inhaltliche/soziale Selbstorganisation; methodische/persönliche Selbstbestimmung). Geringe Klasseneffekte, Geschlechtsunterschiede zugunsten von Jungen, relativ stabile Ausprägungen schülerperzipierter Autonomieunterstützung sowie negative Tendenzen des emotionalen Erlebens im Vergleich mehrerer Jahrgangsstufen der Sekundarstufe werden aufgezeigt. Strukturgleichungsmodellierungen liefern einen differenzierten Einblick in unterschiedlich starke Zusammenhänge und verschiedene Mediatorkonstellationen. Schülerperzipierte Autonomieunterstützung zeigt insgesamt positive Zusammenhänge mit Kontroll- und Valenzappraisals sowie positiven Emotionen, während negative Emotionen mit Autonomie in negativer Relation stehen. Valenz nimmt bei positiven Emotionen, Selbstwirksamkeit hingegen vor allem bei negativen Emotionen eine Mediatorrolle ein, wobei Selbstbestimmung höhere Effektstärken erzielt als Selbstorganisation.

Methodische Einschränkungen und Implikationen der Studie werden diskutiert. Es lassen sich Schlussfolgerungen für die praktische Gestaltung eines emotionsförderlichen Unterrichts ableiten, wie beispielsweise eine veränderte Leistungsdiagnostik sowie eine an den Bedürfnissen der Schüler*innen orientierte Autonomieunterstützung als Bestandteil eines adaptiven Unterrichts.

Inhalt

1 Warum es so wichtig ist, Autonomie und Emotionen von Schüler*innen zu fördern (I)

Die Diskussion um die Bedeutung von Emotionen für den Lernprozess beschäftigt die Pädagogik bereits seit Jahrhunderten, von der Aufklärung und der Romantik über die Reformpädagogik bis hin zur neuzeitlichen Erziehungswissenschaft (Buddrus, 1992b). Einen neuen Aspekt in diese Debatte brachte in der jüngeren Vergangenheit die Neurobiologie, welche mit Hilfe bildgebender Verfahren die Wechselwirkung von Emotion und Kognition bestätigen kann, dass es bei jeder neuen Erfahrung im Gehirn zu einer gleichzeitigen Aktivierung kognitiver Netzwerke (was wird wahrgenommen, wie wird reagiert, welchen Effekt hat die Handlung etc.) und emotionaler Netzwerke (wie fühlt es sich an, etc.; Hüther, 2010) kommt. Kognitionen und Emotionen sind somit gleichwertig am Lernprozess beteiligt und bedingen sich gegenseitig. Oder anders ausgedrückt: Ein Lernen ohne Emotionen ist nur schwer möglich (Hubrig et al., 2015). Emotionen nehmen somit eine zentrale Bedeutung im Lernprozess ein.

Trotz dieser schon langen Historie und immer wiederkehrenden wissenschaftlichen Diskussion um die Bedeutung von Emotionen und den angemessenen Umgang mit Gefühlen in Erziehung und Unterricht (Macha, 1988) stellte Montada 1989 überrascht fest, „wie vage und wenig konkret auch in der praxisnahen Literatur über den Umgang mit Gefühlen geschrieben wird" (Montada, 1989, S. 303). Für die Humanwissenschaften und insbesondere die Pädagogik konstatierte Buddrus eine „charakteristische Nicht-Befassung mit den Gefühlen" (Buddrus, 1992a, S. 3) sowie eine ungleichgewichtige Thematisierung im Vergleich zu Kognitionen und dem Mentalen. Auch in der empirischen Bildungsforschung waren Emotionen lange Zeit ein blinder Fleck (Buddrus, 1992c; Pekrun, 1998).

Diese unzureichende Beachtung des Emotionalen sowohl in der (schul-)pädagogischen Praxis als auch der Erziehungswissenschaft liegt unter anderem daran, dass unser Bildungs- und Schulsystem eher zweckrational-kognitiv organisiert ist und das Leistungsprinzip sowie die intellektuellen Fähigkeiten in den Mittelpunkt gestellt werden. Das emotionale Befinden der Schüler*innen wird dagegen, besonders mit zunehmender Klassenstufe und höherer Schulart, in den Hintergrund gerückt, ignoriert oder die Thematisierung sogar gezielt vermieden. Dabei stellt ein positives emotionales Klima eine grundlegende Bedingung für jeden pädagogischen Bezug dar, sowohl in formalen als auch non-formalen Bildungsprozessen (Gläser-Zikuda, 2010).

Diese Sichtweise erhält nun auch immer mehr Einzug in die Bildungs- und Forschungslandschaft. Nachdem die kognitiven Prozesse und Lernergebnisse für Jahrzehnte im Fokus standen (und an vielen Schulen auch immer noch stehen), hat sich die Emotionsforschung mittlerweile zu einem markanten und stetig wachsenden Themengebiet der empirischen Bildungsforschung entwickelt. Gegen Ende des 20. Jahrhunderts begann eine intensive Debatte um die „Bildung der Gefühle“ (Montada, 1989) und die Bedeutung des Emotionalen in der Pädagogik (Buddrus, 1992c; Hänze, 1998; Macha, 1988), die von einer wissenschaftlichen Auseinandersetzung mit Emotionen begleitet wurde. Abgesehen von der Prüfungsangstforschung (Zeidner, 1998), die bereits früher Aufmerksamkeit erhielt (Spielberger, 1972), handelt es sich somit um einen relativ jungen Forschungsbereich. Durch die stetige Präzisierung und Ausdifferenzierung der theoretischen Fundierung, z.B. hinsichtlich Phänomenologie, Klassifizierung sowie Bedingungs- und Wirkzusammenhängen, sowie die vielfältige Anwendung und Weiterentwicklung empirischer Methoden und Erhebungsinstrumente zur Erfassung von Emotionen ist es gelungen, das emotionale Erleben von Schüler*innen und Lehrkräften im Lern- und Leistungskontext immer weiter in den Fokus der Psychologie und Erziehungswissenschaft zu rücken (Pekrun & Linnenbrink-Garcia, 2014a). Die aktuelle pädagogisch-psychologische Emotionsforschung verfügt über eine breite Akzeptanz und liefert vielfältige Impulse für die Erklärung von Bedingungen und Wirkungen des emotionalen Erlebens (Hascher & Schmitz, 2018).

Schüler*innen und Lehrkräfte erleben im Schulalltag vielfältige, intensive und bedeutsame Emotionen, im positiven wie im negativen Sinne (Hagenauer & Hascher, 2018). Die auf Lernen und Leistung fokussierten Emotionen sind bedeutsam für erfolgreiche Lehr-/Lern-Prozesse (Helmke, 2009), für soziale Interaktionen zwischen Schüler*innen und mit Lehrkräften (Linnenbrink-Garcia & Pekrun, 2011), für das Wohlbefinden (Hascher, 2004b), für die Bildungs- und Entwicklungsverläufe der Schüler*innen und für ihre psychologische Gesundheit (Pekrun & Linnenbrink-Garcia, 2014c).

Emotionen spielen eine wichtige Rolle für die Erklärung von Reaktionen auf vielfältige schulische Herausforderungen und haben einen Einfluss auf das Lernen und die resultierende Leistung (Abele, 1995). Die pädagogische Relevanz von Emotionen ergibt sich aus den Wechselwirkungen mit Kognitionen und Motivation während des Lernprozesses. Emotionen steuern das Lernen in Bezug auf motivationale Komponenten (z.B. Engagement), das konkrete Verhalten im Unterricht (z.B. Mitarbeit) sowie die Qualität der kognitiven Lern- und Verarbeitungsprozesse (z.B. Erinnerungsleistung, flexible Anwendung des Wissens; Hascher & Hagenauer, 2011; Linnenbrink-Garcia & Pekrun, 2011).

Dies ist mit Blick auf die Anforderungen des zukünftigen Berufslebens und die geforderte kontinuierliche Aus- und Weiterbildung von besonderer Bedeutung. Die Bereitschaft, individuelle Kompetenzen zu entwickeln und sich immer wieder neuen Herausforderungen zu stellen, ist abhängig von den Emotionen, welche man mit bestimmten Lerninhalten oder Fächern, dem Lernprozess oder Leistungssituationen verbindet. Neugier und Freude beispielsweise sind wichtige emotionale Lernbedingungen. Eine positive emotionale Beziehung zu Schule und Lernen sind unabdingbare Voraussetzungen für eine Zuwendung zum Lernen, für die Ausbildung von Interessen sowie Lern- und Leistungsmotive. Emotionen nehmen insofern Einfluss auf die generelle Entwicklung von Menschen, ihre Persönlichkeit und ihren beruflichen Erfolg (Gläser-Zikuda, 2010). Sollen Schüler*innen sich dauerhaft mit den Inhalten und den Arbeitsmethoden aktiv auseinandersetzen, wird dies nur mit einer positiven Einstellung gegenüber Schule, dem Fach und der Lehrkraft gelingen. Die Förderung eines positiven emotionalen Erlebens ist somit nicht nur für das aktuelle Lernen von großer Relevanz, sondern wirkt sich auch auf das zukünftige Lern- und Leistungsverhalten aus. In der vorliegenden Arbeit werden daher Lern- und Leistungsemotionen explizit als Zielkriterium definiert.

Wie aber können positive Emotionen im Unterricht gefördert werden? Emotionen entstehen in der Regel in Interaktion mit der Lernumgebung. Sie sollten nicht nur als individuelle Erlebnisse, sondern als situierte Erfahrungen betrachtet werden, weshalb die Berücksichtigung von Person- als auch Kontextbezügen unabdingbar bei der Betrachtung der Emotionsentstehung ist (Hascher & Schmitz, 2018). Die Interaktionen in Schule und Unterricht sowie die didaktisch-methodische Gestaltung der Lernumgebung gelten im Lehr-/Lern-Kontext als besonders bedeutsam. Bei der systematischen Verknüpfung von verschiedenen theoretischen Ansätzen und empirischen Erkenntnissen zur Entstehung von Emotionen wird die *Unterstützung* der Schüler*innen in ihrem Bestreben nach *Autonomie* häufig als wichtiger Einflussfaktor genannt. Zahlreiche Autor*innen beziehen sich auf die Kontroll-Wert-Theorie der Lern- und Leistungsemotionen (Pekrun, 2006) sowie die Selbstbestimmungstheorie der Motivation (Deci & Ryan, 1985). Beide Theorien liefern wesentliche Kernelemente zur Erklärung der Beeinflussung von Lern- und Leistungsemotionen durch Autonomieunterstützung.

Ein Lernklima, in dem Schüler*innen sich in ihren Wünschen und Gedanken verstanden und ernst genommen fühlen und sie sich als kognitiv selbstbestimmt wahrnehmen, fördert das Erleben von Freude und Interesse (Reeve, 2002; Tsai et al., 2008). Die Beteiligung der Schüler*innen an der Auswahl der Inhalte, der Organisation und des Ablaufs des Unterrichts kann in diesem Sinne „sinnstiftend" sein, da Schüler*innen unmittelbar für sie bedeutsame und interessante Sachverhalte in den Unterricht einbeziehen können (Standop, 2001). Die Möglichkeit zur Aufgabenwahl, z.B. in kooperativen Arbeitsformen, geht mit positiven Erlebenszuständen einher (Zurbriggen & Venetz, 2018).

Selbstbestimmtes und exploratives Lernen erhöhen den Grad der Aufmerksamkeit und sind eng verknüpft mit dem Neugierverhalten. Neugierde wird begleitet von einer starken Aktivierung des Frontalhirns, das reich an Rezeptoren für Dopamin ist. Der durch die Ausschüttung von Dopamin erfahrene Antrieb und Kreativitätsschub lässt Neugierde als eine Art Selbstbelohnung für den Wissenserwerb wirken (Roth, 2010). Positive Emotionen, Neugierde und Interesse, selbstbestimmtes Lernen und Wissenserwerb scheinen somit eng miteinander verknüpft zu sein.

Wie Hänze bereits vor über 20 Jahren postulierte, fördern die „Ideen des schülerzentrierten Unterrichts [...] sowie die Konzepte des ‚offenen Unterrichts' [...] in besonderer Weise die Selbständigkeit und Eigenverantwortlichkeit des einzelnen Schülers und erlauben es ihm daher auch, seinen Arbeits- und Lernstil an seine aktuelle Gefühls- und Stimmungslage anzupassen" (Hänze, 1998, S. 10). Dies bedeutet schlussfolgernd, dass Schüler*innen im selbstbestimmten, offenen Unterricht positive Emotionen empfinden müssten. Bisher wurde der Zusammenhang einer autonomieunterstützenden Unterrichtsgestaltung mit Lern- und Leistungsemotionen jedoch meist recht undifferenziert empirisch untersucht. Daher widmet sich die vorliegende Arbeit der Frage, ob Lern- und Leistungsemotionen von Schüler*innen durch Autonomieunterstützung positiv beeinflusst werden können und welche Rolle Wert- und Kontrollwahrnehmungen der Schüler*innen bei der Erklärung dieses Zusammenhangs einnehmen.

Im folgenden Kapitel soll zunächst aus dem Blickwinkel der Psychologie (Kap. 2) eine Begriffsbestimmung erfolgen (Kap. 2.1) und die Phänomenologie einzelner Emotionen vorgestellt werden (Kap. 2.2). Innerhalb dieses Kapitels wird auch eine eigene Arbeitsdefinition des Emotionsbegriffs präsentiert. Ganz nach dem Motto, „everyone knows what an emotion is, until asked to give a definition. Then, it seems, no one knows" (Fehr & Russell, 1984, S. 464), ist dies bei Begriffen, die einerseits in der Alltagssprache eine nicht trennscharfe Verwendung finden, andererseits aber auch in verschiedenen Forschungstraditionen bzw. -disziplinen unterschiedlich definiert werden, von besonderer Bedeutung. Kapitel 3 widmet sich dann spezifischer den Emotionen im schulischen Lern- und Leistungskontext. Wiederum werden zunächst die Begrifflichkeiten geklärt (Kap. 3.1) sowie Taxonomierungsansätze (Kap. 3.2) vorgestellt. Die Domänenspezifität (Kap. 3.3) sowie Diversität und Entwicklung der Lern- und Leistungsemotionen über die Schulzeit (Kap. 3.4) sind für die Fragestellungen der vorliegenden Arbeit von Bedeutung. Die zentrale theoretische Grundlage der Untersuchung, die Kontroll-Wert-Theorie der Lern- und Leistungsemotionen von Pekrun (2006) bzw. Pekrun und Perry (2014), wird in Kapitel 3.5 erläutert.

Autonomieunterstützung wird im Lern- und Leistungskontext als zentral für die Entwicklung von intrinsischer Motivation, Interesse und positiven Emotionen angesehen. Daher widmet sich Kapitel 4 diesem Bedingungsfaktor. Nach der Definition der Begrifflichkeiten (Kap. 4.1) wird die Selbstbestimmungstheorie der Motivation (Ryan & Deci, 2017) als zweite grundlegende Theorie der vorliegenden Arbeit genauer vorgestellt (Kap. 4.2). Neben den sechs Mini-Theorien der Selbstbestimmungstheorie wird hier insbesondere auf die Möglichkeiten einer autonomieunterstützenden Unterrichtsgestaltung sowie die unterschiedlichen Facetten von Autonomieunterstützung und Selbstbestimmung eingegangen. Die didaktische Umsetzung von Selbstbestimmung durch Offenen Unterricht wird in Kapitel 4.3 beschrieben. Es werden fünf Dimensionen der Öffnung von Unterricht vorgestellt (Peschel, 2002a), die als Grundlage für die Operationalisierung von Autonomieunterstützung im empirischen Teil der Arbeit dienen. Die theoretischen Grundlagen zusammenfassend wird in Kapitel 4.4 ein integratives Modell der Unterrichtsvariable *Autonomieunterstützung* als Bedingung von Lern- und Leistungsemotionen vorgestellt.

Dieses Modell soll im empirischen Teil der Arbeit überprüft werden. Die Forschungsfragen, die dabei helfen sollen, Autonomieunterstützung als Bedingungsfaktor von Lern- und Leistungsemotionen genauer zu beschreiben, werden in Kapitel 5 mitsamt den Hypothesen präsentiert. Das sechste Kapitel widmet sich dem methodischen Vorgehen der Studie. Dabei werden zunächst die Auswahl der zu untersuchenden Stichprobe begründet (Kap. 6.1) und die empirischen Vorüberlegungen (Kap. 6.2) diskutiert. Die Entwicklung des Fragebogens wird mitsamt der bereits veröffentlichten Vorstudie (Markus et al., 2018) in Kapitel 6.3 erläutert. Akquise und Ablauf der Datenerhebung einschließlich des Studiendesigns (Kap. 6.4) und der Stichprobe (Kap. 6.5) sowie die angewandten Analysemethoden (Kap. 6.6) werden anschließend beschrieben.

Die Präsentation der Ergebnisse erfolgt in Kapitel 7. Zunächst wird die Komponentenstruktur schülerperzipierter Autonomieunterstützung (Kap. 7.1) sowie der habituellen Lern- und Leistungsemotionen und deren Antezedenzien faktoranalytisch überprüft (Kap. 7.2). Skaleneigenschaften (Kap. 7.3), Effekte der hierarchischen Datenstruktur (Kap. 7.4) und Geschlechtsunterschiede (Kap. 7.5) sowie die Ausprägungen schülerperzipierter Autonomieunterstützung und des emotionalen Befindens im Mathematikunterricht der Sekundarstufe (Kap. 7.6) folgen darauf. Die Ergebnisse der differenzierten Überprüfung von Beziehungen zwischen unterschiedlichen Facetten der schülerperzipierten Autonomieunterstützung, den Appraisals Kontrolle und Valenz sowie verschiedenen Lern- und Leistungsemotionen werden in Kapitel 7.7 berichtet.

Die Diskussion der Befunde erfolgt im achten Kapitel. Zusammenfassung und Interpretation der Befunde (Kap. 8.1) gliedern sich nach den vier Forschungsfragen. In Kapitel 8.2 wird das empirische Vorgehen kritisch gewürdigt, indem auf Design und Stichprobe, Messinstrument, Gütekriterien und die Analysemethoden eingegangen wird. Implikationen für die zukünftige Forschung finden sich ebenfalls in diesem Kapitel, während die Schlussfolgerungen für die Unterrichtspraxis das letzte Kapitel (8.3) der Diskussion bilden. Die Arbeit wird abgeschlossen durch ein Kapitel, welches die Wichtigkeit der Förderung von Autonomie und Emotionen von Schüler*innen betont und damit die Gedanken dieser Einleitung fortführt (Kap. 9).

2 Emotionen aus psychologischer Sicht

Im folgenden Kapitel soll zunächst auf den Emotionsbegriff eingegangen werden. Dabei wird die Problematik einer exakten Definition des Terminus aufgegriffen (Kap. 2.1). Seit der Antike versuchen diverse Forschungstraditionen der Geistes-, Natur- und Sozialwissenschaften Emotionen zu analysieren und zu beschreiben (Scherer, 1990). Ein solch langes und gerade in den letzten Jahrzehnten immer stärker werdendes Interesse an Emotionen führt unweigerlich zu einer Vielfalt an Definitionsversuchen. Da die vorliegende Arbeit eine pädagogisch-psychologische Fragestellung behandelt, wird an dieser Stelle vorwiegend auf die emotionspsychologische Sichtweise eingegangen.

Das folgende Kapitel zeigt das grundlegende Verständnis von Emotionen auf, welches dieser Arbeit zu Grunde liegt. Hierfür werden verschiedene Komponenten einer Emotion dargestellt (Kap. 2.1.1), Erklärungsmodelle zur Entstehung von Emotionen erläutert (Kap. 2.1.2) sowie ein Klassifikationsansatz zur Unterscheidung von State- und Trait-Emotionen geschildert (Kap. 2.1.3). Eine eigene Arbeitsdefinition, welche als Grundlage für die vorliegende Arbeit dient, wird in Kapitel 2.1.4 geliefert. Kapitel 2.2 widmet sich der Phänomenologie der Emotionen Freude, Stolz, Ärger, Angst, Scham und Langeweile.

2.1 Begriffsbestimmung

„Many have sought but no one has found a commonly acceptable definition for the concept of emotion“ (Fehr & Russell, 1984, S. 464). Auch über 35 Jahre nach dieser Feststellung, ist eine allgemeingültige Definition des Begriffs *Emotion* noch nicht gefunden. In Anbetracht der vielen Disziplinen allein innerhalb der Psychologie, kann und wird es eine solche exakte Begriffsbestimmung auch nicht geben. Die Grenzen der emotionspsychologischen Termini sind unscharf, denn einerseits bedient sich die Emotionspsychologie der Alltagssprache und verwendet dieses Vokabular für ihre zentralen Begriffe (Überblick siehe Fontaine et al., 2013). So spricht im Alltag jeder von uns – mehr oder weniger häufig – über Emotionen, Gefühle und Stimmungen, wodurch Laientheorien in die emotionspsychologischen Fachbegriffe miteinfließen. Andererseits werden in den verschiedenen Forschungstraditionen bzw. -disziplinen bestimmte Emotionen mit spezifischen Bedeutungen versehen oder unterschiedlich definiert. Daher ist es in der Emotionspsychologie besonders wichtig, die verwendeten Begriffe und spezifischen Emotionen klar zu definieren (Götz, 2004).

Eine sehr allgemein gehaltene Definition bieten Eder und Brosch (2017), die eine Emotion als „eine auf ein bestimmtes Objekt ausgerichtete affektive Reaktion, die mit zeitlich befristeten Veränderungen des Erlebens und Verhaltens einhergeht“ (Eder & Brosch, 2017, S. 188) beschreiben und stellen einige konstituierenden Merkmale fest:

(a) Affektivität (Gefühlscharakter): Der individuell erlebte Gefühlszustand ist das zentrale Merkmal einer Emotion, denn ohne das *Empfinden* von beispielsweise Freude, Angst oder Ärger wäre wohl nicht die Rede von einem emotionalen Erlebnis (Russell, 1991). Charakteristisch für emotionale Erlebnisse ist ihre *positive* oder *negative* Valenz (kategoriale Bedeutung im Sinne von Wertigkeit), welche subjektiv angenehme von unangenehmen Emotionen unterscheidet.

(b) Intentionalität (Objektgerichtetheit): Emotionen sind stets ereignis- oder objektbezogen, denn zum Beispiel freut man sich *über* oder *auf* etwas, hat Angst *vor* etwas oder ist gelangweilt *von* etwas. Dabei ist nicht die reale Existenz eines Bezugsobjekts entscheidend, sondern es genügt die Einschätzung, dass ein bestimmter Sachverhalt eintreten könnte. Das Bezugsobjekt bzw. Ereignis müssen demnach nicht konkret vorliegen, allein die mentale Repräsentation eines vergangenen oder für die Zukunft erwarteten Ereignisses kann eine Emotion auslösen (Scherer, 1990).

(c) Zeitliche Dynamik und begrenzte zeitliche Dauer: Emotionen sind an das (tatsächliche oder gedankliche) Auftreten ihres Bezugsobjekts gekoppelt. Sie können sich auf vergangene, aktuelle oder zukünftige Ereignisse bzw. Objekte beziehen. Prüfungsangst zum Beispiel besteht *vor* und *während* einer Leistungssituation, nach der Prüfung verschwindet sie. Stolz und Scham werden *nach* einem (intendierten und selbst verantworteten) Ereignis bzw. Handlungsergebnis (Objekt) erlebt. Eine solche Emotion kann auch über einen längeren Zeitraum existieren, doch handelt es sich dabei nicht um ein ununterbrochenes Gefühl des Stolzes, der Angst etc., sondern um eine immer wieder neu auftretende Emotion, wenn an das Objekt bzw. Ereignis gedacht wird.

2.1.1 Mehrkomponentenansatz

Die Annahme, dass es sich bei Emotionen um mehrdimensionale Konstrukte handelt, ist mittlerweile weithin anerkannt (Frenzel et al., 2015; Meyer et al., 2001; Pekrun, 2006; Rothermund & Eder, 2011; Shuman & Scherer, 2014). Anzahl, Benennung und zeitliche Verortung der Komponenten differieren jedoch zwischen den Autor*innen.

Izard (1977) beispielsweise verfolgt einen Mehrkomponentenansatz der Emotionen, in welchen drei Faktoren integriert werden: Die *affektive* Komponente des subjektiven Erlebens von Gefühlen, die *physiologische* Komponente, welche emotionsbegleitende neurophysiologische und zentralnervöse Prozesse meint, sowie die *expressive* Komponente, welche Emotionen zum Ausdruck bringt. Eine Erweiterung um *motivationale* Tendenzen und *kognitive* Situationseinschätzungen zu einem Fünffaktorenmodell nehmen sowohl Plutchik (1980) als auch Scherer (1984) vor. Pekrun (2006, 2009) präferiert in weitgehender Einigkeit mit den meisten aktuellen Definitionen (Eder & Brosch, 2017; Frenzel et al., 2015; Goschke & Dreisbach, 2011) und Forschungsarbeiten (Hagenauer & Hascher, 2011; Ledergerber, 2015; Linnenbrink-Garcia et al., 2016; Meier, 2015) eine Fünfkomponentenlösung. Eine vierfaktorielle Struktur wiederum konnte Titz (2001) anhand von Strukturgleichungsmodellierungen nachweisen, in welcher die physiologische und expressive Komponente zu einer zusammengefasst werden. Dies stimmt mit der Auffassung einer Vierkomponentenstruktur von Kleinginna und Kleinginna (1981) überein.

Die kognitive Komponente wird von manchen Emotionspsychologen eher für das Entstehen einer Emotion verantwortlich gemacht (z.B. Arnold, 1960; Lazarus, 1991), während die motivationale Komponente auch als Folge einer Emotion angesehen werden kann (Pekrun, 1988). Versteht man Emotionen jedoch als Prozesse, an denen verschiedene Reaktionskomponenten und -modalitäten beteiligt sind, wird eine Unterscheidung in Antezedenz, Essenz und Konsequenz nahezu unmöglich, da mehr oder weniger enge Wechselwirkungen zwischen den einzelnen Komponenten bestehen (Scherer, 1990, S. 3). Experimentell (Mauss et al., 2005) als auch metaanalytisch (Lench et al., 2011) zeigen sich moderate Zusammenhänge zwischen Gefühls-, Verhaltens- und physiologischen Reaktionen. Emotion, Motivation und Kognition scheinen meist nicht isoliert aufzutreten, sondern sich untereinander in einem kontinuierlichen Wechselwirkungs- und Rückkopplungsprozess zu ergänzen (Pekrun, 2006; Ulich, 1995). Die logische Schlussfolgerung ist somit die Annahme eines Mehrkomponentenansatzes (Hagenauer, 2011). Daher definieren Frenzel et al. (2015) Emotionen als „mehrdimensionale Konstrukte, die aus affektiven, physiologischen, kognitiven, expressiven und motivationalen Komponenten bestehen."

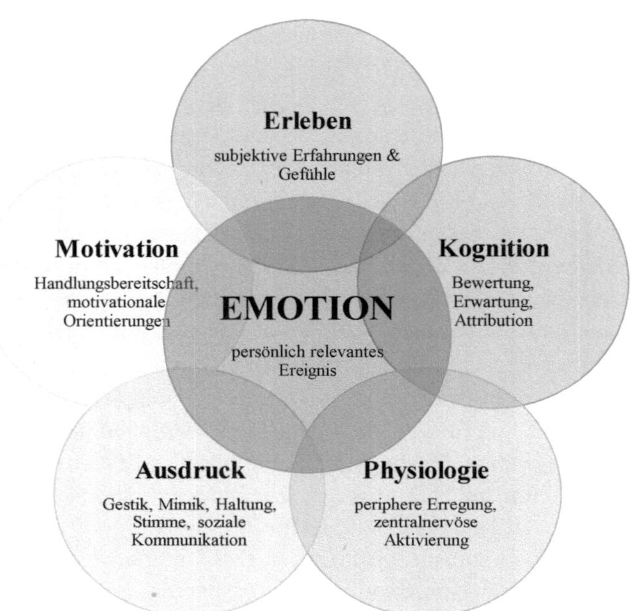

Abbildung 1. Komponentenmodell der Emotionen (Eder & Brosch, 2017; Frenzel et al., 2015)

2.1.2 Entstehung von Emotionen

Kognitive Prozesse haben auf die Entstehung von Emotionen einen entscheidenden Einfluss, weshalb die vorliegende Arbeit auf den Annahmen solch kognitiver Ansätze zur Emotionsentstehung beruht. Anderweitige Theorien, welche die Wahrnehmung körperlicher Veränderungen mehr in den Mittelpunkt rücken – z.B. die James-Lange-Theorie (James, 1884), Facial-Feedback-Hypothese (Bem, 1967) oder auch Zwei-Faktoren-Theorie (Schachter & Singer, 1962) – sowie evolutionsbiologische oder konstruktivistische Ansätze werden daher an dieser Stelle nicht weiter ausgeführt (für einen Überblick siehe Eder & Brosch, 2017).

Seit ihrer Begründung durch Magda Arnold (1960) und Richard Lazarus (1974, 1991) gehen sog. Appraisaltheorien davon aus, dass nicht die objektiven Eigenschaften eines internen oder externen Reizes Emotionen hervorrufen, sondern dessen subjektive *Einschätzung* (engl. *appraisal*) im Hinblick auf bestimmte Kriterien. Kognitive Emotionstheorien (Einschätzungstheorien) sind in den vergangenen Jahrzehnten zu einem dominierenden Ansatz der Aktualgenese von Emotionen geworden (Reisenzein, 2009). Die Bewertungskriterien unterscheiden sich zwischen den verschiedenen Appraisaltheorien, jedoch schreiben sie durchweg dem kognitiven Aspekt eine führende Rolle in der Emotionsauslösung zu, da die Einschätzungen einer Situation spezifische Reaktionen in den weiteren Komponenten auslöst. Dabei handelt es sich nicht notwendigerweise um einen bewussten, reflektierten Informationsverarbeitungsprozess, sondern um eine automatische und unmittelbare Einschätzung, weshalb der Begriff einer *kognitiven Bewertung* missverständlich ist (Hess & Kappas, 2009).

Appraisals vermögen zu erklären, warum unterschiedliche Menschen in derselben Situation mit divergenten Emotionen reagieren oder warum sich Emotionen einer Person innerhalb einer Situation bzw. beim abermaligen Auftreten ähnlichen Situation verändern. Durch die von allen vorgestellten Appraisaltheorien angenommene kontinuierliche Wiederholung der Situationsbewertung (Arnold, 1960; Lazarus, 1991; Scherer, 2009) verändern Objekte und Ereignisse ihren Reizcharakter. Prinzipiell kann sich alles ändern, was „subjektiv als bedeutsam eingeschätzt und was überhaupt Gefühle auslösen kann“ (Gläser-Zikuda, 2001, S. 27). Je nach Ausprägung und Zusammenspiel der Komponenten, weist eine Emotion unterschiedliche Gefühlsqualitäten auf (Op’t Eynde & Turner, 2006). Emotionales Erleben ist kontext- und bewertungsabhängig und somit immer einzigartig. Eine solche Situations- bzw. Domänenspezifität ist charakteristisch für Emotionen (siehe auch Kap. 3.3). Ein Mehrkomponentenmodell kann die charakteristischen Eigenschaften von Emotionen, deren unterschiedliche Ausprägungsmöglichkeiten sowie Funktionen bestmöglich erklären.

2.1.3 State- und Trait-Emotionen

Eine emotionale Episode (Scherer, 1990) dauert solange an, bis der Organismus auf den auslösenden Reiz adaptiert, d.h. ihn bewältigt oder sich angepasst hat. Dies weist auf den Prozesscharakter *emotionaler Zustände* (*States*) hin, welche sich auf einzelne, spezifische Situationen beziehen. State-Emotionen sind somit aktuelle, temporäre Affekte zu einem bestimmten Zeitpunkt in einer ganz konkreten Situation. Kehrt ein emotionsauslösender Reiz immer wieder, wie es z.B. in der Schule durch die Lehrkraft und den von ihr gestalteten Unterricht üblicherweise der Fall ist, so können sich *habituelle Emotionen* (*Traits*) entwickeln. Trait-Emotionen basieren auf prozeduralen Schemata, durch welche die Wahrnehmung einer Situation bereits als Emotionsauslöser (auch ohne situative Bewertungsprozesse) genügt (Pekrun, Frenzel et al., 2007), und stellen somit eine gewohnheitsmäßige oder persönlichkeitsbasierte, zeitstabile Neigung zum Erleben bestimmter Emotionen dar (Cattell & Scheier, 1958; Pekrun & Frenzel,

2009). Sie sind von eher genereller Natur und beschreiben interpersonelle Unterschiede bezüglich des Erlebens von Emotionen. Einige Menschen neigen beispielsweise dazu, vermehrt positive oder negative Emotionen zu erleben, sind prüfungsängstlich (Trait-Angst), schnell ärgerlich oder häufig gelangweilt. Die individuelle Entwicklung und Lernbiographie – inklusive aller Erfahrungen, Lernprozessen und relevanten Ereignissen – beeinflussen die Emotionsschwelle, welche Emotionen wie leicht und wie häufig im Alltag erlebt werden (Op't Eynde & Turner, 2006).

Robinson und Clore (2002) zufolge sind State-Emotionen episodisch und kontextabhängig, sie werden konkret erlebt und daher eher von situativen Merkmalen beeinflusst. Trait-Emotionen dagegen beschreiben sie als semantische, begriffliche, dem konkreten Kontext entzogene Überzeugungen bzw. Vorstellungen von Emotionen (*beliefs*), die eher auf dem semantischen Gedächtnis beruhen (z.B. dem Wissen darüber, welche Emotionen in bestimmten Situationen erlebt werden sollten). Sie spiegeln im Vergleich zu State-Angaben wohl eher das Denken über Dinge wider (Frenzel et al., 2015). Das kommt daher, dass Personen zur Urteilsbildung in der Regel zwar die spezifischste und relevanteste Informationsquelle nutzen (aktuelles Empfinden oder episodisches Gedächtnis bei States), diese jedoch bei der (retrospektiven) Messung von Trait-Emotionen nur schwer zugänglich sind. Daher wird hier auf situationsspezifische, emotionale Überzeugungen oder sogar noch generellere identitätsbezogene Einstellungen und Überzeugungen zurückgegriffen (Accessibility Model of Emotional Self-Report; Robinson & Clore, 2002). Traits haben somit einen Gedächtnis-Bias, werden von verallgemeinernden Heuristiken beeinflusst und hängen stärker von persönlichen Einstellungen und Überzeugungen ab (Scollon et al., 2003).

Eine der wichtigsten Überzeugungen im schulischen Bereich ist das akademische Selbstkonzept der Schüler*innen. Das Selbstkonzept erklärt einen wichtigen Teil der Varianz im Unterschied zwischen Trait- und State-Erhebungen. Beispielsweise haben Goetz et al. (2013) sowie Bieg et al. (2015) Unterschiede in der domänenspezifischen Angst (State) bzw. Ängstlichkeit (Trait) zwischen den Geschlechtern untersucht. Obwohl die State-Angst-Ausprägungen von Jungen und Mädchen identisch waren, gaben Schülerinnen – bei gleichwertigen Noten – eine höhere Trait-Angst im Vergleich zu Jungen an. Diese Diskrepanz konnte teilweise durch das niedrigere Selbstkonzept der Mädchen erklärt werden. Schüler*innen mit einem hohen Selbstkonzept schätzen – im Vergleich zu ihren durchschnittlichen State-Emotionen – ihre positiven Trait-Emotionen (Freude, Stolz) überhöht ein, während Schüler*innen mit einem niedrigen Selbstkonzept ihre negativen Trait-Emotionen (Ärger, Angst) überschätzen (Bieg et al., 2014). Demnach scheint das Selbstkonzept (Bieg et al., 2014; Robinson & Clore, 2002) ebenso wie das Selbstwertgefühl (Christensen et al., 2003) eine Moderatorvariable des Trait-State-Unterschiedes zu sein.

Obwohl State- und Trait-Erhebungen dasselbe Konstrukt untersuchen wollen, behandeln sie doch unterschiedliche Facetten. Die Erhebung von Trait-Emotionen lässt wenige Rückschlüsse auf die aktuellen State-Emotionen der Schüler*innen zu. State- und Trait-Untersuchungen sind damit keineswegs austauschbar und sollten reflektiert je nach Forschungsfrage eingesetzt werden (Bieg et al., 2014; Robinson & Clore, 2002). Bieg et al. (2014) fassen somit treffend zusammen, dass das, was Schüler*innen glauben zu fühlen (Traits), nicht unbedingt das ist, was sie tatsächlich fühlen (States).

2.1.4 Arbeitsdefinition Emotionen

Auf Grundlage der bisherigen Beschreibungen sowie aktuellen Definitionen (Eder & Brosch, 2017; Frenzel et al., 2015; Kleinginna & Kleinginna, 1981; Meyer et al., 2001; Pekrun, 2006; Rothermund & Eder, 2011; Scherer, 1990) werden für die vorliegende Arbeit Emotionen wie folgt definiert:

Emotionen sind aktuelle oder habitualisierte, psychische Zustände mit zeitlich befristeten Veränderungen mehrdimensionaler, psychologischer Subsysteme als unwillkürlich, durch (bewusste oder unbewusste) Bewertungsprozesse ausgelöste affektive Reaktion auf ein persönlich relevantes Ereignis oder Objekt. Die Interaktion und Koordination der affektiven (charakteristisches Erleben), physiologischen (körperliche Erregungsmuster), kognitiven (Bewertung, Ursachenzuschreibung und Funktion), expressiven (gestisch, mimisch, stimmlich-artikulatorischer und motorischer Ausdruck) und motivationalen (Handlungsbereitschaft und -auslösung) Komponente fördern eine zielgerichtete und funktionale Adaption des Organismus (Bewältigung des Reizes oder Anpassung an Lebensbedingungen) auf den auslösenden internalen oder externalen Reiz. Emotionales Erleben ist ein dynamischer Prozess mit einer appraisal- und kontextspezifischen Gefühlsqualität und Intensität; es zeichnet sich somit durch seine Einzigartigkeit aus.

2.2 Phänomenologie ausgewählter Emotionen

Zur Beschreibung der Phänomenologie von Emotionen werden im Folgenden Merkmale aus der psychologischen Emotionsforschung herangezogen. Sofern für den schulischen Kontext Befunde vorliegen, finden diese ebenfalls Erwähnung. Freude, Stolz, Ärger, Angst, Scham und Langeweile sind dabei die zentralen Emotionen im empirischen Teil dieser Arbeit.

2.2.1 Freude

Freude gilt als eine der Basisemotionen, worunter angeborene Emotionen verstanden werden (zur Theorie der Basisemotionen siehe Ekman et al., 1982; Frijda, 1986; Izard, 1977; Ortony & Turner, 1990; Plutchik, 1980). Mayring (2000, 2009) beschreibt Freude als einen starken, emotionalen Zustand, der „an konkrete Situationen gebunden, eher kurzfristig, bei wachem Bewusstsein, mit Vitalität und Lebendigkeit verbunden" (Mayring, 2000, S. 222) und damit ein Faktor des subjektiven Wohlbefindens ist. Personen, die Freude erleben, spüren ein solch angenehmes Wohlbefinden bzw. Fröhlichkeit (affektive Komponente) und fühlen sich dabei vital, positiv erregt (motivatonale Komponente), leicht, sorgenfrei, selbstsicher und in der Lage, die aktuelle Situation positiv zu bewältigen (kognitive Komponente; Izard, 1999). Das Erleben von Freude geht mit einer erhöhten Herzfrequenz (physiologische Komponente) einher und zeigt sich in einem lächelnden bzw. lachenden Gesicht (expressive Komponente; Ekman, 2007).

Freude kann durch unterschiedlichste Situationen ausgelöst werden, die positiv bewertet oder erfolgreich bewältigt werden. Im schulischen Kontext sind dies einerseits subjektiv erfolgreich absolvierte Prüfungen, welche zur *Lernergebnisfreude* bzw. *Leistungsfreude* sowie *Entspannungs-/Belohnungsfreude* führen können. Andererseits kann Freude durch die Tätigkeit des Lernens an sich ausgelöst werden. Schüler*innen erleben diese *Lernfreude*, „wenn im Umgang mit schulischen (kognitiven) Lerninhalten (= Erwerb von Wissen) bzw. beim Erwerb von neuen Fähigkeiten und Fertigkeiten Freude [...] durch die Tätigkeit hervorgerufen" (Hagenauer, 2011, S. 20) wird. Diese Lernsituationen können intentional, d.h. absichtlich, planvoll und bewusst gestaltet sein, aber auch nicht intendiert zu unbewussten Lernprozessen führen, wie beispielsweise Änderungen im Sozialverhalten oder von „Soft Skills". Das Lernen selbst bzw. die (erfolgreiche) Beendigung einer Aufgabe können als Lernfreude bzw. Lernergebnisfreude stark positiv erlebt werden, was zu weiteren Aufgaben anregt oder aber eine belohnende Pause folgen lässt (Götz, 2004). Doch nicht nur positive Ereignisse können Freude auslösen. Manche Schüler*innen berichten sogar nach Misserfolgserlebnissen beim Lernen (Tulis & Ainley, 2011) oder vor, während und nach einer Prüfung positive Emotionen, wie beispielsweise retrospektiv berichtete Freude an den Testaufgaben (Goetz, Preckel et al., 2007).

Fachbezogene Lernfreude hat einen positiven Effekt auf die Vorfreude hinsichtlich einer bevorstehenden Prüfung im jeweiligen Fach (Dinkelmann & Buff, 2016). Je höher die Lernfreude in einem Fach ausgeprägt ist, desto höher ist die Freude auch in fachspezifischen Leistungssituationen (Goetz, Hall et al., 2006). Der positive Einfluss von Freude auf die Leistung wurde vielfach gezeigt (z.B. Götz, 2004; Pekrun et al., 2017).

2.2.2 Stolz

Stolz aktiviert, motiviert und lenkt unsere Anstrengungen in Richtung unserer angestrebten Ziele. Das menschliche Leistungsbedürfnis (*need for achievement*; Murray, 1938) – d.h. das Streben nach Leistung, Fähigkeiten und Fertigkeiten auf hohem Niveau – basiert unter anderem auf der Antizipation von Stolz, welcher nach erfolgreicher Bewältigung einer Aufgabe erlebt wird (Atkinson, 1957). Im Lern- und Leistungskontext nimmt Stolz daher eine wichtige Rolle bei der Entstehung von Motivation ein.

Weiner (1985) sieht Stolz eng verbunden mit einem positiven Selbstwertgefühl bzw. Selbstachtung *(self-esteem)*, welche wiederum mit der Attribuierung von Erfolg auf die eigene Person oder Gruppe zusammenhängen. Stolz wird durch spezifische evaluative Kognitionen ausgelöst, wenn die Person ihre Aufmerksamkeit auf das Selbst richtet, das Ereignis als wichtig sowie im Einklang mit persönlichen Zielen erachtet wird, und der Grund des Ereignisses auf internale Faktoren attribuiert wird (Graham & Weiner, 1986; Lazarus, 1991). Demnach kann Stolz als selbstwerterhöhende Emotion nur dann empfunden werden, wenn die Person sich selbst für eine positive Leistung (mit-)verantwortlich macht, d.h. eine internale Kontrolle vorhanden ist (Atkinson, 1964).

Stolz kann zusammenfassend als eine retrospektive, ergebnisorientierte Emotion definiert werden, welche durch die Attribution eines wertgeschätzten Erfolgs auf internale Faktoren (Buechner et al., 2016; Pekrun, 2006; Weiner, 1985) ausgelöst wird. Die internalen Faktoren können dabei sowohl kontrollierbar-variabel (z.B. Anstrengung) als auch unkontrollierbar-stabil (z.B. Fähigkeit) sein (Tracy & Robins, 2007). Freude und Stolz werden – gemeinsam u.a. mit Hoffnung (Pekrun et al., 2011) und Zufriedenheit (Goetz, Frenzel, Stoeger & Hall, 2010) – zu den positiven Emotionen gezählt.

2.2.3 Scham

Scham wird häufig als Gegenpol von Stolz (Taylor, 1985) und damit als negative Emotion bezeichnet. Scham tritt – ebenso wie Stolz – in Zusammenhang mit (Selbst-)Bewertungen (Selbstwahrnehmung, soziale Rückmeldung, sozialer Vergleich) des Handelns bzw. Unterlassens von Handlungen auf Grundlage von Konventionen, moralischen Normen, gesetzlichen Regeln oder persönlichen Gütemaßstäben auf (Roos, 2009). Während Stolz auf ein Erfolgserlebnis folgt, ist Scham eine Reaktion auf ein Scheitern oder Misserfolgserlebnis. Die Attribuierung dieser selbstbilddiskrepanten, den Standards oder Wertvorstellungen einer Person entgegenstehenden Handlungen erfolgt meist global, negativ und internal, d.h. auf das Selbst bzw. die eigene Fähigkeit. Die betroffene Person hat das Gefühl, versagt zu haben und inkompetent zu sein. Die Diskrepanz zwischen diesem (subjektiv) realen und idealem Selbst führt zu einer Infragestellung wesentlicher Aspekte des Selbstkonzepts, der Selbstachtung (Roos, 2009) und damit der eigenen Identität. Wie gut solche „Ist-Soll-Diskrepanzen" wahrgenommen werden, hängt unter anderem vom sozial-kognitiven Entwicklungsstand sowie den Lernumwelten des einzelnen Individuums ab (Roos, 2000).

Ausschlaggebend für den Ausprägungsgrad von Scham ist demnach die negative Selbstbewertung. Gerade im schulischen Kontext spielt jedoch auch die soziale Scham eine wichtige Rolle. Soziale Scham „entsteht v.a. dann, wenn erhöhte öffentliche Selbstaufmerksamkeit und niedriges Selbstwertgefühl in Verbindung mit dem Erleben von Zurückweisung oder Verachtung durch andere auftreten" (Titz, 2001, S. 43).

Scham weist in den einzelnen Komponenten eine gewisse Nähe zur Emotion Angst auf, wobei die Ursache von Angst nicht selbstverschuldet sein muss. Die Antizipation von Scham als Folge einer Handlung kann motivational als hemmender oder negativer Anreiz verstanden werden, eine solche Handlung zu unterlassen. Aus Scham resultierende Handlungstendenzen sind Flucht und Vermeidung der Situation, die sich z.B. durch den Wunsch Betroffener äußert, sprichwörtlich im Boden zu versinken. Gedanken an die negativen Folgen der Handlung sowie an die mangelnden Fähigkeiten zur erfolgreichen Bewältigung der Situation verbrauchen kognitive Ressourcen. Die engen Beziehungen zwischen den Emotionen Scham und Angst zeigen auch die hohen Korrelationen, die bei Trait-Untersuchungen mit deutschen (Titz, 2001) sowie kanadischen Studierenden (Pekrun et al., 2011) berichtet werden.

2.2.4 Ärger

Ärger zählt ebenfalls zu den negativen Emotionen und wird von vielen Autor*innen den Primäremotionen zugeordnet (Ekman et al., 1982). Die Emotion Ärger geht mit *Gefühlen* der Hyperaktiviertheit, motorischer Unruhe und Anspannung, der *kognitiven Komponente* des Kontrollverlusts und Fokussiertheit auf die Quelle des Ärgers, der *Handlungstendenz* Aggression, der *Einstellung* Feindseligkeit sowie mit *physiologischen Prozessen,* wie z.B. einer Erhöhung des diastolischen Blutdrucks, des peripheren Widerstandes sowie der Ausschüttung von Katecholaminen, Noradrenalin und Testosteron einher (Hodapp, 2000; Hodapp & Bongard, 2009). Ausgedrückt wird Ärger durch verbales (z.B. Beschimpfungen) oder nonverbales Verhalten (z.B. Faust ballen, Türen schlagen) sowie Gestik (z.B. Drohungen) und Mimik. Ekman (2007) beschreibt die typische *Ärgermimik* mit zusammengezogenen Augenbrauen, geöffneten, aber gleichzeitig gespannten Augenlidern und zusammengepressten, gespannten Lippen oder offenem Mund.

Zwei Arten des Ärgers sind je nach auslösendem Reiz zu unterscheiden. Häufig liegt die Ursache für Ärger in externalen Faktoren (z.B. Lehrkraft oder Leistungsanforderungen), die für ein negatives Ereignis verantwortlich gemacht werden. Dabei handelt es sich um Ereignisse, die als vermeintliche Ungerechtigkeit wahrgenommen werden, den Motiven und Bedürfnissen einer Person entgegenstehen und schuldhaft oder durch die Verletzung sozialer Regeln von anderen Personen herbeigeführt werden (Hodapp & Bongard, 2009). Die am häufigsten genannten Auslösebedingungen von Ärger sind Frustration oder Unterbrechung einer ausgeführten oder geplanten Tätigkeit, die Verletzung von persönlich wichtigen Werten oder Erwartungen, Verletzung der persönlichen Würde oder des Stolzes sowie die mögliche oder tatsächliche Beschädigung von Eigentum oder körperlicher Unversehrtheit (Averill, 1979).

Ärger ist eine komplexe Emotion, die „sich sehr unterschiedlich äußert und die je nach verfolgtem Ziel zu sehr unterschiedlichen Formen der Bewältigung mit entsprechenden negativen oder positiven Konsequenzen führt“ (Hodapp & Bongard, 2009, S. 620).

2.2.5 Angst

Angst wird zu den Basisemotionen gezählt und tritt bei Menschen jeden Alters in vielfältigen Situationen auf. Die Emotion Angst kann definiert werden als ein „affektiver Zustand des Organismus, der durch erhöhte Aktivität des autonomen Nervensystems sowie durch die Selbstwahrnehmung von Erregung, das Gefühl des Angespanntseins, ein Erlebnis des Bedrohtwerdens und verstärkte Besorgnis gekennzeichnet ist" (Krohne, 1996, S. 8). Angst wird als bedrückend empfunden und ist somit den negativen Emotionen zuzuordnen.

Die Definition von Krohne (1996) beinhaltet zwei zentrale Komponenten der Emotion Angst, die bereits von Liebert und Morris (1967) beschrieben wurden: Einerseits werden das affektive Erleben von Angespanntheit, Aufgeregtheit, Nervosität und Unsicherheitsgefühlen sowie die Wahrnehmung einer erhöhten Erregung physiologischer Symptome wie Zittern, Schwitzen, verstärktem Harndrang oder Übelkeit unter der Bezeichnung „Emotionality-Komponente" (dt. Aufgeregtheit) zusammengefasst. Mit der „Worry-Komponente" der Angst werden andererseits Sorgen um eigene Fähigkeitsmängel, Konsequenzen eines möglichen Misserfolgs, Selbstzweifel, Misserfolgserwartungen und aufgabenirrelevante Gedanken umschrieben (dt. Besorgnis). Die negativen selbstwertbezogenen Gedanken betroffener Personen kreisen sowohl in der Vorbereitung als auch der Prüfungssituation um das mögliche Versagen und beanspruchen kognitive Ressourcen, welche für die Bewältigung der Prüfung bzw. das Lernen somit nicht mehr zur Verfügung stehen (Titz, 2001).

Die physiologischen Symptome der Emotionality-Komponente machen Angstreaktionen für Außenstehende sichtbar. Zudem zeigt sich die Nervosität auch im verbalen und nonverbalen Ausdruck durch körperliche Unruhe, Reibe- und Kratzbewegungen, Weinen, Zittern oder einer kauernden Haltung. Verbal kann sich Angst in einer unsicheren oder stockenden Stimme, Stottern sowie Flüstern äußern. Der typische Gesichtsausdruck kennzeichnet sich nach Ekman et al. (1982) durch angehobene und zusammengezogene Augenbrauen, weit aufgerissene, angespannte Augen, nach hinten gezogene Mundwinkel und gedehnte Lippen bei offenem oder geschlossenen Mund.

Flucht und Vermeidung sind typische motivationale Handlungstendenzen zur Reduzierung des unangenehmen Zustandes bei Angst, jedoch ist dies vor allem im Kontext Schule oft nicht möglich oder mit negativen Konsequenzen verbunden (Titz, 2001). Die situativen Auslöser einer Angstreaktion können vielfältig sein. Zwei große Situationsbereiche werden dabei differenziert: Physische Gefahren (z.B. durch Gewalt oder Unfall) und die bereits angesprochenen Selbstwertbedrohungen (z.B. durch öffentliche Bloßstellung, Versagen bei Prüfung, soziale Ausgrenzung), welche im Kontext Schule deutlich häufiger vorzufinden sind (Hock & Kohlmann, 2009). Angst wird typischerweise dann ausgelöst, wenn eine Person glaubt, dass ihre intellektuellen, motivationalen und sozialen Ressourcen nicht ausreichen, um den Anforderungen der (Prüfungs-)Situation zu genügen. Schülerinnen und Schüler begegnen täglich solchen stress- und angstauslösenden Situationen. Leistungstests, verbunden mit einem kompetitiven

Klassenklima, hohen Anforderungen und einer sozialen Bezugsnormorientierung (Dalbert & Stöber, 2004), aber auch elterlicher Leistungsdruck, Missgunst der Lehrkraft, Erfahrungen von Frust und Versagen, Konflikte, Zurückweisung oder Mobbing von Mitschüler*innen können Angstauslöser sein (Zeidner, 2014). Insbesondere die Worry-Komponente wird angeregt, „wenn eigene Leistungen einer Fremdbeurteilung unterworfen werden" (Hock & Kohlmann, 2009, S. 628). Schüler*innen mit einer hohen Trait-Angst weisen daher in fremdbewerteten Leistungssituationen eine erhöhte State-Angst auf.

Im Lern- und Leistungskontext ist Angst die am besten erforschte Emotion. Neuere Studien zeigen, dass Prüfungsangst mit nachteiligen Situationsbewertungen, Empfindungen und Verhaltensweisen in allen Phasen des Lern-Prüfungs-Zyklus einhergeht (Cassady, 2004). Prüfungsängstliche Personen haben ein geringeres Selbstwertgefühl (Hembree, 1988), ein niedriges Kompetenzempfinden, eine fragile oder niedrige Selbstwirksamkeitserwartung und defizitäre Lernstrategien, wobei die mangelnde Vorbereitung ein Katalysator für Prüfungsangst ist (Pekrun et al., 2011; Zeidner, 1998, 2014).

Eine kausale Wirkrichtung der Zusammenhänge von schlechten Noten und hoher Ängstlichkeit konnte aufgrund der in der Emotionsforschung häufig eingesetzten querschnittlichen Studiendesigns noch nicht eindeutig geklärt werden, denkbar ist jedoch der oben bereits angedeutete „Teufelskreis" Prüfungsangst, aus welcher schlechte Leistungen resultieren, die wiederum zu Prüfungsangst führen.

Angst besitzt demgegenüber aber auch leistungsfördernde Effekte, wodurch motivations- und besorgnisbedingte Defizite teilweise ausgeglichen werden können. So kann das Erleben milderer Ausprägungen von Angst (verbunden mit der Möglichkeit eines direkten Eingreifens zur Bewältigung der Situation) auch zu verstärkter Anstrengung (Hock & Kohlmann, 2009) und gesteigertem motivationsabhängigen, misserfolgsvermeidendem Leistungshandeln führen (Pekrun & Hofmann, 1999). Die ambivalente Wirkung von Angst spiegelt sich z.B. auch in den Ergebnissen von Götz (2004) und Pekrun et al. (2011) wider.

2.2.6 Langeweile

Langeweile ist ein schwach negativer, aversiver Gefühlszustand, der durch ein subjektiv langsames Verstreichen der Zeit und eine niedrige kognitive Stimulation geprägt ist (Frenzel et al., 2015). Eine meist eher niedrige, physiologische Erregung, die Suche nach Alternativhandlungen oder Möglichkeiten, die Situation durch kognitives oder behaviorales Disengagement zu verlassen (motivationale Komponente) sowie ein müder, „gelangweilter“ Körperausdruck und leerer Blick (expressive Komponente) kennzeichnen diese Emotion (Goetz & Hall, 2014).

Langeweile ist jedoch keine prototypische (Basis-)Emotion und äußert sich nicht in einem unverwechselbaren Gesichtsausdruck (Ekman et al., 1982), was es z.B. Lehrkräften erschwert, Langeweile bei ihren Schüler*innen zu identifizieren. Dennoch – oder vielleicht auch gerade deswegen – ist Langeweile im Alltag als auch in der Schule eine häufig erlebte Emotion (Goetz & Hall, 2014; Götz et al., 2007). Die Prävalenz von Langeweile in der Schule ist beachtlich: je nach Anlage der Studie berichten diese von 32 % (Larson & Richards, 1991) bis zu 58 % der Unterrichtszeit (Nett et al., 2011), in welcher sich Schüler*innen zumindest ein wenig langweilen. Bei 23 % der Erhebungen per Experience Sampling gaben die Schüler*innen sogar an, starke bis sehr starke Langeweile im Mathematikunterricht zu erleben. Daher wird Langeweile – vor allem im schulischen Kontext – sogar als Plage der modernen Gesellschaft bezeichnet (Daschmann et al., 2014; Pekrun et al., 2010; Spacks, 1995).

Hinsichtlich der weitreichenden möglichen Folgen von Langeweile ist diese Beschreibung sicherlich gerechtfertigt: Im schulischen Bereich kann Langeweile zu geringerer Aufmerksamkeit, verminderter Motivation sowie der Verwendung ungeeigneter Lernstrategien (Götz, 2004) und somit zu schlechteren Leistungen, Schulabsentismus und Drop-Out führen (Goetz et al., 2008; Harris, 2000). So zeigen sich typischerweise negative Korrelationen um $r = -.30$ zwischen Langeweile und Leistungen (Goetz & Hall, 2014; Götz, 2004; Pekrun et al., 2010) sowie deren konsistente gegenseitige negative Beeinflussung (Pekrun et al., 2014).

Zur Erklärung der Entstehung von Langeweile gibt es unterschiedliche Ansätze. Hill und Perkins (1985) sehen in der Monotonie von Situationen eine potentielle Langeweileursache, wenn z.B. die Möglichkeit zur alternativen bzw. zusätzlichen Stimulation im Falle von subjektivem Monotonieerleben fehlt. Je mehr Freiheitsgrade eine Situation mit sich bringt, d.h. je mehr Autonomie im schulischen Kontext beispielsweise den Lernenden gewährt wird, desto eher werden Schüler*innen alternative Möglichkeiten zur Stimulation finden. In restriktiven Formen des Unterrichts hingegen fällt das Finden von Alternativstimuli schwerer. Hier können Schüler*innen aufgrund der Rollenerwartung trotz starkem Langeweileerleben die aktuelle Situation nur schwer bzw. nicht nach außen hin sichtbar beenden. Daher kann ein innerer Abbruch der Tätigkeit folgen, der sich durch Tagträume, gedankliche Abwesenheit oder eine erhöhte Ablenkbarkeit zeigt (Götz, 2004). So konnten beispielsweise Götz et al. (2007) zeigen, dass bezüglich Methodik der Frontalunterricht von Schüler*innen mit Abstand am häufigsten mit Langeweile assoziiert wird (82 % der als langweilig empfundenen

Stunden bezogen sich auf Frontalunterricht). Neben Personenmerkmalen (z.B. dem Persönlichkeitsfaktor Extraversion) nennen Hill und Perkins (1985) Charakteristika der zu bearbeitenden Aufgabe als weiteren Aspekt der Langeweileentstehung. Hiermit sind Möglichkeiten zum Tätigkeits- und Aufgabenwechsel gemeint. Dementsprechend sollten Schüler*innen in Unterrichtssituationen, die ihnen selbstregulatorische Aktivitäten und die Auswahl von Aufgaben ermöglichen, weniger Langeweile erleben.

Neben der Wichtigkeit und Wertschätzung des Lerngegenstands nimmt auch die Abschätzung der Einflussmöglichkeiten (siehe Kap. 3.5 zur Kontroll-Wert-Theorie von Pekrun, 2006) eine zentrale Rolle ein. Je nach Abschätzung der Kontrolle über das Lernen bzw. der Bewältigungsmöglichkeiten hinsichtlich des Lerngegenstands, in diesem Fall der subjektiven Fähigkeitsselbsteinschätzungen, kann sich Langeweile bei Schüler*innen aufgrund von Unter-, aber auch Überforderung einstellen (Götz & Frenzel, 2010). Langeweile entsteht, wenn die Umwelt – d.h. die Tätigkeitsanforderungen bzw. Aufgaben, aber auch die Lehrkraft oder Mitschüler – weit unter oder über dem subjektiv als optimal erlebten Niveau stimuliert (Leary et al., 1986). Um eine solche Über- bzw. Unterforderungslangeweile zu vermeiden, gilt es demnach, ein für Lern- und Leistungsprozesse optimales Level an Arousal bzw. Stimulation zu finden, um die Passung von Umwelt- und Personenmerkmalen zu erhöhen (Larson & Richards, 1991).

Darüber hinaus scheint das Geschlecht eine Rolle bei der Neigung zum Empfinden von Langeweile zu spielen. Bei vielen Studien über unterschiedliche Kulturen hinweg zeigt sich, dass Männer anfälliger für Langeweile sind als Frauen (Sundberg et al., 1991). Im Kontext des Mathematikunterrichts zeigt sich jedoch, dass Mädchen aufgrund ihres niedrigeren mathematischen Fähigkeitsselbstkonzepts deutlich mehr Überforderungslangeweile und weniger Unterforderungslangeweile als Jungen erleben (Götz & Frenzel, 2010).

Zusammenfassend kann festgehalten werden, dass aus Schülerperspektive in erster Linie Aspekte der Unterrichtsgestaltung (z.B. Monotonie) ausschlaggebend für Langeweile im Unterricht sind, gefolgt von Unterrichtsthemen und Inhalten, Ursachen in der Person des Lernenden (z.B. Verständnisprobleme) sowie der Lehrperson (z.B. Desinteresse). Das Langeweileerleben scheint dabei relativ unabhängig von spezifischen Fächern aufzutreten, da es per se langweilige Fächer nicht zu geben scheint. Das „Wie" des Unterrichtens scheint demnach für die Entstehung von Langeweile relevanter zu sein als das „Was" des Unterrichts (Götz et al., 2006, S. 130).

3 Lern- und Leistungsemotionen

Für Schüler*innen und Lehrer*innen gleichermaßen sind Lern- bzw. Lehrbedingungen von großer Bedeutung, denn im Verlauf der Schulzeit werden etliche Stunden in der Schule verbracht, soziale Beziehungen werden dort geknüpft, Lern-, Leistungs- sowie Lebensziele werden geformt und sowohl Erfolg als auch Versagen in verschiedensten Situationen und Ausprägungen erlebt. Aufgrund dieser subjektiven Bedeutsamkeit werden in schulischen Lern- und Leistungssituationen mannigfaltige und intensive Emotionen erlebt (Pekrun et al., 2002a; Pekrun, Frenzel et al., 2007). Solche Lern- und Leistungsemotionen sind wiederum essentiell für Lernen, Entwicklung und Leistung. Insbesondere positive Emotionen helfen dabei, sich Ziele zu vergegenwärtigen und Herausforderungen anzugehen, den Blick für kreative Problemlösungen zu öffnen, Selbstwert, Selbstwirksamkeit und Resilienz zu fördern und die Basis für selbstreguliertes Lernen zu legen (Pekrun, 2014). Dabei waren es zu Beginn in erster Linie negative Emotionen, die Lern- und Leistungsemotionen in das Blickfeld der Forscher*innen rückten. Angst entwickelte sich so zu einer häufig mit Lern- und Leistungssituationen assoziierten Emotion und gleichzeitig zur am besten erforschten Emotion in diesem Kontext (Zeidner, 1998). Dabei ist Angst keineswegs die dominierende Emotion im Lern- und Leistungskontext, vielmehr ist sie mit Freude, Stolz, Hoffnung, Langeweile, Lustlosigkeit, Traurigkeit, Scham, Hoffnungslosigkeit, Überraschung, Erleichterung und anderen eine unter vielen Emotionen (Götz, 2004; Pekrun, 1992; Titz, 2001). Erst in den letzten Jahrzehnten wurden die große Bandbreite akademischer Emotionen und deren Bedeutung für Lernen und Leistung genauer untersucht (Efklides & Volet, 2005; Pekrun & Linnenbrink-Garcia, 2014a; Schutz & Pekrun, 2007). Verschiedene Forschungstraditionen – unter anderem Persönlichkeits-, Motivations- und Emotionspsychologie – entwickelten diverse, relativ isolierte theoretische Erklärungsansätze, die jedoch einige grundlegende Merkmale teilen und sich eher ergänzen als widersprechen. Die Kontroll-Wert-Theorie der Entstehung und Wirkung von Lern- und Leistungsemotionen (Pekrun, 2006) versucht auf dieser Basis, die verschiedenen Ansätze in ein Rahmenmodell zu integrieren. Sie vereint Annahmen der Appraisal-Theorien, Erwartungs-Wert-Theorien der Motivation und Emotion (Eccles & Wigfield, 1995; Pekrun, 1992; Turner & Schallert, 2001), transaktionalen Stress-Theorien (Lazarus & Folkman, 1984), Theorien der wahrgenommenen Kontrolle (Patrick et al., 1993; Perry, 2003), attributionale Theorien von Motivation und Emotion (Weiner, 1985) sowie Annahmen zu den Effekten von Emotionen auf Lernen und Leistung (Fredrickson, 2001; Pekrun, 1992; Pekrun et al., 2002a; Zeidner, 1998, 2014).

Das folgende Kapitel will zunächst die Begrifflichkeiten von Emotionen im Kontext Lernen und Leistung näher bestimmen (Kap. 3.1) sowie Klassifikationsansätze (Kap. 3.2) vorstellen. Um die vorliegende Studie einordnen zu können, werden Domänenspezifität (Kap. 3.3) sowie Diversität und Entwicklung der Lern- und Leistungsemotionen über die Schulzeit (Kap. 3.4) beschrieben. Basis der Untersuchung bildet die Kontroll-Wert-Theorie der Lern- und Leistungsemotionen von Pekrun (2006) bzw. Pekrun und Perry (2014), welche in Kapitel 3.5 erläutert wird. Dabei soll neben der Struktur der Theorie (Kap. 3.5.1) insbesondere auf die Bedingungsfaktoren Person (Kap. 3.5.2) und einen Umweltfaktor (Kap. 3.5.3) eingegangen werden.

3.1 Begriffsbestimmung

Lern- und Leistungsemotionen werden im Englischen als *achievement emotions* bezeichnet. „Achievement" kann dabei sowohl für Leistung und Ergebnis, gleichzeitig jedoch auch für die Ausführung und die Tat an sich stehen:

> Achievement emotions are defined as emotions tied directly to achievement activities or achievement outcomes. [...] Two types of achievement emotions differing in object focus can thus be distinguished: activity emotions pertaining to ongoing achievement related activities, and outcome emotions pertaining to the outcomes of these activities. (Pekrun, 2006, S. 317)

Lern- und Leistungsemotionen können sich demnach auf die Aktivitäten wie auch auf die Ergebnisse bezogen auf Unterricht, Hausaufgaben oder Prüfungen richten. Dies impliziert, dass die meisten Emotionen, die Schüler*innen im schulischen Kontext erleben, als Lern- und Leistungsemotionen angesehen werden können, da diese sich meist auf Handlungen und Handlungsergebnisse beziehen, die typischerweise von den Schüler*innen selbst oder anderen Personen (z.B. Mitschüler*innen, Eltern, Lehrkräften) hinsichtlich irgendeines Qualitätsstandards bewertet werden (Pekrun, Frenzel et al., 2007). Dennoch sind nicht alle im schulischen Kontext erlebten Emotionen auch Lern- und Leistungsemotionen. Vor allem epistemische, soziale und moralische Emotionen werden häufig erlebt und überschneiden sich teilweise mit Lern- und Leistungsemotionen; z.B. Verachtung, Empathie, Neid oder Bewunderung, welche durch den Erfolg oder Misserfolg anderer ausgelöst werden (Pekrun & Linnenbrink-Garcia, 2014c; Weiner, 2007).

Im empirischen Teil dieser Arbeit werden Lern- und Leistungsemotionen thematisiert, welche die Schüler*innen typischerweise im Unterricht erleben. Unterricht meint dabei „didaktisch geplante und deshalb sowohl thematisch abgrenzbare als auch zeitlich hinreichend umfassende Sequenzen des Lehrens und Lernens im Kontext pädagogischer Institutionen“ (Arnold, 2009, S. 15), die in der Allgemeinen Schule in der Regel von einer Lehrperson vorstrukturiert sowie durchgeführt werden und sich durchschnittlich an 20 bis 30 Schüler*innen richten. Es handelt sich demnach um Lern- und Leistungsemotionen in formalen Lern- und Bildungsprozessen.

3.2 Klassifikation

Noch bis vor einigen Jahren haben sich emotionspsychologische Studien hauptsächlich auf Emotionen hinsichtlich Leistungsergebnissen (*outcomes*) beschränkt. Doch neben den Leistungsemotionen werden nun auch immer mehr die Lernemotionen, welche sich auf die leistungsbezogenen Aktivitäten oder die Lernhandlungen (*activities*) beziehen, als wichtige Emotionskategorie erachtet. Diese Differenzierung von activity- versus outcome-Emotionen beschreibt die Klassifikation anhand des *Objektfokus*. Lernemotionen (*activity emotions*) treten im Gegensatz zu Leistungsemotionen (*outcome emotions*) in Situationen des Lernens auf, die weitgehend frei von Leistungsbewertungen sind, d.h. in denen der Wissens- oder Fähigkeitserwerb an sich im Vordergrund steht (Hagenauer, 2011).

Frenzel, Götz und Pekrun (2015) bzw. Frenzel und Stephens (2011) unterscheiden des Weiteren anhand des *persönlichen Bezugs* (Selbst- vs. Fremdbezug) von Emotionen, welcher insbesondere bei retrospektiven Emotionen von Bedeutung ist. Diese Klassifikation hängt eng zusammen mit der Attribution, worauf die jeweilige Person einen erlebten Erfolg oder Misserfolg zurückführt. Dementsprechend kann zwischen *selbstbezogenen* (Ursache in der eigenen Person) und *fremdbezogenen* Emotionen (Ursache in anderer Person/Objekt/Umstand) unterschieden werden. Manche Emotionen, wie beispielsweise Ärger, existieren in beiden Varianten: Man kann sich sowohl über andere Personen (z.B. Lehrkraft, Prüfer*in, Eltern etc.), als auch über sich selbst (z.B. aufgrund eigener Unzulänglichkeit) ärgern (Frenzel et al., 2015).

Ein weiteres Ordnungskriterium ist der *zeitliche Bezug*. Der Fokus von Lern- und Leistungsemotionen kann *prospektiv/antizipatorisch* auf die Zukunft (z.B. Hoffnung, Angst), *aktuell/prozessbezogen* auf die gegenwärtige Tätigkeit (z.B. Freude, Langeweile) oder auch *retrospektiv* auf vergangene Tätigkeiten und Leistungsergebnisse (z.B. Stolz, Scham) gerichtet sein.

Die kategoriale Bedeutung von *Valenz* (Wertigkeit) differenziert zwischen *positiven*, subjektiv angenehmen Emotionen und *negativen*, subjektiv unangenehmen Emotionen. Anhand des Grads der *Aktivation* können positive und negative Emotionen weiter untergliedert werden. *Deaktivierende*, negative Emotionen, wie z.B. Langeweile oder Hoffnungslosigkeit, lenken die Aufmerksamkeit von der Aufgabenbearbeitung ab, reduzieren die intrinsische sowie extrinsische aufgabenbezogene Motivation und wirken damit einer tieferen Informationsverarbeitung entgegen. Die Folgen können ein Abbruch der Lerntätigkeit, Absentismus und Drop-Out (Schul- bzw. Studienabbruch) sein. Negative, *aktivierende* Emotionen, wie beispielsweise Angst und Ärger, haben komplexere Folgen für die Motivation und Volition. Einerseits können sie durch das ihnen typische resultierende Flucht- und Vermeidungsverhalten zwar deaktivierend wirken und so in den gleichen, oben genannten Konsequenzen resultieren. Doch andererseits kann die Vermeidung der bedrohlichen Situation, des Misserfolgs beispielsweise, auch zu vermehrter Anstrengung führen. Die intrinsische Motivation des Schülers wird durch die Angst geschwächt, die extrinsische Motivation zur Misserfolgsvermeidung kann jedoch in dem Maße gestärkt werden, dass der Aktivierungsgrad und somit die Gesamtmotivation steigen (Pekrun & Jerusalem, 1996).

Tabelle 1
Klassifikation von Lern- und Leistungsemotionen (adaptiert aus Frenzel, Götz & Pekrun, 2015, S. 207 sowie Pekrun & Perry, 2014, S. 121)

Objekt-fokus	**Zeitper-spektive**	**Emotion**			
		positiv		**negativ**	
		aktivierend	*deaktivierend*	*aktivierend*	*deaktivierend*
Aktivität	*prospektiv*	Vorfreude			Lernangst
	aktuell	Lernfreude	Entspannung	Ärger	Langeweile Frustration
Ergebnis	*prospektiv*	Hoffnung Vorfreude	Erleichterung	Leistungs-angst	Hoffnungs-losigkeit
	retrospektiv – selbstbezogen	Ergebnis-freude Stolz	Erleichterung Zufriedenheit	Scham Ärger	Enttäuschung Traurigkeit
	retrospektiv – fremdbezogen	Empathie Sympathie Bewun-derung	Schadenfreude Dankbarkeit	Ärger Neid	Antipathie/ Hass Verachtung Mitleid

Positive Emotionen werden ebenfalls in aktivierende und deaktivierende Aktivierungsgrade unterschieden. Freude, Hoffnung und Stolz als positiv *aktivierende* Emotionen können zu einem Anstieg der handlungs- und gegenstandsorientierten intrinsischen Motivation und somit zu einer positiven Leistungswirkung führen, während bei positiven *deaktivierenden* Emotionen wie Entspannung, Zufriedenheit und Erleichterung die leistungsförderliche Wirkung geringer ausfallen dürfte (Götz, 2004).

Eine Klassifikation, die versucht die verschiedenen Ordnungskriterien von Pekrun und Jerusalem (1996, S. 7), Pekrun (2006, S. 320), Frenzel, Götz und Pekrun (2015, S. 207), Frenzel und Stephens (2011, S. 31) sowie Pekrun und Perry (2014, S. 121) zu vereinigen, wird in Tabelle 1 dargestellt. Da in der vorliegenden Untersuchung Lernemotionen (*activity emotions*) von besonderem Interesse sind, soll an dieser Stelle die Klassifikation erweitert werden. Der gängigen Annahme, bei einem Objektfokus auf die Aktivität sei der zeitliche Bezug grundsätzlich die Gegenwart (Prozessbezug), wird eine prospektive, antizipatorische Zeitperspektive hinzugefügt, denn es wird davon ausgegangen, dass Schüler*innen sich z.B. auf die Betätigung im Unterricht an sich freuen können, ohne das Ergebnis dieser Aktivität in den Mittelpunkt zu stellen.

3.3 Domänenspezifität

Ein weiterer wichtiger struktureller Aspekt von Lern- und Leistungsemotionen ist deren Domänenspezifität. Dies behandelt die Frage, inwieweit das emotionale Erleben im Lern- und Leistungskontext fachspezifisch organisiert ist.

Während es für verwandte Konstrukte wie Motivation, Selbstwirksamkeit und das Fähigkeitsselbstkonzept einige Befunde gibt, die auf eine domänenspezifische Organisation schließen lassen (Bong, 1998, 2001; Lüdtke et al., 2002; Marsh et al., 1988; Möller & Köller, 2004), sind die Studien zur Domänenspezifität von Lern- und Leistungsemotionen vergleichsweise rar. Die bisherigen Ergebnisse deuten aber darauf hin, dass auch akademische Emotionen weitgehend domänenspezifisch organisiert sind (Frenzel, Goetz et al., 2009; Goetz et al., 2014; Goetz, Cronjaeger et al., 2010; Goetz, Frenzel et al., 2007; Goetz, Frenzel, Lüdtke & Hall, 2010; Marsh & Yeung, 1996; Stipek & Mason, 1987).

Für Prüfungssituationen konnte Lukesch (1982) in der 9. Jahrgangsstufe hochsignifikante fachspezifische Prüfungsangstunterschiede feststellen. Mathematik war hierbei wesentlich höher angstbesetzt als Englisch und Deutsch, vor allem bei schriftlichen Prüfungen. Diese Unterschiede deuten auf ein domänen- und situationsspezifisches Angsterleben in Leistungssituationen hin.

Auch die Ergebnisse einer großangelegten Studie (N = 24599; 8. Jahrgangsstufe) von Marsh und Yeung (1996) lassen auf eine Domänenspezifität der Emotionen in Mathematik, Sozialkunde, Englisch und naturwissenschaftlichen Fächern schließen, wobei die Emotionen (wie auch Leistungen) in inhaltlich weit voneinander entfernten Fächern weniger korrelieren als inhaltlich benachbarte, wie es Mathematik und Naturwissenschaften beispielsweise sind.

Goetz, Frenzel et al. (2007) konnten anhand ihrer Untersuchung mit insgesamt 542 Schüler*innen der 8. und 11. Jahrgangsstufe ebenfalls zeigen, dass die Schüleremotionen Freude, Stolz, Angst, Ärger und Langeweile der Fächer Mathematik, Physik, Deutsch und Englisch domänenspezifisch organisiert sind. Zwar waren Zusammenhänge zwischen Emotionen in den jeweils verwandten Fächern Deutsch/Englisch bzw. Mathe/Physik vorhanden, doch war keine dieser Korrelationen groß genug, um die domänenspezifische Organisation der Lern- und Leistungsemotionen in Frage zu stellen. Zudem fielen diese Korrelationen in der 11. Jahrgangstufe geringer aus als in der 8., was für eine größer werdende Fachspezifität der Emotionen mit zunehmendem Alter spricht. Des Weiteren konnten die Autor*innen mehr Zusammenhänge von Emotionen innerhalb einer Domäne für das Fach Mathematik als für das Fach Deutsch feststellen. Sie erklären dies durch die größere Heterogenität von Deutsch gegenüber Mathematik, denn in einem mehrwertigen Fach wie Deutsch wird eine große Bandbreite an Themengebieten behandelt, die von den Schüler*innen jeweils als interessant oder uninteressant bzw. positiv oder negativ erlebt werden können, wohingegen die Mathethemen das gesamte Schuljahr über als eher ähnlich erscheinen könnten.

Durchschnittlich betrachtet sind die Korrelationen der Emotionen zwischen den Domänen relativ schwach, wobei die Stärke der Zusammenhänge variiert. Der Grund dafür, dass Lern- und Leistungsemotionen inhaltlich naher Fächer stärker korrelieren als inhaltlich ferner Fächer, könnte in der Wahrnehmung der Ähnlichkeit besagter Fächer liegen (Goetz, Frenzel, Lüdtke & Hall, 2010). Da die meisten Studien zur Domänenspezifität auf Erhebungen von Trait-Emotionen beruhen und diese stärker als State-Emotionen von subjektiven Überzeugungen und Einstellungen beeinflusst werden, sind diese Überzeugungen hinsichtlich Charakteristika der unterschiedlichen Domänen von Bedeutung, wenn Schüler*innen über ihre habituellen, fachspezifischen Emotionen reflektieren sollen (Bieg et al., 2014; Goetz et al., 2013). So konnten Goetz et al. (2014) zeigen, dass Schüler*innen die Fächer Mathematik und Physik einerseits sowie Deutsch und Englisch andererseits kognitiv ähnlich bewerten bzw. charakterisieren. Diese schülerperzipierten strukturellen Ähnlichkeiten zwischen und innerhalb der Domänen spiegeln sich auch in den Trait-Emotionen der Schüler*innen wider, wohingegen State-Emotionen relativ unabhängig davon zu sein scheinen, da hier die Gefühle unmittelbar erhoben werden und nicht die Gedanken über die Gefühle (Robinson & Clore, 2002). Die Erhebungsmethode (Trait vs. State) scheint demnach einen großen Einfluss auf die Zusammenhänge der Lern- und Leistungsemotionen zwischen den verschiedenen Domänen zu haben.

Die Ergebnisse der Studien sprechen insgesamt also für eine Domänenspezifität der Lern- und Leistungsemotionen. Dies hat für die emotionspsychologische Forschung im Schulkontext bedeutsame Konsequenzen, denn domänenspezifische Konstrukte domänenübergreifend zu erfassen, wäre im Hinblick auf die Validität und Reliabilität sowie auf Bedingungs- und Wirkanalysen nicht vertretbar (Götz, 2004).

3.4 Diversität und Entwicklung

3.4.1 Geschlechtsspezifische Unterschiede

Ebenso zeigen sich bei Mädchen und Jungen die Zusammenhänge von Appraisals, Emotionen und Leistungen über die Geschlechter hinweg gleichermaßen, doch die Ausprägung der Emotionen sowie deren Antezedenzien variiert zwischen den Geschlechtern beispielsweise in Mathematik sehr stark. Die wahrgenommene Kontrolle sowie die Fachvalenz sind bei Mädchen in Mathematik substantiell niedriger als bei Jungen. Daraus resultierend berichten Mädchen weniger Freude und Stolz sowie mehr Angst und Scham in dieser Domäne, obwohl sie im Durchschnitt sehr ähnliche Noten bekommen wie Jungen (Frenzel et al., 2007). Die Unterschiede im emotionalen Erleben in Mathematik zuungunsten der Mädchen konnten in zahlreichen Studien belegt werden (Helmke, 1993; Jerusalem & Mittag, 1999). Interessanterweise zeigt sich der Geschlechtsunterschied im Angsterleben nur bei Trait-Angst, nicht jedoch bei State-Erhebungen per Experience Sampling. Dies lässt sich auf das niedrigere Kompetenzempfinden der Mädchen sowie die stärkere Beeinflussung von Trait-Emotionen durch diese Überzeugungen erklären (Goetz et al., 2013). Zudem scheinen neben dem Selbstkonzept auch Geschlechterstereotype eine wichtige Rolle bei der Erklärung der Geschlechtsunterschiede einzunehmen. Mädchen, welche von der stereotypen Behauptung, Mathematik sei eine Männerdomäne („Jungs sind besser in Mathe"), überzeugt sind, überschätzen ihre Trait-Angst in Mathematik im Vergleich zu ihrer gemessenen State-Angst (Bieg et al., 2015).

Auch im Physikunterricht fanden Limprecht et al. (2013) eine höhere Angst und Langeweile bei Mädchen. Durch den Einsatz von Portfolios, welche sich positiv auf das Selbstkonzept und Interesse auswirkten, konnten negative Emotionen in ihrer Intervention abgeschwächt werden. An der Hauptschule weisen Mädchen zudem höhere Angstwerte im Fach Deutsch auf, insbesondere bei der Besorgtheits-Komponente (Gläser-Zikuda & Fuß, 2003).

3.4.2 Entwicklung über die Schulzeit

Lern- und Leistungsemotionen verändern sich im Laufe der Schulzeit, doch leider zeigt sich dabei ein wenig erfreuliches Bild. Nachdem im ersten Grundschuljahr der Gipfel an Lernfreude erreicht wird, nimmt diese bereits ab dem zweiten Schuljahr sowohl in Mathematik als auch in Deutsch kontinuierlich ab (Helmke, 1993). In der Sekundarstufe nehmen Schulfreude, intrinsische Lernmotivation und Wohlfühlen weiterhin ab, wobei die gravierendste Negativentwicklung sich zwischen der 5. und 7. Jahrgangsstufe abzeichnet (Eder, 1995, 2007; Fend, 1997; Pekrun et al., 2006). Erst ab der 8. Klasse scheint sich die Lernfreude zu stabilisieren; ebenso wie die Emotion Stolz, die ähnliche Entwicklungsverläufe aufweist (Pekrun, Vom Hofe et al., 2007). Im 7. bis 10. Schuljahr können nur noch 4.1 % der Schüler*innen als „lernfreudig“ – d.h. Schule und Lernen bejahend, Neues lernen wollend sowie Normen und Werte der Schule akzeptierend – bezeichnet werden (Czerwenka et al., 1990). Einige Studien konnten den generellen Trend, dass mit zunehmenden Schuljahren positive emotional-motivationale Faktoren hinsichtlich Schule und Lernen immer geringer auszufallen scheinen, bestätigen (Fredricks & Eccles, 2002; Hagenauer, 2011; Hagenauer & Hascher, 2011, 2014).

Im Gegenzug scheint das durchschnittliche Ausmaß an negativen Emotionen im Laufe der Schulzeit eher anzusteigen. So sind die Durchschnittswerte für Prüfungsangst zu Beginn der Grundschule relativ gering, steigen aber während der Grundschulzeit substantiell an (Hembree, 1988). In der Sekundarstufe stabilisiert sich die durchschnittliche Leistungsangst und verweilt auf einem relativ hohen Niveau (Pekrun, 2014). So konnten Pekrun, Vom Hofe et al. (2007) anhand ihrer Längsschnittstudie zu Entwicklungsverläufen von Emotionen speziell im Fach Mathematik zeigen, dass Angst und Scham zwischen der 5. und der 8. Jahrgangsstufe eher konstant bleiben, während Ärger und Langeweile dagegen um etwa eine halbe Standardabweichung steigen. Prüfungs- bzw. Leistungsangst kann sich, trotz relativer Stabilität der durchschnittlichen Gruppenwerte, auf der Individualebene verändern.

Einige Erklärungen sind für die ungünstigen Entwicklungsverläufe von Lern- und Leistungsemotionen während der Schulzeit denkbar. Kinder kommen in der Regel voller Neugier, starkem Tatendrang sowie vielfältigen Interessen in die Schule und sind (über die Maße) überzeugt von ihren Fähigkeiten (Gläser-Zikuda, 2012). Im Laufe der Schulzeit gelangen sie jedoch aufgrund vermehrter (negativer) Leistungsrückmeldungen zu einem negativeren, jedoch realistischeren Selbstkonzept (Jerusalem & Schwarzer, 1991). Eine entscheidende Rolle spielen hierbei Bezugsgruppeneffekte (siehe Internal/External Frame of Reference-Modell sowie Big-Fish-Little-Pond-Effekt; Marsh, 1987). Entwicklungsübergänge in der Schullaufbahn, z.B. der Übergang in eine andere Klasse, Schule oder Schulform, stellen eine solche Veränderung der Referenzgruppe dar und haben einen Einfluss auf das Selbstkonzept sowie motivationale und emotionale Faktoren (Zeidner, 1998). Generell kann subsummiert werden, dass sich das Leistungsniveau einer Klasse bzw. Schulart unter Kontrolle der individuellen Leistung negativ auf die Entwicklung von Lernfreude und Angst in Mathematik von Schüler*innen auswirkt (Götz et al., 2004; Pekrun, 2014).

Zudem empfinden Schüler*innen die schulischen Anforderungen insbesondere im Verlauf der Sekundarstufe als stark ansteigend. Dies macht eine zunehmende Anstrengung erforderlich, z.B. in Form von zusätzlichen Unterstützungsangeboten wie Förderkursen oder Nachhilfe, um den eigenen und den Erwartungen anderer (z.B. Eltern, Lehrkräfte) entsprechen zu können. Damit einher gehen emotionale Kosten, da das Lernen als Belastung oder unangenehme Tätigkeit empfunden wird (Frenzel et al., 2015; Gläser-Zikuda, 2012).

Auch veränderte instruktionale Bedingungen in der Sekundarstufe können für die negativen emotionalen Entwicklungsverläufe in Betracht gezogen werden. Die Zunahme lehrerzentrierten Unterrichts und gleichzeitige Abnahme an Schülerorientierung sowie des persönlichen Kontakts zwischen Lehrkräften und Schüler*innen scheint hierbei eine Rolle zu spielen. Zudem erhöht sich mit ansteigendem Alter der Wettbewerb unter den Schülern, ein kooperatives, emotionsgünstiges Klassenklima scheint an Bedeutung zu verlieren (Frenzel et al., 2015).

3.5 Kontroll-Wert-Theorie der Bedingung und Wirkung von Lern- und Leistungsemotionen

Mit der Kontroll-Wert-Theorie hat Pekrun (2006) ein Rahmenmodell zur Bedingungs- und Wirkanalyse von Lern- und Leistungsemotionen entwickelt, auf dessen Grundlage einerseits die diversen Einflussfaktoren auf die Person bzw. deren Appraisals und somit auf die Emotionen, andererseits aber auch die Wirkungen

von Lern- und Leistungsemotionen dargestellt werden können. Die Bedingungsfaktoren von Lern- und Leistungsemotionen sind Annahmen der sozial-kognitiven Kontroll-Wert-Theorie (Social-Cognitive, Control-Value-Theory of Achievement Emotions; Pekrun, 2000), wohingegen für die Wirkung emotionalen Erlebens auf das Lernen und die Leistung die Annahmen des kognitiv-motivationalen Mediationsmodells (theory of cognitive/motivational mediators; Pekrun, 1992) grundlegend sind. Jedes Modell separat betrachtet erweckt zunächst den Eindruck einer unidirektionalen Kausalität, doch die Integration der Modelle macht im systemtheoretischen Sinn die reziproken Beziehungen zwischen Bedingungsfaktoren, emotionalem Erleben und Wirkung deutlich.
In der vorliegenden Arbeit werden die Entstehung von Lern- und Leistungsemotionen und deren Beeinflussung im schulischen Kontext in den Fokus gestellt. Daher wird auf die Auswirkungen des emotionalen Erlebens nicht dezidiert eingegangen, sondern es werden die Bedingungsfaktoren innerhalb der Person (Kap. 3.5.2) und insbesondere der Sozialumweltfaktor Autonomieunterstützung (Kap. 3.5.3) nach einer generellen Darstellung der Kontroll-Wert-Theorie (Kap. 3.5.1) genauer betrachtet.

3.5.1 Struktur der Kontroll-Wert-Theorie

Die grundlegenden Annahmen der Kontroll-Wert-Theorie rücken die Appraisals als Antezedenzien von Emotionen in den Mittelpunkt der Emotionsentstehung. Die Bewertungen (Appraisals) aktueller Lern- und Leistungsaktivitäten sowie deren vergangene und zukünftige Ergebnisse sind hierbei von entscheidender Bedeutung. Es wird angenommen, dass Individuen spezifische Lern- und Leistungsemotionen erleben, wenn sie die jeweiligen Leistungssituationen bzw. Ergebnisse, die sie subjektiv als wichtig erachten, kontrollieren bzw. nicht kontrollieren können. Diese Annahmen implizieren, dass Kontroll- und Valenz-Appraisals Determinanten von Lern- und Leistungsemotionen darstellen und für das Auftreten von Emotionen entscheidend sind. Ebenso wie die daraus resultierenden Emotionen sind Appraisals domänen- und fachspezifisch organisiert. Die Theorie berücksichtigt darüber hinaus aber auch nichtkognitive Faktoren, wie z.B. genetische Dispositionen oder Temperament einer Person, welche die Emotionsentstehung, Auftretenshäufigkeit und Dauer beeinflussen (Pekrun & Perry, 2014).

Die Appraisals wiederum werden von proximalen und distalen Antezedenzien beeinflusst. Diese umfassen weitere individuelle Bedingungsfaktoren, wie z.B. Zielorientierungen, generalisierte Überzeugungen und Geschlecht, sowie situationsspezifische Faktoren, beispielsweise Charakteristika der Aufgaben und Leistungssituationen

Emotionen ihrerseits haben aufgrund diverser kognitiver und motivationaler Mechanismen Auswirkungen auf Leistungsaktivitäten und Leistungsergebnisse. Die Kontroll-Wert-Theorie nimmt an, dass Lern- und Leistungsaktivitäten bzw. deren Ergebnisse wiederum die Emotionsentstehung beeinflussen. Lern- und Leistungsemotionen, deren Bedingungsfaktoren sowie ihre Auswirkungen folgen demnach reziproken Wirkmechanismen (Pekrun, 2006; siehe Abb. 2).

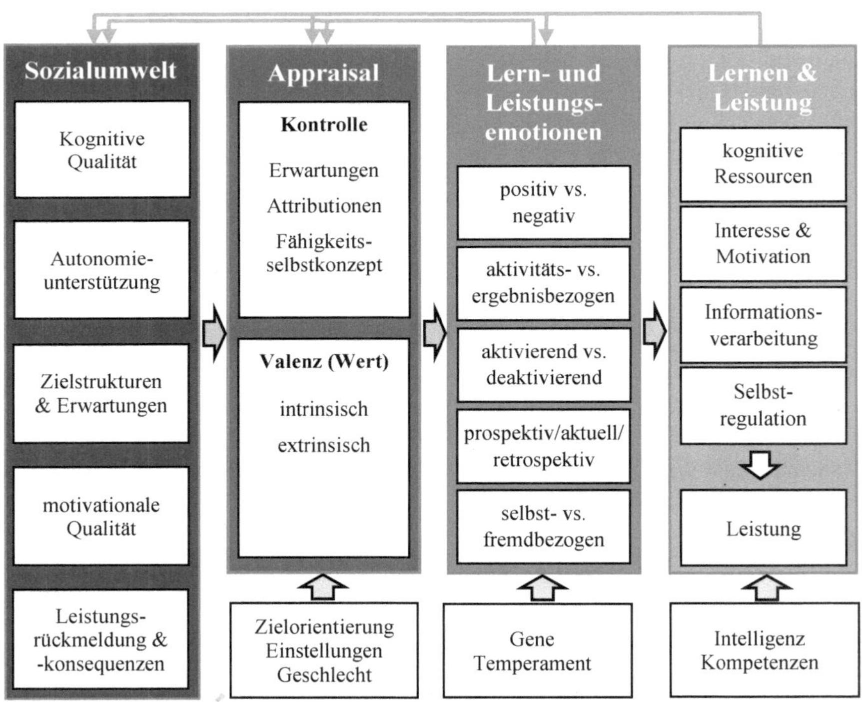

Abbildung 2. Die Kontroll-Wert-Theorie der Lern- und Leistungsemotionen (adaptiert aus Pekrun & Perry, 2014, S. 123)

3.5.2 Bedingungsfaktor Person (Appraisal)

Emotionen können durch eine Vielzahl an Faktoren beeinflusst werden. Wie in Kapitel 2.1.1 dargestellt, können dies neben physiologischen Prozessen oder Rückmeldungen durch Gesichtsausdrücke vor allem kognitive Bewertungen (Appraisals) und Situationswahrnehmungen sein. Für Emotionen, die aus Lernaktivitäten und Leistungsergebnissen herrühren, werden diejenigen Appraisals als bedeutsam erachtet, die sich auf diese Aktivitäten oder Ergebnisse beziehen (Pekrun, Frenzel et al., 2007). Pekrun (2006) erachtet hiervon vor allem zwei Appraisals als entscheidend für die Emotionsentstehung im Lern- und Leistungskontext: Die subjektive Einschätzung der Kontrolle über Aktivitäten und Ergebnisse sowie die subjektive Beurteilung der Valenz dieser Aktivitäten und Ergebnisse.

3.5.2.1 Subjektive Kontrolle

Der Begriff *subjektive Kontrolle* bezieht sich auf den wahrgenommenen kausalen Einfluss einer Person auf ihre Handlungen und deren Ergebnisse (Skinner, 1996). Die Beziehung von Ursache und Wirkung, d.h. die Kausalbeziehungen zwischen der Leistungssituation, dem Selbst, der eigenen Anstrengung und dem Ergebnis, spielen sowohl prospektiv als auch retrospektiv eine entscheidende Rolle bei der Emotionsentstehung.

Prospektive Kausalerwartungen beziehen sich auf Ursachen und deren zukünftige Wirkungen (z.B. die Auswirkungen aktueller Anstrengung auf die Leistung in einer baldigen Prüfung), während über Kausalattributionen die Gründe für bestehende, vergangene Leistungen gesucht werden (z.B. den Grund für ein Versagen in der letzten Prüfung).

Erwartungen hinsichtlich der Handlungssteuerung (action-control expectancies) sind Einschätzungen darüber, ob eine bestimmte Handlung initiiert und vollbracht werden kann. Handlungssteuerungs-Erwartungen stehen dem Konzept der *Selbstwirksamkeitserwartungen* (Bandura, 1977, 1994) damit sehr nahe, wobei hier mehr die Einschätzungen bezüglich der Durchführung einer Handlung in den Mittelpunkt gerückt werden sollen, als die Selbstwirksamkeitserwartungen hinsichtlich des Ergebnisses.

Selbstwirksamkeit kann verstanden werden als die „subjektive Gewissheit, neue oder schwierige Anforderungssituationen auf Grund eigener Kompetenz bewältigen zu können“ (Schwarzer & Jerusalem, 2002, S. 35). Dieses Vertrauen in die eigene Kompetenz schließt demnach auch immer die Überwindung von Herausforderungen durch das eigene Handeln mit ein. Schwarzer und Jerusalem

(2002) unterscheiden zwischen situationsspezifischen Selbstwirksamkeitserwartungen, die sich auf konkrete Anforderungen bzw. Handlungen beziehen, und allgemeine Selbstwirksamkeitserwartungen, die alle Lebensbereiche und die (optimistische) Einschätzung der generellen Lebensbewältigungskompetenz umfassen. Zwischen diesen Polen können bereichs- und domänenspezifische Konzepte verortet werden, z.B. die schulbezogene oder mathematische Selbstwirksamkeitserwartung.

Selbstwirksamkeitsüberzeugungen in Bezug auf schulisches Lernen beinhalten die Erwartungshaltung, durch die eigene Fähigkeit und/oder durch Anstrengung die gesteckten Ziele erreichen und Handlungsabsichten vollziehen zu können. In den allermeisten Fällen bedeutet dies die Erwartung, gute Leistungen erbringen und schulisch erfolgreich sein zu können (Fend, 2005). Im Unterschied zu Ergebniserwartungen, die sich mit der Frage beschäftigen, ob ein bestimmtes Verhalten zur Zielerreichung führt, drehen sich Selbstwirksamkeitserwartungen um den Aspekt, ob man das zur Zielerreichung notwendige Verhalten auch selbst ausführen kann (Bandura, 1977). Selbstwirksamkeitserwartungen können nach Bandura (1994) beeinflusst werden durch

(a) eigene Erfahrungen bzw. Handlungsergebnisse hinsichtlich Erfolg und Misserfolg,
(b) stellvertretende Erfahrungen durch Beobachtung von Verhaltensmodellen,
(c) sprachliche Überzeugungen, wie z.B. Fremdbewertung oder Selbstinstruktion und
(d) Wahrnehmungen eigener Emotionen.

Eigene (Miss-)Erfolgserfahrungen stellen dabei die gewichtigste Einflussgröße auf Selbstwirksamkeitserwartungen dar, sofern die Aktivität bzw. das Ergebnis auf die eigene Person attribuiert werden und eine subjektive Relevanz für den jeweiligen Selbstkonzeptaspekt aufweisen.

Die Einschätzung der Kontrolle steht somit auch in engem Zusammenhang mit dem *Fähigkeitsselbstkonzept* der Schüler*innen. Aufgrund seiner domänenspezifischen Beschaffenheit ist auch hier das schulische bzw. fachspezifische Fähigkeitsselbstkonzept ausschlaggebend. Das schulische Fähigkeitsselbstkonzept meint die Gesamtheit aller kognitiver Repräsentationen eigener Fähigkeiten bezüglich schulischer Leistungen (Pekrun, 1983), wobei die tatsächliche Performanz bei der Beurteilung im Mittelpunkt steht.

Das Fähigkeitsselbstkonzept wird von Emotionen beeinflusst, sofern eine Selbstzuschreibung der Ursache des jeweiligen Ergebnisses möglich ist. In umgekehrter Wirkrichtung sollte ein hohes Fähigkeitsselbstkonzept positive Emotionen wie Freude, Stolz und Hoffnung fördern sowie negative Emotionen wie Angst, Ärger und Langeweile mindern (Götz, 2004; Pekrun et al., 2011). Etliche

Studien konnten die positiven Zusammenhänge von subjektiver Kontrolle mit positiven Emotionen und negative Korrelationen mit negativen Lern- und Leistungsemotionen sowohl mit Studierenden als auch Schüler*innen der Sekundarstufe bestätigen (Ahmed et al., 2010; Dettmers et al., 2011; Frenzel et al., 2007; Goetz et al., 2008; Goetz, Pekrun et al., 2006).

Das Appraisal der *subjektiven Kontrolle* umfasst somit Bewertungen der Kontrolle über Handlungen und deren Ergebnisse (controllability), Einschätzungen darüber, ob internale oder externale Faktoren dieser Kontrolle zugrunde liegen (agency), sowie die Beurteilung der subjektiven Wahrscheinlichkeit, die angestrebten Leistungen zu erreichen (probability; Pekrun & Perry, 2014).

3.5.2.2 Valenzen

Ähnlich dem primären Appraisal bei Smith und Lazarus (1993) geht die Kontroll-Wert-Theorie einerseits von einer kategorialen Bedeutung der Valenzkomponente aus (Lernaktivität bzw. Leistungsergebnis subjektiv positiv oder negativ hinsichtlich Zielkongruenz), andererseits von einer dimensionalen Bedeutung (persönliche Bedeutsamkeit der Lernaktivität bzw. des Leistungsergebnisses).

Die persönliche Bedeutsamkeit wird weiter unterschieden zwischen der subjektiven Valenz der Lernaktivität sowie der Valenz der Ergebnisse dieser Aktivitäten. Sowohl Lernhandlungen als auch Leistungsergebnisse haben dabei für die Person einen intrinsischen und einen extrinsischen Wert sowie einen „Overall Outcome Value", den zusammengefassten intrinsischen und extrinsischen subjektiven Gesamtwert einer Lernaktivität bzw. eines Leistungsergebnisses.

Die *intrinsische Valenz* bezieht sich auf inhärente Eigenschaften der Lernaktivität oder der Leistung per se, unabhängig von dem daraus resultierenden Ergebnis, wie beispielsweise der Note. Der Tätigkeitsanreiz kann somit im Erfolg liegen, weil das Erfolgserlebnis an sich verstärkend wirkt (Eccles, 1983), oder aber im Wissenszuwachs und im Interesse am Fach bzw. der Aufgabe selbst bestehen. Intrinsische Valenz steht somit dem Konstrukt Interesse sehr nahe, wobei Interesse als Bedingung sowie als Folge von Emotionen angesehen werden kann. Einige Studien konnten den Zusammenhang von Interesse und Lern- bzw. Leistungsemotionen empirisch nachweisen (z.B. Götz, 2004; Pekrun et al., 2011; Pekrun & Hofmann, 1999). Im Schulkontext geht hohes Interesse oft einher mit einer hohen Wertschätzung der spezifischen Domäne oder des jeweiligen Themas, weswegen die Fachvalenz ebenfalls eng in Zusammenhang mit der intrinsischen Valenz steht (Killi, 2006).

Die *extrinsische Valenz* hingegen betrifft die instrumentelle Nützlichkeit des Lernens oder der Leistungen für die Erlangung anderer Ziele. Als Beispiel können gute Noten für einen Schüler intrinsisch wertvoll sein, haben aber auch einen extrinsischen Wert, wenn er dadurch die Anerkennung seiner Eltern und Lehrer erfährt oder er sich auf die Erreichung zukünftiger Ziele (z.B. Beruf oder Studienplatz) fokussiert. Der Folgenanreiz kann demnach, abgesehen von der Nützlichkeit guter Noten, auch in den positiven Fremdbewertungsfolgen liegen.

Die extrinsische Valenz basiert also auf der Leistung des/der Lernenden, weswegen in diesem Zusammenhang auch von Leistungsvalenz gesprochen werden kann. Die wenigen Untersuchungen, die Valenz differenziert betrachten, deuten darauf hin, dass Leistungsvalenz mit Angst, Scham und Lernfreude positiv korreliert, mit Ärger und Langeweile dagegen weniger stark positiv oder sogar negativ (Frenzel et al., 2007; Götz, 2004).

Es scheint demnach, als hänge Angst im Lern- und Leistungskontext positiv mit der extrinsischen Valenz, jedoch negativ mit der intrinsischen Valenz zusammen. Dies lässt sich anhand eines Beispiels erklären: Lernt ein Schüler, um dadurch etwa einen guten Abschluss oder Ausbildungsplatz zu bekommen, so ist die extrinsische Valenz und somit Angst davor, dieses Ziel nicht zu erreichen, größer, als wenn er sich aus reinem Interesse mit dem Fach beschäftigen würde. Die empirischen Ergebnisse hierzu sind jedoch widersprüchlich (Goetz, Pekrun et al., 2006).

Der subjektive Gesamtwert (*overall outcome value*) korreliert positiv sowohl mit positiven als auch mit negativen Lern- und Leistungsemotionen. Dies bedeutet, die subjektive Valenz verstärkt bzw. senkt die erlebte Emotionsintensität. Die Emotion Langeweile bildet hier – wie bereits in Kapitel 2.2.6 beschrieben – eine Ausnahme, da sie negative Zusammenhänge mit der wahrgenommenen Valenz zeigt und somit der Grad erlebter Langeweile mit sinkender Valenz ansteigt (Pekrun et al., 2010).

Werden Grad der subjektiven Kontrolle und Valenz mit dem Objektfokus und der Zeitperspektive (siehe Kap. 3.2) gemeinsam betrachtet, so lassen sich, wie in Tabelle 2, Lern- und Leistungsemotionen anhand der proximalen Bedingungsfaktoren charakterisieren. Prospektive Leistungsemotionen, wie Vorfreude oder Angst, sind beispielsweise eine multiplikative Funktion der Ergebniserwartungen (situation- & action-outcome expectancies) und des Ergebniswerts (outcome value). Dies bedeutet, sowohl Erwartungen als auch Valenzen sind für das Entstehen einer prospektiven Emotion notwendige Voraussetzung. Hohe Erfolgserwartungen aufgrund subjektiver internaler Kontrolle und einem mit hoher Wahrscheinlichkeit resultierendem Erfolg in Verbindung mit subjektiver Bedeutsamkeit führen beispielsweise zu Vorfreude. Moderate Erfolgsaussichten aufgrund einer gewissen Unsicherheit im Kontrollempfinden, die sowohl Erfolg als auch Versagen möglich erscheinen lassen, können einerseits bei einem positiven Wert Hoffnung, bei negativem Wert andererseits Angst hervorrufen.

Zusammenfassend scheint die multiplikative Interaktion von wahrgenommener Kontrolle und Valenz positive Effekte auf positive Emotionen zu haben (Goetz, Frenzel, Stoeger & Hall, 2010). Kontroll- und Valenz-Appraisals hängen eng mit den Lern- und Leistungsemotionen der Schüler*innen zusammen, wobei auf der einen Seite Kontrolle grundsätzlich einen positiven Zusammenhang mit positiven und negative Korrelationen mit negativen Emotionen zu haben scheint, und auf der anderen Seite die Valenz positive Beziehungen zu sowohl positiven als auch negativen Emotionen zeigt. Kontrollkognitionen beeinflussen also, welche Emotionen erlebt werden (Emotionsqualität), während Wertkognitionen in Kombination mit Kontrollkognitionen die Intensität der erlebten Emotionen bestimmen (Frenzel et al., 2015).

Tabelle 2

Die Kontroll-Wert-Theorie: Grundannahme über subjektive Kontrolle, Valenzen sowie Lern- und Leistungsemotionen (Pekrun, 2006, S. 320)

		Appraisals		Emotion
Objektfokus	***Zeitperspektive***	***Valenz***	***Kontrolle***	
Ergebnis	prospektiv	positiv (Erfolg)	hoch	Vorfreude
			mittel	Hoffnung
			niedrig	Hoffnungs-losigkeit
		negativ (Misserfolg)	hoch	Entspannung
			mittel	Angst
			niedrig	Hoffnungs-losigkeit
Ergebnis	retrospektiv	positiv (Erfolg)	irrelevant	Freude
			selbst	Stolz
			andere	Dankbarkeit
		negativ (Misserfolg)	irrelevant	Traurigkeit
			selbst	Scham
			andere	Ärger
Aktivität	aktuell	positiv	hoch	Freude
		negativ	hoch	Ärger
		positiv/negativ	niedrig	Frustration
		keine	hoch/niedrig	Langeweile

3.5.3 Autonomieunterstützung als Bedingungsfaktor der Sozialumwelt (Environment)

Unter einer sozial-kognitiven Perspektive ist anzunehmen, dass situationsspezifische kognitive Bewertungen und generalisierte Überzeugungen von Personen immer in Auseinandersetzung mit ihrer Sozialumwelt entstehen. Die Appraisals

Kontrolle und Valenz fungieren als Mediatoren beim Einfluss der Sozialumwelt auf die Lern- und Leistungsemotionen. Dies bedeutet, die situativen Umweltgegebenheiten beeinflussen – ebenso wie generalisierte Überzeugungen, Zielorientierungen und das Geschlecht – die kognitiven Bewertungen der jeweiligen Situation und wirken sich so auf situative (State-) und habitualisierte (Trait-)Emotionen aus. Hierbei spielen sowohl die proximale Sozialumwelt, dies bedeutet im schulischen Kontext die Lehrer, Eltern und Peers, als auch die distale Umwelt, wie z.B. das Wirtschaftssystem, das Bildungssystem oder die Wertekultur, eine Rolle. Der Fokus der Kontroll-Wert-Theorie als auch der vorliegenden Arbeit liegt auf den Fragen, welche situativen Gegebenheiten Appraisals in welcher Weise beeinflussen und wie Lern- und Leistungsemotionen bei Schüler*innen positiv beeinflusst werden können. Daher werden die Einflüsse der proximalen Umwelt in den Fokus gerückt, in welchen die Auswirkungen der distalen Umwelt implizit mitwirken. Die vorliegende Arbeit grenzt den Bedingungsfaktor Sozialumwelt weiterhin ein, indem ausschließlich auf im schulischen Kontext beeinflussbare Faktoren, d.h. die Gestaltung der Lernumwelt sowie der Inhalte und Aufgaben, eingegangen wird.

Wie in Abbildung 2 zu sehen, nennen Pekrun (2000, 2006) bzw. Pekrun und Perry (2014) hierzu fünf Facetten der Sozialumwelt, welche in besonderem Maße Kontroll- und Wertüberzeugungen beeinflussen können. Neben der kognitiven und motivationalen Qualität der Instruktion und Aufgaben, spielen die Erwartungen und Zielstrukturen, Leistungsrückmeldungen und -konsequenzen sowie der Grad an Autonomieunterstützung hierbei eine wichtige Rolle. Für die vorliegende Studie ist vorrangig der letztgenannte Faktor von Bedeutung, weshalb nur auf diesen Bedingungsfaktor der Sozialumwelt explizit eingegangen wird.

Autonomieunterstützung im Unterricht bedeutet, die Schüler*innen auf eine bestimmte Weise und in einem angemessenen Maß ihre Lernprozesse selbst bestimmen zu lassen, im Gegensatz oder als Ergänzung zu lehrerzentrierter Instruktion (Pekrun, 2006). Unterrichtsgestaltung und Aufgabenstellungen, welche den Schüler*innen Autonomie gewähren, können die wahrgenommene Kontrolle sowie die intrinsische Valenz der jeweiligen Aktivitäten erhöhen, da sie laut der Selbstbestimmungstheorie der Motivation (Deci & Ryan, 1985, 1993) das psychologische Grundbedürfnis nach Autonomie erfüllen (Tsai et al., 2008). Die von Lernenden wahrgenommene Autonomie ist entscheidend für die Übernahme von Werten und Handlungszielen (für eine detailliertere Darstellung siehe das folgende Kap. 4).

Schüler*innen können ihr eigenes Handeln nur erproben und entwickeln, wenn ihnen auf altersangemessene Weise und entsprechendem Umfang Handlungsspielräume und Selbstständigkeit gewährt werden. Erfolgreiche, selbstgesteuerte Handlungen tragen wiederum zur Ausbildung von positiven Kontrollüberzeugungen bei (Frenzel et al., 2015).

Die Zusammenhänge zwischen Lern- und Leistungsemotionen mit Autonomieunterstützung scheinen komplex zu sein, da sie von vielen Faktoren des Individuums sowie Merkmalen der Sozialumwelt abhängig sind. Bei Götz (2004) zeigt sich dies beispielsweise anhand mäßiger Korrelationen der Skala Schülermitbestimmung, welche in der Unterrichtssituation positiv mit Freude (r = .32**) und negativ mit Ärger (r = -.18**) und Langeweile (r = -.22**) korrelierten. Kein signifikanter Zusammenhang wurde hingegen zwischen Schülermitbestimmung und Angst gefunden.

Für die Skala Selbstregulation des Lernens (hier Synonym zu Schülermit- bzw. Selbstbestimmung verwendet) finden sich bei Titz (2001), Pekrun et al. (2002a) sowie Pekrun et al. (2011) für die Veranstaltungs- bzw. Unterrichtsemotionen Freude, Hoffnung, Stolz, Hoffnungslosigkeit und Scham durchgängig signifikante Korrelationen von schwacher bis mittlerer Stärke. Uneinheitlich sind die Ergebnisse für die Emotionen Angst, Ärger und Langeweile. Während sowohl bei Götz (2004) als auch bei Pekrun et al. (2011) die Korrelationen von Ärger, Angst und Langeweile ein hohes Signifikanzniveau erreichen, sind bei Titz (2001) die Zusammenhänge mit selbstreguliertem Lernen hier äußerst schwach und nicht signifikant. Bei Pekrun et al. (2002a) korrelieren Angst und Langeweile signifikant negativ mit der Selbstregulation des Lernens, Ärger hingegen nicht. Tabelle 3 fasst die Autonomieunterstützung betreffenden Ergebnisse dieser drei Studien zusammen und liefert die exakten Korrelationswerte.

Tabelle 3

Zusammenhänge der Schülermitbestimmung und des selbstregulierten Lernens mit Lern- und Leistungsemotionen in der Unterrichts- bzw. Veranstaltungssituation (Götz, 2004; Pekrun et al., 2002a; Pekrun et al., 2011; Titz, 2001)

	Freude	**Hoffnung**	**Stolz**	**Ärger**	**Angst**	**Hoffn. losigk.**	**Langeweile**	**Scham**
Schülermitbestimmung	.32**	x	x	-.18**	-.06	x	-.22**	x
Selbstreguliertes Lernen	.50**	x	x	-.37**	-.25**	x	-.37**	x
	.26**	.45**	.43**	-.25**	-.29**	-.34**	-.16**	-.26**
	.43**	.46**	x	-.13	-.26**	x	-.21**	x
	.31**	.36**	.26**	-.03	-.13	-.26**	-.10	-.23**

Anmerkungen. Erste Zeile jeder Parzelle zeigt die Ergebnisse von Götz (2004), zweite Zeile Pekrun et al. (2011), dritte Zeile Pekrun et al. (2002), vierte Zeile Titz (2001). x = Skala wurde nicht erhoben. Schülermitbestimmung wurde nur bei Götz (2004) erhoben, daher keine weiteren Werte in dieser Zeile. Hoffn.losigk. = Hoffnungslosigkeit. *$p \leq .05$; **$p \leq .01$.

Pekrun et al. (2002a) berichten zudem Zusammenhangsmaße der lernbezogenen Emotionen mit externaler Regulation des Lernens, sprich dem Gegenteil von selbstreguliertem Lernen. Hier zeigen sich für Freude und Hoffnung keine signifikanten Korrelationen, jedoch scheint externale Regulation mit Ärger (r = .27**), Angst (r = .27**) sowie Langeweile (r = .17*) positiv zusammenzuhängen.

Während sich also durchweg positive Zusammenhänge von Schülermitbestimmung bzw. selbstreguliertem Lernen mit positiven Emotionen feststellen lassen, sind die Ergebnisse – mit Ausnahme von Scham – bei den negativen Emotionen uneinheitlich und weniger stark ausgeprägt. Negative Lernemotionen scheinen jedoch mit der externalen Regulation des Lernens, d.h. einer nicht vorhandenen Autonomie für Schüler*innen, positiv zusammenzuhängen. Da es sich bei allen genannten Studien um Querschnittuntersuchungen handelt, können lediglich Zusammenhänge berichtet werden, die keine Wirkrichtung vorgeben. Das Empfinden von Selbstregulation beim Lernen kann positive Emotionen verursachen, ebenso vermag eine wahrgenommene Fremdregulation wohl negative Emotionen hervorzurufen. Es könnte aber auch sein, dass positive Emotionen förderlich sind für die Selbstregulation des Lernens, negative Emotionen hingegen eher zu einem Vertrauen in externale Anleitung führen (Pekrun et al., 2002a). Wie in der Kontroll-Wert-Theorie beschrieben, kann selbstreguliertes Lernen somit ein Bedingungsfaktor von Emotionen sein, gleichzeitig haben Emotionen aber auch Auswirkungen auf die Selbstregulation des Lernens.

Eine mögliche Erklärung, warum die Befunde zum Zusammenhang von Lern- und Leistungsemotionen mit unterschiedlichen Facetten von Autonomieunterstützung teilweise widersprüchlich und von eher geringer Effektstärke sind, könnte in der uneinheitlichen Definition des Konstrukts Autonomieunterstützung liegen. Schülermitbestimmung, selbstreguliertes und selbstgesteuertes Lernen, Autonomiegewährung bzw. -unterstützung sowie Öffnung von Unterricht haben zwar einen gemeinsamen Kern, werden jedoch je nach Profession und Forschungstradition unterschiedlich interpretiert und evaluiert. Daher gilt es im folgenden Kapitel den gemeinsamen Kern dieser Facetten, welche in der vorliegenden Arbeit unter der Bezeichnung Autonomieunterstützung subsummiert werden, genauer herauszuarbeiten und diesen Einflussfaktor der Sozialumwelt auf Lern- und Leistungsemotionen exakter zu definieren. Auf einer solchen Grundlage können anschließend exaktere Annahmen zum Zusammenhang von Autonomieunterstützung mit Kontroll- und Valenz-Appraisals sowie Lern- und Leistungsemotionen getroffen werden.

4 Autonomieunterstützung im schulischen Kontext

Schüler*innen bringen eine Fülle an Interessen, Valenzen, Kompetenzen und Bedürfnissen mit in den Unterricht. Die Lehrkraft wiederum bietet den Schüler*innen zahlreiche Inhalte und Betätigungen, welche sie didaktisch-methodisch aufbereitet, strukturiert und anleitet. Sie fungiert als Bezugsperson und bildet zusammen mit Peers, Schulleitung, Kolleg*innen und Eltern die soziale Lernumwelt. Verlaufen die Interaktionen positiv, so können diese proximalen Umweltfaktoren die Schüler*innen dabei unterstützen, ihre Bedürfnisse zu befriedigen, den eigenen Interessen nachzugehen, Werte zu internalisieren sowie ihre Fähigkeiten und Fertigkeiten auszubauen. Eine Möglichkeit hierzu bietet die Förderung von Autonomie, d.h. die (teilweise oder gesamte) Selbstbestimmung des Lernens durch die Schüler*innen. Gehen Lehrkräfte auf solche Weise auf die Interessen, Valenzen und Bedürfnisse der Schüler*innen ein, so zeigen diese eine erhöhte Motivation, bessere Lernergebnisse, persönliches Wohlbefinden (Reeve, 2002; Ryan & Deci, 2000) sowie positivere Lern- und Leistungsemotionen (siehe Kap. 3.5.3). Es scheint jedoch so zu sein, dass schulischer Unterricht von vielen Kindern und Jugendlichen als eine relativ fremdbestimmte Umgebung wahrgenommen wird, da Schule in der Regel kein selbstgewählter Kontext ist und die Schüler*innen kaum ihren Bedürfnissen entsprechend handeln können (Eccles et al., 1993). Daher handelt es sich bei der Förderung von Autonomie der Schüler*innen nicht um ein passives Verhalten der Lehrkraft (im Sinne von „gewähren lassen"), sondern um ein aktives Handeln der Lehrerin bzw. des Lehrers, indem die Lernumgebung so vorbereitet wird, dass ein selbstbestimmtes Lernen der Schüler*innen unterstützt wird. Um diesen für alle Beteiligten aktiven Charakter dieses Unterrichtsmerkmals zu betonen, wird in der vorliegenden Arbeit nicht – wie häufig in der deutschsprachigen Literatur – von Autonomiegewährung gesprochen, sondern die Bezeichnung *Autonomieunterstützung* gewählt.

Das folgende Kapitel will klären, wie die Unterstützung von Autonomie im Unterricht erfolgen kann und auf welche Weise solch positive Wirkungen erzielt werden können. Hierzu wird nach einer Begriffsbestimmung (Kap. 4.1) die Selbstbestimmungstheorie der Motivation von Deci und Ryan (1985; 2017) näher dargestellt (Kap. 4.2). Neben den grundlegenden Annahmen der Mini-Theorien der Selbstbestimmungstheorie (Kap. 4.2.1) steht dabei die Beschreibung eines autonomieunterstützenden Motivations- und Unterrichtsstils (Kap. 4.2.2) im Mittelpunkt. Nach einer Begriffsbestimmung (Kap. 4.2.2.1) sowie der Beschreibung der Ziele und Wirkungen (Kap. 4.2.2.2) als auch dem Verhältnis von Autonomie und Struktur (Kap. 4.2.2.3), werden eine autonomieunterstützende Unterrichtsgestaltung (Kap. 4.2.2.4) sowie die unterschiedlichen Facetten von Autonomieunterstützung und Selbstbestimmung thematisiert.

Die didaktisch-methodische Umsetzung von Autonomieunterstützung kann im schulischen Kontext durch die Öffnung des Unterrichts erfolgen. Daher werden nach der Annäherung an den Begriff *Offenen Unterricht* (Kap. 4.3.1) in Kapitel 4.3.2 verschiedene Dimensionen der Öffnung von Unterricht vorgestellt. Fünf dieser Dimensionen bzw. Kriterien der Öffnung von Unterricht sowie die Stufenmodelle des Offenen Unterrichts nach Peschel (2002a) sowie Bohl und Kucharz (2010) bilden eine weitere Basis der vorliegenden Untersuchung.

Zuletzt soll ein integratives Modell der Unterrichtsvariable *Autonomieunterstützung* als Bedingung von Lern- und Leistungsemotionen (Kap. 4.4), welches die theoretischen Grundlagen der Studien zusammenfasst, vorgestellt werden. Ein Resümee des theoretischen Teils dieser Arbeit mitsamt einem Rahmenmodell des Zusammenhangs von Autonomieunterstützung mit Lern- und Leistungsemotionen auf Basis Pekruns Kontroll-Wert-Theorie bietet Kapitel 4.5.

4.1 Begriffsbestimmung

4.1.1 Autonomie

Autonomie ist ein psychologisches Grundbedürfnis des Menschen (Deci & Ryan, 1985). Dieses Bedürfnis meint das Bestreben, sich selbst als Verursacher*in eigener Handlungen zu erleben, aus eigenen Werten und Interessen heraus zu handeln und über eigene Tätigkeiten bestimmen zu können. Autonomie betrifft demnach die Bestimmung und Regulation des Verhaltens durch das Selbst (Ryan & Deci, 2017). Insofern ist eine etymologische wie auch konstruktimmanente Nähe zu Selbstbestimmung und Selbstregulation sowie – im akademischen Kontext – zu selbstbestimmtem bzw. selbstreguliertem Lernen gegeben.

Autonomie beschreibt den wahrgenommenen Grad, zu welchem eine Handlung von der eigenen Volition, dem eigenen Willen und der eigenen Bereitschaft herrühren. „To be autonomous means acting in accord with one's reflective considerations; thus autonomous actions are those that can be self-endorsed and for which one takes responsibility“ (Ryan & Deci, 2017, S. 51). Dies schließt mit ein, dass die Person Wahlmöglichkeiten zwischen Handlungsalternativen – bis hin zur absichtlichen Unterlassung einer Handlung – hat.

Motivierte Handlungen lassen sich demnach anhand des Grades ihrer Autonomie bzw. nach dem Ausmaß ihrer Kontrolliertheit unterscheiden. Als autonom gelten motivierte Handlungen dann, wenn sie frei gewählt wurden und den Zielen und Wünschen des individuellen Selbst entsprechen (Deci & Ryan, 1993).

Intentionales Verhalten ist jedoch nicht per se frei gewählt oder selbst initiiert. Menschen führen sehr häufig Handlungen aus, gerade weil sie sich dazu von nicht beeinflussbaren Ursachen gedrängt oder genötigt fühlen. Werden Handlungen als aufgezwungen, von intrapsychischen oder äußeren Umständen bzw. Personen veranlasst oder als verpflichtend empfunden, gelten sie als kontrolliert (Deci, 1980).

Autonomie und Kontrolle definieren somit Endpunkte eines Kontinuums motivierter Handlungen, welches von Heider (1958) sowie DeCharms (1968) als *perceived locus of causality* bezeichnet wurde. Bei einer internalen Handlungsverursachung erlebt die Person sich selbst als Ursprung („origin") ihrer volitionalen Handlung. Wird eine Handlung hingegen von außen oktroyiert, nimmt die Person eine externale Handlungsverursachung an und fühlt sich als Schachfigur („pawn") externaler Einflüsse und Antriebe. Diese Unterscheidung zwischen internaler und externaler Handlungsverursachung stellt dabei keine Entweder-Oder-Entscheidung dar, sondern ein Kontinuum, in welchem eine Person sich unter gegebenen Umständen mehr als Ursprung, unter anderen Umständen eher als Schachfigur empfindet (DeCharms, 1968). Die Abstufungen zwischen Autonomie einerseits und Kontrolle andererseits sind dabei mannigfaltig.

Kontrolle darf in diesem Zusammenhang nicht missverstanden werden: Gemeint ist hiermit die externale Kontrolle als Gegenpol zur Selbstbestimmung, keineswegs die subjektive, internale Kontrolle, welche das Kompetenzempfinden als den wahrgenommenen kausalen Einfluss einer Person auf ihre Handlungen und deren Ergebnisse versteht (siehe Kap. 3.5.2.1).

Klar unterschieden werden sollte des Weiteren zwischen Autonomie und verwandten Begrifflichkeiten wie Unabhängigkeit, Autarkie, Individualismus und Freiheit von äußeren Einflüssen (Kerr, 2002; Ryan & Deci, 2017). Eine völlige Loslösung vom sozialen Kontext und von jeglichen äußeren Einflüssen kann es nicht geben und ist mit Autonomie auch keineswegs gemeint. Das fundamentale Verständnis von Autonomie dreht sich um integrierte, das Selbst bestätigende Handlungen: „a willingness to act as one does and an endorsement of the motivation that leads one to do it" (Ryan & Deci, 2017, S. 57).

Autonomie ist eher eine Frage des Grades, welchen Einflüssen eine Person wie stark einwilligt und welchen anderen wiederum nicht. Autonomie kann somit auch in Situationen erlebt werden, die von äußeren oder inneren Umständen bestimmt werden, sofern die Ziele und Werte, welche hinter der Handlung stehen, internalisiert sind. Eine Person kann volitional Pflichten, Aufgaben und Verantwortlichkeiten übernehmen sowie abhängig von anderen sein, sich dabei aber autonom fühlen, wenn diese Handlungsweise ihrem freien Willen und einer Bestätigung ihres Selbst entspricht.

Ein Sportler beispielsweise kann den Anweisungen eines Trainers exakt folgen und schweißtreibende Einheiten absolvieren, welche er nicht selbst initiiert hat (und sich selbst vielleicht auch nicht zumuten würde), sich dabei aber autonom fühlen, wenn er sich selbst entschieden hat, an der Trainingseinheit teilzunehmen und die Aufgaben seinen eigenen Zielen, in diesem Fall der Leistungssteigerung, entsprechen. Auch im schulischen Kontext lassen sich solche Beispiele finden. Eine Schülerin kann Autonomie in einer Situation empfinden, in welcher sie den Anweisungen und Hilfestellungen des Lehrers unmittelbar folgt, wenn sie sich willentlich auf dessen Rat verlässt oder volitional die Anweisungen ausführt. Autonomie bedeutet gerade nicht, den Schüler*innen völlige Freiheit in allen Belangen zu lassen, sondern sie dabei zu unterstützen, sich selbst als Verursacher*in eigener Handlungen zu erleben und aus eigenen Werten und Interessen heraus authentisch zu handeln.

Autonomie kann zusammenfassend als theoretisches Konzept beschrieben werden, das eine innere Zustimmung zu eigenen Handlungen (internale Handlungsverursachung), die Wahrnehmung hoher Flexibilität und geringen Drucks während der Handlung (psychologische Freiheit) sowie ein Gefühl, dass die eigenen Handlungen frei gewählt wurden (wahrgenommene Wahlmöglichkeiten), umfasst (Deci & Ryan, 1987).

4.1.2 Selbstbestimmung

Ryan und Deci (2017) benutzen in der Tradition von Heider (1958) und DeCharms (1968) die Begriffe Autonomie und Selbstbestimmung synonym. Selbstbestimmung sollte jedoch eher verstanden werden als die subjektive Wahrnehmung, welche das zugrundeliegende theoretische Konzept der Autonomie widerspiegelt (Reeve et al., 2003). Sie kann einerseits als eine kurzzeitige, situationsspezifische Erfahrung eines Zustands (Selbstbestimmung als *State*) angesehen werden, andererseits aber auch als überdauernde Persönlichkeitseigenschaft, Selbstbestimmung in bestimmten Situationen tendenziell häufiger oder stärker zu erleben (Selbstbestimmung als *Trait*). Die Einschätzung der Selbstbestimmung ist dabei abhängig von individuellen Vorerfahrungen, persönlichen Einstellungen und Überzeugungen sowie von Persönlichkeitseigenschaften.

Frühe kognitive Motivationstheorien sahen Intentionen, d.h. zielgerichtete Vorhaben, als zentrales motivationales Konstrukt an (Atkinson, 1964; Bandura,

1977; Heider, 1958; Weiner, 1972). Um zwischen autonomen und kontrollierten Intentionen zu unterscheiden, führte Deci (1980) den Begriff Selbstbestimmung ein. Selbstbestimmte Intentionen unterschied er von fremdbestimmten, d.h. durch Belohnung, Angst oder Schuld bestimmte Intentionen.

Das Konstrukt Selbstbestimmung beinhaltet– aufbauend auf dem Konzept der Autonomie – die Facetten der internalen Handlungsverursachung, Volition (bzw. psychologischen Freiheit) sowie wahrgenommenen Wahlmöglichkeiten. Die wahrgenommene Handlungsverursachung (*perceived locus of causality*; DeCharms, 1968) existiert – wie im vorangegangenen Kapitel beschrieben – als Kontinuum von internaler Kontrolle, d.h. der Wahrnehmung, dass das Verhalten durch die Person selbst initiiert und reguliert wird (hohe Selbstbestimmung), bis zur externalen Kontrolle, also der Wahrnehmung, dass der Grund für das eigene Verhalten in der Umwelt liegt (niedrige Selbstbestimmung).

Volition beschreibt, wie frei bzw. gezwungen sich Menschen fühlen, wenn sie das tun, was sie tun wollen bzw. das unterlassen, was sie nicht tun wollen (Ryan, 1982). Volition ist somit ein Gefühl der ungezwungenen Bereitwilligkeit, sich mit einer Tätigkeit zu beschäftigen (Deci et al., 1996, S. 165). Hat das Individuum das Gefühl großer Freiheit bzw. geringen bis gar keinen Druck, so ist von einer hohen Volition auszugehen (Deci, 1980).

Eine dritte Facette von Selbstbestimmung sind die wahrgenommenen Wahlmöglichkeiten (*perceived choice*). Bietet die Lernumwelt dem Individuum Flexibilität beim Finden und Treffen von Entscheidungen sowie Möglichkeiten, zwischen verschiedenen Alternativen zu wählen, fördert dies die Wahrnehmung von Wahlfreiheit. Im Gegensatz dazu stehen ein rigider Umgangston und die Beeinflussung von Individuen, wie sie zu denken, zu fühlen und sich zu verhalten haben. Im Unterricht wäre dies das strikte Drängen der Schüler*innen hin zu einem vorgegeben Handlungsverlauf bzw. zu vorgefertigten Denkmustern (Reeve et al., 2003).

Deci und Ryan (1985) schreiben den wahrgenommenen Wahlmöglichkeiten eine wichtige Rolle im Konstrukt Selbstbestimmung zu. „Self-determination is the capacity to choose and to have choices, rather than reinforcement contingencies, drives, or any other forces or pressures, be the determinant of one's actions“ (Deci & Ryan, 1985, S. 38).

Diese drei genannten Facetten von Selbstbestimmung überschneiden bzw. ergänzen sich gegenseitig. Andererseits können sie unter bestimmten Bedingungen auch unabhängig voneinander auftreten. Verschiedene Theorien und empirische Befunde, wie Selbstbestimmung als auch Autonomie weiter gegliedert werden können und welche Facetten das Konstrukt Selbstbestimmung bestmöglich repräsentieren, beschreibt Kapitel 4.2.2.4.

4.2 Selbstbestimmungstheorie

Die Selbstbestimmungstheorie (*self-determination theory*; SDT) nach Deci und Ryan (1985) ist eine auf empirischen Erkenntnissen beruhende, organismische und dialektische Makro-Theorie der menschlichen Motivation, des Verhaltens und der Persönlichkeitsentwicklung. Sie unterscheidet Motivationstypen auf dem Kontinuum zwischen autonomem und kontrolliertem Verhalten. Die SDT geht explizit davon aus, dass Menschen von Natur aus neugierig, physisch aktiv und zutiefst soziale Wesen sind (Reeve et al., 2004; Ryan & Deci, 2017). Als organismisch wird die Selbstbestimmungstheorie bezeichnet, da sie eine menschliche Tendenz zur stetigen Internalisation und Integration, psychologischem Wachstum und Wohlbefinden postuliert. Darüber hinaus wird eine permanente interaktive Beziehung zwischen dem organismischen Integrationsprozess und den Einflüssen der sozialen Umwelt unterstellt, weshalb es sich um eine ebenso dialektische Theorie handelt (Deci & Ryan, 1993).

Die SDT befasst sich unter anderem damit, wie Faktoren des sozialen Kontexts das menschliche Streben nach psychischer und physischer Gesundheit und Vitalität, Internalisation sowie sozialer Integration unterstützen oder diesem entgegenwirken. Die Befriedigung der psychologischen Grundbedürfnisse nach Kompetenz, Autonomie und sozialer Eingebundenheit spielt hierbei eine entscheidende Rolle.

Diese Annahmen gelten selbstredend auch für den schulischen Kontext und sollen helfen, die Motivation von Schüler*innen zu verstehen und zu unterstützen. Mittel und Wege zu finden, um das schulische Engagement, die konstruktive soziale Entwicklung, das persönliche Wohlbefinden sowie die optimale Leistungsfähigkeit zu fördern, stehen für Pädagogen dabei im Mittelpunkt (Deci et al., 1991; Ryan & Deci, 2000).

Die Selbstbestimmungstheorie zieht dabei auch in Betracht, dass Schüler*innen manchmal die Möglichkeiten für persönliches Wachstum verweigern, es ihnen an eigenständiger Motivation mangelt oder sie sich unverantwortlich verhalten. Daher werden im Rahmen der SDT die sozialen Einflussfaktoren untersucht, welche die inneren motivationalen Ressourcen von Schüler*innen unterstützen oder unterminieren (Deci & Ryan, 1985; Reeve, 2002). Diese motivationalen Ressourcen, die uns Menschen inhärenten Wachstumstendenzen sowie die psychologischen Grundbedürfnisse werden bei der Erklärung einer gesunden Persönlichkeitsentwicklung sowie autonomen Selbstregulation in den Mittelpunkt gerückt. Die Makro-Theorie der Selbstbestimmung besteht dabei aus sechs in Wechselbeziehung stehender Mini-Theorien. Mit Ausnahme der Causality Orientations Theory (COT) sowie der Goal Contents Theory (GCT), welche für die vorliegende Arbeit weniger Relevanz besitzen, werden diese in den folgenden Kapiteln genauer dargestellt, wobei der stärkste Fokus auf die Basic Psychological Need Theory (Kap. 4.2.1.1) sowie die Cognitive Evaluation Theory (Kap. 4.2.1.2) gelegt wird.

4.2.1 Spezifische Mini-Theorien der Selbstbestimmungstheorie

4.2.1.1 Basic Psychological Needs Theory

Die Basic Psychological Needs Theory (BPNT) fokussiert sich auf die fundamentalen psychologischen Bedürfnisse nach Autonomie/Selbstbestimmung (*autonomy*), Kompetenz/Wirksamkeit (*competence*) sowie sozialer Eingebundenheit/Verbundenheit (*relatedness*) (Deci & Ryan, 1985, 1993). Die psychologischen Grundbedürfnisse liegen der Suche nach Neuem und der optimalen Herausforderung, der Anwendung und Erweiterung der eigenen Leistungsfähigkeit sowie dem Erkunden und Lernen zu Grunde. Wenn die Umweltbedingungen – im schulischen Kontext die Eltern und Lehrpersonen, der Unterricht, die Peers etc. – diese Bedürfnisse anerkennen und unterstützen, erleben Schüler*innen eine Bedürfnisbefriedigung und zeigen folglich intrinsische Motivation, autonome Selbstregulation, aktives Engagement, positive Emotionalität sowie psychologisches Wachstum (Reeve, 2002). Die Befriedigung der psychologischen Grundbedürfnisse ist somit essentiell für Wohlbefinden, Gesundheit und Vitalität (Ryan & Deci, 2017).

Kompetenz ist das Bedürfnis, in Interaktionen mit der Umwelt möglichst effektiv zu handeln, d.h. diese den eigenen Zielen und Werten entsprechend zu beeinflussen. Es spiegelt das inhärente Verlangen wider, die eigenen Fähigkeiten anzuwenden, sich optimalen Herausforderungen zu stellen und diese zu bewältigen. Diese Auffassung von Kompetenz geht auf White (1959) zurück, welcher die naturgegebene Tendenz, die Umwelt aktiv beeinflussen zu wollen, um daraus Selbstwirksamkeit zu beziehen, als Kompetenzmotivation (*effectance motivation*) bezeichnete. Diese entsteht weder durch Druck noch durch eventuelle Belohnung oder materiellen Nutzen, sondern stellt ein starkes intrinsisches Bedürfnis dar, Selbstwirksamkeit zu erleben. Auf diese Weise motivierte Tätigkeiten gehen mit einer Bedürfnisbefriedigung und Freude an der erlebten Selbstwirksamkeit einher, sofern die Handlungen positiv verlaufen. Hierfür werden diverse Kompetenzen benötigt, welche zunächst entwickelt und gelernt werden müssen, wofür wiederum Motivation aufgebracht werden muss. Das Bedürfnis nach Kompetenzerleben stellt die Energie für diesen Lernprozess zur Verfügung. Die Ziele dieses Lernprozesses können von einem spontanen Erleben von Kompetenz durch die kurzfristige Beeinflussung der Umwelt bis hin zur kompetenzmotivierten Adaption des eigenen Verhaltensrepertoires reichen (Ryan & Deci, 2017). Schüler*innen zeigen ihr Kompetenzbedürfnis, indem sie entwicklungsgemäße Herausforderungen suchen und bei diesen (bis zu einer Bewältigung) verharren, aber auch, wenn sie Interesse an Aktivitäten zeigen, welche ihnen helfen, ihre Fähigkeiten, Fertigkeiten und Talente zu erkennen, zu überprüfen und auszubauen (Reeve et al., 2004).

Soziale Eingebundenheit meint das Bedürfnis nach enger Verbundenheit und sicherer Bindung zu anderen sowie das Verlangen, emotional in warmherzige und fürsorgliche zwischenmenschliche Beziehungen involviert zu sein (Baumeister & Leary, 1995). Unser Verhalten ist meist in einen sozialen Kontext eingebunden und wird durch diesen mitbestimmt, da Menschen als soziale Wesen schon von Anbeginn auf die Fürsorge, Hilfe und Unterstützung anderer angewiesen waren, um ihr Verhalten anzupassen und zu überleben. Es sind jedoch nicht hauptsächlich materielle Güter oder physische Unterstützung, sondern viel mehr das Gefühl der Zugehörigkeit und bedeutsam in den Augen anderer zu sein, weshalb Menschen sich an anderen orientieren.

Der Kern der sozialen Eingebundenheit über verschiedenste Interaktionsformen hinweg ist das Grundbedürfnis, sich respektiert, erwidert und wertgeschätzt zu fühlen, wichtig für andere zu sein bzw. keine Ablehnung, Bedeutungslosigkeit oder Trennung zu erfahren. Aus diesem Bedürfnis heraus verhalten sich Menschen oftmals so, wie sie denken, dass es ihnen Akzeptanz, Anerkennung und Gruppenzugehörigkeit einbringt (Baumeister & Leary, 1995). Menschen interessieren sich deshalb dafür, wie andere denken oder handeln und was andere von ihnen erwarten, so dass sie sich dementsprechend verhalten können. Menschen können Ziele und Werte anderer internalisieren und sie in ihr eigenes Selbst integrieren, ebenso übernehmen sie Bräuche und Gepflogenheiten ihrer Kultur, um soziale Eingebundenheit bzw. Zugehörigkeit zu erlangen. Es sollte jedoch unterschieden werden zwischen Verhaltensweisen, die dies nur intendieren, und solchen, die tatsächlich das Bedürfnis nach sozialer Eingebundenheit befriedigen. Denn Menschen können sich noch so sehr anderen anpassen, so lange sie sich nicht in irgendeiner Weise anerkannt und in ihrem Verhalten bestätigt fühlen, wird das Bedürfnis nicht erfüllt werden. Vielmehr müssen diese Personen – zumindest in ihrer subjektiven Wahrnehmung – von anderen bedingungslos gemocht und so akzeptiert werden, wie sie sind bzw. wie es ihrem Selbst entspricht (siehe hierzu auch Kap. 4.2.1.4).

Autonomie ist, wie bereits dargelegt, das psychologische Bedürfnis, sich selbst als Ursprung eigener Handlungen zu erleben oder zumindest eher mit diesen volitional übereinzustimmen, als die Handlungen als erzwungen zu empfinden oder sich nicht mit diesen zu identifizieren (Deci & Ryan, 1985). Verhalten ist demnach autonom bzw. selbstbestimmt, wenn Schüler*innen aus ihren inneren motivationalen Ressourcen – das bedeutet aus eigenen Werten und Interessen – heraus handeln und über eigene Tätigkeiten bestimmen können. Ist dies der Fall, nehmen Schüler*innen eine internale Handlungsverursachung, viel Freiraum (bzw. wenig Druck), eine hohe Valenz und Volition sowie ein Gefühl von Wahlmöglichkeiten wahr, sich bei einer bestimmten Handlung zu engagieren oder sie zu unterlassen (Reeve et al., 2003).

Innerhalb der Basic Psychological Needs Theory nimmt eine Autonomie einen speziellen Status ein, denn erst durch Autonomie können die anderen Grundbedürfnisse verwirklicht werden. Kompetenzempfinden wird vor allem dann internalisiert, wenn Selbstwirksamkeit bei einer Handlung erlebt wird, die selbst initiiert oder volitional ausgeführt wird. Dies bedeutet, die vollständige Befriedigung des Kompetenzbedürfnisses kann nur bei gleichzeitiger Bedienung des Autonomiebedürfnisses erfolgen. Ebenso wird soziale Eingebundenheit vor allem dann erlebt, wenn andere Personen sich bereitwillig um einen sorgen, einen aus freien Stücken heraus mögen und man sich anders herum ebenso unabhängig und gerne mit diesen Personen verbunden fühlt. Nichtautonome Beziehungen können das Bedürfnis nach sozialer Eingebundenheit nicht oder nur unzureichend erfüllen.

Dies bedeutet nicht, dass Autonomie ein wichtigeres Grundbedürfnis als Kompetenz oder soziale Eingebundenheit ist, sondern zeigt vielmehr die Interdependenz der drei psychologischen Basisbedürfnisse auf. Denn in umgekehrter Weise bedingt Kompetenz auch das Bedürfnis nach Autonomie, da Schüler*innen sich nur dann Handlungsfreiheit wünschen, wenn sie an ihre eigenen Fähigkeiten glauben, die Herausforderungen des Lernstoffs oder der Aufgaben erfolgreich zu meistern (Krapp, 2005a). Die wahrgenommene Unterstützung von Autonomie hängt, außer von den beobachtbaren Bedingungen im Unterricht, auch davon ab, wie kompetent sich die Schüler*innen einschätzen (Hartinger, 2005; Rakoczy, 2006). Des Weiteren ist Autonomie von Kompetenz abhängig, da das Individuum ausreichende selbstregulatorische Kompetenzen benötigt, um mit Autonomie adäquat umzugehen (Pekrun et al., 2002b).

4.2.1.2 Cognitive Evaluation Theory

Die Cognitive Evaluation Theory (CET) beschreibt zunächst die grundlegende Unterscheidung zwischen intrinsischer und extrinsischer Motivation. Intrinsisch motivierte Verhaltensweisen können als spontane, interessenbasierte und bedürfnisbefriedigende Handlungen definiert werden, welche zur Initiierung oder Aufrechterhaltung der Neugier, den Interessen, Bedürfnissen oder Werten einer Person anknüpfen und keine Konsequenzen, d.h. keine externen oder intrapsychischen Anstöße, Versprechungen oder Drohungen, erfordern (Deci, 1992). Extrinsische Motivation hingegen wird durch äußere Faktoren, Belohnung und Bestrafung, Kontrolle oder soziale Bewertung angeregt. Die so initiierten Handlungen werden mit instrumenteller Absicht, d.h. ihnen immanenten Konsequenzen wegen und weniger um ihrer selbst willen, ausgeführt (Brandstätter et al., 2013; Deci & Ryan, 1985).

Die CET erklärt des Weiteren, wie soziokulturelle Rahmenbedingungen die intrinsischen motivationalen Prozesse fördern oder beeinträchtigen. Solch externale Ereignisse können z.B. Belohnung, Lob, aber auch kontrollierendes Verhalten sein. Äußere Ereignisse, die sich auf die Wahrnehmung der psychologischen Grundbedürfnisse und deren Befriedigung auswirken, beeinflussen auch die intrinsische Motivation. Externe Ereignisse besitzen dabei zweierlei Funktionen: einen informativen sowie einen kontrollierenden Aspekt (Deci & Ryan, 1985). Die relative Wichtigkeit der informativen und kontrollierenden Aspekte eines Ereignisses, z.B. einer Note oder einer mündlichen Rückmeldung, bestimmen deren Effekt auf die intrinsische Motivation. Kontrollierende Aspekte eines Ereignisses drängen die Person zu einem spezifischen Ergebnis oder einem bestimmten Verhalten und vermitteln daher eine externale Handlungsverursachung. Die Person fühlt sich als Schachfigur und ihre wahrgenommene Selbstbestimmung sowie die daraus resultierende intrinsische Motivation sinken (DeCharms, 1968). Autonomieunterstützende Ereignisse andererseits fördern die wahrgenommene Selbstbestimmung und erhalten die intrinsische Motivation.

Informative Aspekte eines Ereignisses sind diejenigen, welche ein Leistungsfeedback auf eine nicht kontrollierende Weise kommunizieren. Wenn dieses als Bestätigung der eigenen Kompetenz wahrgenommen wird (positives Feedback), erhöht das externe Ereignis das Kompetenzempfinden und damit die intrinsische Motivation. Handelt es sich um ein negatives Feedback bezüglich der eigenen Kompetenz, so verringert dies die intrinsische Motivation.

Die CET wurde benutzt, um die motivationalen Effekte einer großen Bandbreite an Ereignissen zu erklären, auch im schulischen Kontext. Doch am besten untersucht sind bislang die Auswirkungen von extrinsischer Belohnung (Deci et al., 1999). Der Korrumpierungseffekt von Belohnungen kann beispielsweise anhand der CET beschrieben werden. Arbeitet z.B. eine Schülerin mit großem Interesse an einer Aufgabe, kann eine später dargereichte Belohnung dazu führen, dass sie sich immer weniger aus intrinsischer Motivation heraus damit beschäftigt, sondern der externe Anreiz in den Vordergrund rückt. Andererseits bietet die Cognitive Evaluation Theory aber auch Ansätze, wie z.B. Lehrkräfte als externale Einflüsse die intrinsische Motivation fördern können (siehe Kap. 4.2.2).

4.2.1.3 Organismic Integration Theory

Die Organismic Integration Theory (OIT) nimmt an, dass externale Regulation internalisiert werden kann und so zur internalen Regulation wird. Auf diese Weise kann extrinsische Motivation auch in intrinsische Motivation übergehen. Die OIT nimmt hierfür an, dass verschiedene Abstufungen von extrinsischer Motivation existieren, welche anhand eines Kontinuums zwischen Amotivation und intrinsischer Motivation abgebildet werden können. Die Unterscheidung verschiedener Typen extrinsischer Motivation ist deswegen so wichtig, weil der Grad an Selbstbestimmung – auch innerhalb der extrinsischen Regulationsarten – eines Schülers beispielsweise während einer Lernaktivität einen Teil seiner Leistungsvarianz vorhersagen kann (Reeve et al., 2004).

Amotivation meint dabei den Zustand, in welchem Schüler*innen keinerlei Handlungsintentionen verspüren, da kein Grund – weder intrinsisch noch extrinsisch – gesehen wird, die jeweilige Handlung auszuführen.

Der am wenigsten autonome Typus extrinsischer Motivation ist die *externale Regulation.* Auf diese Weise motivierte Handlungen sind durch nicht direkt beeinflussbare Kontingenzen reguliert und werden ausgeführt, um eine (externale) Belohnung zu erhalten oder einer angedrohten Bestrafung zu entkommen. External reguliertes Verhalten ist zwar intentional, jedoch in derlei Ausmaß von äußeren Anregungs- und Steuerungsfaktoren abhängig, dass es weder als autonom noch als freiwillig gelten kann (Deci & Ryan, 1993).

Bei der *introjizierten Regulation* handelt es sich bereits um in gewissem Maße internal kontrollierte Handlungsweisen, die jedoch einem inneren Druck oder internen Auslösern folgen, um die eigene Selbstachtung zu schützen. Sie werden demnach internal kontrolliert und benötigen keine äußeren Handlungsanstöße, liegen jedoch außerhalb des individuellen Selbst und werden nicht zwangsläufig befürwortet. Beispielsweise sind hiermit Verhaltensweisen gemeint, die von anderen erwartet werden, Sitten und Normen entsprechen oder bei deren Unterlassung man ein schlechtes Gewissen hätte.

Wird eine external regulierte Handlung vom eigenen Selbst als persönlich wichtig oder wertvoll erachtet und bereitwillig internalisiert, so wird von einer *identifizierten Regulation* gesprochen. Die persönliche Relevanz entsteht durch die Identifikation mit den zugrunde liegenden Werten und Zielen. Möchte eine Schülerin beispielsweise einen bestimmten Ausbildungsberuf ergreifen und benötigt sie hierfür einen bestimmten Abschluss oder Notendurchschnitt, so handelt es sich zwar um eine extrinsische Motivation, diesen zu erreichen, das Ziel ist jedoch selbst gesetzt und die Lernhandlung somit identifiziert reguliert.

Die am meisten selbstbestimmte Form der extrinsischen Motivation ist die *integrierte Regulation*. Derartige Verhaltensweisen besitzen zwar weiterhin eine instrumentelle Funktion, werden aber freiwillig ausgeführt, weil das Handlungsergebnis als subjektiv wichtig bzw. hoch bewertet wird. Das Individuum identifiziert sich mit dahinterliegenden Zielen, Normen und Handlungsstrategien nicht nur, sondern integriert diese in das kohärente Selbstkonzept. Der integrierte Regulationsstil steht daher der intrinsischen Motivation sehr nahe und bildet mit ihr gemeinsam die Basis selbstbestimmten Handelns (Deci & Ryan, 1993).

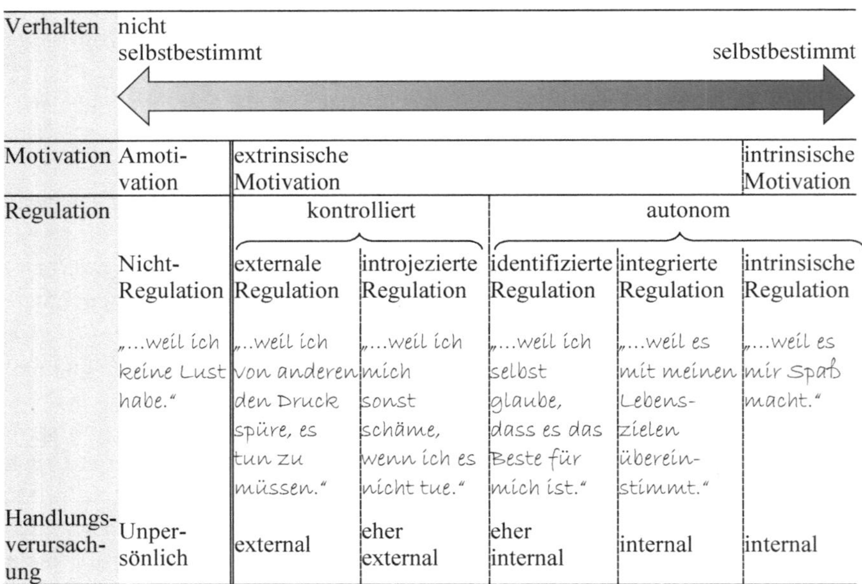

Abbildung 3. Das Kontinuum der Selbstbestimmung (adaptiert nach Agawa & Takeuchi, 2016; Lonsdale et al., 2012; Ryan & Deci, 2000)

Die OIT geht davon aus, dass Schüler*innen von Natur aus dazu tendieren, externe Regulationsmuster ihrer Sozialumwelt zu internalisieren und deren Ziele und Werte sowie Verhaltensmuster in ihr Selbst zu integrieren. Unter der Voraussetzung, dass das soziale Umfeld – im schulischen Kontext u.a. die Lehrkräfte und deren Unterricht – eine Autonomie unterstützende bzw. psychologische Bedürfnisse befriedigende Umgebung schafft, sind die Schüler*innen fähig und willens, externale Regulationspraktiken in ihr Selbst zu integrieren und somit bessere Leistungen und Wohlbefinden zu zeigen (Deci et al., 1994; Reeve et al., 2002; Reeve et al., 2004; Ryan & Connell, 1989).

Ebenso wie die Cognitive Evaluation Theory (CET) ergänzt die Organismic Integration Theory (OIT) die Basic Psychological Needs Theory (BPNT). Während die CET das Verhältnis von Bedürfnisbefriedigung zu intrinsischer Motivation beschreibt, wird bei der OIT die extrinsische Motivation und deren Beziehungen zur Bedürfnisbefriedigung in den Fokus gerückt. Die OIT versucht, die verschiedenen Facetten externaler Regulation aufzuzeigen und zu klären, wie Schüler*innen mehr Selbstbestimmung auch in extrinsisch motivierten Handlungen erfahren können.

4.2.1.4 Relationships Motivation Theory

Die Relationships Motivation Theory (RMT) behandelt die Qualität enger Beziehungen und deren Konsequenzen. Sie geht davon aus, dass das Bedürfnis nach sozialer Eingebundenheit intrinsisch ist und Menschen sich volitional in engen Beziehungen befinden wollen. Für eine qualitativ hochwertige, bindungssichere Gemeinschaft ist es notwendig, dass alle Beteiligten selbstbestimmt die Beziehung eingehen. Gute und zufriedenstellende Beziehungen beruhen demnach nicht nur auf der Pflege enger und andauernder Kontakte, sondern auch darauf, die Beweggründe zur Beteiligung an der Gemeinschaft von allen Seiten als autonom gewählt wahrzunehmen. Der authentische Wille der Individuen, sich an der Beziehung zu beteiligen, trägt zu einer hohen Zufriedenheit und Wohlbefinden bei den Beteiligten bei.

Ebenso wichtig sind hierfür die gegenseitige Autonomieunterstützung und die gleichwertige Befriedigung der Bedürfnisse nach Kompetenz, Autonomie und sozialer Eingebundenheit aller Personen innerhalb der Gemeinschaft. Die Zufriedenstellung aller drei psychologischer Grundbedürfnisse in engen Beziehungen führt zu einem sicheren Bindungsverhalten, Authentizität, Transparenz und emotionalem Vertrauen, d.h. zu einer höheren Beziehungsqualität. Individuen, die Autonomiegewährung bzw. -unterstützung durch ihre Partner wahrnehmen, sind eher gewillt, sich emotional auf die Anderen zu verlassen und sie ggfs. um Hilfe zu bitten. Des Weiteren ist es ihnen so eher möglich, authentisch und transparent zu sein sowie nahe an ihren eigenen Idealen zu handeln.

Der Erhalt von Autonomieunterstützung von einem Partner fördert die Bedürfnisbefriedigung des Empfängers und damit die genannten Folgen. Ebenso bringt das Geben von Autonomieunterstützung an Nahestehende eine Bedürfnisbefriedigung für den bzw. die Geber*in, was dem Wohlbefinden sogar zuträglicher ist als das Annehmen von Autonomieunterstützung. Die Gegenseitigkeit von Autonomieunterstützung unterstützt im Besonderen die Befriedigung der psychologischen Grundbedürfnisse bei allen Partnern sowie die Entwicklung einer positiveren Beziehungsdynamik. Soziale Eingebundenheit und Autonomieunterstützung sind somit – im Gegensatz zu einer weit verbreiteten Annahme – keine Antagonisten, sondern bedingen und ergänzen sich gegenseitig (Ryan & Deci, 2017).

4.2.1.5 Zusammenfassung

Die Selbstbestimmungstheorie von Deci und Ryan (Deci & Ryan, 1985, 1993; Reeve et al., 2004; Ryan & Deci, 2000, 2017) stellt als Makro-Theorie mitsamt ihrer sechs Mini-Theorien einen Rahmen für die empirische Auseinandersetzung mit Autonomie bereit. Die BPNT beschreibt zunächst die psychologischen Grundbedürfnisse nach Autonomie, Kompetenz und sozialer Eingebundenheit. Die CET unterscheidet zwischen intrinsischer versus extrinsischer Motivation und beschreibt das Verhältnis von Bedürfnisbefriedigung zu intrinsischer Motivation. Die OIT differenziert zwischen verschiedenen Facetten extrinsischer Motivation und nimmt an, dass externale Regulation internalisiert werden kann und auf diese Weise extrinsische in intrinsische Motivation übergehen kann.

Die COT beschreibt interindividuelle Unterschiede hinsichtlich der Kausalitätsorientierungen einer Person, die ihr Ausmaß an Autonomie- bis Kontrollorientierung in der Persönlichkeit widerspiegeln. Die GCT befasst sich mit den Zielen und Motiven von Menschen, die sich in extrinsische und intrinsische Ziele untergliedern lassen.

Die RMT behandelt die Qualität sozialer Beziehungen und deren Konsequenzen. Der authentische Wille der Individuen zur Interaktion sowie die gegenseitige Autonomieunterstützung und gleichwertige Befriedigung der Bedürfnisse nach Kompetenz, Autonomie und sozialer Eingebundenheit aller Personen innerhalb der Gemeinschaft tragen dabei zu einer hohen Zufriedenheit und Wohlbefinden bei den Beteiligten bei.

Die sechs Mini-Theorien ergänzen sich gegenseitig und bilden zusammen die Selbstbestimmungstheorie der menschlichen Motivation, des Verhaltens und der Persönlichkeitsentwicklung. Sie sollten daher nicht völlig unabhängig voneinander betrachtet werden. Dennoch legt die vorliegende Arbeit einen Fokus auf die Basic Psychological Need Theory (BPNT) sowie die Cognitive Evaluation Theory (CET), Organismic Integration Theory (OIT) und Relationships Motivation Theory (RMT), da diese für die vorliegende Untersuchung die höchste Relevanz aufweisen. So kann beispielsweise davon ausgegangen werden, dass positive Emotionen (z.B. Lernfreude) in engem Zusammenhang mit autonomer Handlungsregulation stehen. Für die Entwicklung positiver Emotionen – wie auch für eine intrinsische Lernmotivation (CET) – stellt eine erfolgreiche Internalisation schulischer Lern- und Leistungsziele eine wesentliche Voraussetzung dar. Andererseits ist auch die Bedürfniserfüllung (BPNT) eine Voraussetzung positiver Emotionen, da eine Internalisation entsprechend der OIT nur dann gelingt, wenn die Grundbedürfnisse der Schüler*innen erfüllt sind. Lehrkräfte können durch Autonomieunterstützung in einem guten Klassenklima dazu beitragen, dass diese Grundbedürfnisse zunehmend befriedigt werden (RMT).

Die von Lernern wahrgenommene Autonomie im Lernprozess ist nicht nur eine Möglichkeit, auf individuelle Lernvoraussetzungen einzugehen, sondern befriedigt – wie soeben beschrieben – zugleich ein psychologisches Grundbedürfnis des Menschen (DeCharms, 1968; Deci & Ryan, 1985). Dieses Bedürfnis meint das Bestreben, sich selbst als Verursacher bzw. Verursacherin eigener Handlungen zu erleben, aus eigenen Werten und Interessen heraus zu handeln und über eigene Tätigkeiten bestimmen zu können (Deci & Ryan, 1993). Fühlt das Individuum sich frei in der Auswahl und Durchführung seines Tuns, werden unter anderem die selbstbestimmte Motivation (z.B. intrinsische Motivation, identifizierte Regulation), Interessenentwicklung (Krapp, 2002), Engagement (Reeve, 2002) und das emotionale Wohlbefinden (Ryan & Deci, 2002) der Schüler*innen gefördert. So ist für das Entstehen von intrinsischer Motivation vor allem die Erfüllung der Bedürfnisse nach Kompetenz und Autonomie wesentlich. Dieser weitreichende Einfluss von Autonomie auf Motivation und Leistung in Lernsituationen wurde vielfach bestätigt (Umfassende Ausführungen siehe Deci & Ryan, 2002a; Ryan & Deci, 2017), wenn Lehrkräfte die Selbstbestimmung ihrer Schüler*innen eher unterstützen, als ihr Verhalten zu kontrollieren bzw. vorzugeben. „The teacher-created contextual element that nurtures students' need for self-determination is autonomy support“ (Reeve, 2002, S. 194–195).

Wie aber kann ein Autonomie gewährender und unterstützender Unterricht gestaltet werden? Wann kann ein Unterricht als „autonomieunterstützend“ gelten? Diese Fragen werden in den folgenden Kapiteln thematisiert.

4.2.2 Autonomieunterstützender Unterrichtsstil

Schulischer Unterricht ist in der Regel für die Schüler*innen kein selbstgewählter Kontext. Sie bringen unterschiedliche Fähigkeiten und Bedürfnisse mit in den Unterricht, daher ist nicht davon auszugehen, dass dieser für alle Schüler*innen stets den optimalen Kontext für Selbstbestimmung bietet. Wie eine Lehrkraft unterrichtet und motiviert, hat jedoch einen wesentlichen und direkten Einfluss darauf, wie frei und selbstbestimmt sich jede Schülerin bzw. jeder Schüler wahrnimmt. Annähernd alles, was eine Lehrkraft sagt oder macht, hat Auswirkungen auf die Motivation und die Emotionen der Schüler*innen (Reeve, 2002).

Das folgende Kapitel beschreibt, was Autonomieunterstützung im schulischen Kontext bedeutet (Kap. 4.2.2.1), welche Ziele erreicht werden sollen und welche Wirkungen intendiert sind (Kap. 4.2.2.2). Das Verhältnis von Autonomie und Struktur spielt dabei eine wichtige Rolle (Kap. 4.2.2.3), nicht zuletzt deswegen, weil Struktur häufig mit Kontrolle gleichgesetzt wird. Für einige Lehrkräfte steht im Unterricht ein kontrollierender Aspekt im Vordergrund, der die Schüler*innen in Richtung intendierter Verhaltensweisen und Denkstrukturen drängen soll (*controlling style*). In solchen Fällen ist die Lehrer-Schüler-Interaktion meist sehr einseitig. Für andere Lehrkräfte wiederum ist der unterstützende Aspekt wichtiger, der sich durch eine große Berücksichtigung der Ansichten und Intentionen der Schüler*innen auszeichnet. Die Ausdrucks- und Verhaltensweise lässt sich als verstehend-zutrauend charakterisieren, die Lehrer-Schüler-Interaktionen sind reziprok und flexibel (*autonomy-supportive style*). Innerhalb dieses Kontinuums zwischen kontrollierendem und autonomieunterstützendem Unterrichtsstil lassen sich viele Merkmale und Abstufungen von Motivationsstilen (Reeve, 2009) bzw. Autonomie- vs. Kontrollorientierung (Aelterman et al., 2019; Deci et al., 1981) erkennen. Wie eine autonomieunterstützende Unterrichtsgestaltung aussehen kann und welche Facetten von Autonomieunterstützung bzw. Selbstbestimmung beobachtet werden können, wird im Kapitel 4.2.2.4 näher beschrieben.

4.2.2.1 Begriffsbestimmung: Was bedeutet Autonomieunterstützung?

Autonomieunterstützung ist der Versuch, den Schüler*innen im Unterricht eine Lernumwelt sowie eine Lehrer-Schüler-Beziehung anzubieten, welche die Befriedigung des psychologischen Grundbedürfnisses der Schüler*innen nach Autonomie unterstützen (Reeve, 2016). Diese Unterstützung der Autonomie entspringt der Idee, „that an individual in a position of authority (e.g., an instructor) takes the other's (e.g., a student's) perspective, acknowledges the other's feelings, and provides the other with pertinent information and opportunities for choice, while minimizing the use of pressures and demands" (Black & Deci, 2000, S. 742).

Autonomieunterstützende Lehrkräfte zeichnet in erster Linie aus, dass sie auf ihre Schüler*innen eingehen (z.B. ihnen zuhören und auf ihre Bedürfnisse eingehen), sie unterstützen (z.B. Leistung angemessen loben), flexibel sind (z.B.

den Schüler*innen Zeit geben, um ihren eigenen Lösungsweg zu finden) sowie intrinsische Motivation fördern, z.B. indem sie Interesse wecken und Begründungen für die Lernaktivitäten vermitteln (Reeve, 2002). Sie ermuntern ihre Schüler*innen dazu, Problemstellungen auf ihre eigene Art zu lösen und stellen ihnen hierfür Informationen und Materialien zur Verfügung.

Die adäquate Förderung der Autonomie verlangt eine Vielzahl interpersonaler und sozialer Kompetenzen. Hierzu zählen unter anderem die Fähigkeiten, die Perspektive der Schüler*innen einzunehmen, ihre Gefühle wahrzunehmen und darauf einzugehen, Erklärungen und Begründungen – auch für uninteressante Sachverhalte – auf Nachfragen liefern zu können sowie in einer nicht-kontrollierenden Sprache zu kommunizieren (Deci, 1995; Reeve, 2002). Zudem benötigt und bedingt Autonomieunterstützung bestimmte Einstellungen hinsichtlich Motivation und interpersonalem Unterrichtsstil. Bezüglich Motivation ist hiermit gemeint, dass Lehrkräfte zwischen verschiedenen Arten der Motivation (selbstbestimmt vs. kontrolliert) und verschiedenen Motivationsstilen (Autonomie fördernd vs. verhindernd) differenzieren können. Autonomieunterstützung beginnt damit, dass Lehrkräfte die Vorteile selbstbestimmter Motivation wertschätzen und Wege finden, ihre Schüler*innen dabei zu unterstützen. Bezüglich des interpersonalen Unterrichtsstils benötigt Autonomieunterstützung die Bereitschaft der Lehrkraft, die Perspektive der Kinder und Jugendlichen einzunehmen, um deren Eigeninitiative anzuregen, ihr Kompetenzgefühl zu fördern sowie informationsreich und für sie nachvollziehbar zu kommunizieren. Autonomieunterstützung beruht demnach auf einer interpersonellen Gefühls- und Verhaltensgrundlage, welche die Lehrkraft im Unterricht schafft, um die inneren motivationalen Ressourcen der Schüler*innen zuerst zu erkennen und anschließend zu stärken (Reeve, 2016).

Im Gegensatz dazu ist ein kontrollierender Unterrichtstil eine Stimmung bzw. Verhaltensweise, welche die Lehrkraft an den Tag legt, um die Schüler*innen dazu zu bringen, in einer von der Lehrkraft vorgeschriebenen Weise zu denken, zu fühlen und sich entsprechend zu verhalten (Reeve, 2009). Autonomieunterstützendes und kontrollierendes Unterrichtsverhalten werden meist als zwei gegenteilige Pole eines Kontinuums angesehen, doch gibt es auch neuere Studien, die beide Verhaltensweisen als mehr oder weniger unabhängige Motivationsansätze auffassen (z.B. Haerens et al., 2015).

4.2.2.2 Ziele und Wirkung von Autonomieunterstützung

Das übergeordnete Ziel von Autonomieunterstützung ist, neben den vielen positiven Effekten und der Befriedigung des psychologischen Grundbedürfnisses nach Autonomie, mit den Schüler*innen „in Einklang" (*in synch*) zu gelangen

(Lee & Reeve, 2012). Eine Lehrperson und ihre Schüler*innen sind im Einklang, wenn sie eine dialektische Beziehung aufbauen, in welcher die Handlungen der einen Person die der anderen beeinflusst und umgekehrt (Reeve, 2016). Beispielsweise macht die Lehrkraft einen Vorschlag, die Schüler*innen nehmen diesen an, aber schlagen eine Änderung oder Personalisierung vor, auf die die Lehrkraft wiederum eingeht. Würde nur eine Seite das Verhalten oder die Meinung der anderen ohne Reziprozität beeinflussen, wären Schüler*innen und Lehrkraft *out of synch* (Reeve et al., 2004).

Autonomieunterstützung ist demnach nicht nur eine Maßnahme zur Förderung der Emotion und Motivation, sondern eine Möglichkeit zur transaktionalen Führung (Bass et al., 2003) und für wechselseitige Interaktionen, damit die Schüler*innen lernen, sich immer selbstständiger zu motivieren (Deci, 1995).

Wenn Lehrpersonen und Schüler*innen sich „im Einklang" befinden, ziehen sie gemeinsam an einem Strang in Richtung höherwertiger Motivation bzw. höherwertigerem Unterrichtsstil. Intrinsische und integrierte Motivation der Schüler*innen, sichtbar in Form von Engagement, beeinflussen und verändern den Unterrichts- und Motivationsstil der Lehrkraft in puncto vermehrter Autonomieunterstützung – und ebenso umgekehrt.

Ein autonomieunterstützender Unterrichtsstil ist deswegen so wichtig, weil sowohl Schüler*innen als auch Lehrer*innen davon profitieren können. Lehrkräfte, die an Schulungen zur autonomieunterstützenden Gestaltung von Unterricht teilnehmen, zeigen nicht nur einen vermehrten Einsatz dieser Methoden, sondern sie berichten (im Vergleich zu einer Kontrollgruppe) auch von sich selbst eine größere Befriedigung ihrer psychologischen Grundbedürfnisse beim Unterrichten, höhere Selbstwirksamkeit, mehr gesunde Leidenschaft für das Unterrichten, mehr (Lebens-)Freude und weniger emotionale sowie physische Erschöpfung im Unterricht und demzufolge auch insgesamt eine höhere Berufszufriedenheit (Cheon et al., 2014).

Die Schüler*innen andererseits profitieren auf ganz unterschiedliche Weise von Autonomieunterstützung; vor allem dann, „when teachers attempt to maximize students' opportunities to take ownership of their educational experience" (Linnenbrink-Garcia et al., 2016, S. 233). Wenn Schüler*innen sich in ihrem Streben nach Autonomie von den Lehrkräften unterstützt fühlen, wertschätzen sie die Aufgaben bzw. Themen eher, zeigen eine höhere intrinsische Motivation, mehr aktive Informationsverarbeitung, eine höhere Flexibilität im Denken, mehr Kreativität, höhere Schulleistungen und empfinden positivere Gefühle (Assor et al., 2002; Black & Deci, 2000; Grolnick et al., 1991; Grolnick & Ryan, 1989; Hartinger, 2001b; Ryan & Grolnick, 1986; Weinert & Helmke, 1995) als in kontrollierenden Unterrichtsumgebungen (Assor et al., 2005). Diverse Studien bestätigen die positiven Effekte von Autonomieunterstützung – insbesondere eines autonomieunterstützenden Lehrerverhaltens und Klassenklimas – auf Interesse, Neugier, Eigenständigkeit beim Problemlösen, Selbsteinschätzung schulischer Kompetenzen Engagement und Wohlbefinden der Schüler*innen im Unterricht (Cordova & Lepper, 1996; Deci et al., 1991; Deci & Ryan, 1993; Hartinger, 2006; Krapp, 2002, 2005a, 2005b; Reeve, 2002; Reeve et al., 2003; Reeve & Jang, 2006; Ryan & Deci, 2000; Ryan & Grolnick, 1986). Die allgemein positiven Effekte von Autonomieunterstützung konnten Tsai et al. (2008) konsistent über drei Fächer hinweg nachweisen. Dies spricht dafür, dass Autonomieunterstützung fächerübergreifend positive Wirkungen zeigt.

Trotz dieser vielen positiven Auswirkungen von Autonomieunterstützung tendieren Lehrkräfte, auch bedingt durch die typische Rollenverteilung der Lehrkraft als „Dozent" und der Schüler*innen als „Empfänger", im schulischen Alltag jedoch dazu, das Bedürfnis ihrer Schüler*innen nach Autonomie zu vernachlässigen und stattdessen direktive und kontrollierende Verhaltensmuster zu zeigen (Reeve, 2009). Diese können zu Ärger, Angst und somit zu Amotivation führen (Assor et al., 2005).

In einer Interventionsstudie mit deutschen Haupt-, Real- und Gymnasialklassen (der 8. Jahrgangsstufe) zeigten sich bei der Förderung selbstbestimmter Lernmotivation positive Effekte in der wahrgenommenen Fürsorglichkeit der Lehrkraft, der Lernfreude und selbstbestimmten Lernmotivation sowie – je nach untersuchter Schulform – in der wahrgenommenen Autonomieunterstützung und den Lernleistungen. Während bei Gymnasialklassen konsistent signifikant positive Interventionseffekte vorlagen, ergaben sich insbesondere bei den Hauptschulklassen bei der wahrgenommenen Autonomieunterstützung sowie den Lernleistungen auch negative Interventionseffekte (Mittag et al., 2009). Gleichzeitig wurde die Autonomieunterstützung in den Hauptschulklassen jedoch zu allen Messzeitpunkten von den Schüler*innen durchschnittlich höher eingeschätzt als in den Realschul- und Gymnasialklassen. Dies deutet darauf hin, dass an Hauptschulen (bzw. in Bayern an sogenannten Mittelschulen; siehe hierzu Kap. 6.1.3) stärker schülerorientiert unterrichtet wird und vergleichsweise mehr Partizipationsmöglichkeiten eingeräumt werden (Kunter, 2005). Die negativen Interventionseffekte bei Hauptschüler*innen können eventuell auf Verzerrungen und eine geringere Zuverlässigkeit in der Einschätzung der schulischen Lernumwelt bei Hauptschüler*innen (Lüdtke et al., 2006) oder eine zu hohe Komplexität der Intervention zurückgeführt werden, die von den Schüler*innen der Hauptschule als kontrollierend wahrgenommen wurde und zu Überforderungen führte (Katz & Assor, 2007; Mittag et al., 2009).

Zusammenfassend kann festgehalten werden, dass die Ergebnisse von Studien zu autonomiegewährendem versus kontrollierendem, fremdgesteuertem Unterricht uneinheitlich sind. Direkte Instruktion scheint Fachleistungen eher zu begünstigen, hinsichtlich überfachlicher und nicht-kognitiver Ziele (z.B. Interesse, Selbstbestimmungsempfinden, Wohlbefinden) sind tendenziell Vorteile des autonomieunterstützenden Unterrichts möglich (Bohl & Kucharz, 2010).

Befunde zu Auswirkungen von Autonomieunterstützung auf das emotionale Erleben von Schüler*innen stellen eine Grundlage der vorliegenden Arbeit dar und sollten hinsichtlich Design und Erhebungsinstrumenten daher genauer betrachtet werden. Einige Studien aus der Tradition der Forschung zur Selbstbestimmungstheorie verwenden zur Erhebung von Gefühlen, Stimmungen oder affektivem Erleben Konstrukte, die mit der weiter oben dargestellten Definition von Emotionen (siehe Kap. 2.1) nicht übereinstimmen. Häufig wird dabei Interesse als Indikator oder integraler Bestandteil positiver Emotionen angesehen (z.B. Black & Deci, 2000; Buff et al., 2011; Williams & Deci, 1996). Manche Studien erheben Emotionen mit nur einzelnen Items oder unterscheiden lediglich zwischen positiven und negativen Emotionen (z.B. Assor et al., 2002; Hospel & Galand, 2016). Studien aus dem Bereich der Emotionsforschung wiederum erheben Autonomieunterstützung häufig undifferenziert oder lediglich Teilaspekte des Konstrukts (z.B. Buff et al., 2011; Götz, 2004; Pekrun et al., 2011).

Ein Beispiel, das aus Schülerwahrnehmung zwischen positiven und negativen Emotionen sowie zwischen je drei autonomieunterstützenden und kontrollierenden Verhaltensweisen von Lehrkräften unterscheidet, ist eine Querschnittuntersuchung von Assor et al. (2002). Sie konnten in Regressionsanalysen zeigen, dass zwei autonomieunterstützende Verhaltensweisen – Aufzeigen von Relevanz sowie Bereitstellung von Wahlmöglichkeiten – signifikant mit positiven Gefühlen (Behaglichkeit, Freude, Interesse) zusammenhängen, wobei die Vermittlung von Relevanz höhere Korrelationen aufwies. Unterdrückung von Kritik sowie Kontrolle des Schülerverhaltens (*intruding*) als kontrollierende Verhaltensweisen korrelierten zumindest in der Kohorte der 6. bis 8. Jahrgangsstufe signifikant mit negativen Gefühlen (Stress, Ärger, Langeweile).

Es finden sich jedoch auch Befunde mit gegenteiligen Effekten. So berichten Buff et al. (2011) in ihrer Längsschnittuntersuchung einen negativen Zusammenhang von Autonomieunterstützung und affektiven Erfahrungen (wie z.B. Interesse oder Aufregung). Dies könnte, wie sie selbst ausführen, zum einen daran liegen, dass es sich bei der untersuchten Unterrichtseinheit um eine Einführungsstunde handelte, in der Schüler*innen eher das Bedürfnis nach einer systematischen Instruktion haben als nach Autonomie. Zum anderen wurde Autonomieunterstützung als Bereitstellung von Wahlmöglichkeiten definiert und erfragt, was jedoch – wie in Kapitel 4.2.2.4 präziser ausgeführt wird – nur eine oberflächliche Form der Autonomieunterstützung darstellt und von Schüler*innen nicht unbedingt als solche wahrgenommen wird.

Insgesamt betrachtet können aufgrund theoretischer Überlegungen (siehe Kap. 3.5.3) sowie der überwiegenden Mehrzahl an empirischen Ergebnissen positive Effekte von Autonomieunterstützung auf die Lern- und Leistungsemotionen angenommen werden. Durch die Förderung von Autonomie können die wahrgenommene Kontrolle sowie intrinsische Valenz und somit die Emotionen der Schüler*innen positiv beeinflusst werden, sofern beim einzelnen Lerner ausreichende selbstregulatorische Kompetenzen vorhanden sind (Pekrun et al., 2002b; Pekrun, 2006; Pekrun & Perry, 2014). Die Lern- und Leistungsemotionen von Schüler*innen mit hohen fachlichen und selbstregulatorischen Kompetenzen sollten demnach positiver sein, wenn sie im Unterricht viel Autonomie erfahren, weil dann eine hohe Passung zwischen ihren Fähigkeiten, Bedürfnissen und dem Lernarrangement besteht. Wenn diese Kompetenzen fehlen oder vorübergehend nicht adäquat eingesetzt werden können, erhöht dies die Anforderungen an die Schüler*innen und hat negative Auswirkungen auf deren Emotionen. Bei geringer Autonomieunterstützung bzw. einem kontrollierenden Unterrichtsstil sollten dementsprechend Schüler*innen mit niedrigen Kompetenzen positivere Emotionen erleben (Assor et al., 2002; Krapp, 2005a; Pekrun, 2006; Reeve, 2002; Ryan & Deci, 2000).

4.2.2.3 Autonomie und Struktur

Die Förderung von Autonomie dreht sich darum, den Schüler*innen Freiheiten und Entscheidungsmöglichkeiten zu bieten, um ihre eigenen Lernziele und ihren eigenen Lernweg verfolgen zu können. Um mit der Verantwortung, die schulische Wahl- und Entscheidungsprozesse mit sich bringen, adäquat umgehen zu können, benötigen Schüler*innen die hierfür erforderlichen kognitiven als auch selbstregulatorischen Fertigkeiten (Corno & Rohrkemper, 1985).

Wenn Schüler*innen nicht fähig oder nicht gewillt sind, ihren Lernprozess und ihr Verhalten im Unterricht selbst zu regulieren, können die Gelegenheiten zu selbstbestimmtem Lernen im autonomieunterstützenden Unterricht nicht genutzt werden oder sogar zu kontraproduktiven Effekten, wie z.B. Verwirrung oder Hilflosigkeit, führen. Mögliche positive Auswirkungen von Autonomie auf die Motivation werden so vermutlich ausbleiben oder gar in das Gegenteil umschlagen (Ames, 1992; Corno & Rohrkemper, 1985).

Die Ausbildung meta-kognitiver Fähigkeiten sollte daher mehr in den Fokus gerückt werden, um Schüler*innen bei ihrer Entwicklung zu autonomen Lernern zu unterstützen. Selbstbewertung und Selbstmanagement des eigenen Lernens, der Anstrengung sowie der eigenen Emotionen in Verbindung mit selbstbestimmtem Lernen tragen zur Entwicklung dieser Fertigkeiten einen wichtigen Anteil bei (Paris & Paris, 2001). Lehrkräfte können beispielsweise durch Scaffolding – d.h. gezielte Lernbegleitung zur Entwicklung von inhaltlichen sowie meta-kognitiven Gedankenstrukturen (Belland, 2014) – dazu beitragen und ihren Schüler*innen so helfen, kognitive Autonomieunterstützung zielführend nutzen zu können. Die Schüler*innen werden durch die einzelnen Phasen des Lernens bzw. der Aufgabenlösung begleitet und können, wann immer es ihnen nötig erscheint, Fragen stellen und Unterstützung bekommen, so dass sie anschließend selbstständig und eigenverantwortlich weiterarbeiten können. Fehler werden gemeinsam mit der Lehrkraft und/oder Mitschüler*innen reflektiert, damit Schüler*innen selbst erkennen, was und wie sie ihren Lernprozess verbessern können. Selbstbestimmtes Lernen sollte somit stets durch zeitnahes, informatives und konstruktives Feedback begleitet werden, um den Schüler*innen einen sicheren Rahmen für ihre Entscheidungen und Lernhandlungen zu bieten (Koka & Hein, 2005; Mouratidis et al., 2008; Reeve, 2002).

Lehrkräfte bieten den Schüler*innen Struktur, wenn sie eine prozessorientierte Einstellung annehmen und ihre Erwartungen und Lernangebote an die wachsenden Fähigkeiten der Schüler*innen fortwährend anpassen. Durch das Angebot von Unterstützung, Hilfestellungen und Lösungsvorschlägen fühlen sich Schüler*innen kompetent, ihre Lernaufgaben zu bewältigen (Vansteenkiste et al., 2012). Diese Facette von Struktur im Kontext von Selbstbestimmung bezeichnen Aelterman et al. (2019) in ihrer differenzierten Analyse (de-)motivierenden Lehrkraftverhaltens als Führung (*guiding component of structure*).

Autonomieunterstützung und Struktur sind somit keineswegs eindimensionale Gegensätze, sondern zwei unabhängige Umweltvariablen, die sich aufeinander beziehen, sich gegenseitig ergänzen und unterstützen können. Trotz aller Bestrebungen nach Autonomie, benötigen Schüler*innen auch immer Instruktion, informative Hinweise, Beratung und Führung.

Struktur zu geben bedeutet aber auch, optimale Herausforderungen zu setzen und transparente Erwartungen zu formulieren (Reeve, 2002). Schüler*innen fühlen sich in ihrer Autonomie, aber auch bezüglich Kompetenz und sozialer Eingebundenheit unterstützt, wenn Unterrichtsstunden durch einen disziplinierten und störungsfreien Ablauf gekennzeichnet sind (Rakoczy, 2006). Die Kommunikation klarer Erwartungen und Richtlinien für erwünschtes (z.B. kooperatives) und nicht erwünschtes (z.B. die Arbeitsatmosphäre störendes) Verhalten sowie das schrittweise Heranführen an diese Verhaltensweisen sind wichtige Bestandteile von Struktur (Jang et al., 2010; Vansteenkiste et al., 2012).

Classroom-Management als „eine Form der sozialen und didaktischen Leitung in Unterrichtlichen Lehr-Lern-Situationen" (Apel, 2009, S. 171) dient hierbei als Mittel zur Steuerung, Motivierung und Aktivierung unterrichtlichen Lernens. Bei aller Förderung von Mitgestaltungsmöglichkeiten und selbstbestimmtem Lernen in Schule und Unterricht, tragen Lehrkräfte stets die didaktische Verantwortung für die Vorstrukturierung und Gestaltung anregender Lernumgebungen, müssen störungsarme Lernumwelten und Lerndisziplin sichern und die Schüler*innen didaktisch anleiten. Aufgrund vieler unterschiedlicher parallel ablaufender Aktivitäten und der vergleichsweise hohen Freiheitsgrade für die Schüler*innen ist eine hoch strukturierte Lernumgebung und effiziente Klassenführung im autonomieunterstützenden Unterricht sogar von besonders hoher Bedeutsamkeit. Die „klassischen" Führungstechniken wie beispielsweise Raumregie, Allgegenwärtigkeit und Überlappung (Kounin, 1976) müssen jedoch an die veränderten Strukturen angepasst werden. So sollten beispielsweise Regeln gemeinsam mit den Schüler*innen ausgehandelt und visualisiert werden, leise sachbezogene Unterhaltungen erlaubt sein und Interventionen individualisiert und unauffällig erfolgen (Bohl et al., 2013).

Bieten Lehrkräfte einen Überblick zu Beginn der Lerneinheit darüber, was die Schüler*innen inhaltlich erwartet und überprüfen sie den Lernfortschritt formativ, trägt dies zur Klarheit des Unterrichts bei (siehe auch Helmke, 2009). Ebenso vermitteln Transparenz von Leistungserwartungen sowie die Vorhersehbarkeit von Konsequenzen den Schüler*innen ein Gefühl von Sicherheit und Selbstwirksamkeit (Evertson & Weinstein, 2006; Gable et al., 2009). All diese Ansätze zur Klärung (*clarifying component of structure*) sind unabdingbar, um Unterricht zu strukturieren (Aelterman et al., 2019).

Die Aufgabe von Lehrpersonen ist es also, sowohl Autonomie zu fördern als auch Struktur zu schaffen. Um beides in einem ausgewogenen Verhältnis zu unterstützen, sollten Lehrkräfte durch ihre Führung selbstständiges Denken und selbstbestimmtes Lernen anstoßen, indem sie z.B. ausreichend Zeit für die individuelle und kooperative Problemlösung bereitstellen, individuelle Lernhilfe leisten und auch mit langsamen Schüler*innen geduldig umgehen. Während der selbstbestimmten Lern- und Arbeitszeit umfasst eine zielgerichtete Klassenführung aber auch, die Schüler*innen bei der optimalen Nutzung dieser Lernzeit zu unterstützen und sie zur (Selbst-)Disziplin zu verpflichten (Apel, 2009).

Autonomieunterstützung und Strukturierung sind somit kompatibel und korrelieren sogar hoch positiv miteinander (Hospel & Galand, 2016; Jang et al., 2010; Vansteenkiste et al., 2012). Es kommt jedoch auf die Art und Weise an, wie beide Merkmale umgesetzt werden. Struktur kann autonomieunterstützend (z.B. durch Führung und Erklärungen), aber auch kontrollierend (z.B. durch verängstigende oder kommandierende Sprache) geboten werden. Positive Interaktionseffekte von Struktur und selbstreguliertem Lernen fallen wesentlich stärker aus, wenn Lehrkräfte Struktur auf eine autonomieförderliche Weise geben, ohne dabei in ein kontrollierendes oder Druck ausübendes Verhalten zu verfallen (Curran et al., 2013; Sierens et al., 2009). So zeigen sowohl Autonomieunterstützung als auch Struktur positive Zusammenhänge mit der Motivation und dem Engagement der Schüler*innen. Beide Faktoren sind somit komplementär, doch fördern sie das Engagement der Lerner auf unterschiedliche Weise. Während Autonomieunterstützung in erster Linie die wahrgenommene Selbstbestimmung und die eigene Handlungsverursachung steigert, unterstützt Struktur vorrangig die wahrgenommene Kompetenz und schülerperzipierte Kontrolle über das Lern- und Leistungsergebnis (Jang et al., 2010; Kunter, 2005). Außerdem scheinen Autonomieunterstützung und Struktur unterschiedliche Facetten von Engagement zu fördern. Struktur beeinflusst eher das verhaltensmäßige Engagement, d.h. die Anstrengung und Beteiligung im Unterricht, z.B. sich melden. Autonomieunterstützung hingegen scheint sich vermehrt auf das emotionale Engagement, d.h. positive Emotionen und Interesse, auszuwirken. Die höchsten Effekte, auch auf kognitives Engagement (z.B. selbstreguliertes Lernen), zeigen sich jedoch, wenn beide Unterrichtsmerkmale zusammen auftreten (Hospel & Galand, 2016).

Schüler*innen berichten eine hohe selbstregulierte Motivation und die Verwendung vieler selbstregulierter Lernstrategien, wenn sie den Unterricht sowohl als autonomieunterstützend als auch durch klare Erwartungen strukturiert wahrnehmen (Vansteenkiste et al., 2012). Autonomieunterstützung und Struktur zeigen additive Effekte des Weiteren bezüglich des Erlebens positiver Emotionen im Unterricht, d.h. die Kombination beider Unterrichtsvariablen auf jeweils hohem Niveau führt zu vermehrt positiven Emotionen sowie geringeren negativen Emotionen (Hospel & Galand, 2016).

Wenn Lehrkräfte es also schaffen, Selbstbestimmung bestmöglich zu fördern und dabei optimale Strukturen zu bieten, können die im vorangegangenen Kapitel genannten Ziele und Wirkungen erreicht werden und sowohl positive Emotionen als auch intrinsische Motivation der Schüler*innen gedeihen (Reeve, 2002). Autonomieunterstützung sollte daher nicht als völlige Entscheidungsfreiheit oder Chaos missverstanden werden, sondern eine schrittweise Übertragung der Verantwortung für den eigenen Lernprozess in die Hände der Schüler*innen. Eine solche ineinandergreifende Entscheidungsfindung und Wahlfreiheit von Schüler*innen und Lehrkräften drückt der Begriff „Koregulation“ (*coregulation*; McCaslin & Good, 1996) aus. „*The essence of autonomy enhancement is not minimisation of the educator's presence, but making the educator's presence* *useful for the student who strives to formulate and realise personal goals and interests* [Hervorhebung im Original]“ (Assor et al., 2002, S. 273).

4.2.2.4 Facetten von Autonomieunterstützung und Selbstbestimmung

Autonomieunterstützung und Selbstbestimmung wurden im überwiegenden Teil bisheriger empirischer Untersuchungen als ein homogenes Konstrukt aufgefasst, häufig sogar nur mit ein oder zwei Items erhoben (Überblick hierzu siehe Reeve et al., 2003). Doch zeigt sich in der Empirie (Assor et al., 2002; Hartinger, 2005; Reeve et al., 2003; Stefanou et al., 2004; Tsai et al., 2008) als auch in der Praxis (Peschel, 2002a; Reeve, 2016; Wallrabenstein, 1994), dass nicht von *der* einen Autonomieunterstützung gesprochen werden kann, sondern im Unterricht verschiedene Facetten an Selbstbestimmungsmöglichkeiten gewährt werden können.

Autonomieunterstützung kann anhand seiner charakteristischen Merkmale auf verschiedenen Ebenen differenziert werden. Stefanou et al. (2004) beispielsweise schlagen drei Wege von Autonomieunterstützung vor: organisatorische, prozedurale und kognitive Autonomieunterstützung.

Organisatorische Autonomieunterstützung erlaubt den Schüler*innen, ihre Lernumwelt selbst zu gestalten bzw. räumt ihnen Mitbestimmungsmöglichkeiten bezüglich organisatorischer Rahmenbedingungen ein, wie z.B. die gemeinsame Entwicklung von Regeln oder die Festlegung von Prüfungsterminen. *Prozedurale* Autonomieunterstützung meint die Selbstbestimmung der Arbeitsweise und Gestaltung des Unterrichts, beispielsweise die Wahl von Arbeitsmaterialien oder der Präsentationsmethode. *Kognitive* Autonomieunterstützung bestärkt die Schüler*innen in der Selbstbestimmung ihres Lernens. Gemeint ist hiermit z.B. die Entwicklung eines eigenen Lern- bzw. Lösungswegs, die Evaluierung der eigenen Lösung sowie derer anderer Lerner*innen oder die Argumentation eigener Meinungen und Wünsche. Kognitive Autonomieunterstützung will Schüler*innen befähigen, die Initiatoren ihres eigenen schulischen Strebens zu werden. Dies führt zu der Art von mentaler Beteiligung im Lernprozess, den sich Lehrkräfte wünschen, wohingegen im Unterricht typische und häufiger angewandte organisatorische und prozedurale Mitbestimmungs- bzw. Wahlmöglichkeiten lediglich zu kurzzeitigem Engagement der Schüler*innen führt (Stefanou et al., 2004). Diesen Engagement steigernden Effekt kognitiver Autonomieunterstützung auf Freude und Interesse im Unterricht konnten Tsai et al. (2008) empirisch belegen. Unterrichtsstunden, in denen vorhandenes Wissen und konzeptionelles Verständnis aktiviert werden sowie die Ziele der Aufgaben den Schüler*innen transparent gemacht werden, sind mit Freude verknüpft.

Tabelle 4
Merkmale verschiedener Wege der Autonomieunterstützung (Stefanou et al., 2004, S. 101)

Organisatorische Autonomieunterstützung	**Prozedurale Autonomieunterstützung**	**Kognitive Autonomieunterstützung**
Wahl von Gruppenmitgliedern	Wahl von Arbeitsmaterialien für Klassenprojekte	Diskussion verschiedener Ansätze und Strategien
Wahl des Bewertungsverfahrens	Wahl der Art und Weise, wie Kompetenz gezeigt werden kann	Finden multipler Problemlösungen
Verantwortung für Festlegung von Prüfungsterminen	Wahl individueller Präsentationsmethoden der eigenen Arbeit	Begründung von Lösungen, um Wissen/Kompetenzen zu teilen
gemeinsame Entwicklung und Implementierung von Klassenregeln	Diskussion der eigenen Bedürfnisse	genügend Zeit für die Entscheidungsfindung
Wahl der Sitzordnung	Wahl der Arbeitsmaterialien	Schüler*innen als unabhängige Problemlöser mit Unterstützung der Lehrkraft (*scaffolding*); konstruktiver Umgang mit Fehlern; Erhalt von informativem Feedback; Formulierung persönlicher Ziele oder Neuausrichtung der Aufgabenstellung nach persönlichem Interesse; freies Erörtern von Ideen; weniger Sprechzeit der Lehrkraft, mehr Zeit zum Zuhören; Möglichkeit Fragen zu stellen.

Stefanou et al. (2004) unterscheiden die verschiedenen Facetten von Autonomieunterstützung auf Basis charakteristischer Merkmale an Wahlmöglichkeiten (*organizational/procedural/cognitive choice*). Andere Grundlagen, wie beispielsweise Erklärung der Relevanz, Möglichkeiten der Kritik- bzw. Meinungsäußerung (Assor et al., 2002), internale Handlungs-verursachung oder Volition (Reeve et al., 2003), beziehen sie nur am Rande in ihre Überlegungen mit ein.

Lehrkräfte bzw. deren Unterricht können anhand dieser drei Facetten als hoch oder niedrig autonomieunterstützend charakterisiert werden. Stefanou et al.

(2004) unterscheiden zwar die genannten drei Facetten, bei ihrer Charakterisierung von Lehrkraftverhalten treten organisatorische und prozedurale Autonomieunterstützung jedoch stets auf einem gemeinsamen Niveau auf. Da organisatorische und prozedurale Autonomieunterstützung einerseits sowie kognitive Wahlmöglichkeiten andererseits jeweils sowohl hoch als auch niedrig eingeschätzt werden können (dementsprechend vier Prototypen von autonomieunterstützendem vs. kontrollierendem Unterricht bestehen), kann von einer relativen Unabhängigkeit dieser beiden Facetten ausgegangen werden.

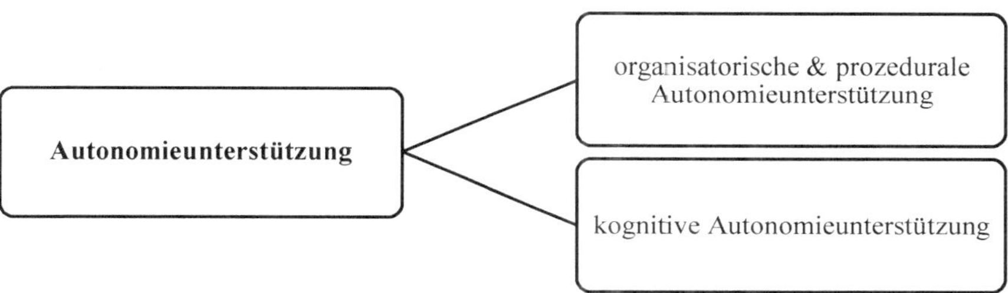

Abbildung 4. Zwei (relativ) unabhängige Facetten von Autonomieunterstützung (eigene Darstellung nach Stefanou et al., 2004)

Wahlmöglichkeiten organisatorischer und prozeduraler Art sind notwendig, reichen jedoch vermutlich nicht aus, um die Motivation und Leistung von Schüler*innen signifikant zu beeinflussen. Zwar führt ein solch autonomieunterstützender Unterricht eher zu einer introjizierten Regulation und somit zu einer stärker internalisierten Regulation als ein kontrollierender Unterrichtsstil, welcher eine rein extrinsisch regulierte Motivation begünstigt. Doch hat die Unterstützung der Schüler*innen in der Unabhängigkeit ihres Denkens sowie der freien Wahl ihrer Denkweise (kognitive Autonomieunterstützung) langfristigere Effekte auf die Motivation, da die Schüler*innen auf diese Weise ihre persönlichen Ziele, Werte und Interessen einbringen sowie ausbilden können und somit intrinsisch oder zumindest integriert reguliert lernen. Die aktive kognitive Beteiligung fördert dabei nicht nur den Motivations- und Lernprozess, sondern führt über eine gezielte Lernbegleitung (*Scaffolding*) und Übertragung von Verantwortung auf die Schüler*innen auch zu positiveren Emotionen (Turner et al., 1998). Nur in einem kognitiv autonomieunterstützenden Unterricht können sich Schüler*innen demnach als Ursprung (*origin*; DeCharms, 1968) bedeutungsvoller Ideen, Theorien sowie Lern- und Lösungsstrategien erleben und ihre psychologischen Grundbedürfnisse befriedigen.

Daher nehmen auch Tsai et al. (2008) in ihre drei Merkmale interessen- und motivationsförderlicher Autonomieunterstützung explizit die kognitive Komponente mit auf. Bezugnehmend auf die Selbstbestimmungstheorie identifizieren sie autonomieunterstützendes Klima, wenig kontrollierende Verhaltensweisen und kognitive Autonomieunterstützung als Facetten eines autonomieförderlichen Lehrkraftverhaltens.

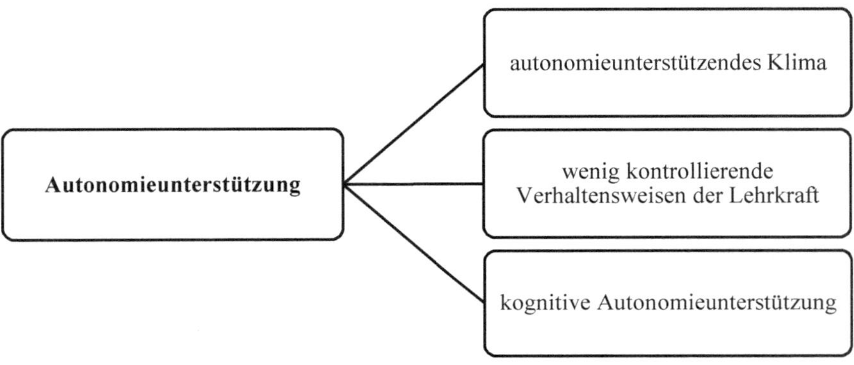

Abbildung 5. Autonomieunterstützende Merkmale des Instruktionsprozesses (eigene Darstellung nach Tsai et al., 2008)

Neben dem generellen Interesse als personalem Faktor betonen Tsai et al. (2008) die Wichtigkeit der Effekte der kognitiven Autonomieunterstützung gegenüber denen des autonomieunterstützenden Klimas und kontrollierenden Verhaltensweisen für die Entwicklung von situationsspezifischem Interesse im Unterricht.

Zu einer ähnlichen Schlussfolgerung gelangen auch Assor et al. (2002). In Bezug auf Gefühle und Einstellungen zum Lernen sowie das Engagement im Lernprozess sind zwei autonomieunterstützende Verhaltensweisen von Lehrkräften besonders bedeutsam: Zum einen die Steigerung der Relevanz der Lerninhalte und Aufgaben für die Schüler*innen sowie ein Verständnis der Gefühle und Gedanken der Schüler*innen bezüglich des Lernstoffs (dabei handelt es sich zwar um zwei unterschiedliche Verhaltensweisen, diese werden von Schüler*innen jedoch als zusammenhängend wahrgenommen; Assor et al., 2002). Zum anderen nimmt in negativer Richtung die Unterdrückung von freier Meinungsäußerung und Kritik der Schüler*innen Einfluss. Beide Verhaltensweisen hängen eng mit der Verwirklichung von Interessen, Zielen und Werten der Schüler*innen im Unterricht zusammen: Die Verdeutlichung der Relevanz von Inhalten und Aufgaben für die eigenen Ziele erhöht wahrgenommene Autonomie und damit das Engagement im Unterricht, wohingegen eine Unterdrückung der Meinung von Schüler*innen als konträr zu ihrer Interessenverwirklichung und Autonomie wahrgenommen wird.

Im Vergleich zu diesen beiden Aspekten weist ein Angebot von Wahlmöglichkeiten schwächere Zusammenhänge mit dem Autonomieempfinden von Schüler*innen auf. Die Freiheit des Handelns scheint demnach für die Befriedigung des Bedürfnisses nach Autonomie weniger wichtig zu sein als das Ausmaß, nach welchem die eigenen Handlungen die eigenen Ziele, Werte und Interessen widerspiegeln. Wahlmöglichkeiten tragen nur wenig zur Autonomie von Schüler*innen bei, wenn diese keinerlei Verknüpfung zwischen den schulischen Lerninhalten und ihren eigenen Zielen und Interessen sehen. Dies kann einerseits daran liegen, dass die Wahlmöglichkeiten hierauf nicht genügend eingehen, andererseits aber auch daran, dass die Schüler*innen eventuell keine klaren Interessen und Ziele vor Augen haben. Die Aufgabe von Lehrkräften in einem autonomieunterstützenden Unterricht muss es also sein,

(a) die Werte, Meinungen und Einstellungen ihrer Schüler*innen zu kennen und ernst zu nehmen,
(b) die Relevanz durch die Verknüpfung der Lerninhalte und Aufgaben mit den Zielen und Interessen der Schüler*innen zu erhöhen sowie
(c) die Schüler*innen dabei zu unterstützen, klare persönliche Interessen, Ziele und Werte auszubilden.

Wahl- und Handlungsfreiheit (*freedom of action*) erhöht die Wahrscheinlichkeit, dass Schüler*innen ihre persönlichen Ziele und Interessen in ihren Handlungen verwirklichen können, und ist daher natürlich erstrebenswert, aber sie ist nicht die primäre Komponente, um das Bedürfnis nach Autonomie im Unterricht zu befriedigen. Für die Steigerung positiver Emotionen hingegen scheinen Wahlmöglichkeiten ein signifikanter Prädiktor zu sein (Assor et al., 2002). Es scheint daher, als gäbe es nicht eine Facette der Autonomieunterstützung, die in jeglicher Hinsicht die geeignetste ist, um das Autonomieempfinden von Schüler*innen zu steigern. Vielmehr sollte personen- und situationsabhängig spezifiziert werden, welche Art von Autonomieunterstützung – in diesem Kontext zu jenem Zeitpunkt – theoretisch als relevant bzw. am wichtigsten erscheint.

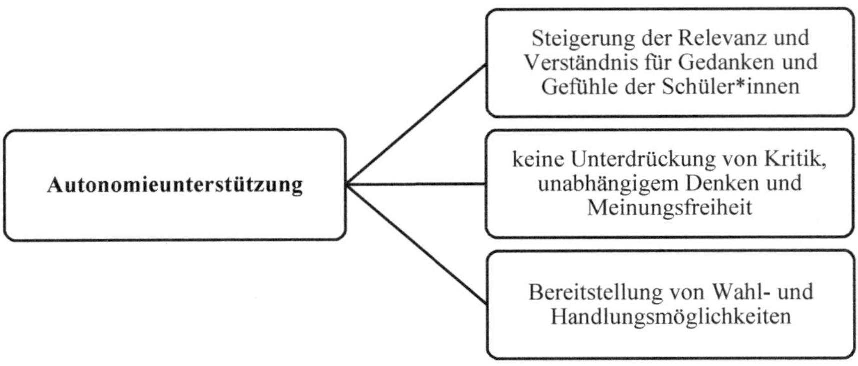

Abbildung 6. Autonomie steigernde Verhaltensweisen von Lehrkräften (eigene Darstellung nach Assor et al., 2002)

Schülerperzipierte Autonomieunterstützung hängt damit zusammen, wie Lehrkräfte im Unterricht handeln und was bzw. wie sie kommunizieren. Dieses Handeln ist weniger stabil als die individuellen Eigenschaften oder der generelle Duktus einer Lehrkraft. Einige Unterrichts-stunden derselben Lehrkraft werden als autonomieunterstützend empfunden, andere dagegen weniger. Darüber hinaus nehmen einige Schüler*innen denselben Unterricht als autonomieunterstützender wahr als andere Schüler*innen, je nach persönlichen Erfahrungen und Vorlieben hinsichtlich Selbstbestimmung (Tsai et al., 2008; siehe Kap. 4.1.2).

Während die wahrgenommene Autonomieunterstützung sich durch konkrete Maßnahmen – z.B. Nennung konkreter Verhaltensweisen bei Tsai et al. (2008) sowie Assor et al. (2002) – festhalten lässt, ist das Selbstbestimmungsempfinden, d.h. die Passung zwischen den Interessen, Zielen und Werten der Schüler*innen einerseits und den wahrgenommenen Gegebenheiten andererseits, wesentlich allgemeiner gehalten (Hartinger, 2005). Reeve et al. (2003) untersuchten den Zusammenhang dreier Facetten von Selbstbestimmung mit intrinsischer Motivation. Ihre Studien zeigen, dass eine internale Handlungsverursachung, Volition und wahrgenommene Wahlmöglichkeiten sowohl untereinander, als auch jeweils mit Autonomieunterstützung korrelieren. Eine internale Handlungsverursachung sowie Volition sind dabei zentral für die Wahrnehmung von Selbstbestimmung und beeinflussen die intrinsische Motivation stark. Die wahrgenommenen Wahlmöglichkeiten hingegen spiegeln weder das Konstrukt Selbstbestimmung adäquat wider, noch können sie als Prädiktor von intrinsischer Motivation gelten. Diese Ergebnisse lassen vermuten, dass internale Handlungsverursachung und Volition einer kohärenten Erfahrung zugrunde liegen, während wahrgenommene Wahlmöglichkeiten einer zweiten kohärenten Erfahrung unterliegen.

Die Wahrnehmung von Wahlmöglichkeiten kann einerseits in einer kognitiv-attributionalen Bedeutung, andererseits in einem motivationalen Sinn aufgefasst werden. Als kognitiv-attributionales Konzept tritt Wahlfreiheit immer dann auf, wenn eine Person sich entscheidet, eine Handlung zu vollziehen. Beispielsweise kann die Lehrkraft den Schüler*innen die Wahl zwischen zwei Aufgabenstellungen lassen, was bei einigen Schüler*innen bereits ein Gefühl von Wahl- bzw. Entscheidungsfreiheit hervorruft. Im kognitiv-attributionalen Sinn sind Wahlmöglichkeiten also verschiedene Optionen, welche von der Umwelt – z.B. Lehrkraft, Lehrplan, Eltern – vorgegeben werden („Wahl zwischen Alternativen"; *option choices*).

Im motivationalen Konzept hingegen werden Wahlmöglichkeiten nur dann empfunden, wenn die Person ein Gefühl der Freiheit bezüglich der Handlungsdurchführung verspürt. Ein Verhalten gilt nur dann als wirklich frei gewählt, wenn ernsthaft in Erwägung gezogen werden kann, die Handlung nicht durchzuführen. In ihrer motivationalen Bedeutung umfassen Wahlmöglichkeiten demnach die Art zu Handeln sowie die Wahl zwischen handeln und nicht handeln, was als „Wahl der Handlung" (*action choice*) bezeichnet werden kann (Reeve et al., 2003). Diese motivationale Sicht auf Wahlmöglichkeiten steht somit der internalen Handlungsverursachung und der Volition, d.h. der psychologischen Freiheit im Sinne von hoher Flexibilität und geringem äußeren sowie innerpsychischem Druck, näher als der Wahlmöglichkeit zwischen verschiedenen Alternativen.

Diese „option choices" wirken sich wenig auf die Wahrnehmung von Selbstbestimmung aus, wohingegen die Wahl der Handlung (action choice) Selbstbestimmung und somit intrinsische Motivation beeinflusst. Eine internal verursachte, volitionale Handlung hat ihren Ursprung zudem in den Grundbedürfnissen des Individuums sowie dem Aufforderungscharakter der Umwelt. Wenn Wahlmöglichkeiten im motivationalen Sinne einer „Wahl der Handlung" verstanden werden, erfordert dies, dass Lehrkräfte ihrer Schüler*innen dabei unterstützen, sich ihrer eigenen Bedürfnisse, Interessen, Werte und Ziele bewusst zu werden (Deci & Ryan, 1991) und Möglichkeiten geboten werden, diese im Unterricht verwirklichen zu können.

Dies bedeutet, eine echte Selbstbestimmung erfahren Schüler*innen nicht, wenn ihnen lediglich verschiedene, durch die Lehrkraft vorgegebene Optionen zur Auswahl angeboten werden. Diese häufig eingesetzte Methode (Stefanou et al., 2004) erhöht zwar die Wahrnehmung von Wahlmöglichkeiten, fördert jedoch nicht die wahrgenommene Selbstbestimmung oder intrinsische Motivation

(Overskeid & Svartdal, 1996; Reeve et al., 2003; Schraw et al., 1998). Beispielsweise bietet eine Aufforderung wie „aus diesen drei Arbeitsblättern müsst ihr in den nächsten 20 Minuten eines bearbeiten“ keine wahre Wahlmöglichkeit an, denn sie erlaubt weder ein Gefühl der eigenen Handlungsverursachung noch eine hohe psychologische Freiheit (d.h. Volition, Flexibilität und geringer Druck).

Da die Definition von Selbstbestimmung nach Deci und Ryan (1985, S. 38) die Wahlmöglichkeiten sehr in den Mittelpunkt rückt, bieten Reeve et al. (2003, S. 388) eine alternative Definition an:

> Self-determination is the capacity to determine one's actions as they emerge from an internally locused and volitional causality, rather than from an externally locused causality (e.g., reinforcement contingencies) or from an internally locused but nonvolitional causality (e.g., drives, intrapsychic pressures). When self-determined, one acts out of an internally locused, volitional causality based on an awareness of one's organismic needs and a flexible interpretation of external events.

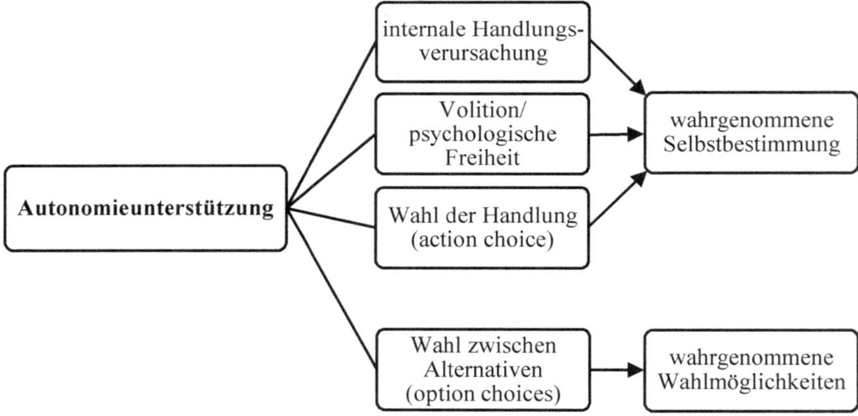

Abbildung 7. Facetten von Selbstbestimmung (in Anlehnung an Reeve et al., 2003, S. 387)

Es scheint demnach, als könne Selbstbestimmung in zwei verschiedene Qualitäten gegliedert werden. Zum einen *wahrgenommene Wahlmöglichkeiten* zwischen Alternativen, zum anderen *wahrgenommene Selbstbestimmung,* welche eine internale Handlungsverursachung, Volition (bzw. psychologischen Freiheit) sowie die „Wahl der Handlung“ (action choice) umfasst.

Wie viele und welche Facetten Autonomieunterstützung bzw. Selbstbestimmung nun auszeichnen, kann nicht abschließend konstatiert werden. Vielmehr sollte festgehalten werden, dass Autonomie ein vielschichtiges Phänomen ist.

Die Unterstützung von Autonomie kann über diverse Facetten erfolgen, wovon manche sich für das Empfinden von Selbstbestimmung und damit die Befriedigung eines psychologischen Grundbedürfnisses als zentraler zu erweisen scheinen als andere Facetten. Über verschiedene Ansätze hinweg scheint sich jedoch immer wieder zu zeigen, dass eine kognitive Autonomieunterstützung, d.h. die Freiheit des unabhängigen Denkens und Gleichberechtigung zur Lehrkraft, sich von einer organisatorischen und prozeduralen Autonomieunterstützung mit einer charakteristischen Möglichkeit zur Auswahl aus dargebotenen Alternativen unterscheidet.

4.3 Offener Unterricht

Auf den Erkenntnissen der pädagogisch-psychologischen Motivations- und Emotionsforschung aufbauend stellt sich die Frage, wie sich denn Autonomieunterstützung im Unterricht konkret umsetzen lässt. Durch welche Unterrichtsdidaktik und -methoden kann die Selbstbestimmung der Schüler*innen im Unterricht gefördert werden? Bislang sind aus der Forschungstradition zur Selbstbestimmungstheorie kaum Studien bekannt, welche Autonomieunterstützung handlungsleitend gliedern oder konkrete Methoden untersuchen.

Hier stellt das Konzept des Offenen Unterrichts (Bohl & Kucharz, 2010; Jürgens, 2004; Kasper, 1990a; Peschel, 2002a; Wallrabenstein, 1994) verschiedene Methoden zur Umsetzung eines autonomieunterstützenden Unterrichts bereit. An systematischen Untersuchungen der Wirkungen von Offenem Unterricht auf das Selbstbestimmungsempfinden und vor allem die Emotionen der Schüler*innen mangelt es bislang jedoch noch. Mit beiden Forschungstraditionen zur Autonomieunterstützung bzw. Selbstbestimmung einerseits sowie zur Öffnung von Unterricht andererseits existieren aber demnach zwei Forschungsrichtungen, die sich gegenseitig ergänzen können (Hartinger, 2005).

Nach der Annäherung an den Terminus *Offener Unterricht* (Kap. 4.3.1) werden Dimensionen und Stufenmodelle zur Charakterisierung der Öffnung von Unterricht dargestellt (Kap. 4.3.2). Bildungsgeschichtlich wurde schon in verschiedenen Strömungen argumentiert, den Schüler*innen mehr Selbstbestimmung durch die Öffnung bzw. Neugestaltung von Unterricht zu übertragen (z.B. Reformpädagogik, Konstruktivismus). Der Zusammenhang der Öffnung von Unterricht mit dem Empfinden von Selbstbestimmung ist jedoch keineswegs eine Selbstverständlichkeit (Kap. 4.3.3).

4.3.1 Begriffsbestimmung

Der Terminus Offener Unterricht bezeichnet einen Unterricht, „dessen Unterrichtsinhalt, -durchführung und -verlauf nicht primär vom Lehrer, sondern von den Interessen, Wünschen und Fähigkeiten der Schüler/innen bestimmt wird" (Neuhaus-Siemon, 1996, S. 19). Das entscheidende Kriterium des Offenen Unterrichts ist demnach der Grad der Selbst- bzw. Mitbestimmung im Unterricht durch die Schüler*innen.

Offener Unterricht legitimiert sich über die Vision einer konsequenten Schülerselbst- und Mitbestimmung (Bohl & Kucharz, 2010) mit den Erziehungszielen der Selbstständigkeit, Eigenverantwortung sowie des mündigen Bürgers und dessen Verantwortung in der demokratischen Gesellschaft (Neuhaus-Siemon, 1996). Je mehr Entscheidungen – hinsichtlich wer wann was mit wem und wie lernen will – gemeinsam mit den Schüler*innen bzw. von diesen eigenverantwortlich getroffen werden, desto offener ist der Unterricht (Jürgens, 2004). Dabei verzichtet der Offene Unterricht keineswegs auf systematisches, geplantes Lernen (z.B. das Setzen von Lernzielen), sondern überträgt derlei Entscheidungen schrittweise auf die bzw. den einzelne*n Schüler*in.

Doch obwohl der Begriff des Offenen Unterrichts seit Jahrzehnten in Gebrauch ist, weisen bislang bestehende Definitionsvorschläge nur ansatzweise Übereinstimmungen auf (Bohl & Kucharz, 2010). Während einige Autor*innen den Versuch, Offenheit zu definieren, als einen Widerspruch in sich betrachten und eine exakte Begriffsbestimmung ablehnen (Kasper, 1990b; Sennlaub, 1990), plädieren andere für eine klare Zielbestimmung und Definition, um willkürlichen Interpretationen des Begriffs entgegenzuwirken (Peschel, 2003). Da eine fehlende Definition die für eine wissenschaftliche Untersuchung notwendige Operationalisierung sowie die Darstellung des Zusammenhangs von Theorie und Empirie erschwert (Bohl & Kucharz, 2010), soll im Folgenden das Verständnis von Offenem Unterricht für die vorliegende Arbeit dargelegt werden.

Der Begriff des Offenen Unterrichts wird sowohl für die Beschreibung eines Unterrichtsstils (Haarmann, 1988), einer schülerorientierten Organisationsform von Unterricht (Krieger, 1994), einem pädagogischen Verständnis bzw. einer pädagogischen Haltung (Wallrabenstein, 1994), einer grundlegenden Erziehungsphilosophie (Peschel, 2002a) als auch einer „Bewegung" im Sinne einer neuen Reformpädagogik (Jürgens, 2004) verwendet.

Wallrabenstein (1994) kennzeichnet Offenen Unterricht als „Sammelbegriff für unterschiedliche Reformansätze in vielfältigen Formen inhaltlicher, methodischer und organisatorischer Öffnung mit dem Ziel eines veränderten Umgangs mit dem Kind auf der Grundlage eines veränderten Lernbegriffs“ (Wallrabenstein, 1994, S. 54). Die unterschiedlichen Reformansätze beziehen sich dabei auf pädagogische Traditionen wie beispielsweise Pestalozzi, Kerschensteiner, Petersen, Montessori oder Freinet. Unter der inhaltlichen Dimension versteht er eine Orientierung des Unterrichts an den Erfahrungen und Inhalten aus der unmittelbaren Lebenswelt der Kinder, unter der methodischen Dimension subsummiert er Mitgestaltungsmöglichkeiten der Schüler*innen am Unterricht und eine stärkere Berücksichtigung von Lernformern wie freier Arbeit, während die organisatorische Dimension eine Öffnung für veränderte Unterrichtsabläufe und Organisationsformen (wie z.B. Wochenplan- oder Projektunterricht) meint.

Charakteristische Merkmale für Offenen Unterricht lassen sich erkennen in der Lernumwelt (z.B. Werkstattcharakter, Lern- und Lesezonen, Fördermaterialien), der Lernorganisation (z.B. individuelle Zeiteinteilung, flexible Tages-/Wochenpläne, Projekte, Lernberatung), den Lernmethoden (z.B. individuelle Arbeit, Selbstkontrolle, flexible Lerngruppen), der Lernatmosphäre (z.B. Akzeptanz unterschiedlicher Lernvoraussetzungen, gegenseitige Offenheit, Vertrauen), den Lerntätigkeiten (z.B. praktische Arbeiten, Experimentieren, selbstständige Beschaffung von Informationen) sowie den Lernergebnissen (z.B. Geschichten, Ausstellungen, Sammlungen, Berichte, Werkprodukte).

Auch Goetze (1992), Gage und Berliner (1996) sowie Jürgens (2004) bieten Merkmalskataloge an, welche sich als konstitutiv für Offenen Unterricht herausstellen. In seiner zusammenfassenden Analyse verschiedener Definitionsversuche gliedert Jürgens (2004) übereinstimmende Kriterien Offenen Unterrichts auf vier Ebenen:

1. Schülerverhalten:
   (a) Eigenständigkeit hinsichtlich Entscheidungen über Arbeitsformen und Arbeitsmöglichkeiten, soziale Beziehungen, Kooperationsformen o.ä.,
   (b) Selbst- bzw. Mitbestimmung bei der Auswahl von Unterrichtsinhalten, der Unterrichtsdurchführung und des Unterrichtsverlaufs,
   (c) Selbstständigkeit in Planung, Auswahl und Durchführung von Aktivitäten.
2. Lehrerverhalten:
   (d) Zulassung von Handlungsspielräumen und Förderung von (spontanen) Schüleraktivitäten,
   (e) Preisgabe bzw. Relativierung des Planungsmonopols,
   (f) Orientierung an den Interessen, Ansprüchen, Wünschen und Fähigkeiten der Schülerinnen und Schüler.

3. Methodisches Grundprinzip:
   (g) Entdeckendes, problemlösendes und handlungsorientiertes sowie selbstverantwortliches Lernen.
4. Lern-/Unterrichtsformen:
   (h) Freie Arbeit
   (i) Arbeit nach einem Wochenplan
   (j) Projektunterricht. (Jürgens, 2004, S. 45-46)

Offener Unterricht geht somit von einer veränderten Lernorganisation (schülerzentriert), einem erweiterten Lernbegriff (erfahrungs- und handlungsorientiert) sowie einer veränderten Beziehungsstruktur zwischen Lehrkräften und Schüler*innen aus. Je nach Anzahl und Ausprägungsgrad der berücksichtigten Kriterien existieren unterschiedlichste Realisierungsmöglichkeiten. Zwischen einem in Gänze geschlossenen, lehrerzentrierten Unterricht im Sinne eines absolut fremdbestimmten Lernens einerseits und dem total offenen, schülerzentrierten Unterricht im Sinne einer völligen Selbstbestimmung des Lernens andererseits – welche es beide in ihrer Reinform im schulischen Unterricht nicht geben kann bzw. sollte – bewegen sich die Unterrichtssituationen zwischen eher geschlossenen und mehr offenen Lernarrangements auf einem Kontinuum. Offener Unterricht stellt somit eine Rahmenkonzeption mit ganz verschiedenen Ausprägungsformen dar (Jürgens, 2004).

Die Anwendung von Methoden des Offenen Unterrichts allein sagt jedoch wenig darüber aus, ob den Lernern tatsächliche Freiheiten und Selbst-/Mitbestimmungsmöglichkeiten eingeräumt werden. Es kommt vielmehr auf die Umsetzung dieser Arbeitsformen an. Darüber hinaus nehmen die einzelnen Schüler*innen die ihnen gebotenen Wahlmöglichkeiten unterschiedlich wahr (Hartinger, 2001b).

Peschel (2003) kritisiert daher diese Reduzierung des Offenen Unterrichts auf Arbeitsformen und Unterrichtskonzepte. Oftmals handelt es sich z.B. bei Wochenplanarbeit, Stationslernen oder Projektunterricht nur um eine Verschiebung der Lehrer- hin zur Materialorientierung, grundsätzlich bleibt der Lehrgangscharakter dabei jedoch erhalten. Die Schüler*innen können lediglich innerhalb des von der Lehrkraft vorgegebenen Materialangebots und innerhalb schulischer Rahmenbedingungen frei wählen. Die Gemeinsamkeit der Unterrichtskonzepte bzw. Arbeitsformen, die sich in ihrer aktuell angewandten Form unter dem Begriff „Offener Unterricht“ subsummieren, sieht er primär in den „größeren Wahlmöglichkeiten bzw. Freiheiten der Kinder im Gegensatz zu sonst üblichen frontalen Unterrichtsformen“ (Peschel 2003, S. 13). Diese Offenheit beschränkt sich jedoch primär auf organisatorische Bedingungen. Auch wenn Schüler*innen sich ihre Lernzeit, Lernort und Lernpartner frei aussuchen können, werden die Inhalte bei den meisten Arbeitsformen von der Lehrkraft vorgegeben. Die Aufgaben bleiben dabei im Prinzip die gleichen Lehrgangsübungen wie im Frontalunterricht, nur „etwas bunter verpackt oder durch eigene bzw. zusätzlich kopierte Arbeitsblätter und -materialien aufgelockert" (Peschel, 2003, S. 14). Daher schlägt Peschel (2002a) eine von Unterrichtsformen losgelöste Definition von Offenem Unterricht vor, die sich an fünf grundlegenden Dimensionen von Offenheit orientiert (siehe Kap. 4.3.2):

> Offener Unterricht gestattet es dem Schüler, sich unter der Freigabe von Raum, Zeit, und Sozialform Wissen und Können innerhalb eines „offenen Lehrplanes" an selbst gewählten Inhalten auf methodisch individuellem Weg anzueignen. Offener Unterricht zielt im sozialen Bereich auf eine möglichst hohe Mitbestimmung bzw. Mitverantwortung des Schülers bezüglich der Infrastruktur der Klasse, der Regelfindung innerhalb der Klassengemeinschaft sowie der gemeinsamen Gestaltung der Schulzeit ab. (Peschel, 2002a, S. 78)

Der Begriff *Offener Unterricht* stellt per se noch kein Qualitätskriterium im Sinne eines guten oder wirksamen Unterrichts dar. Genauso wenig sollte der Grad der Offenheit mit der Qualität von (Offenem) Unterricht gleichgesetzt werden (Bohl & Kucharz, 2010). Die Öffnung von Unterricht bezieht sich meist auf eine äußere Dimension bzw. die Sichtstruktur, lässt dabei aber häufig die Mikroebene der Prozesse und Interaktionen außer Acht, auf welcher – trotz aller sichtbarer Offenheit – eine immanente Führung (z.B. durch Aufgabenstellungen) oder Bindung (z.B. durch Materialien) wirksam wird (Lipowsky, 2002). Eine einzelne Lehrmethode ist niemals besser oder schlechter als eine andere, denn es kommt auf das Ziel und den Zweck der Methode an. Zur Umsetzung von Qualitätsdimensionen auf Ebene der Tiefenstrukturen von Unterricht, beispielsweise die konstruktive Unterstützung der individuellen Lernprozesse oder kognitive Aktivierung (Gold, 2015; Kunter et al., 2011), kann sich ein geöffneter Unterricht als passend erweisen. Ob Offener Unterricht nun aber besser geeignet ist als ein kontrollierender, lehrerzentrierter Unterrichtsstil oder welche Einzelmethode innerhalb offener Unterrichtsangebote am wirksamsten ist, um Lern- und Leistungsemotionen, Motivation und Kompetenzen von Schüler*innen zu fördern, kann pauschal nicht beantwortet werden.

Als erstes Zwischenfazit einer Begriffsbestimmung lässt sich festhalten, dass verschiedene Autor*innen unterschiedliche Definitionen und Merkmale des Offenen Unterrichts nennen, welche trotz mancher (zumindest begrifflicher) Gemeinsamkeiten doch als uneinheitlich zu bezeichnend sind. Offener Unterricht wird mit Hilfe von Kriterien, Merkmalen sowie Dimensionen als ein facettenreicher Handlungsrahmen beschrieben und ist somit als Prinzip, als Organisationsform sowie als Methode zu verstehen. Aus dieser Breite der Bestimmungsmerkmale resultiert auch das Problem der wissenschaftlichen Erforschung des Konzepts, denn ohne eine exakte und zumindest weitgehend anerkannte Beschreibung des Untersuchungsgegenstandes können weder Merkmale erfasst, noch die Ergebnisse interpretiert werden.

Empirische Befunde zur Wirksamkeit von Offenem Unterricht sind aufgrund der nicht eindeutigen und trennscharfen Definition des Begriffs mit großer Vorsicht zu interpretieren und Generalaussagen sind nicht bzw. nur bedingt möglich. Häufig wurde hierbei nicht explizit Offener Unterricht fokussiert, sondern einzelne Elemente eines geöffneten Unterrichts wurden untersucht. Die Befundlage ist insgesamt sehr uneinheitlich und noch nicht ausreichend. Den Forschungsstand zusammenfassend (Bohl et al., 2013) lässt sich jedoch tendenziell festhalten, dass (a) Fachleistungen im Unterricht mit direkter Instruktion eher höher zu sein scheinen als im offenen Unterricht, wobei dies auch an einer Vernachlässigung des Mikroebene in der Forschung liegen könnte, da differenzierte Studien keine nachteiligen Leistungseffekte von geöffnetem Unterricht finden (Pauli et al., 2003; Peschel, 2003), (b) sich unterschiedliche Effekte auf unterschiedliche Schüler*innen zeigen, da z.B. leistungsschwächere Schüler*innen stärkere Strukturierungsmaßnahmen benötigen, (c) geöffneter Unterricht Vorteile bei überfachlichen und nicht kognitiven Ziele bieten kann, die Befunde jedoch sehr uneinheitlich sind, (d) im offenen Unterricht die Prozessqualität von besonders hoher Bedeutung ist und die spezifische Ausprägung und Konstellation von Unterrichtsqualitätsmerkmalen beachtet werden sollte und dass (e) die Merkmale und Wirkungen des Offenen Unterrichts, z.B. auf das Selbstbestimmungsempfinden der Schüler*innen, stark von der Lehrkraft und ihren Kompetenzen und Einstellungen abhängig sind.

Die Überprüfung der Wirksamkeit des Offenen Unterrichts und ein Vergleich mit anderen Unterrichtskonzepten scheinen somit nur schwer möglich zu sein (Reiß & Werner, 2007). Peschels (2003) Ansatz einer systematischen Beschreibung und Stufung von Dimensionen der Öffnung sowie die Entwicklung von Instrumenten zur Beobachtung und Einordnung des Grades an Offenheit sind für eine Standortbestimmung äußerst dienlich und für die empirische Untersuchung sowie sachliche Kommunikation von großem Wert. Er sieht Unterricht nur dann als offen an, wenn Entscheidungen und Verantwortlichkeiten im methodisch-organisatorischen Bereich uneingeschränkt („unter Freigabe“), im inhaltlichen Bereich lediglich durch einen offenen Rahmenplan begrenzt und im sozialen Bereich so weit wie möglich in den Händen der Schüler*innen liegen. Die vorliegende Arbeit versteht diese (radikale) Definition von Offenem Unterricht innerhalb der Rahmenkonzeption als Paradigma des schülerzentrierten, selbstbestimmten Unterrichts.

4.3.2 Dimensionen und Stufenmodelle zur Charakterisierung der Öffnung des Unterrichts

In seinem Bestreben, den Begriff des Offenen Unterrichts praxistauglicher und operationalisierbar zu machen, entwickelte Peschel (2002a, 2003) basierend auf der oben genannten Definition und den grundlegenden Dimensionen von Offenheit ein Raster zur Bestimmung des Öffnungsgrades einzelner Unterrichtssequenzen sowie ein Stufenmodell des Offenen Unterrichts.

Dimensionen des Offenen Unterrichts
Der Offene Unterricht lässt sich – Bezug nehmend auf Peschel (2003), aber in unterschiedlichen Varianten der Benennung und Anzahl auch von anderen Autor*innen (z.B. Bohl & Kucharz, 2010; Brügelmann, 1997; Goetze, 1992; Ramseger, 1977) postuliert – in fünf aufeinander bezogene Dimensionen der Öffnung untergliedern:

(a) Organisatorische Offenheit meint die Bestimmung von Rahmenbedingungen, wie z.B. die Wahl von Raum, Zeit oder Sozialform.
(b) Methodische Offenheit erlaubt den Schüler*innen die Bestimmung des eigenen Lernweges.
(c) Inhaltliche Offenheit drückt sich durch die Bestimmung des Lernstoffs innerhalb der offenen Lehrplanvorgaben aus.
(d) Soziale Offenheit schließt die Bestimmung von Entscheidungen bezüglich der Klassenführung bzw. des gesamten Unterrichts mit ein: Dies umfasst die langfristige Unterrichtsplanung ebenso wie den konkreten Unterrichtsablauf oder gemeinsame Vorhaben. Auch die Bestimmung des sozialen Miteinanders bezüglich der Rahmenbedingungen, dem Erstellen von Regeln sowie der Regelstrukturen usw. sind hiermit gemeint. Diese Dimension nennen Bohl und Kucharz (2010) politisch-partizipative Dimension.
(e) Persönliche Offenheit zielt auf die Beziehung zwischen Kindern/ Lehrkraft sowie der Schüler*innen untereinander.

Stufen der Öffnung des Unterrichts
Eine Skalierung dieser Dimensionen erlaubt die Einschätzung eines zu untersuchenden Unterrichts anhand des Grades der Öffnung. Die von Peschel (2003, 54f.) vorgeschlagene sechs-stufige Skala reicht jeweils von 0 = nicht vorhanden über ansatzweise (1), erste Schritte (2), teils – teils (3) und

schwerpunktmäßig (4) bis 5 = weitestgehend. Für jede Dimension werden zu jeder Stufe Indikatoren genannt, anhand derer sich der Grad an Öffnung einschätzen lässt.
Werden beispielsweise Arbeitsaufgaben bzw. Inhalte durch die Lehrkraft oder das Arbeitsmittel strikt vorgegeben, so ist eine inhaltliche Offenheit nicht vorhanden (Grad 0). Können Schüler*innen aus einem festen Arrangement frei auswählen oder Inhalte zu vorgegebenen Aufgaben selbst bestimmen, entspricht dies ersten Schritten (Grad 2) hin zu inhaltlicher Offenheit, während bei einer weitgehenden *inhaltlichen Offenheit* (Stufe 5) der Unterricht primär auf selbstgesteuertem, interessegeleitetem Arbeiten basiert.

Die schwerpunktmäßige und weitgehende Offenheit des Unterrichts hinsichtlich der weiteren Dimensionen lassen sich charakterisieren als:

(a) offene Rahmenvorgaben (4) sowie primär auf eigener Arbeitsorganisation der Kinder basierender Unterricht (5; *organisatorische Offenheit*),
(b) meist Zulassen eigener Zugangsweisen/Lernwege der Kinder (4) sowie primär auf „natürlicher“ Methode/Eigenproduktion basierender Unterricht (5; *methodische Offenheit*),
(c) eigenverantwortliche Mitbestimmung in wichtigen Bereichen (4) sowie Selbstregierung der Klassengemeinschaft (5; *soziale Offenheit*),
(d) eine für die Beachtung der Interessen des Einzelnen offene Beziehungskultur (4) sowie eine auf Gleichberechtigung abzielende „überschulische“ Beziehung (5; *persönliche Offenheit*).

Raster zur Bestimmung des Öffnungsgrades
Diese eher quantitative Einteilung überführt Peschel (2003, S. 57f.) in ein qualitatives Raster zur Bestimmung des Öffnungsgrades, welches für die Einschätzung einzelner Unterrichtssequenzen herangezogen werden kann. Die Ermöglichung ganz freier Zeiteinteilung, Orts- und Partnerwahl auf Dauer sowie langfristige eigene Arbeitsvorhaben sind dabei Indizien für eine weitgehende *organisatorische Offenheit* (Stufe 5). Weitgehende *methodische Offenheit* zeigt sich dadurch, dass Aufgaben auf unterschiedlichen Niveaus und mit unterschiedlichen Zugangsweisen nebeneinander bearbeitet werden und „freier Ausdruck“ ein grundlegendes Element ist. Inner- und überfachliche eigene Arbeitsvorhaben hinsichtlich freier Bestimmung des Themas und/oder Fachs deuten auf eine weitgehende inhaltliche Offenheit hin. Da für den persönlich-sozialen Bereich immer ein Gesamteindruck bezüglich der Mitbestimmungsmöglichkeiten der Schüler*innen nötig ist, werden hierfür keine qualitativen Raster zur Sequenzanalyse angeboten.

Peschel (2003) betont, dass es bei diesem Raster nicht um ein pauschales „je offener, desto besser“ (S. 65) geht, da es auch im Offenen Unterricht in sich geschlossene Informations- und Gesprächsphasen gibt. Die Entwicklung der

Selbst-, Sach- und Sozialkompetenz bei den Schüler*innen hängt jedoch mit dem Spielraum zur Ausbildung dieser Kompetenzen zusammen, d.h. mit dem Grad der Übertragung von Verantwortung an den/die Einzelne*n und ihre/seine Mitbestimmungsmöglichkeiten – sprich dem Grad der Offenheit von Unterricht.

Stufenmodelle des Offenen Unterrichts
Peschel (2002a) stellt ein Stufenmodell zur Charakterisierung der Öffnung des Unterrichts vor, in welchem er die organisatorische Öffnung als Vorstufe eines Offenen Unterrichts bezeichnet, die man in der Praxis am häufigsten vorfindet. Während die Bestimmung von relativ unwichtigen Komponenten wie Raum, Zeit und Sozialform von der Lehrkraft ganz oder teilweise den Schüler*innen übertragen werden, sind Inhalt, Methode und Material festgelegt. Eine solche Stufe 0 findet sich (je nach Umsetzung) z.B. in den Arbeitsformen des Wochenplans, Stationen- oder Werkstattarbeit.

Die methodische Öffnung (Stufe 1) sieht Peschel als Grundbedingung für die Öffnung des Unterrichts. Sie basiert auf der lernpsychologischen Annahme, dass Lernen ein eigenaktiver Konstruktionsprozess ist. Verstehen bedeutet hierbei die Einbettung neuen Wissens in bestehende Denkstrukturen durch eine aktive Auseinandersetzung mit dem Lerngegenstand. Anstelle von Vorgaben zum Kompetenzerwerb oder zur Problemlösung, vorstrukturierten Lehrgängen und unverstandenem Auswendiglernen können Schüler*innen ihren Lernweg selbst bestimmen und sich individuell mit dem Lernstoff auseinandersetzen.

Die folgende Stufe 2 ist die Erweiterung um die inhaltliche Dimension. Diese steht in engem Zusammenhang mit interessengeleitetem und -förderndem Lernen, denn die Lerner erhalten die Möglichkeit zur Mit- oder Selbstbestimmung der Inhalte. Durch hohes Interesse und intrinsische Motivation kann sich in Verbindung mit selbstgesteuertem Lernen auf eigenen Lernwegen eine hohe Effektivität des Lernens ergeben. Die Lehrkraft gibt keine vorstrukturierten Lehrgänge oder Arbeitsmaterialien vor, sondern strukturiert, liefert Impulse, beobachtet den Lernfortschritt und achtet auf die Passung zum (offenen, kompetenzorientierten) Rahmenlehrplan.

Die soziale Öffnung auf Stufe 3 meint eine Schülermitbestimmung auf allen Ebenen im Sinne einer Basisdemokratie des sozialen Miteinanders. Das bedeutet, es werden von der Lehrkraft keine Regeln oder Normen vorgegeben, sondern diese werden im Zusammenleben erfahren, evaluiert, diskutiert, vorgelebt und als persönliches Recht eingefordert. Soziale Normen liegen damit in der Verantwortung aller Beteiligten und Normverstöße dienen als Reflexionsmöglichkeit. Eine sozial-integrative Öffnung des Unterrichts würde die Selbstverwaltung der

Klassengemeinschaft sowie eine auf Gleichberechtigung abzielende Beziehung zwischen Lehrkraft und Lernenden bedeuten.

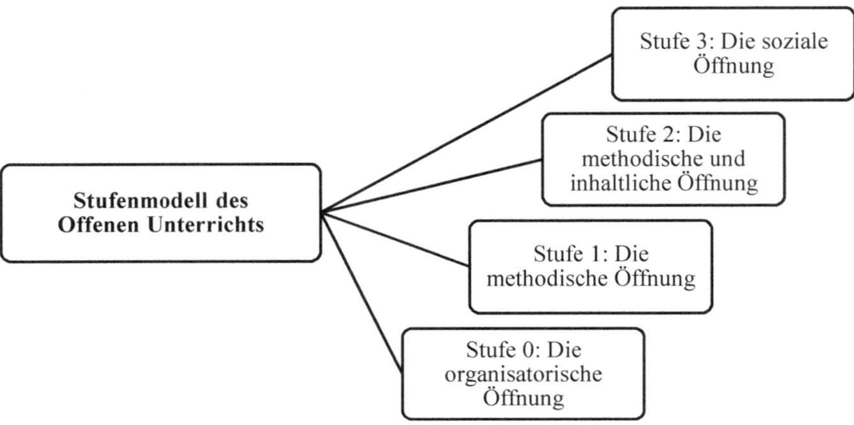

Abbildung 8. Das Stufenmodell des Offenen Unterrichts (eigene Darstellung nach Peschel, 2002a)

Auch Bohl und Kucharz (2010) bieten als Weiterentwicklung der Dimensionen von Ramseger (1977), Brügelmann (1997) und Peschel (2002a) ein Stufenmodell des Offenen Unterrichts an. Es unterscheidet sich von Peschels Modell in dreierlei Hinsicht. Erstens bezeichnen Bohl und Kucharz (2010) die soziale Öffnung – wie oben bereits erwähnt – als politisch-partizipative Dimension. Unklar bleibt aufgrund der knappen Darstellung, ob das Verständnis der einzelnen Dimensionen tatsächlich dem anderer Autoren (z.B. Peschel, 2003) entspricht. So beschreiben sie methodische Öffnung – eventuell missinterpretiert – als „Bestimmung des Lernstoffes“ (Bohl & Kucharz, 2010, S. 15), doch auch in beschriebenen Unterrichtsszenarien interpretieren sie die methodische Dimension anders als Peschel (2003, S. 53ff.). Eine exakte Beschreibung der einzelnen Dimension wird nicht geliefert, so dass nur angenommen werden kann, dass soziale und politisch-partizipative Öffnung sich entsprechen.

Zweitens beziehen Bohl und Kucharz (2010) explizit die persönliche Offenheit im Sinne einer gelungenen und respektvollen Beziehung zwischen allen Beteiligten mit ein und erachten diese als grundlegend für jeglichen Unterricht. Andere Autoren nennen eine solche Dimension nicht (z.B. Ramseger, 1977) oder subsumieren persönliche unter der Stufe sozialer Offenheit (Peschel, 2002a).

Drittens: Die wohl bedeutsamste Unterscheidung zum Modell von Peschel (2002a) ist jedoch die Unterscheidung zwischen Öffnung von Unterricht und Offenem Unterricht. Eine Beteiligung der Schüler*innen an Entscheidungen in organisatorischer und methodischer Hinsicht stellt eine *Öffnung von Unterricht*, jedoch keinen Offenen Unterricht dar. Dieses Verständnis entspricht Begriffen wie Selbstorganisation oder Selbstregulierung. Hingegen sollte der Begriff *Offener Unterricht* „denjenigen Konzepten vorbehalten bleiben, die eine Mitbestimmung der Schülerinnen und Schüler in inhaltlicher und/oder politisch-partizipativer Hinsicht ermöglichen" (Bohl & Kucharz, 2010, S. 19). Ein solches Verständnis von Offenem Unterricht stimmt mit dem Begriff Selbstbestimmung überein.

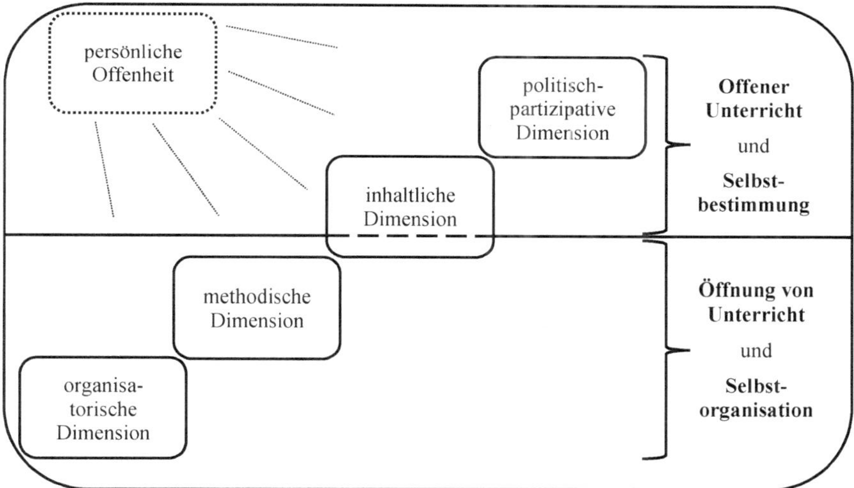

Abbildung 9. Dimensionen der Öffnung des Unterrichts (Bohl & Kucharz, 2010, S. 19)

Diese Unterscheidung zwischen Selbstorganisation bzw. Selbstregulierung (Öffnung von Unterricht) und Selbstbestimmung (Offener Unterricht) korrespondiert mit der Differenzierung von Autonomieunterstützung nach Reeve et al. (2003), die *wahrgenommene Wahlmöglichkeiten* zwischen vorgegebenen Alternativen von *wahrgenommener Selbstbestimmung* im Sinne psychologischer Freiheit abgrenzt (siehe Kap. 4.2.2.4).

Den „Quantensprung" zwischen Selbstorganisation und Selbstbestimmung, wie ihn Bohl und Kucharz (2010, S. 19) bezeichnen, sehen sie in der inhaltlichen Dimension. Gibt die Lehrkraft die Themen und Aufgabenstellungen exakt vor oder können die Schüler*innen nur eine aus mehreren Aufgabenstellungen auswählen, so handelt es sich um Wahlmöglichkeiten innerhalb der Selbstorganisation (Öffnung von Unterricht). Bestimmen die Schüler*innen jedoch ein (Teil-) Thema aus einem vorgegeben, umfangreichen und anspruchsvollen Rahmenthema selbst oder entscheiden frei, welches Thema sie bearbeiten möchten, so kann von einer Selbstbestimmung des Lernens und damit von Offenem Unterricht gesprochen werden. Daher verläuft die Trennung von Öffnung und Offenem Unterricht in Abbildung 9 durch die inhaltliche Dimension.

Die Unterscheidung zwischen Öffnung von Unterricht und Offenem Unterricht ist nicht trennscharf, birgt jedoch ein großes analytisches Potenzial. Eine solche Differenzierung ermöglicht es, Stufungen von Öffnung zu verdeutlichen, Dimensionen geöffneten Unterrichts genauer zu analysieren und damit den Offenen Unterricht konzeptionell von anderen Ansätzen abzugrenzen. Der Grad der Offenheit wird in den Vordergrund gerückt und hilft somit, den Begriff des Offenen Unterrichts vor einer „missbräuchlichen" Verwendung zu schützen. Unterrichtsformen mit niedrigen Freiheitsgraden, wie es z.B. bei Stationenarbeit, Lerntheken oder Stamm-/Expertengruppen der Fall sein kann, sollten in diesem Sinne nicht weiter als Offener Unterricht bezeichnet werden, sondern können legitim und sinnvoll als Öffnung von Unterricht charakterisiert werden.

4.3.3 Das Empfinden von Selbstbestimmung im Offenen Unterricht

Bohl und Kucharz (2010) gehen davon aus, dass Offener Unterricht von den Schüler*innen als Möglichkeit der Selbstbestimmung wahrgenommen wird. Dieser Zusammenhang von Autonomieunterstützung durch Offenen Unterricht seitens der Lehrkraft und dem Empfinden von Selbstbestimmung durch die Schüler*innen ist aber keineswegs als selbstverständlich anzusehen. Abhängig von bisherigen Sozialisationserfahrungen (Selbstbestimmung in anderen Fächern, bei anderen Lehrkräften, etc.), dem Erziehungsstil der Eltern (Grolnick & Ryan, 1989), der tendenziellen Neigung zum Empfinden von Selbstbestimmung, der tatsächlich unterschiedlichen Einräumung von Selbstbestimmungsmöglichkeiten zwischen verschiedenen Schüler*innen innerhalb einer Klasse (Hartinger, 2001b) sowie weiteren Umwelt- und Persönlichkeitsfaktoren (z.B. geringe Ambiguitätstoleranz) können Kinder und Jugendliche dieselbe Unterrichtssituation als mehr oder weniger selbstbestimmt wahrnehmen (Hartinger, 2001a). Innerhalb einzelner Klassen findet sich eine breite Streuung hinsichtlich des Selbstbestimmungsempfindens (Hartinger, 2001b). Die Effekte der Öffnung von Unterricht – z.B. Entwicklung von Interessen, intrinsischer Motivation und Wohlbefinden (siehe Kap. 4.2.2.2) – sind aber nur dann zu erwarten, wenn die Schüler*innen ihre Selbstbestimmung auch in diesem Maße als solche wahrnehmen. Empfinden sich Kinder und Jugendliche trotz vorhandener Freiräume nicht als selbstbestimmt, zeigen diese besonders negative Lernparameter, beispielsweise wenig Interesse am Unterricht (Hartinger, 2006). Der Anspruch eines Offenen Unterrichts kann daher nur erreicht werden, wenn die individuelle Einschätzung der Unterrichtssituation durch die Schüler*innen beachtet wird; bei einem rein „objektiv" beurteiltem Ausmaß an Selbstbestimmungsmöglichkeiten besteht sonst die Gefahr, dass subjektiv wesentliche Aspekte von Autonomie unberücksichtigt bleiben (Prenzel, 1993).

Allerdings sind aus der Tradition der pädagogisch-psychologischen Motivations- oder Emotionsforschung kaum Studien zum Empfinden von Selbstbestimmung bekannt, die sich mit konkreten Unterrichtsmethoden beschäftigen. In der Forschungstradition zum Offenen Unterricht hingegen wurden die Wirkungen des Offenen Unterrichts sowie einzelner Methoden durchaus untersucht (siehe zusammenfassend z.B. Jürgens, 2004; Lipowsky, 2002), selten jedoch systematisch mit Autonomieunterstützung und dem Empfinden von Selbstbestimmung in Verbindung gebracht (z.B. Brügelmann, 1997). Hartinger (2005, 2006) befasst sich mit der Schnittstelle beider Forschungstraditionen, indem er die bis dato vernachlässigte Frage aufgreift, inwieweit sich eine Öffnung von Unterricht auf das Selbstbestimmungsempfinden von Schüler*innen auswirkt. Er konnte zeigen, dass Schüler*innen sich im geöffneten Unterricht als selbstbestimmter empfinden, wenn sie Elemente des Unterrichts mitbestimmen können. Mit einem Regressionskoeffizienten von $\beta = .32$ ($p < .001$; Hartinger, 2005) bzw. $\beta = .24$ ($p \leq .001$; Hartinger, 2006) fällt der Zusammenhang von wahrgenommenen Freiräumen und Selbstbestimmungsempfinden jedoch weniger hoch aus, als es theoretisch vielleicht zu erwarten wäre. Des Weiteren zeigen sich bezüglich des Selbstbestimmungsempfindens vergleichsweise geringe Unterschiede zwischen den einzelnen Formen der Öffnung (Sozialform/Sozialpartner/Arbeitsort/Zeiteinteilung/Aufgabenwahl/Thema der Stunde/Bearbeitungsweg; $.15 \leq \beta \leq .20$). Dies ist insofern erstaunlich, als dass z.B. zwischen der Wahl des Arbeitsortes und der Entscheidung über das Unterrichtsthema ein vermeintlich großer qualitativer Unterschied hinsichtlich Autonomieunterstützung besteht. Andere Studien zeigen, dass die freie Wahl des Unterrichtsthemas durchaus zu höherem Selbstbestimmungsempfinden, mehr aktiver Beteiligung am Unterricht (Hartinger, 2002) sowie höherem und länger anhaltendem Interesse (Hartinger, 1997) führen kann. Die relativ homogenen Zusammenhangsgrößen können eventuell auf das Alter der Stichprobe zurückgeführt werden, da Grundschüler*innen unter

Umständen noch nicht exakt zwischen verschiedenen Formen der Unterrichtsöffnung unterscheiden können. Die Frage, wie sich dies bei Schüler*innen der Sekundarstufe verhält und wie groß der Zusammenhang hier zwischen Öffnung von Unterricht und Selbstbestimmungsempfinden ist, wurde bislang nicht beantwortet.

Ebenso blieb bisher ungeklärt, warum manche Schüler*innen sich als wenig selbstbestimmt wahrnehmen, obwohl ihnen (durch Unterrichtsbeobachtung „objektiv" festgestellte) Freiräume im Unterricht gewährt werden. Eine mögliche Erklärung könnte sein, dass es sich hierbei in erster Linie um Kinder und Jugendliche handelt, die sich selbst als wenig kompetent wahrnehmen und dadurch sehr viele kognitive Ressourcen zur Bewältigung der Arbeitsaufträge und Aufgabenstellungen benötigen. Diese Ressourcen stehen dann nicht mehr bereit, um Entscheidungsmöglichkeiten des Unterrichts wahrzunehmen und zu nutzen. Die Ergebnisse einer Interviewstudie von Hartinger (2006) deuten beispielsweise darauf hin, dass solche Schüler*innen die offenen Unterrichtsphasen zwar durchaus sehen, diese für sich selbst jedoch als nicht nutzbar empfinden und die Freiräume nicht für alle Kinder als gleichermaßen gegeben ansehen.

Eine weitere Erklärung liegt in den Einstellungen der Lehrkraft (siehe hierzu auch Wallrabenstein, 1994). In Klassen, in welchen sich Schüler*innen trotz gegebener Mitbestimmungsmöglichkeiten im Durchschnitt als wenig selbstbestimmt empfinden, zeigen sich die Lehrpersonen stärker kontroll- und weniger autonomieorientiert (Hartinger, 2006). Dies lässt darauf schließen, dass es einen großen Unterschied macht, den Unterricht aus innerer Überzeugung zu öffnen, anstatt dies nur zu tun, um aktuelle Kriterien guten Unterrichts zu erfüllen oder als „modern" zu gelten. Eine autonomieorientierte Einstellung der Lehrkraft scheint demnach wichtiger zu sein als die konkreten Methoden, welche sie anwendet. Des Weiteren kann es als Hinweis darauf verstanden werden, persönliche Offenheit könnte einen stärkeren Einfluss auf das Selbstbestimmungsempfinden der Schüler*innen haben als z.B. die organisatorische Öffnung. Dies würde die Annahme von Bohl und Kucharz (2010) bestätigen, dass Offener Unterricht Selbstbestimmung fördert, während eine Öffnung von Unterricht lediglich das Gefühl der Möglichkeit zur Selbstorganisation vermittelt.

4.4 Integratives Modell der Autonomieunterstützung

Die Grundzüge der Theorie sowie der empirischen Forschung zu Autonomieunterstützung und Offenem Unterricht zusammenfassend soll an dieser Stelle ein integratives Modell der Autonomieunterstützung präsentiert werden. Dieses Modell dient als Rahmenkonzeption für den folgenden empirischen Teil dieser Arbeit.

Die wahrgenommene Autonomie ist der Selbstbestimmungstheorie von Deci und Ryan (Ryan & Deci, 2017) zufolge ein psychologisches Grundbedürfnis. Dieses Bedürfnis meint das Bestreben, sich selbst als Verursacher*in eigener Handlungen zu erleben, über eigene Handlungen bestimmen zu können sowie aus eigenen Werten und Interessen heraus zu handeln. Lehrkräfte können durch Autonomieunterstützung auf das Bedürfnis ihrer Schüler*innen nach Selbstbestimmung eingehen, indem sie die dafür nötigen kontextuellen Bedingungen bereitstellen. Verschiedene Verhaltensweisen von Lehrkräften und Formen bzw. Wege der Autonomieunterstützung werden von den Schüler*innen als polymorphe Facetten von Selbst- bzw. Mitbestimmung wahrgenommen.

Das didaktische Konzept des Offenen Unterrichts stellt vielförmige Methoden bereit, um Autonomieunterstützung und schülerperzipierte Selbstbestimmung im Unterricht zu verwirklichen. Diverse Dimensionen der Öffnung des Unterrichts scheinen unterschiedliche Facetten von Selbstbestimmung anzusprechen. Der Grad der wahrgenommenen Selbst- bzw. Mitbestimmung ist dabei abhängig von der Umsetzung der geöffneten Arbeitsformen sowie der individuellen Einschätzung der Wahl- oder Selbstbestimmungsmöglichkeiten durch die Schüler*innen.

Zur Befriedigung des Bedürfnisses nach Autonomie muss ein (offener bzw. geöffneter) Unterricht nicht nur so gestaltet sein, dass Schüler*innen über Entscheidungsmöglichkeiten verfügen, sondern es gilt dafür zu sorgen, dass die Schüler*innen diese Entscheidungsmöglichkeiten auch wahrnehmen und als solche empfinden (Hartinger, 2006), d.h. ein Gefühl der Selbstbestimmung sowie den adäquaten Umgang damit entwickeln.

Einige Modelle und empirische Befunde versuchen zu klären, wie viele und welche Facetten Autonomieunterstützung bzw. Selbstbestimmung auszeichnen, doch ein Konsens oder ein zusammenfassendes Modell existieren hierzu bislang nicht. Über die beiden Forschungstraditionen zum Offenen Unterricht und zur Selbstbestimmungstheorie hinweg, zeigt sich in vielen Modellen wiederkehrend die Annahme, dass die diversen Facetten sich in zwei relativ distinkte Dimensionen von Autonomieunterstützung gliedern lassen. Für das Empfinden von Selbstbestimmung scheint eine kognitive Autonomieunterstützung, d.h. die Freiheit des unabhängigen Denkens in methodischer, inhaltlicher und sozialer Hinsicht sowie die Gleichberechtigung zur Lehrkraft, von zentraler Bedeutung zu sein. Methodische Freiheit ist hierbei in Peschels (2002a) Sinne zu verstehen und meint das Zulassen eigener Lernwege und Zugangsweisen sowie einen auf Eigenproduktionen basierenden Unterricht. Organisatorische und prozedurale Wahlmöglichkeiten zwischen vorgegebenen Alternativen hingegen sind ein zwar notwendiger Schritt zu mehr Mitbestimmung im Unterricht und können auch schon positive Effekte (z.B. hinsichtlich emotionalem Befinden) erzielen, scheinen für die Befriedigung des Grundbedürfnisses nach Autonomie und damit eine signifikante Beeinflussung von Motivation und Emotionen aber nicht auszureichen (Kunter, 2005).

Die unterschiedlichen Annahmen zusammenfassend zeichnet sich ein solch duales Bild: Eine kognitive Autonomieunterstützung durch Offenen Unterricht nehmen die Schüler*innen als kognitive und emotional-motivationale Selbstbestimmung wahr, in welcher sie psychologische Freiheit bzw. Volition, freie Wahl ihrer Handlungen und eine internale Handlungsverursachung verspüren. Eine Öffnung von Unterricht hingegen stellt in erster Linie organisatorische und prozedurale Wahlmöglichkeiten bereit, welche die Schüler*innen als Möglichkeit zur Selbstorganisation, nicht jedoch als Selbstbestimmung auffassen. Ein integratives Modell der Autonomieunterstützung sollte daher die Gliederung der verschiedenen Maßnahmen und Facetten in diese beiden Dimensionen stets berücksichtigen.

Abbildung 10 fasst die Kernaussagen der dargestellten Modelle zur autonomieunterstützenden Unterrichtsgestaltung interpretativ zusammen. Die linke Seite spiegelt die Facetten der Autonomieunterstützung der Modelle von Assor et al. (2002), Stefanou et al. (2004), Tsai et al. (2008) wider. Teilweise Überschneidungen der Konzepte wurden berücksichtigt und – soweit grafisch möglich – kenntlich gemacht. Die rechte Seite bildet das Modell der verschiedenen Facetten von Selbstbestimmung nach Reeve et al. (2003) in Kombination mit der Zweigliedrigkeit des geöffneten bzw. Offenen Unterrichts von Bohl und Kucharz (2010) ab.

Mittig finden sich die fünf Dimensionen der Öffnung von Unterricht, welche anhand des Stufenmodells von Peschel (2002a), ergänzt durch Bohl und Kucharz (2010) sowie aufgrund eigener Überlegungen angeordnet wurden. Ein Unterschied zu den genannten Modellen soll hierbei hervorgehoben werden: Während Peschel (2002a) in der methodischen Öffnung eine Grundbedingung für die Öffnung des Unterrichts sieht, beschreiben Bohl und Kucharz (2010) die inhaltliche Dimension als den Übergang von Öffnung zu Offenem Unterricht. Beide „Stufen“ können jedoch, ja nach Umsetzung, einerseits Anteile einer kognitiven Autonomieunterstützung beinhalten und damit von den Schüler*innen als Selbstbestimmung wahrgenommen werden. Andererseits kann die inhaltliche Dimension auch lediglich als eine Auswahl aus vorgegebenen Aufgaben oder einem festen

Arrangement umgesetzt werden und somit als Wahlmöglichkeiten der Selbstorganisation von den Schüler*innen aufgefasst werden.

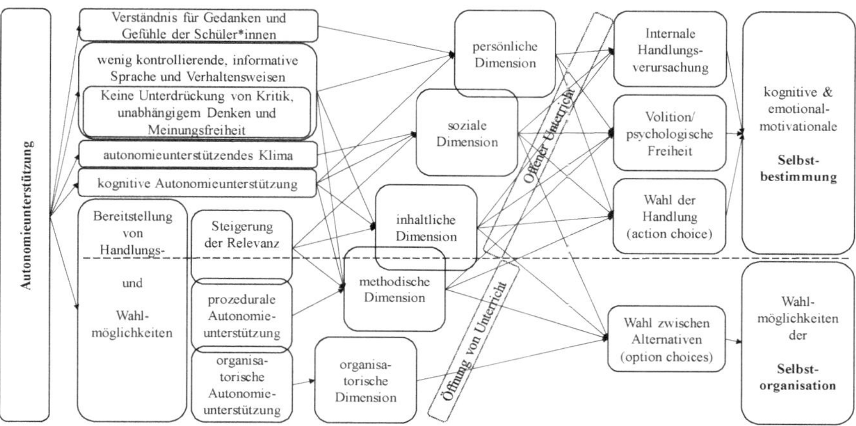

Abbildung 10. Zusammenfassung der Modelle zur autonomieunterstützenden Unterrichtsgestaltung (eigene Darstellung; siehe auch ESM 1)

Der Übergang innerhalb und zwischen beiden Dimensionen ist demnach fließend; Peschel (2003) z.B. kombiniert auf Stufe 2 seines Stufenmodells beide Facetten. Daher sollte das vorliegende Modell nicht als starres Stufenmodell verstanden werden mit Dimensionen, welche aufeinander aufbauen oder manche davon als höherwertig zu anderen angesehen werden. Alle Facetten des Offenen Unterrichts können im Sinne Peschels Raster zu Öffnung von Unterricht (Peschel, 2003, 57f.) mehr oder weniger erfüllt sein, wobei davon auszugehen ist, dass eine Lehrkraft, welche eine positive Einstellung gegenüber der Öffnung von Unterricht vertritt, immer auch mehrere Dimensionen gleichzeitig in einem individuellen Maß öffnet. Andererseits ist der Grad der Öffnung in einem lehrerzentrierten Unterricht in allen Dimensionen niedrig. Daher muss von einer recht hohen Interkorrelation der fünf Dimensionen ausgegangen werden.

Des Weiteren fällt bei einer Zusammenschau der diversen Modelle auf, dass sich zum einen recht eindeutige Pfade erkennen lassen, zum anderen aber auch – wiederum nach Grad der Umsetzung – mehrdeutige, unklare Zusammenhänge theoretisch begründbar ergeben. So sind die Pfade von organisatorischer Autonomieunterstützung durch Wahlangebote hinsichtlich Sozialform, Arbeitszeit und -raum hin zur Wahrnehmung als Möglichkeit der Selbstorganisation auf einer „low road" relativ eindeutig (siehe Abb. 10). Ebenso scheint die „high road" von kognitiver Autonomieunterstützung, nicht-kontrollierendem Verhalten und autonomieunterstützendem Klima durch die Öffnung des Unterrichts auf der persönlichen Ebene zur Wahrnehmung psychologischer Freiheit, internaler Handlungsverursachung und damit zu kognitiver sowie emotional-motivationaler Selbstbestimmung auf Seiten der Schüler*innen zu führen. Es könnte demnach zwei, in diesem Sinne „distinkte" Facetten der Autonomieunterstützung geben.

Hinsichtlich der methodischen, inhaltlichen sowie sozialen Dimension fällt die eindeutige Zuordnung zur high versus low road jedoch außerordentlich schwierig, da sie im Unterricht je nach Grad der Öffnung als Wahlmöglichkeiten zur Selbstorganisation oder aber als wirkliche Selbstbestimmung von den Schüler*innen aufgefasst werden können. Auf theoretischer Basis kann demnach sowohl eine eindeutige Zuordnung der Dimensionen der Öffnung von Unterricht als auch die klare Trennung zwischen Autonomieunterstützung, welche zur Wahrnehmung von Selbstbestimmung führt und derjenigen, die als Wahlmöglichkeiten zwischen Alternativen zur Selbstorganisation verstanden wird, nicht erfolgen. Von besonderem Interesse bei der Frage nach den Auswirkungen von Autonomieunterstützung sowie der Wahrnehmung von Selbstbestimmung im Unterricht scheint demnach die jeweilige methodische Umsetzung zu sein. Blickt man genauer auf die Bestandteile des Modells, so lässt es sich in Anlehnung an einen Unterrichtsverlaufsplan in Ziel, Didaktik und Methodik des Unterrichts gliedern (Abb. 11).

Das Ziel des geöffneten bzw. Offenen Unterrichts bzw. einer solchen Unterrichtssequenz ist offenkundig die Unterstützung der Schüler*innen in der Befriedigung ihres psychologischen Grundbedürfnisses nach Autonomie. Die verschiedenen Facetten von Autonomieunterstützung lassen sich als didaktische Prinzipien des Unterrichts interpretieren und stellen größtenteils Tiefenstrukturen des Unterrichts dar, welche nicht oder nur schwer von außen beobachtbar sind. Erst die methodische Umsetzung dieser Prinzipien, die sogenannten Sichtstrukturen des Unterrichts, lassen auf verschiedene Wege der Autonomieunterstützung schließen. Im integrativen Modell der Autonomieunterstützung (Abb. 12) handelt es sich dabei um die Dimensionen der Öffnung von Unterricht im Sinne methodischer Großformen. Konkrete Vorschläge zur Umsetzung der benannten Dimensionen finden sich bei Peschel (2002a, 2003) bzw. bezogen auf den Mathematikunterricht (der Grundschule) bei Peschel (2002b).

Entscheidend ist – vor allem im Hinblick auf die Lern- und Leistungsemotionen – jedoch nicht, welche objektiv beobachtbaren Methoden des Offenen Unterrichts angewandt werden, sondern wie die Schüler*innen diese subjektiv wahrnehmen. Daher greift das Modell die von Bohl und Kucharz (2010) vorgeschlagene Zweigliedrigkeit auf. Je nach wahrgenommener Ausprägung der Dimensionen von Autonomieunterstützung bzw. deren methodischer Umsetzung ergeben sich zwei Qualitäten von Selbst- bzw. Mitbestimmung im Unterricht: die Wahrnehmung der Autonomieunterstützung als kognitive und emotional- motivationale Selbstbestimmung einerseits, andererseits die Wahrnehmung der Autonomieunterstützung als Wahlmöglichkeiten zwischen Alternativen zur Selbstorganisation. Die Grenze zwischen beiden Facetten ist jedoch individuell verschieden, der Übergang fließend und stets abhängig von der Umsetzung der Methoden durch die Lehrkraft sowie der Wahrnehmung dieser durch die Schüler*innen.

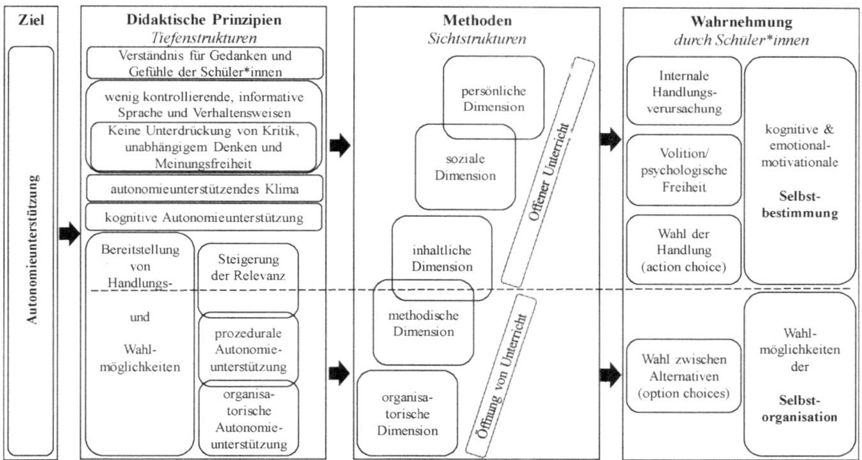

Abbildung 11. Integratives Modell der Autonomieunterstützung (eigene Darstellung; siehe auch ESM 2)

Der Anspruch eines autonomieunterstützenden Unterrichts auf eine positive Beeinflussung von emotionalen, motivationalen und leistungsbezogenen Variablen kann nur erreicht werden, wenn die individuelle Einschätzung der Unterrichtssituation durch die Schüler*innen beachtet wird. Clausen (2002) beispielsweise fand in seiner Arbeit hinsichtlich Unterrichtsqualität keinen signifikanten Zusammenhang zwischen Schüler- und Lehrerurteilen, jedoch einen negativen Zusammenhang zwischen Schüler- und (Video-)Beobachtersicht auf Unterricht. Die Wahrnehmung von Autonomieunterstützung als Unterrichtsvariable sowie die eigenen Emotionen der Schüler*innen sind eindeutig introspektive Variablen. Daher liegt der Fokus der vorliegenden Arbeit auf der Schülerwahrnehmung: Autonomieunterstützung ist im Folgenden stets als schülerperzipierte Autonomieunterstützung zu verstehen.

4.5 Zusammenfassung: Autonomieunterstützung als Prädiktor von Lern- und Leistungsemotionen

Lern- und Leistungsemotionen rücken seit einigen Jahren immer weiter in den Fokus der empirischen Bildungsforschung (Gläser-Zikuda et al., 2010; Pekrun et al., 2002a; Pekrun & Linnenbrink-Garcia, 2014a). Emotionen haben – neben kognitiven Faktoren – einen erheblichen Einfluss auf Lernen und Bildung in verschiedenen Kontexten, sowohl hinsichtlich direkter Auswirkungen auf aktuelle Handlungen und Leistungen (Goetz & Hall, 2013; Pekrun, 2006; Pekrun & Perry, 2014) als auch weitreichende Folgen in Bezug auf Wohlbefinden und lebenslanges Lernen (Furlong et al., 2014; Hascher, 2004a; Hascher & Edlinger, 2009). Daher sollte es ein wichtiges Ziel des Unterrichts sein, positive Emotionen bei den Schüler*innen zu fördern und negative Emotionen bezüglich Schule, Lehrkräften sowie Lern- und Leistungssituationen abzubauen (Buff et al., 2011; Gläser-Zikuda, 2010; Pekrun, 2009).

Die Einflussfaktoren auf Lern- und Leistungsemotionen sind dabei mannigfaltig. Intraindividuelle Einschätzungen bezüglich Kontrolle und Valenz (Bieg et al., 2013; Pekrun, 2000) werden durch proximale Sozialumweltfaktoren, wie z.B. die Art und Weise der Leistungsrückmeldungen, die kognitive und motivationale Qualität der Instruktion und der Aufgaben oder den Grad an Autonomieunterstützung, beeinflusst (Pekrun, 2006; Pekrun & Perry, 2014).

Je positiver die Schulklassen die Kompetenzen ihrer Lehrkraft einschätzen, desto höher ist ihr Wohlbefinden (Gläser-Zikuda & Fuß, 2008). Die Wahrnehmung der einzelnen Lehrkraft durch die Schüler*innen fällt dabei recht unterschiedlich aus, vor allem hinsichtlich ihrer Klarheit der Instruktion, Fürsorglichkeit und Motivierungsqualität (Gläser-Zikuda, 2012). Das emotionale Erleben wiederum hängt stark von der jeweiligen Lehrperson ab und bleibt selbst über mehrere Unterrichtsstunden hinweg recht stabil (Gläser-Zikuda et al., 2005). Merkmale der Lehrkraft sowie die didaktisch-methodische Gestaltung des Unterrichts haben somit einen Einfluss auf die Lern- und Leistungsemotionen der Schüler*innen.

Einerseits hängt die von Schüler*innen wahrgenommene Kontrolle über den Unterrichts-verlauf, den Herausforderungsgrad, ihre Handlungs- und Bewältigungsmöglichkeiten von der jeweiligen Methode ab. Können Schüler*innen beispielsweise zwischen verschiedenen Aufgabentypen und Schwierigkeiten wählen, so empfinden sie vermutlich mehr Kontrolle über ihren Lernprozess. Zudem tragen Wahl- und Mitbestimmungsmöglichkeiten dazu bei, die psychologischen Grundbedürfnisse nach Autonomie und Kompetenzempfinden zu befriedigen

(Patall et al., 2013; Rakoczy, 2008; Ryan & Deci, 2000). Andererseits haben bestimmte Methoden für den bzw. die einzelne/n Schüler*in per se einen emotionalen Wert, z.B. erfreuen sich manche Schüler*innen an der sozialen Interaktion in Kleingruppenarbeiten, andere bevorzugen die stille Einzelarbeit (Deci & Ryan, 2002b).

Aus der Bandbreite an Lehr-/Lernmethoden sollten Lehrkräfte diejenigen auswählen, die das Lernen der Schüler*innen unterstützen, ihre individuellen Bedürfnisse bestmöglich berücksichtigen und sie somit motivational und emotional fördern (Gersten et al., 2009; Gläser-Zikuda et al., 2005). Doch gerade in Mathematik, der in der vorliegenden Arbeit untersuchten Domäne, herrschen meist noch die Methoden der direkten Instruktion vor, da sie für die Einführung neuer und komplexer Denkkonzepte sowie die Unterstützung von Schüler*innen bei der Bewältigung schwieriger Inhalte oftmals am praktikabelsten erscheinen (Bakker et al., 2015; Bieg et al., 2017; Brunner, 2014; Givvin et al., 2005; Götz et al., 2005; Reusser & Pauli, 2015).

Dabei lassen einige Studien den Schluss zu, dass schülerorientierte, autonomieunterstützende, offene Lehr- bzw. Lernmethoden die Emotionen von Schüler*innen positiv beeinflussen (siehe Kap. 3.5.3 & 4.2.2). So konnten Bieg et al. (2017) zeigen, dass Schüler*innen beim individuellen Arbeiten oder in Kleingruppen mehr Freude und Stolz empfinden als in Phasen direkter Instruktion. Während direkter Instruktion erleben sie mehr Langeweile. Ärger und Angst hingegen scheinen weniger systematisch von Unterrichtsmethoden abzuhängen. Unterrichtstempo und wahrgenommene Wahlmöglichkeiten mediieren dabei den Zusammenhang von Unterrichtsmethode und einigen Emotionen. Vor allem die wahrgenommenen Wahlmöglichkeiten scheinen ein positiver Prädiktor von positiven Lern- und Leistungsemotionen zu sein, das Unterrichtstempo hingegen ein Prädiktor von negativen Emotionen.

Hinsichtlich des emotionalen Befindens von Schüler*innen seien an dieser Stelle nur zwei Studien beispielhaft genannt. So konnten Gläser-Zikuda und Schuster (2005) zeigen, dass in einem Offenen Unterricht positive Emotionen durch ein unterstützendes Lehrerverhalten (z.B. Ratschläge), Zeit für individuelles Feedback, hohe Qualität der Aufgaben bzw. des Lernmaterials, Möglichkeiten zur Selbststätigkeit sowie selbstregulierte und kooperative Lernformen gefördert werden. Zu schwierige Aufgabenstellungen und unklare Leistungserwartungen hingegen führen auch bzw. gerade im Offenen Unterricht zu einem negativen emotionalen Befinden der Schüler*innen.

Rathunde und Csikszentmihalyi (2005) verglichen die intrinsische Motivation und das schulische Erleben von Sechst- und Achtklässlern an Montessori-

Schulen, welche selbstbestimmtes Lernen im geöffneten Unterricht ermöglichten, mit einer soziodemographisch parallelisierten Stichprobe in traditionellen Lernsettings. Die Montessori-Schüler berichteten im Experience Sampling bei ihren schulischen Aktivitäten signifikant positivere Gefühle, mehr Flow und waren stärker intrinsisch motiviert.

Unstrukturiertes Unterrichtsmaterial, fehlendes Feedback und mangelnde Transparenz der Leistungsanforderungen können dagegen Angst verursachen (Sarason, 1984; Strittmatter, 1997). Unfaire disziplinierende Maßnahmen und ein hoher Redeanteil der Lehrkraft werden emotional negativ wahrgenommen (Gläser-Zikuda et al., 2006). Ebenso werden negative Emotionen (Ärger, Angst, Langeweile) hervor-gerufen, wenn Lehrkräfte ihren Unterricht nur auf *die eine richtige* Antwort hin ausrichten, das Tempo zu hoch oder die Aufgaben zu schwierig sind, sehr viel von der Tafel abgeschrieben werden muss oder gut bekannte bzw. längst verstandene Inhalte wiederholt werden.

Hingegen weisen hohe didaktische Kompetenzen der Lehrkraft, positive soziale Interaktionen und ein positives Klassenklima bedeutsame Zusammenhänge zu Freude und Wohlbefinden auf (Astleitner, 2000; Eder, 1996; Gläser-Zikuda & Fuß, 2004; Hascher, 2004b). Ein unterstützendes, erklärendes und klar strukturiertes Verhalten der Lehrkraft werden als emotional positiv beurteilt (Gläser-Zikuda et al., 2006). Schüler*innen erachten die Qualität und einen angemessenen Umfang an Erklärungen durch die Lehrkräfte sowie ein passendes Tempo, hohe Aufgabenqualität und Transparenz der Leistungsanforderungen als relevant für ein positives emotionales Befinden (Gläser-Zikuda & Schuster, 2005). All dies sind Qualitätsmerkmale, die einem autonomieunterstützenden Unterricht zugeschrieben werden (Reeve, 2002, 2016).

Da direkte Instruktion bzw. lehrerzentrierter Unterricht die schülerperzipierten Mitbestimmungs- und Gestaltungsmöglichkeiten im Unterricht stark einschränken, ist davon auszugehen, dass die didaktisch-methodische Gestaltung des Unterrichts hinsichtlich der Art und des Grades an Autonomieunterstützung einen Einfluss auf die Lern- und Leistungsemotionen der Schüler*innen ausübt. Lern- und Leistungsemotionen und Selbstregulation des Lernens beeinflussen sich dabei reziprok (Aspinwall, 1998; Pekrun & Perry, 2014).

Die Zusammenhänge von Autonomie und emotionalem Befinden sind jedoch von komplexer Natur und andere Faktoren üben einen Einfluss auf diese Zusammenhänge aus. Es gilt zwar die generelle Annahme, dass eine autonome Lernumgebung positive Lernemotionen fördert, doch zeigen sich z.B. in Abhängigkeit der vorliegenden Motivation der Schüler*innen unterschiedlich starke Zusammenhänge dieser beiden Faktoren. Knollmann und Wild (2004) konnten zeigen, dass eine autonome Lernumgebung für intrinsisch motivierte Schüler*innen förderlicher für die Entstehung von positiven Emotionen zu sein scheint als für extrinsisch motivierte Schüler*innen. Je nach persönlichen (extrinsischen oder intrinsischen) Motiven werden Situationsbedingungen und deren Passung zu diesen Motiven unterschiedlich bewertet, wodurch in ein und derselben autonomieunterstützenden Lern- oder Leistungssituation unterschiedliche Emotionen bei den Schüler*innen hervorgerufen werden können (Hagenauer, 2011).

Für die Entstehung von positiven Emotionen bzw. das Ausbleiben negativer Emotionen ist die Bedürfnispassung somit von entscheidender Bedeutung. Es reicht nicht aus, die Unterrichtsgestaltung allein an den Fähigkeiten der Schüler*innen auszurichten, sondern auch die motivationalen Ziele, die Ausprägung des Autonomiebedürfnisses sowie die individuellen Kontrollüberzeugungen der einzelnen Schüler*innen müssen berücksichtigt werden. In das Rahmenmodell der vorliegenden Untersuchung fließen somit als Grundlage die Kontroll-Wert-Theorie (Pekrun & Perry, 2014), aber auch Faktoren der Selbstbestimmungstheorie (Ryan & Deci, 2017) mit ein. Es wurde bei den proximalen Umweltfaktoren eine Ausdifferenzierung der schülerperzipierten Autonomieunterstützung vorgenommen, bei den Appraisals wurden intrinsische und extrinsische Valenzkognitionen sowie eine Differenzierung des Kontroll-Appraisals als Bedingungsfaktoren von Lern- und Leistungsemotionen einbezogen (Götz et al., 2004).

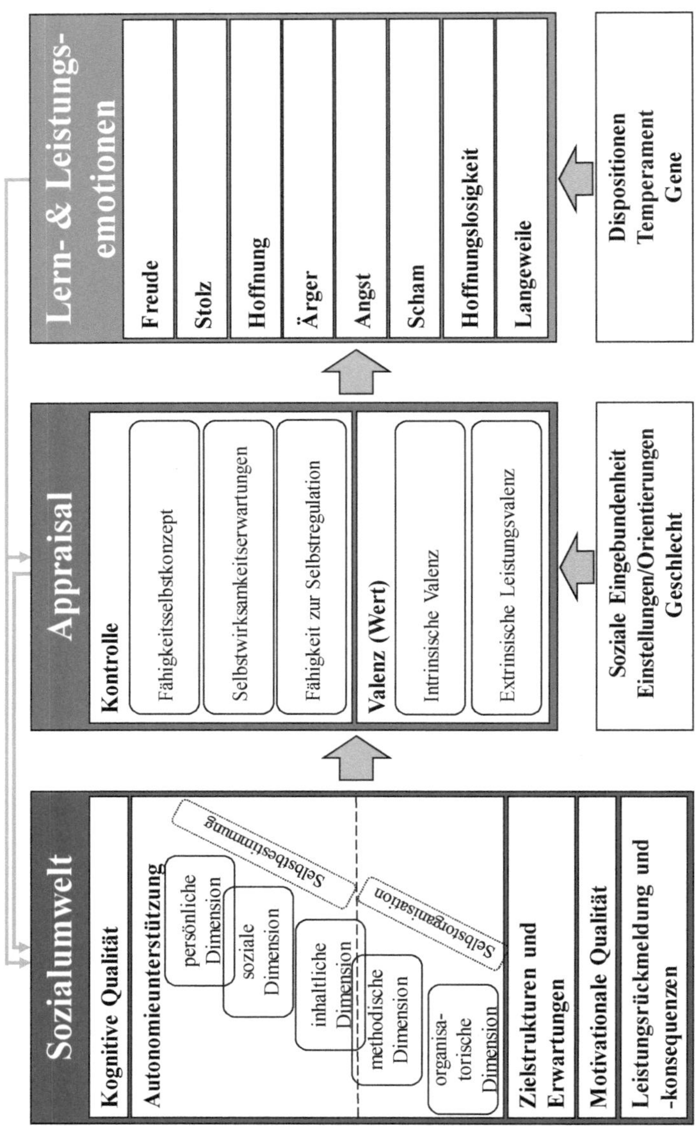

Abbildung 12. Rahmenmodell des Zusammenhangs von Autonomieunterstützung mit Lern- und Leistungsemotionen auf Basis Pekruns Kontroll-Wert-Theorie (Pekrun & Perry, 2014)

5 Fragestellung und Hypothesen

Lern- und Leistungsemotionen kommen in Lernprozessen eine entscheidende Rolle zu (Gläser-Zikuda et al., 2005; Hagenauer, 2011; Pekrun & Perry, 2014). Den Annahmen der Kontroll-Wert-Theorie zufolge sollte sich Autonomieunterstützung – als einer von mehreren proximalen Sozialumweltfaktoren – auf die situationsspezifischen Bewertungen von Kontrolle und Valenz (Appraisals) und somit auf die Entstehung von Lern- und Leistungsemotionen auswirken (Pekrun, 2006).

Die Lehrkompetenzen der Lehrkraft sowie das Unterrichtsangebot – damit sind z.B. das Unterrichtsmaterial, die Strukturiertheit, Klarheit und Verständlichkeit der Unterrichtsdurchführung sowie das Ausmaß selbstständigen Arbeitens gemeint – haben einen bedeutenden Einfluss auf die Lern- und Leistungsemotionen der Schüler*innen. Neben den emotionalen Vorerfahrungen im entsprechenden Fach ($\beta = .59^{**}$) hat das Unterrichtsangebot ($\beta = .34^{**}$) den stärksten Vorhersagewert für das emotionale Befinden der Schüler*innen (Gläser-Zikuda et al., 2005; Gläser-Zikuda et al., 2006). Damit einhergehend konnte auch gezeigt werden, dass die Unterrichtsmethode ein bedeutender Umweltfaktor ist, welcher die Lern- und Leistungsemotionen von Schüler*innen über die Appraisals Kontrolle und Valenz beeinflusst (Bieg et al., 2017).

Als eine spezielle Form der Unterrichtsdidaktik und -methodik kann Autonomieunterstützung bzw. Öffnung von Unterricht beispielsweise Einfluss auf die Lern- und Leistungsemotionen der Schüler*innen nehmen. Doch „angesichts der Heterogenität der Methoden, die unter dem Begriff des offenen bzw. schülerorientierten Unterrichts zusammengefasst werden, ist es schwer, globale Aussagen über die Wirkungen dieses Ansatzes zu treffen“ (Kunter, 2005, S. 60). Auch nach etlichen Jahren, in denen Offener Unterricht nun – wenn auch nicht in überschwänglichem Maße – praktiziert und beforscht wird, ist der Forschungsstand zu Effekten des Offenen Unterrichts und zu spezifischen Wirkmechanismen noch immer nicht befriedigend. Es zeichnen sich jedoch in einigen Studien günstige Auswirkungen auf motivationale und emotionale Merkmale der Schüler*innen ab (Giaconia & Hedges, 1982).

Die didaktische und methodische Gestaltung des Unterrichts sollte im Allgemeinen somit Einfluss auf das emotionale Befinden der Schüler*innen nehmen. Obwohl es ein ausgesprochenes Ziel des Mathematikunterrichts ist, dass Schüler*innen Freude an der Mathematik und eine positive Einstellung zum Fach entwickeln sollen (Kunter, 2005), wurden die Auswirkungen der Unterrichtsdidaktik und -methodik auf die Lern- und Leistungsemotionen von Schüler*innen der Sekundarstufe im Mathematikunterricht bislang ebenfalls kaum untersucht (Bieg et al., 2017). Die bisherigen Befunde zu mathematikbezogenen Emotionen können kein einheitliches Bild generieren, da sie noch zu rar und teilweise widersprüchlich sind. Die fehlende kumulative Evidenz sorgt gemeinsam mit größtenteils fehlenden Interventionsstudien in diesem Bereich dafür, dass gerade hinsichtlich didaktisch-methodischer Merkmale, wie z.B. Autonomieunterstützung, und deren Zusammenhang mit Lern- und Leistungsemotionen bislang mehr Fragen aufgeworfen als beantwortet wurden. Führende Forscher der Emotionspsychologie (z.B. Pekrun & Linnenbrink-Garcia, 2014b), aber auch der Mathematikdidaktik (z.B. Schukajlow et al., 2017) fordern daher, die Forschungsbemühungen um einige Aspekte zu erweitern. Hierzu zählen unter anderem, die Ansätze verschiedener Forschungsdisziplinen, z.B. der Emotions- und Motivationspsychologie, Schulpädagogik und Fachdidaktik, zu integrieren und darauf aufbauend theoriebasierte, hypothesentestende Forschung zu betreiben. Neben experimentellen und longitudinalen Studiendesigns, die es ermöglichen, Kausalbeziehungen zu untersuchen, sind Querschnittuntersuchungen, die Mediationseffekte und Mehrebenenstrukturen fokussieren, dringend notwendig. Diesen Forderungen folgend wurden Design und Fragestellungen der hier vorgestellten Studie entwickelt.

Übergreifendes Ziel der vorliegenden Arbeit ist es, einen Beitrag zur Diskussion zu leisten, wie Lern- und Leistungsemotionen im Unterricht durch Autonomieunterstützung positiv gefördert werden können. Dieses handlungsleitende Ziel kann in vier Fragestellungen gegliedert werden. In einem ersten Schritt soll zunächst geklärt werden, ob Autonomieunterstützung aus Sicht der Schüler*innen in divergenten Facetten wahrgenommen wird und wie sie operationalisiert werden kann. Die erste Teilfragestellung fokussiert demnach die Struktur von schülerperzipierter Autonomieunterstützung und die Entwicklung eines ökonomischen Instruments zur Erfassung dieser Struktur (Kap. 5.1). Auf dieser Basis werden der Einfluss der Klassenebene, Geschlechtsunterschiede (Kap. 5.2) sowie die Ausprägungen schülerperzipierter Autonomieunterstützung und emotionalen Erlebens in den Jahrgangsstufen (Kap. 5.3) der spezifischen Stichprobe (siehe hierzu Kap. 6.1) untersucht. Einen zweiten Schwerpunkt legt die Studie auf die Untersuchung differentieller Zusammenhänge von schülerperzipierter Autonomieunterstützung mit Kontroll- und Wert-Appraisals sowie mit Lern- und Leistungsemotionen (Kap. 5.4).

5.1 Struktur und Operationalisierung schülerperzipierter Autonomieunterstützung

Die Frage nach der Struktur und Operationalisierung schülerperzipierter Autonomie-unterstützung stellt die Basis aller weiterführenden Forschungsfragen und Analysen dar. Autonomieunterstützung im schulischen Kontext meint, dass die Lehrkraft die Perspektive ihrer Schüler*innen einnimmt, deren Gefühle und Wünsche wahrnimmt und ihnen entsprechende Möglichkeiten gewährt, kognitive und behaviorale Handlungsmöglichkeiten frei auszuwählen (Black & Deci, 2000).

In bisherigen Untersuchungen wurde Autonomieunterstützung meist als homogenes Konstrukt aufgefasst und mit nur wenigen Items erhoben. Jedoch zeigt sich in denjenigen pädagogisch-psychologischen Studien, die sich genauer mit Autonomie bzw. Selbstbestimmung im Lehr-Lern-Kontext auseinandersetzen, dass nicht von *der* einen Autonomieunterstützung gesprochen werden sollte, sondern im Unterricht verschiedene Facetten an Selbstbestimmungsmöglichkeiten gewährt werden können (Assor et al., 2002; Hartinger, 2005; Peschel, 2002a; Reeve et al., 2003; Stefanou et al., 2004; Tsai et al., 2008).

Wie in Kapitel 4.2.2.4 und Kapitel 4.3.2 aufgezeigt, differenzieren verschiedene Autor*innen Autonomieunterstützung auf unterschiedliche Weise. In der schulpädagogischen Betrachtung von Autonomieunterstützung gliedert Peschel (2002a) die Öffnung von Unterricht in fünf aufeinander bezogene und als Stufenmodell angeordnete Dimensionen. Er postuliert eine hierarchische Struktur von basaler *organisatorischer*, über *methodische* und *inhaltliche* Offenheit bis hin zur *sozialen* und *persönlichen Offenheit* als höchste Stufe der Öffnung von Unterricht.

Aus der psychologischen Forschung zur Selbstbestimmungstheorie stammen weitere Ansätze zur Differenzierung autonomieunterstützenden Verhaltens von Lehrkräften. Stefanou et al. (2004) unterscheiden drei Wege von Autonomieunterstützung (*organisatorische, prozedurale* und *kognitive*), bei ihrer Charakterisierung von Lehrkraftverhalten treten organisatorische und prozedurale Autonomieunterstützung jedoch stets auf einem gemeinsamen Niveau auf. In zwei divergente Qualitäten gliedern Reeve et al. (2003) Facetten von Autonomieunterstützung. Sie unterscheiden *wahrgenommene Wahlmöglichkeiten* zwischen Alternativen (option choice) von *wahrgenommener Selbstbestimmung*, welche eine internale Handlungsverursachung, Volition (psychologische Freiheit) sowie die „Wahl der Handlung“ (action choice) umfasst.

In ihrer Weiterentwicklung des Stufenmodells Offenen Unterrichts berücksichtigen Bohl und Kucharz (2010) die vermeintliche Zweigliedrigkeit von Autonomieunterstützung, differenzieren auf einer weiteren Ebene jedoch in leicht modifizierter Form auch die von Peschel (2002a) genannten Dimensionen. In ihrem Verständnis entspricht eine Beteiligung der Schüler*innen an Entscheidungen in organisatorischer und methodischer Hinsicht Begriffen wie Selbstorganisation oder Selbstregulierung und stellt damit eine *Öffnung von Unterricht* dar. Mitbestimmung der Schüler*innen in inhaltlicher und/oder politisch-partizipativer Hinsicht verstehen sie als *Offenen Unterricht*, was dem Begriff Selbstbestimmung näherkommt. Den „Quantensprung" zwischen Öffnung von Unterricht (Selbstorganisation) und Offenem Unterricht (Selbstbestimmung) sehen Bohl und Kucharz (2010, S. 19) je nach Umsetzung innerhalb der inhaltlichen Dimension, wodurch die Unterscheidung nicht trennscharf ist.

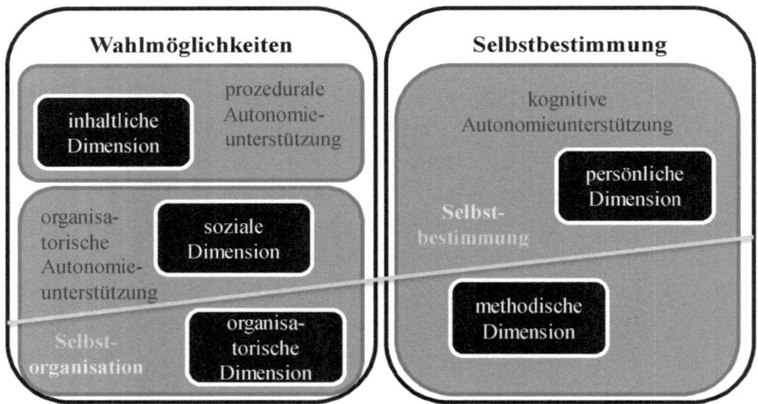

Abbildung 13. Facetten von Autonomieunterstützung nach Peschel (2002a; schwarz), Stefanou et al. (2004; dunkelgrau), Bohl & Kucharz (2010; hellgrau) sowie Reeve et al. (2003; weiß)

Es existieren somit sehr unterschiedliche Modelle und empirische Befunde darüber, wie viele und welche Facetten Autonomieunterstützung bzw. Selbstbestimmung auszeichnen (siehe Kap. 4.4). Es scheint zwei mehr oder minder distinkte Facetten der Autonomieunterstützung zu geben, die sich einerseits durch Wahlmöglichkeiten der Selbstorganisation, andererseits durch kognitive sowie emotional-motivationale Selbstbestimmung auf einer persönlichen Ebene (psychologische Freiheit) auszeichnen. Hingegen können methodische, inhaltliche sowie soziale Mitbestimmungsmöglichkeiten im Unterricht je nach Grad der Öffnung als Wahlmöglichkeiten zur Selbstorganisation oder als Unterstützung tatsächlicher Autonomie verstanden werden. Eine eindeutige Zuordnung der Dimensionen der Öffnung von Unterricht sowie eine klare Struktur von Autonomieunterstützung zeichnen sich auf Basis der bisherigen Literatur bislang jedoch nicht ab.

Autonomie scheint ein eher heterogenes Konstrukt darzustellen. Autonomieunterstützung im Sinne einer mentalen Selbstständigkeit bei der Aufgabenbearbeitung (methodische Dimension) bilden z.B. bei Kunter (2005) das Konstrukt besser ab als Aspekte der Entscheidungsfreiheit bei der allgemeinen Unterrichtsgestaltung. Items der erstgenannten Facette weisen in der standardisierten Ladungsmatrix höhere Ladungen auf als Items der zweitgenannten Facette von Autonomieunterstützung. Dies spricht für eine feingliedrige Differenzierung des Konstrukts.

Ebenso soll der Versuch Peschels, den Begriff des Offenen Unterrichts praxistauglicher und operationalisierbar zu machen, in dieser Arbeit aufgegriffen werden. Peschel (2002a, 2003) wie auch Bohl und Kucharz (2010) bieten mit ihrer Definition grundlegender Dimensionen von Offenheit sowie dem Raster zur Bestimmung des Öffnungsgrades einzelner Unterrichts-sequenzen eine sehr differenzierte Ausgangslage, um den Grad und die Facetten von Autonomieunterstützung zu klassifizieren und zu operationalisieren. Es wird daher folgende Hypothese abgeleitet:

H1: Schülerperzipierte Autonomieunterstützung lässt sich anhand fünf distinkter Dimensionen operationalisieren.

Ein Ziel dieser Arbeit ist es, Autonomieunterstützung möglichst differenziert zu betrachten und die Wirkungen verschiedener Facetten auf das emotionale Befinden von Schüler*innen zu untersuchen. Gleichwohl wissend, dass andere Instrumente zur Erhebung von Autonomie im Unterricht existieren, die schon häufig eingesetzt und empirisch validiert wurden, besteht deren Nachteil jedoch durchgängig darin, das Konstrukt wenig differenziert zu erfragen und/oder nicht auf die Sichtstrukturen des Unterrichts abzuzielen. Letzteres ist jedoch von Bedeutung, wenn Autonomieunterstützung objektiv betrachtbar gemacht und als Faktor der proximalen Sozialumwelt in das Modell der Emotionsentstehung (Pekrun, 2006) eingeordnet werden soll.

5.2 Schülerperzipierte Autonomieunterstützung und emotionales Erleben im Mathematikunterricht

Auf Basis der ggfs. mehrgliedrigen Struktur schülerperzipierter Autonomieunterstützung befasst sich die zweite Fragestellung einerseits mit dem generellen Erleben von Autonomieunterstützung. Es soll zunächst herausgefunden werden, inwieweit aus Sicht der Schüler*innen der Mathematikunterricht der Sekundarstufe I an bayerischen Mittelschulen (zur Begründung der Stichprobe und der Domäne Mathematik siehe Kap. 6.1) ihnen die Möglichkeit der Selbst- oder Mitbestimmung bietet. Andererseits werden die Ausprägungen der verschiedenen Lern- und Leistungsemotionen im Mathematikunterricht der Kohorte untersucht.

Die emotionalen Erfahrungen sowie die Wahrnehmung von Autonomieunterstützung hängen stark von den konkreten Handlungsmöglichkeiten sowie der Passung eigener Fähigkeiten und Einstellungen mit den Anforderungen und Vorgaben des sozialen Umfelds ab. Die Lehrkraft nimmt eine entscheidende Rolle für die Unterstützung des Autonomiebestrebens und das emotionale Befinden ihrer Schüler*innen ein. Auf vielfältige Weise trägt sie zur Entstehung von Lern- und Leistungsemotionen bei, sei es beispielsweise durch die Unterrichtsgestaltung (Bieg et al., 2017) wie etwa der Öffnung von Unterricht oder durch Emotionsansteckung (Becker et al., 2014; Hatfield et al., 1994).

Lehrkräfte interagieren zwar mit der gesamten Klassengemeinschaft, dennoch zeigen sich einerseits differenzierte Verhaltensweisen gegenüber unterschiedlichen Schüler*innen, z.B. im Hinblick auf die Gewährung von Autonomie, die emotionale Nähe, Wertschätzung und den Humor. Andererseits nehmen Schüler*innen dieselben Verhaltensweisen der Lehrkraft auch unterschiedlich wahr und schätzen Situationen anders ein, z.B. bezüglich der Möglichkeiten zur Selbstbestimmung, ihrer Kontrolle sowie ihrer Emotionen. Sowohl die Individualebene der Schüler*innen als auch die Klassenebene, die durch die Verhaltensweisen derselben Lehrkraft geprägt ist, sollten daher zur Aufklärung der Varianz von schülerperzipierter Autonomieunterstützung sowie von Lern- und Leistungsemotionen beitragen. Bei der Betrachtung der Mehrebenenstruktur der Daten ist interessant, wieviel Einfluss die Klassenebene dabei auf die Ausprägung der genannten Variablen tatsächlich nimmt.

H2.1: Die Klassenebene trägt signifikant zur Varianzaufklärung der Ausprägung von schülerperzipierter Autonomieunterstützung bei.

H2.2: Die Klassenebene trägt signifikant zur Varianzaufklärung der Ausprägung von Lern- und Leistungsemotionen bei.

Kognitive Bewertungen einer Situation und somit auch Lern- und Leistungsemotionen unterscheiden sich systematisch zwischen den Geschlechtern (Pekrun, 2006). Zahleiche Studien konnten zeigen, dass gerade in Mathematik die Ausprägungen von Emotionen sowie deren Antezedenzien sehr stark geschlechtsspezifisch variieren (Bieg et al., 2015; Goetz et al., 2013; Helmke, 1993; Jerusalem & Mittag, 1999). Die wahrgenommene Kontrolle sowie die Fachvalenz sind bei Mädchen in Mathematik substantiell niedriger als bei Jungen. Mädchen berichten bei Trait-Emotionen trotz vergleichbarer Noten weniger Freude und Stolz, jedoch mehr Angst und Scham in dieser Domäne (Frenzel et al., 2007). Mädchen erleben zudem aufgrund ihres niedrigeren mathematischen Fähigkeitsselbstkonzepts deutlich mehr Überforderungslangeweile und weniger Unterforderungslangeweile als Jungen (Götz & Frenzel, 2010). Da die vorliegende Studie nicht zwischen verschiedenen Arten der Langeweile differenziert, werden hier – im Gegensatz zu den anderen erfassten Lern- und Leistungsemotionen – keine Geschlechtsunterschiede erwartet.

H2.3: Mädchen zeigen auf Trait-Ebene in Mathematik weniger positive und mehr negative Lern- und Leistungsemotionen als Jungen. Die Emotion Langeweile bildet hierbei eine Ausnahme.

Im deutschen Sprachraum weisen Mädchen in Mathematik ein niedrigeres akademisches Selbstkonzept, weniger Interesse und Motivation als Jungen auf (Preckel et al., 2008). Da Motivation und Engagement der Schüler*innen auch den Unterrichts- und Motivationsstil der Lehrkraft in puncto Autonomieunterstützung dahingehend beeinflussen, dass sie motivierten Schüler*innen mehr Selbstbestimmung überlassen und vermehrt auf deren Wünsche eingehen (Reeve et al., 2004), kann davon ausgegangen werden, dass sich Mädchen im Mathematikunterricht weniger in ihrer Autonomie unterstützt fühlen als Jungen. Diese Annahme findet Unterstützung darin, dass Emotionen ebenfalls mit der Selbstregulation des Lernens positiv korrelieren (Götz, 2004; Pekrun & Perry, 2014), was zum einen bedeuten kann, dass Schülerinnen – die weniger Freude und mehr Angst erleben als Jungen – die Angebote selbstbestimmten Lernens weniger wahrnehmen und nutzen können, zum anderen Mädchen auch weniger Gelegenheit zur Selbstbestimmung geboten wird.

H2.4: Mädchen erleben im Mathematikunterricht weniger Autonomieunterstützung als Jungen.

5.3 Ausprägungen von Schülerperzeptionen und emotionalem Befinden im Vergleich zwischen Jahrgangsstufen

Eine dritte Teilfrage befasst sich mit den Ausprägungen der Lern- und Leistungsemotionen sowie deren Antezedenzien in der Sekundarstufe I. Der Fokus wird hierbei auf die Jahrgangsstufen 7 bis 10 der Haupt-/Mittelschule gelegt, da in dieser Alterskohorte bislang wenig spezifische Befunde vorliegen.

Bisherige Untersuchungen haben gezeigt, dass mit zunehmender Schulzeit die positive affektiv-motivationale Haltung von Schüler*innen gegenüber dem Lernen und der Schule insbesondere in der Sekundarstufe I abnimmt (Eder, 1995; Fend, 1997; Hagenauer, 2011; Hagenauer & Hascher, 2014). Die gravierendste Negativentwicklung positiver Lern- und Leistungs-emotionen scheinen sich bis zur 7. Jahrgangsstufe abzuzeichnen, ab der 8. Jahrgangsstufe stabilisiert sich der Verlauf positiver Emotionen, während Ärger und Langeweile weiter ansteigen (Eder, 2007; Pekrun et al., 2006; Pekrun, Vom Hofe et al., 2007).

Gründe hierfür liegen in der Verschiebung von Interessen sowie der Ausbildung präziserer Vorstellungen und Meinungen in der Adoleszenz. Während außerschulische und soziale Themen an Wichtigkeit gewinnen, scheint der intrinsische Wert von Lernen und Wissenszuwachs in dieser Lebensphase abzunehmen (Fredricks & Eccles, 2002; Hagenauer, 2011; Hagenauer & Hascher, 2011, 2014).

Gleichzeitig steigen im Verlauf der Sekundarstufe die schulischen Anforderungen, was eine zunehmende Anstrengung erforderlich macht und das Lernen als Belastung oder unangenehme Tätigkeit empfinden lassen (Frenzel et al., 2015; Gläser-Zikuda, 2012). Schüler*innen investieren mit zunehmender Jahrgangsstufe mehr Zeit in die Schule, während gleichzeitig aufgrund erhöhter Leistungsanforderungen der „Ertrag“ in Form guter Noten sinkt. Dies hat negative Auswirkungen auf Kontrollkognitionen, wie z.B. die Selbstwirksamkeit und das Fähigkeitsselbstkonzept, sowie auf emotional-motivationale Faktoren, beispielsweise die Lernfreude (Hagenauer & Hascher, 2011). In unserem stark auf kognitive Leistung ausgerichteten Schulsystem werden guten Noten von Schüler*innen als die Belohnung ihres Lernens angesehen. Fällt diese Belohnung als extrinsischer Anreiz weg, reduzieren sich Lernmotivation und positive Emotionen. Gerade in der Mittelschule, der Schulform mit den im Vergleich zu Realschule und Gymnasium leistungsschwächsten Schüler*innen, ist daher davon auszugehen, dass mit zunehmender Klassenstufe und wachsenden Ansprüchen, die Einschätzungen bezüglich der eigenen Kontrolle über Leistungsergebnisse – d.h. Selbstwirksamkeit und Fähigkeitsselbstkonzepte – absinken und somit die Lern- und Leistungsemotionen einen negativen Verlauf nehmen.

H3.1: Die Appraisals Kontrolle und Valenz bezüglich Mathematik sinken im Vergleich der Jahrgangsstufen der Sekundarstufe I ab.

H3.2: Die positiven Lern- und Leistungsemotionen nehmen im Vergleich der Jahrgangsstufen der Sekundarstufe I ab, negative Lern- und Leistungsemotionen sowie Langeweile im Mathematikunterricht nehmen mit steigender Jahrgangsstufenzahl hingegen zu.

Auch veränderte instruktionale Bedingungen in der Sekundarstufe können für die negativen emotionalen Entwicklungsverläufe in Betracht gezogen werden. Der Mathematikunterricht ist für Schüler*innen kein selbstgewählter Kontext, nur wenige Inhalte haben für Jugendliche eine intrinsische Valenz oder wurden autonom ausgesucht. Das Erleben von Autonomie ist daher sehr von den konkreten Handlungsmöglichkeiten und der Unterrichtsgestaltung abhängig. Um die steigenden Erwartungen an die Schüler*innen und die Wissensvermittlung (vermeintlich) besser kontrollieren zu können, greifen Lehrkräfte in der Sekundarstufe vermehrt auf einen lehrerzentrierten Unterricht zurück. Gleichzeitig nehmen Schülerorientierung und der persönliche Kontakt zwischen Lehrkräften und Schüler*innen ab und ein kooperatives, emotionsgünstiges Klassenklima scheint an Bedeutung zu verlieren (Frenzel et al., 2015). Die Möglichkeiten, eigenständig zu handeln und selbstständig das eigene Lernen und Verhalten zu regulieren, nehmen ab, obwohl die Fähigkeiten hierzu und das Bedürfnis danach mit Fortschreiten der Adoleszenz zunehmen sollten. Dies lässt darauf schließen, dass Schüler*innen sich im Verlauf der Schulzeit in ihrem Grundbedürfnis nach Autonomie immer weniger unterstützt fühlen.

Interessant dürfte die Frage sein, wie stark die schülerperzipierte Autonomieunterstützung in den verschiedenen Jahrgangsstufen ausgeprägt ist und ob das Verhältnis eventuell existierender Facetten von Autonomieunterstützung über die Jahrgänge hinweg variiert.

H3.3: Die schülerperzipierte Autonomieunterstützung im Mathematikunterricht nimmt im Vergleich der Jahrgangsstufen der Sekundarstufe I ab.

5.4 Lern- und Leistungsemotionen im Zusammenhang mit schüler-perzipierter Autonomieunterstützung

Den Kern der vorliegenden Untersuchung bildet die Fragestellung, ob schüler-perzipierte Autonomieunterstützung mit dem emotionalen Befinden der Schüler*innen zusammenhängt. Den Annahmen von Pekrun (2006) folgend, sollte Autonomieempfinden sich auf die Kontroll- und Valenzappraisals der Schüler*innen auswirken und über diese Mediatoren deren Lern- und Leistungsemotionen beeinflussen. Demnach handelt es sich hierbei um eine empirische Überprüfung der Kontroll-Wert-Theorie (Pekrun & Perry, 2014).

Des Weiteren stellt sich die Frage, ob divergente Facetten bzw. der Grad an Autonomieunterstützung, den Schüler*innen subjektiv wahrnehmen, die Lern- und Leistungsemotionen dieser unterschiedlich beeinflussen. Wahlmöglichkeiten zwischen mehreren gleichermaßen unerwünschten oder inhaltlich ähnlichen Alternativen, sogenannte Pseudo-Entscheidungen, werden nicht als autonome Entscheidungen empfunden (Schraw et al., 1998). Die Wahl von (gleichwertigen) Aufgaben, der Reihenfolge der Bearbeitung oder des Arbeitspartners in einer sonst fremdgesteuerten Umgebung vermitteln wohl nur wenig Autonomieempfinden. Diese Form der Mitbestimmung stellt jedoch eine verhältnismäßig häufige Form der Mitbestimmung im Mathematikunterricht der Sekundarstufe dar (Kunter, 2005). Das Gefühl persönlicher Freiheit (Volition) und interner Handlungsverursachung wird im Mathematikunterricht dagegen offensichtlich nur selten gefördert. Diese Aspekte sind für das Empfinden von Selbstbestimmung und die Befriedigung des Grundbedürfnisses nach Autonomie jedoch entscheidend (Assor et al., 2002; Reeve et al., 2003).

Schüler*innen, die sich von ihren Lehrkräften in ihrer Kompetenz, sozialen Eingebundenheit und Autonomie unterstützt fühlen, zeigen mehr aktive Beteiligung (Anstrengung, Aufmerksamkeit, Durchhaltevermögen) und emotionales Engagement (Enthusiasmus, Optimismus, Neugier, Interesse) am Unterricht (Furrer & Skinner, 2003; Skinner & Belmont, 1993). Empfinden sich die Lernenden im Unterricht als autonom und kompetent, erleben sie mehr positive und weniger negative lernbezogene Emotionen (Assor et al., 2002; Miserandino, 1996).

Emotionen entstehen durch ein Zusammenspiel aus Kognitionen und erlebten Umweltfaktoren. Nicht die Umweltbedingungen an sich lösen eine Emotion aus, sondern die Bewertung der jeweiligen Situation bzw. des Gegenstandes durch die betreffende Person (Pekrun, 2000). Die Kontroll-Wert-Theorie der Entstehung und Wirkung von Lern- und Leistungsemotionen (Pekrun, 2006; Pekrun & Perry, 2014) akzentuiert dabei die subjektive Einschätzung der Kontrolle über

Aktivitäten und Ergebnisse sowie die subjektive Bewertung der intrinsischen und extrinsischen Valenz dieser Aktivitäten und Ergebnisse als Antezedenzien spezifischer Lern- und Leistungsemotionen.

Das Appraisal der *subjektiven Kontrolle* umfasst Bewertungen der Kontrolle über Handlungen und deren Ergebnisse sowie die Beurteilung der subjektiven Wahrscheinlichkeit, die angestrebten Leistungen zu erreichen (Pekrun & Perry, 2014). Sie wirkt sich auf die Art der Emotion aus. Zahlreiche Studien konnten die positiven Zusammenhänge von subjektiver Kontrolle mit positiven Emotionen und negative Korrelationen mit negativen Lern- und Leistungsemotionen bei Schüler*innen der Sekundarstufe sowie bei Studierenden bereits aufzeigen (Ahmed et al., 2010; Dettmers et al., 2011; Frenzel et al., 2007; Goetz et al., 2008; Goetz, Pekrun et al., 2006). Die Emotion Langeweile bildet hierbei eine Ausnahme, da diese sowohl bei sehr hoher Kontrolle (als Unterforderungslangeweile) als auch sehr niedriger Kontrolle (als Überforderungslangeweile) auftreten kann (Götz et al., 2006).

H4.1: Subjektive Kontrolle korreliert positiv mit positiven Lern- und Leistungsemotionen sowie negativ mit negativen Lern- und Leistungsemotionen.

Sowohl Lernhandlungen als auch Leistungsergebnisse haben für Schüler*innen einen intrinsischen und einen extrinsischen Wert. Der intrinsische Wert, der in der Tätigkeit selbst oder im Wissenszuwachs liegt, hängt positiv mit positiven Emotionen und negativ mit negativen Emotionen zusammen. Die extrinsische Leistungsvalenz, bedingt durch Sach-, Selbst- oder Fremdbewertungsfolgen, korreliert dagegen positiv mit Angst, Scham und Lernfreude, jedoch weniger stark positiv oder sogar negativ mit Ärger und Langeweile (Frenzel et al., 2007; Götz, 2004). Der zusammengefasste subjektive Gesamtwert einer Lernaktivität bzw. eines Leistungsergebnisses (*overall outcome value*) korreliert positiv sowohl mit positiven als auch mit negativen Lern- und Leistungsemotionen. Mit Ausnahme der Emotion Langeweile verstärkt bzw. senkt die Valenz die erlebte Emotionsintensität (Pekrun et al., 2010).

H4.2: Die subjektive extrinsische Valenz korreliert positiv sowohl mit positiven, als auch mit negativen Emotionen.

H4.3: Die subjektive intrinsische Valenz korreliert positiv mit positiven Emotionen sowie negativ mit negativen Emotionen und Langeweile.

Im Unterrichtskontext tragen verschiedene Aspekte der Sozialumwelt dazu bei, die Valenz- und Kontroll-Appraisals zu beeinflussen. So sieht die Kontroll-Wert-Theorie der Lern- und Leistungsemotionen (Pekrun, 2006; Pekrun & Perry, 2014) Autonomieunterstützung als Bedingungsfaktor der Sozialumwelt an. Auch die Selbstbestimmungstheorie (Deci & Ryan, 1985; Ryan & Deci, 2017) geht davon aus, dass ein Empfinden von Kontrolle entstehen kann, wenn sich der bzw. die Schüler*in als selbstbestimmt und kompetent wahrnimmt.

Um sich kompetent zu fühlen, benötigen Schüler*innen einen Kontext, der ihnen Erfolgserlebnisse ermöglicht und ihnen positive Rückmeldungen über ihre Fähigkeiten und Erfolge liefert (Ryan, 1982). Ein Unterricht, der ihnen Selbstbestimmung bei der Art und Weise der Problemlösung sowie bei der Wahl der Schwierigkeit der Aufgabe einräumt, um sie herauszufordern, dabei aber nicht zu überfordern, sollte das Kompetenzerleben der Jugendlichen stärken.

Daher sollte die Unterstützung der Autonomie durch die Lehrkraft das psychologische Grundbedürfnis nach Autonomie befriedigen (Rakoczy, 2008; Reeve, 2002) und einen positiven Einfluss auf die Bewertung der Kontrolle haben (Patall et al., 2013; Ryan & Deci, 2000).

H4.4: Schülerperzipierte Autonomieunterstützung und subjektive Kontrolle korrelieren positiv.

Ein Grund zur Annahme, dass Emotionen – insbesondere Lernfreude – mit dem Empfinden von Autonomie in Zusammenhang stehen, rührt aus der Definition intrinsischer Motivation her. Deci und Ryan (1985) zufolge zeichnet sich intrinsisch motiviertes Verhalten durch ein inhärentes affektives Erleben aus. Intrinsisch motivierte Menschen erleben Interesse und Freude, fühlen sich kompetent und selbstbestimmt, nehmen eine interne Handlungsverursachung für ihr Verhalten wahr und erfahren in manchen Fällen ein Flowerleben.

Haben Schüler*innen in einem autonomieunterstützenden Unterricht die Möglichkeit, intrinsisch motiviert zu handeln, d.h. ihre Ziele und Handlungen selbst zu wählen, so sollten sie einen hohen intrinsischen Wert in der Tätigkeit selbst oder im Wissenszuwachs wahrnehmen, eine hohe Kontrolle sowie positive Emotionen erleben.

H4.5: Schülerperzipierte Autonomieunterstützung und subjektive intrinsische Valenz korrelieren positiv.

Autonomieunterstützung erhält demnach auf vielfältige Weise Einfluss auf emotionale und motivationale Faktoren in Lernsituationen (Deci & Ryan, 2002a;

Ryan & Deci, 2017). Fühlen sich Schüler*innen in ihrer Autonomie unterstützt, werden unter anderem die selbstbestimmte Motivation (Deci & Ryan, 2002a), Interessenentwicklung (Krapp, 2002), das Engagement (Reeve, 2002) und das emotionale Wohlbefinden (Ryan & Deci, 2002) der Schüler*innen gefördert.

Bisherige Studien zeigen einen positiven Zusammenhang zwischen autonomem Lernen und positiven Emotionen (Patrick et al., 1993) sowie positive Korrelationen negativer Emotionen (Langeweile, Ärger, Angst) mit externaler Handlungsregulation (Miserandino, 1996) bzw. kontrollierendem Lehrkraftverhalten (Assor et al., 2005). Geht man davon aus, dass Schüler*innen in einem autonomieunterstützenden Unterricht vermehrt intrinsisch motivierte Lerntätigkeiten durchführen, so kann daraus geschlossen werden, dass autonomieunterstützender Unterricht mit vermehrten positiven Emotionen sowie geringer ausgeprägten negativen Emotionen einhergehen sollte. Eingeschränkte Wahlmöglichkeiten und niedrige Selbstbestimmung in einem lehrergeleiteten, direkten Instruktionsstil hingegen sollten zu negativen Emotionen und Langeweile im Unterricht führen.

H4.6: Schülerperzipierte Autonomieunterstützung korreliert positiv mit positiven Lern- und Leistungsemotionen sowie negativ mit negativen Emotionen und Langeweile.

Bisher vernachlässigt wurde in empirischen Untersuchungen die Frage, ob divergente Facetten schülerperzipierter Autonomieunterstützung die Lern- und Leistungsemotionen der Schüler*innen unterschiedlich beeinflussen. Wahlmöglichkeiten organisatorischer Art sind ein erster und in der Praxis am einfachsten zu realisierender Schritt, um die Autonomie der Schüler*innen zu fördern. Ein organisatorisch geöffneter Unterricht führt eher zu einer introjizierten Regulation und somit zu einer stärker internalisierten Regulation als ein kontrollierender Unterrichtsstil. Jedoch hat die Unterstützung der Schüler*innen in der Selbstbestimmung ihres Denkens und Wollens (kognitive Autonomieunterstützung) wohl langfristigere und vermutlich stärkere Effekte auf Lern- und Leistungsemotionen, da die Schüler*innen auf diese Weise ihre persönlichen Ziele, Werte und Interessen einbringen sowie ausbilden können. Die aktive kognitive Beteiligung und Übertragung von Verantwortung auf die Schüler*innen sollte somit zu positiveren Emotionen führen (Turner et al., 1998).

Bieg et al. (2017) konnten zeigen, dass Unterrichtsmethoden einen Einfluss auf die Lern- und Leistungsemotionen im Mathematikunterricht haben. So empfinden Sekundarstufenschüler*innen während individueller oder Gruppenarbeitsphasen z.B. etwas höhere positive Emotionen (Freude und Stolz) und niedrigere Langeweile als in Phasen der direkten Instruktion. Diese Zusammenhänge zwischen Unterrichtsgestaltung mit Lern- und Leistungsemotionen werden durch das Kontroll-Appraisal mediiert.

Zeigen Schüler*innen an einem Fach sehr wenig Interessen und schreiben Sie dem Unterrichtsgegenstand wenig intrinsischen Wert zu, so kann davon ausgegangen werden, dass auch eine weitgehende Öffnung des Unterrichts nicht zu einer Steigerung der positiven Emotionen beitragen kann. Daher werden in der vorliegenden Arbeit folgende Annahmen zu Mediationseffekten getroffen:

H4.7: Der Zusammenhang von schülerperzipierter Autonomieunterstützung und emotionalem Befinden der Schüler*innen wird durch deren subjektive Kompetenzwahrnehmung mediiert.

H4.8: Der Zusammenhang von schülerperzipierter Autonomieunterstützung und emotionalem Befinden der Schüler*innen wird durch deren subjektive intrinsische Valenz mediiert.

6 Methode

Das methodische Vorgehen wird im folgenden Kapitel beschrieben. In Kapitel 6.1 wird zunächst die zu untersuchende Stichprobe eingegrenzt und begründet, warum der Mathematikunterricht der Sekundarstufe an bayerischen Mittelschulen als Untersuchungsgruppe gewählt wurde. Empirische Vorüberlegungen und Ansatzpunkte werden in Kapitel 6.2 diskutiert.

In den Erläuterungen zur Entwicklung des Fragebogens (Kap. 6.3) finden sich Ergebnisse und Folgerungen der bereits an anderer Stelle (Markus et al., 2018) publizierten Vorstudie (Kap. 6.3.1), wobei nur auf Erkenntnisse eingegangen wird, welche zur Entwicklung des Fragebogens beigetragen haben. Des Weiteren werden bestehende Erhebungsinstrumente zur Erfassung von Selbstbestimmung und Autonomieunterstützung diskutiert (Kap. 6.3.2) sowie das daraus resultierende Vorgehen und die Quellen zur Entwicklung des eingesetzten Messinstruments erläutert (Kap. 6.3.3). Der Ablauf der Datenerhebung einschließlich des Studiendesigns (Kap. 6.4) und die Akquise der Stichprobe (Kap. 6.5) sowie die angewandten Analysemethoden (Kap. 6.6) werden anschließend genauer beschrieben.

6.1 Eingrenzung und Begründung der Stichprobe: Mathematikunterricht der Sekundarstufe I an bayerischen Mittelschulen

Aus den bisherigen Ausführungen wurde bereits ersichtlich, dass Lern- und Leistungsemotionen domänenspezifisch organisiert sind, sich im Verlauf der Schulzeit differentiell entwickeln sowie zwischen verschiedenen Schularten unterschiedlich ausgeprägt sein können. Daher ist es unbedingt erforderlich, zunächst die Zielgruppe der vorliegenden Studie einzugrenzen.

6.1.1 Mathematik als Domäne

Viele Studien nähren den Grund zur Annahme, dass selbstbezogene Einschätzungen und affektive Konstrukte, wie beispielsweise Selbstkonzepte, Zielorientierungen, Motivation und Emotionen, domänenspezifische Ausprägungen aufweisen (siehe Kap. 3.3). Insbesondere Lern- und Leistungsemotionen wurden bislang verstärkt in der Domäne Mathematik untersucht (Dinkelmann & Buff, 2016; Frenzel et al., 2007; Götz, 2004; Lichtenfeld et al., 2012; Peixoto et al., 2015; Pekrun et al., 2011), weshalb der Mathematikunterricht eine exzellente

Anknüpfbarkeit an bestehende Forschung bietet. Des Weiteren gilt Mathematik als eher schwieriges Fach, an dem sich die Geister scheiden; Mathematik polarisiert, denn viele Schüler*innen lieben oder hassen dieses Fach. Wenig Interesse, negative Einstellungen und Emotionen (Kunter, 2005; Middleton & Spanias, 1999) zeigen sich insbesondere bei Mädchen, welche eine niedrigere Kontrolle und Fachvalenz sowie weniger Freude und Stolz, jedoch mehr Angst und Scham als Jungen in Mathematik angeben (Frenzel et al., 2007; Goetz et al., 2013; Helmke, 1993; Jerusalem & Mittag, 1999). Dieser Unterschied in mathematikbezogenen motivationalen und emotionalen Variablen zwischen Mädchen und Jungen nimmt im Verlauf der Sekundarstufe sogar noch signifikant zu (Kunter, 2005). Aufgrund dieser Entwicklungsdynamik und der vergleichsweise großen Varianz im emotionalen Erleben ist die Domäne Mathematik für die vorliegende Untersuchung besonders interessant.

6.1.2 Autonomieunterstützung und Emotionen in der Sekundarstufe

Ein negativer Verlauf emotional-motivationaler Variablen über die Schulzeit ist derweil über beide Geschlechter hinweg zu beobachten (Fredricks & Eccles, 2002; Hagenauer, 2011; Hagenauer & Hascher, 2011, 2014). Nach dem ersten Grundschuljahr nimmt Lernfreude kontinuierlich ab (Helmke, 1993). Die gravierendste Negativentwicklung für Schulfreude, Stolz, intrinsische Lernmotivation und Wohlbefinden zeigt sich in der Sekundarstufe zwischen der 5. und 7. Jahrgangsstufe (Eder, 1995, 2007; Fend, 1997; Pekrun et al., 2006), welche sich erst ab der 8. Klasse abzuschwächen scheint (Pekrun, Vom Hofe et al., 2007). Negative Emotionen hingegen steigen im Laufe der Schulzeit eher an. So erhöht sich Prüfungsangst während der Grundschulzeit (Hembree, 1988) und verbleibt in der Sekundarstufe auf einem relativ hohen Niveau (Pekrun, 2014). Auch Ärger und Langeweile steigen zwischen der 5. und 8. Jahrgangsstufe an (Pekrun, Vom Hofe et al., 2007).

Ein möglicher Erklärungsansatz sind hierbei Bezugsgruppeneffekte (Internal/External Frame of Reference-Modell sowie Big-Fish-Little-Pond-Effekt; Marsh, 1987). Während in der Vorschule noch eine individuelle Bezugsnorm dominiert, herrscht in der Schule aufgrund verstärkter sozialer Vergleichsprozesse vornehmlich eine soziale Bezugsnorm vor (Rheinberg, 1980). In höheren Schulformen verringern sich aufgrund der leistungsstärkeren Bezugsgruppe unter Verwendung der sozialen Bezugsnorm die Chancen auf gute Leistungsbewertungen, wodurch Leistungsangst begünstigt wird (Preckel, Zeidner, Goetz & Schleyer, 2008). Das Leistungsniveau einer Klasse bzw. Schulart wirkt sich somit unter

Kontrolle der individuellen Leistung negativ auf die Entwicklung von Lernfreude und Angst in Mathematik von Schüler*innen aus (Götz, Zirngibl & Pekrun, 2004; Pekrun, 2014).

Zudem empfinden Schüler*innen die schulischen Anforderungen insbesondere im Verlauf der Sekundarstufe als stark ansteigend. Dies macht eine zunehmende Anstrengung erforderlich, z.B. in Form von zusätzlichen Unterstützungsangeboten wie Förderkursen oder Nachhilfe, um den eigenen und den Erwartungen anderer (z.B. Eltern, Lehrkräfte) entsprechen zu können. Damit einher gehen emotionale Kosten, da das Lernen als Belastung oder unangenehme Tätigkeit empfunden wird (Frenzel et al., 2015; Gläser-Zikuda, 2012). Neben den Selbstkonzepts- und Bezugsgruppeneffekten wirkt sich auch die Verschiebung von Interessen negativ auf die Emotionsentwicklung aus. Insbesondere im Laufe der Adoleszenz beginnen außerschulische und soziale Themen mit den schulischen Interessen zu konkurrieren.

Die intrinsische sowie die selbstbestimmt-extrinsische Lernmotivation verringern sich entsprechend mit zunehmendem Alter, die fremdbestimmt-extrinsische Motivation hingegen nimmt zu. Dieser Rückgang der autonomen Lernmotivation sowie des positiven emotionalen Befindens in der Sekundarstufe I kann unter anderem darauf zurück geführt werden, dass zwischen den Bedürfnissen der Jugendlichen – z.B. nach Autonomie – und den Umweltmerkmalen, d.h. Schulmerkmalen und Unterrichtsgestaltung, immer weniger Passung besteht (vgl. stage-environment-fit-theory; Eccles et al., 1993). Die Unterrichtsgestaltung wird stärker von der Lehrkraft gelenkt, die Schüler*innen haben weniger Möglichkeiten zur selbstbestimmten Entscheidungsfindung (Hagenauer, 2011). Weniger Schülerorientierung (Individualisierung bzw. Differenzierung), seltener Kleingruppenarbeit, geringere Mitbestimmungsmöglichkeiten und eine strengere Benotung, die sich vermehrt an den Fähigkeiten der Schüler*innen und der sozialen Bezugsnorm orientiert, führen zu einer geringeren Befriedigung der psychologischen Grundbedürfnisse nach Kompetenz, sozialer Eingebundenheit und Autonomie und somit zu einer geringeren Lernmotivation (Eccles et al., 1993; Eder, 2007).

Vor allem in der frühen Adoleszenz besteht eine besonders schlechte Passung zwischen den individuellen Bedürfnissen der Schüler*innen und den Bedingungen des schulischen Kontextes (Wigfield et al., 1996). So scheinen Jugendliche nach dem Übergang in die Sekundarstufe den Unterricht als einen Kontext wahrzunehmen, der sich im Vergleich zur Grundschule als deutlich restriktiver und sozial unverbindlicher erweist. Der persönliche Kontakt zwischen Lehrkräften und Schüler*innen nimmt ab während sich mit ansteigendem Alter der Wettbewerb unter den Schüler*innen zunimmt und ein kooperatives, emotionsgünstiges Klassenklima an Bedeutung zu verlieren scheint (Frenzel et al., 2015).

6.1.3 Die bayerische Mittelschule als reformierte Hauptschule

Leistungsgruppierungen, z.B. zwischen verschiedenen Schularten, können des Weiteren zu einer Stigmatisierung von leistungsschwächeren Schüler*innen führen. Leistungsschwache Schüler*innen erleben im Allgemeinen weniger Lernfreude (Gläser-Zikuda, 2001; Gläser-Zikuda & Laukenmann, 2001) und weisen ein niedriges Begabungsselbstkonzept sowie geringere Selbstwirksamkeitseinschätzungen auf. Gleichzeitig haben sie eine höhere Leistungsangst und mehr somatische Belastungen als erfolgreiche Schüler*innen (Fend, 1997). Dieser Effekt wird dadurch verstärkt, dass Lernfreude wie auch Selbstwert und Selbstwirksamkeit bei leistungsschwachen Schüler*innen im Verlauf der Schuljahre stärker abnehmen als bei Leistungsstarken (Jerusalem & Mittag, 1999). Besonders in der Haupt-/Mittelschule, der Schulform mit den vermeintlich leistungsschwächsten Lerner*innen, zeigen Schüler*innen im Vergleich zu Realschüler*innen und Gymnasiasten die niedrigsten Ausprägungen bei selbstbezogenen kognitiven und emotionalen Variablen (außer bei mathematischem Interesse; Kunter, 2005). Sie weisen das geringste Wohlbefinden (Eder & Mayr, 2001) sowie die geringste Lernfreude bzw. Schulfreude auf (Fend, 2005), sind unzufrieden mit ihren eigenen Leistungen und zeigen eine negativere Haltung gegenüber Schule. Auch bei Eder (2007) zeigen Schüler*innen der 7. Klasse der Hauptschule am wenigsten Freude an der Schule. Der Tiefpunkt an Schulzufriedenheit wird bei Jungen der 8. Klasse Hauptschule erreicht.

Ein Grund hierfür liegt sicherlich im Leistungsstand und -vermögen der Hauptschüler*innen, die sich im Wettbewerb um Ausbildungsplätze und (zukünftige) Berufschancen schon frühzeitig mit Realschul- und Gymnasium-Absolvent*innen messen müssen. Weitere Gründe für das schlechte motivationale und emotionale Befinden der Hauptschüler*innen liegen schon in der Grundschulzeit. Die Hauptschule ist und bleibt auch nach ihrer „Umetikettierung" im Bundesland Bayern zur sogenannten Mittelschule diejenige Schulform, welche die Schüler*innen aufnimmt, deren Notendurchschnitt nicht zum Übertritt an eine höherwertige Schulform ausgereicht hat. Die aktive Entscheidung für den Besuch der Haupt-/Mittelschule treffen immer weniger Schüler*innen bzw. Eltern (Bönsch, 2015), vielmehr werden die Noten des Übertrittszeugnisses als Kriterium für die weitere Schullaufbahnentscheidung herangezogen. Dass die Noten der Schüler*innen, welche die Haupt-/Mittelschule besuchen, in der Grundschulzeit in der Regel nicht gut (genug) waren, kann vielerlei Ursachen haben. Neben der kognitiven Leistungsfähigkeit handelt es sich hierbei häufig um emotionale und motivationale Faktoren, die ein besseres Abschneiden in der Grundschule verhindert haben, wie beispielsweise eine Verzögerung der emotionalen und sozialen Entwicklung, fehlende Wertschätzung schulischer Belange im Elternhaus, Motivations- und Interessenverlust aufgrund eines Trauerfalls oder der Trennung der Eltern, und viele Gründe mehr. Ein Großteil der Haupt-/Mittelschüler*innen hat somit schon zu Grundschulzeiten negative emotionale Erfahrungen mit Schule und Unterricht gesammelt.

Den eher schwierigen Voraussetzungen für emotionales Wohlbefinden stehen jedoch einige Vorteile dieser Schulart gegenüber. Unabhängig vom tatsächlichen Leistungsstand erleben sich Schüler*innen als kompetent und selbstbestimmt, wenn sie das Gefühl haben, ihren Voraussetzungen entsprechend gefordert und gefördert zu werden. Auch die Erfahrung positiver Rückmeldungen steigert das Autonomieempfinden. Das Erleben von Selbstbestimmung wiederum korreliert positiv mit motivationalen und affektiven Merkmalen (Kunter, 2005). Deswegen ist eine Untersuchung dieser Merkmale im Unterricht der Haupt-/Mittelschule von besonderem Interesse: An bayerischen Mittelschulen gilt das Klassenleiterprinzip, in welchem eine Lehrkraft einen Großteil der Fächer in der eigenen Klasse selbst unterrichtet und somit erheblich mehr Zeit gemeinsam mit den Schüler*innen verbringt, als in einem Fachlehrerprinzip (in welchem diverse Lehrkräfte in derselben Klasse in der Regel jeweils nur ein Fach mit einem begrenzten Stundenbudget unterrichten). In einem solchen Klassenleiterprinzip haben Lehrkräfte bessere Möglichkeiten, die individuellen Lernvoraussetzungen ihrer Schüler*innen kennenzulernen und darauf einzugehen, ihnen Freiräume und Selbstbestimmungsmöglichkeiten zu gewähren, individuelles Feedback zu geben, ein positives Lernklima zu schaffen sowie die Lernzeit flexibler einzuteilen. Die Klassenlehrkraft ist eine besonders wichtige Vertrauensperson für die Schüler*innen und kann über die Vermittlung von Fachwissen hinaus auch die Entwicklung persönlicher und sozialer Kompetenzen der Schüler*innen fördern. So können beispielsweise sowohl die TIMS-Videostudie (Klieme et al., 2001) als auch die BIJU-Studie (Gruehn, 2000) zeigen, dass die Schülerorientierung und Partizipationsmöglichkeiten an Hauptschulen stärker ausgeprägt sind als in Gymnasien. Auch Binnendifferenzierung, Individualisierung, Unterstützung der Eigenständigkeit und Mitbestimmung sind in der individuellen Unterrichtswahrnehmung der Schüler*innen an der Hauptschule häufiger zu finden als an anderen weiterführenden Schularten (Kunter, 2005).

Gerade mit einer solchen individuellen und differenzierenden Förderung wirbt das Bayerische Kultusministerium für die neu gestaltete Mittelschule (Bayerisches Staatsministerium für Unterricht und Kultus, 2019). Insofern ist davon auszugehen, dass die bisherigen Befunde zur Hauptschule auch – oder gar insbesondere – für die bayerische Mittelschule gelten. Diese Schulform kann als Reform der Hauptschule angesehen werden, in deren Zuge ab 2010 sukzessive alle Hauptschulen im deutschen Bundesland Bayern in sog. Mittelschulen umgewandelt wurden. Neben dem bereits angesprochenen Klassenleiterprinzip sowie der Möglichkeit zu begabungsgerechten Schulabschlüssen (Praxisklassenabschluss, Erfolgreicher/Qualifizierender Hauptschulabschluss, Mittlerer Schulabschluss) und praxisorientierter Berufsorientierung, sind das Ganztagsangebot sowie die individuelle Förderung durch einen modularen Ansatz tragende Säulen des Schulkonzepts. Modulare Förderung bedeutet, dass der Klassenunterricht zugunsten von Modulphasen aufgelöst wird und die Lehrkraft den Schüler*innen individuell dem Leistungsstand des Kindes im jeweiligen Fach entsprechend (Übungs- bzw. Vertiefungs-)Aufgaben aufträgt. Im offenen oder gebundenen Ganztagsangebot, welches pro Klassenstufe in mindestens einer Klasse verfügbar sein muss, entstehen zusätzliche Gelegenheiten zur Differenzierung und Individualisierung. Gerade der rhythmisierte Unterricht des gebundenen Ganztags bietet Lehrkräften Chancen, auf die Lernvoraussetzungen, Wünsche und Interessen der Schüler*innen einzugehen und sie in ihrer Autonomie zu unterstützen bzw. selbstbestimmtes Lernen zu ermöglichen; jedoch ist dieses Angebot zum Erhebungszeitpunkt vor allem in ländlichen Gebieten noch nicht flächendeckend verbreitet. Ab der 7. Jahrgangsstufe erhalten leistungsstärkere Schüler*innen die Möglichkeit, in den sogenannten M-Zweig zu wechseln, welcher den Mittleren Schulabschluss nach der 10. Jahrgangsstufe ermöglicht.

Die Bayerische Mittelschule hält somit ein erweitertes Bildungsangebot bereit, entspricht in den Grundsätzen jedoch weiterhin einer Hauptschule. Um die Termini in der weiteren Darstellung konstant zu verwenden und der Gegebenheit Rechnung zu tragen, dass zum Zeitpunkt der vorliegenden Studie bereits alle teilnehmenden Schulen zu Mittelschulen reformiert waren, wird im Folgenden stets von Mittelschulen die Rede sein.

Zusammenfassend bietet die Mittelschule somit einerseits gute strukturelle Voraussetzung für die Autonomieunterstützung von Schüler*innen und die Förderung positiver Lern- und Leistungsemotionen. Andererseits sind leistungsschwache Schüler*innen der Mittelschule als Risikogruppe bezüglich des emotionalen

Befindens zu bezeichnen. Im Mathematikunterricht der Sekundarstufe gelten insbesondere Mädchen als gefährdet für eine negative Entwicklung von Lern- und Leistungsemotionen, da hier alle genannten Risikofaktoren kumulieren.

Die strukturellen Vorteile der Mittelschule werden an manchen dieser Schulen derart gut genutzt, dass sich im emotionalen Befinden der Schüler*innen keine Unterschiede oder sogar besseres Wohlbefinden als bei Schüler*innen höherer Schularten feststellen lässt. Allein die Zugehörigkeit zu einem bestimmten Schultyp scheint somit für die Lern- und Leistungsemotionen der Schüler*innen nicht ausschlaggebend zu sein. Vielmehr ist davon auszugehen, „dass eher die spezifischen Merkmale der jeweiligen Schulen relevant für das [emotionale] Wohlbefinden der Schüler/innen sind" (Hascher, 2004b, S. 238). Eines dieser Merkmale könnte die Unterstützung der Autonomie der Schüler*innen sein.

Um eine bessere Vergleichbarkeit der Merkmale zwischen den Schulen und Klassen zu erreichen, wurde die Studie daher auf eine Schulart begrenzt. Aufgrund der strukturellen Voraussetzungen an Mittelschulen und der zu erwartenden größeren Varianz an Autonomieunterstützung wurde dieser Schultypus für die vorliegende Studie als Stichprobe ausgewählt.

6.2 Empirische Vorüberlegungen

Bisherige empirische Untersuchungen bezüglich Unterrichtsmethoden im Mathematikunterricht und deren Zusammenhang mit Emotionen haben bislang meist in Querschnitterhebungen Schüler*innen und Lehrkräfte per Selbstberichtsskalen zu ihren Trait-Emotionen befragt (Götz et al., 2005; Pekrun & Bühner, 2014). Auch die Vorstudie zur vorliegenden Arbeit (Markus et al., 2018) verwendete dieses methodische Vorgehen. Da bislang noch wenige empirische Erkenntnisse zu den differenzierten Zusammenhängen unterschiedlicher Dimensionen schülerperzipierter Autonomieunterstützung mit Lern- und Leistungsemotionen existieren, wird dieses bewährte Design zur Offenlegung von Strukturen sowie zur Überprüfung der Operationalisierungen auch bei der vorliegenden Studie Anwendung finden.

Die unabhängige Variable der Studie ist die schülerperzipierte Autonomieunterstützung im Unterricht. Da divergierende Ansätze und Forschungsergebnisse zur Struktur schülerperzipierter Autonomieunterstützung existieren, sollen im querschnittlichen Studiendesign zunächst Facetten von Autonomieunterstützung bzw. Öffnung von Unterricht sowie deren Zusammenhang mit dem emotionalen Erleben von Schüler*innen im Trait untersucht werden. Durch die Erhebung in verschiedenen Klassenstufen der Mittelschule kann zudem ein „Quasi-Längsschnitt" gebildet werden, welcher den Verlauf des emotionalen Befindens, dessen direkten Bedingungsfaktoren (Appraisals Kontrolle und Valenz) sowie des proximalen Umweltfaktors Autonomieunterstützung abbilden kann. Hierzu wurden die dispositionellen Trait-Emotionen der Schüler*innen erfragt, wie sie sich generell im Matheunterricht des laufenden Schuljahres fühlen.

Emotionen sind aktuelle oder habitualisierte, durch Bewertungsprozesse ausgelöste affektive Reaktionen auf ein persönlich relevantes Ereignis oder Objekt (siehe Kap. 2.1). Sie werden im Bewusstsein mental repräsentiert und diese Repräsentationen können verbal wiedergegeben werden. Die Definition von Emotionen als psychische Zustände impliziert, dass das emotionale Befinden introspektiv wohl am besten beurteilt werden kann. Es verwundert daher nicht, dass ein Großteil der Emotionsforschung auf Selbstberichten basiert. Eine Möglichkeit der Erfassung stellen hierbei schriftliche, strukturierte, quantitative, mehrdimensionale Single- oder Multi-Item-Selbstberichtsskalen dar. Diese haben den Vorteil gegenüber anderen Messverfahren – z.B. der Erfassung des Emotionsausdrucks, der Hirnaktivität oder physiologischer Veränderungen des peripheren Systems – dass sie mehrere Komponenten von Emotionen erfassen können, da diese Prozesse im Hirn repräsentiert werden. Speziell für die affektive und kognitive Komponente von Emotionen können Selbstberichte ein wesentlich differenzierteres Bild generieren. Zudem sind Selbstberichte, gerade im schulischen Kontext bei der Erfassung größerer Gruppen, wesentlich ökonomischer und oftmals die einzig praktikable Erhebungsmethode (Pekrun & Bühner, 2014).

Kunter (2005) argumentiert für eine Trennung zwischen dem (objektiv beobachtbarem) Unterrichtsangebot und der Unterrichtswahrnehmung durch die Schüler*innen. Die individuelle Einschätzung des Unterrichts kann innerhalb einer Klasse durchaus stark variieren. Ob ein herausfordernder oder autonomieunterstützender Unterricht auch tatsächlich als solcher wahrgenommen bzw. interpretiert wird und damit einen Faktor in der Emotionsentstehung ausmacht, lässt sich daher nur durch die Berücksichtigung der Schülerperspektive auf Unterricht klären.

Diesen Vorteilen der Selbstberichte stehen die Nachteile der Antworttendenz zur sozialen Erwünschtheit sowie der Verzerrung durch psychologische Prozesse, wie z.B. selbstwertdienliche Attributionen oder emotionale Umdeutungen, gegenüber. Ersterem kann durch eine Atmosphäre des Vertrauens begegnet werden, indem allen Beteiligten der absolut vertrauliche Umgang mit allen Angaben versichert wird (Pekrun & Bühner, 2014). Zweiteres ist insbesondere bei retrospektiven Trait-Erhebungen problematisch und trägt zur Erklärung der Trait-State-Diskrepanz bei (siehe Kap. 2.1.3). Daher sollte beim Einsatz von Selbstberichten – welche in der vorliegenden Studie in Form von Fragebögen verwendet werden – klar zwischen Trait- und State-Emotionen unterschieden werden (Robinson & Clore, 2002). State-Erhebungen erfassen variable Person-Situations-Merkmale, während Traits eher (hypothetische) intra-individuelle Durchschnittswerte einer Person über diverse Situationen hinweg widerspiegeln (Geiser et al., 2017). Um eine größere Breite an Emotionen mit möglichst ökonomischen Mitteln erfassen zu können, wurde in der vorliegenden Studie die Erhebung von Traits gewählt.

6.3 Fragebogenentwicklung und Darstellung der Erhebungsinstrumente

Theoretische Basis für das Erhebungsinstrument sind die Kontroll-Wert-Theorie der Lern- und Leistungsemotionen (Pekrun & Perry, 2014) sowie Theorien zur Selbstbestimmung (Reeve et al., 2003; Ryan & Deci, 2017; Stefanou et al., 2004) bzw. zur Öffnung von Unterricht (Bohl & Kucharz, 2010; Peschel, 2003). Aufbauend auf einer Vorstudie (Kap. 6.3.1) und bestehenden Instrumenten (Kap. 6.3.2) wurde zur Operationalisierung ein Fragebogen konzipiert, der sowohl neu konstruierte als auch bereits existierende Skalen in modifizierter Art integriert. Die Entwicklung des Messinstruments mitsamt Quellen der Skalen bzw. einzelner Items kann in Kapitel 6.3.3 nachvollzogen werden.

6.3.1 Ergebnisse und Folgerungen der Vorstudie

In einer Vorstudie wurde zunächst untersucht, ob sich Zusammenhänge von schülerperzipierter Autonomieunterstützung, Kontroll- und Valenzüberzeugungen sowie Lern- und Leistungsemotionen (Freude, Stolz, Hoffnung, Ärger, Angst, Scham, Hoffnungslosigkeit, Traurigkeit, Langeweile) im Mathematikunterricht überhaupt zeigen lassen. Auf Basis des in Kapitel 3.5 und 4.5 dargestellten Forschungsstandes wurden positive Korrelationen von Autonomiegewährung mit positiven Lern- und Leistungsemotionen (Freude, Stolz, Hoffnung) sowie negative Korrelationen mit negativen Emotionen (Ärger, Angst, Scham, Hoffnungslosigkeit, Traurigkeit, Langeweile) erwartet. Detaillierte Angaben zur Methode (insbesondere zu Stichprobe und Instrumenten) sowie zu Ergebnissen können bei Markus et al. (2018) eingesehen werden.

Es ließen sich hypothesenkonform ein positiver Zusammenhang zwischen schülerperzipierter Autonomiegewährung und positiven Lern- und Leistungsemotionen, respektive ein negativer Zusammenhang mit negativen Emotionen feststellen. Schüler*innen erleben mehr Freude und Stolz, je mehr sie im Unterricht mitbestimmen dürfen. Gleichzeitig verringert sich mit der Öffnung von Unterricht das Empfinden von Ärger, Angst und Hoffnungslosigkeit. Die von den Schüler*innen wahrgenommene Autonomiegewährung scheint demnach ein bedeutsamer Faktor in der Entstehung von Lern- und Leistungsemotionen zu sein.

Diese vielversprechenden Ergebnisse der Vorstudie müssen jedoch mit Bedacht geäußert werden, denn die Studie wies einige Limitationen auf. Die Reliabilität einiger Skalen bewegte sich im gerade noch akzeptablen Bereich, bei drei Emotionen mussten die Skalen sogar ganz aufgegeben werden. Beispielsweise bestand die Skala „Langeweile" aus drei verschiedenen Facetten, welche per Definition nicht in derselben Ausprägung auftreten können: Langeweile im Allgemeinen, Über- sowie Unterforderungslangeweile. Auch wenn die resultierende Verwendung von Einzelitems bei Erhebungen von Motivation und Emotion nicht unüblich ist (Gogol et al., 2014), erschien eine Neukonstruktion bzw. Erweiterung der Skalen zur Verbesserung der Reliabilität und Validität erstrebenswert.

Insbesondere die schülerperzipierte Autonomiegewährung – der Schwerpunkt der vorliegenden Arbeit – sollte reliabler und valider erfasst werden, um aussagekräftige Ergebnisse zu erhalten. Der schwache Reliabilitätswert dieser Skala in der Vorstudie ($\alpha = .64$) lässt sich durch die Heterogenität der Skala erklären, welche mit nur drei Items drei Facetten von Mitbestimmung bzw. Öffnung von Unterricht abfragt:

1.) „Ich kann in Mathe mitbestimmen" spiegelt eine sehr allgemeine Frage zur Mitbestimmung (jedoch nicht Selbstbestimmung) wider,
2.) „Ich habe das Gefühl, dass ich in Mathe eigene Entscheidungen treffen kann" erfasst undifferenziert internale Handlungsverursachung, d.h. einen Aspekt von Selbstbestimmung,
3.) „In Mathe geht unser Lehrer oft auf aktuelle Wünsche der Schüler ein" entspricht der Öffnung von Unterricht in der persönlichen Dimension.

Hieraus kann gefolgert werden, dass schülerperzipierte Autonomieunterstützung differenzierter und durch eine höhere Anzahl an Items erfasst werden sollte, um verschiedene Dimensionen adäquat abbilden zu können.

Des Weiteren erwies sich die Verwendung einer sechs-stufigen Likert-Skala als wenig sinnvoll: zum einen konnten manche Schüler*innen nicht auf die Nennung einer mittleren Kategorie verzichten, sodass sie zwischen den Antwortalternativen kreuzten, was bei wiederholtem Auftreten zum Fallausschluss führte. Zum anderen ist bei der Erfassung des fachlichen Kompetenzempfindens die vermeintliche Nähe einer sechs-stufigen Skala zum Notensystem problematisch. Bei Items wie „Ich bin gut in Mathe" kann nicht ausgeschlossen werden, dass das Kompetenzempfinden lediglich als internalisierte Fremdbewertung im Sinne des schulischen Notensystems wiedergegeben wird. Noten spiegeln jedoch nicht die persönliche Überzeugung bezüglich des mathematischen Selbstkonzepts bzw. der Selbstwirksamkeit wider.

Die Vorstudie liefert also erste Indizien dafür, dass die Schülerwahrnehmung von Autonomieunterstützung einen Einfluss auf deren Kontroll- und Valenz-Appraisals sowie das emotionale Erleben hat. Sie gibt Anlass, den Blick stärker auf die schülerperzipierte Autonomieunterstützung als Bedingungsfaktor von Lern- und Leistungsemotionen zu richten und ein differenziertes, reliables und valides Erhebungsinstrument zu verwenden bzw. zu konstruieren.

6.3.2 Erhebungsinstrumente zur Erfassung von Selbstbestimmung und Autonomieunterstützung

In der Literatur existieren einige Erhebungsinstrumente zur Erfassung von Selbstbestimmung oder Autonomieunterstützung, die meisten davon im Kontext der Selbstbestimmungstheorie von Deci und Ryan (1985).

Der „Academic Self-Regulation Questionnaire (SRQ-A)" (Ryan & Connell, 1989) fokussiert das Gefühl der Selbstbestimmung von Schüler*innen sowie die Gründe, warum diese ihre Schularbeiten erledigen. Das Instrument zielt somit auf die verschiedenen Motivations- bzw. Regulationstypen ab (siehe Kap. 4.2.1.3 zur Organismic Integration Theory) und wurde für Erhebungen im Primar- und Sekundarstufenbereich entwickelt. Die Schüler*innen werden anhand von vier Fragen zu den Gründen verschiedener schulrelevanter Verhaltensweisen befragt: a) „Warum mache ich meine Hausaufgaben?", b) „Warum arbeite ich im Unterricht mit?", c) „Warum versuche ich schwere Fragen im Unterricht zu beantworten?" und d) „Warum versuche ich gut in der Schule zu sein?". Gefolgt wird jede Frage von je acht Antworten, welche die vier verschiedenen Regulationsstile repräsentieren. Diese Aussagen werden anhand von vierstufigen Likert-Skalen eingeschätzt, z.B. „weil ich neue Dinge lernen will", „weil es Spaß macht", „weil ich Probleme bekomme, wenn ich es nicht mache" oder „weil es von mir erwartet wird".

Der SRQ-A ist im Zusammenhang mit der Selbstbestimmungstheorie im Schulalter sicher eines der am häufigsten eingesetzten Instrumente. In der vorliegenden Untersuchung spielen die verschiedenen Motivations- bzw. Regulationstypen jedoch eine untergeordnete Rolle. Es soll weniger darum gehen, warum Schüler*innen eine bestimmte Handlung ausführen, sondern ob sie im Unterricht die Möglichkeit bekommen, diese Handlungen selbst auszuwählen und ihren Lernweg selbst zu bestimmen. Eine integrierte oder intrinsische Motivation kann zwar die Folge von Autonomieunterstützung sein und die Organismic Integration

Theory steht in engem Zusammenhang mit der Basic Psychological Needs Theory, doch das Gefühl der Selbstbestimmung und die Unterstützung der Autonomie durch die Lehrkraft stehen im Fokus der vorliegenden Arbeit. Daher wurden eher Instrumente in Betracht gezogen, die sich mit der Erhebung dieses Aspekts befassen.

Die „Basic Psychological Need Satisfaction Scale in General“ (Deci & Ryan, 2000) erfasst, inwieweit Menschen die Befriedigung der drei psychologischen Grundbedürfnisse nach Autonomie, Kompetenz und sozialer Eingebundenheit in ihrem Leben erfahren. Diese siebenstufigen Likert-Skalen werden zwar häufig eingesetzt, sind jedoch sehr allgemein auf den Alltag bezogen. Daher sind sie für den schulischen Kontext und im Speziellen für den Mathematikunterricht nicht spezifisch genug und wenig aussagekräftig.

Domänenspezifisch, jedoch auf den Sportunterricht bezogen und derzeit nur auf Niederländisch validiert, ist die „Basic Psychological Need Satisfaction and Frustration Scale – Physical Education Domain“ (Haerens et al., 2015). Mit 24 Items und fünfstufigen Likert-Skalen erhebt dieses Instrument ebenfalls die Befriedigung bzw. Nicht-Befriedigung der drei psychologischen Grundbedürfnisse.

Das Ziel der vorliegenden Untersuchung ist jedoch, die Wahrnehmung der Schüler*innen bezüglich des autonomieunterstützenden Verhaltens der Lehrkraft zu erfassen. Der Kontroll-Wert-Theorie (Pekrun & Perry, 2014) folgend, beeinflusst die objektiv und subjektiv beobachtbare Autonomieunterstützung die Lern- und Leistungsemotionen der Schüler*innen, mediiert durch die Appraisals Kontrolle und Valenz. Die Bedürfnisbefriedigung von Autonomie, Kontrolle und sozialer Eingebundenheit wären in diesem Verständnis jedoch keine Umweltfaktoren, sondern Appraisals. Das einzusetzende Erhebungsinstrument sollte auf die Sichtstrukturen des Unterrichts abzielen und daher die wahrgenommene Autonomieunterstützung aus Sicht der Schüler*innen erfragen.

Auch hierzu existieren bereits einige Skalen. Der „Problems in Schools Questionnaire“ (Deci et al., 1981) erfasst beispielsweise, ob Lehrkräfte zu einem kontrollierenden oder autonomieunterstützenden Verhalten tendieren. Dieser Fragebogen richtet sich zum einen jedoch an Lehrkräfte, zum anderen arbeitet das Instrument mit acht Fallvignetten, die mit je vier Items zu Handlungsmöglichkeiten eingeschätzt werden. Daher ist der „Problems in Schools Questionnaire“ weder für die Zielgruppe der vorliegenden Untersuchung geeignet, noch wäre er ökonomisch sinnvoll.

Im Gegensatz dazu werden die „Climate Questionnaires“ von Schüler*innen ausgefüllt und erfragen Autonomieunterstützung ihrer Lehrkräfte auf einer siebenstufigen Likert-Skala. Der „Learning Climate Questionnaire (LCQ)“ (Williams & Deci, 1996) beispielsweise existiert in einer Langform mit 15 Items sowie einer Kurzform mit lediglich sechs Items. Das Instrument ist für spezifische Lernsettings in der Schule oder weiterführenden Bildungseinrichtungen entwickelt worden. Die einfaktorielle Skala weist eine hohe internale Konsistenz auf, z.B. $\alpha = .94$ bei Black und Deci (2000), obwohl sie – bei genauerer Betrachtung – verschiedene Facetten von Autonomieunterstützung erfragt. So zielt das Item „Ich fühle, dass mein Lehrer mir Wahlmöglichkeiten und Optionen zur Verfügung stellt“ auf Autonomie im Sinne organisatorischer Wahlmöglichkeiten zwischen Alternativen. Items wie „Ich fühle, dass mein Lehrer mich akzeptiert“ oder „Ich kann meine Gefühle mit meinem Lehrer teilen“ repräsentieren eine soziale Dimension von Autonomieunterstützung, während andere Items eine kognitive Selbstbestimmung ansprechen, z.B. „Mein Lehrer versucht zu verstehen, wie ich Dinge sehe, bevor er einen neuen Lösungsweg vorschlägt“ oder „Mein Lehrer hört zu, wie ich die Dinge angehen möchte“.

Trotz ihrer häufigen Verwendung und hohen Reliabilität kann man die LCQ-Skala dahingehend kritisieren, dass sie die Theorie der verschiedenen Facetten von Selbstbestimmung nicht adäquat widerspiegelt und Autonomieunterstützung zu undifferenziert erfragt (siehe Kap. 4.2.2.4). Sowohl empirisch als auch in der unterrichtlichen Praxis zeigt sich jedoch, dass Autonomieunterstützung nicht als ein homogenes Konstrukt verstanden werden sollte, sondern verschiedene Dimensionen an Selbstbestimmungsmöglichkeiten den Schüler*innen gewährt werden können.

Es lässt sich daher schlussfolgern, dass keines der existierenden Erhebungsinstrumente zur Erfassung von Selbstbestimmung oder Autonomieunterstützung optimal geeignet ist, um die Fragestellungen der vorliegenden Arbeit beantworten zu können. Trotz aller Vorteile, die in der Verwendung etablierter und validierter Instrumente liegen, muss zur adäquaten Erfassung von schülerperzipierter Autonomieunterstützung ein neues Messinstrument entwickelt werden.

6.3.3 Entwicklung und Quellen des Messinstruments

6.3.3.1 Skalen zur Erfassung schülerperzipierter Autonomieunterstützung

Als Grundlage für eine möglichst feingliedrige Operationalisierung schülerperzipierter Autonomieunterstützung auf Ebene der Sichtstrukturen von Unterricht eignen sich die Dimensionen und Stufenmodelle zur Charakterisierung der Öffnung des Unterrichts von Peschel (2002a, 2003) sowie Bohl und Kucharz (2010). Die Öffnung von Unterricht lässt sich Peschel (2003) zufolge in fünf Dimensionen untergliedern:

(a) Organisatorische Dimension (Bestimmung von Rahmenbedingungen)
(b) Methodische Dimension (Bestimmung des eigenen Lernweges)
(c) Inhaltliche Dimension (Bestimmung der Lerninhalte)
(d) Soziale Dimension (Bestimmung bezüglich Klassenführung und Regeln, Unterrichtsplanung und -ablauf und sowie des sozialen Miteinanders)
(e) Persönliche Dimension (offene, gleichberechtigte Beziehung zwischen Schüler*innen und Lehrkraft sowie der Schüler*innen untereinander)

Das Raster zur Beurteilung des Öffnungsgrades von Unterricht bzw. einzelner Unterrichtssequenzen liefert eine sehr differenzierte Ausgangslage, um darauf basierend ein Messinstrument zu entwickeln, mit welchem aus Schülersicht der Grad und die Facetten von Autonomieunterstützung erhoben werden können. Die Itemformulierung wurde in Anlehnung an den höchsten Grad der Öffnung gewählt, um so eine abgestufte Zustimmung zur vollkommenen Offenheit des Unterrichts zu erlangen. Die so gewonnenen Likert-Skalen wurden mit einem fünfstufigen Antwortformat von „stimmt gar nicht“ bis „stimmt genau“ versehen.
Die Konstruktion der Items zur Erfassung schülerperzipierter Autonomieunterstützung basiert demnach auf der von Peschel beispielhaft angegebenen Skalierung der Öffnung von Unterricht sowie seinem Raster zur Bestimmung des Öffnungsgrades einzelner Unterrichtssequenzen (Peschel, 2003, 54ff.). Diese feingliedrige Klassifikation wird herangezogen, um Autonomieunterstützung auf Ebene der Sichtstrukturen von Unterricht möglichst differenziert subjektiv sowie objektiv einschätzbar zu machen. Einzelne Items wurden dabei aus bestehenden deutschsprachigen Instrumenten entnommen. So wurde das Item AutP2 im Rahmen der BIJU-Studie („Bildungsverläufe und psychosoziale Entwicklung im Jugendalter“; Baumert et al., 1997) entwickelt und auch in der deutschen TIMSS-Mittelstufen-Erhebung eingesetzt (Clausen, 2002; Kunter, 2005). Die Items AutO2 und AutI2 wurden aus dem Projekt „Förderung von Selbstwirksamkeit und Selbstbestimmung im Unterricht (FoSS)“ adaptiert übernommen (Röder & Kleine, 2009).

Tabelle 5
Quellen und Itemformulierungen der Skalen zur Erfassung schülerperzipierter Autonomieunterstützung

Item	Itemformulierung	Quelle
(a) Organisatorische Dimension		
AutO1	In Mathe lässt mich der Lehrer selbst entscheiden, ob und mit welchen anderen Schülern ich zusammenarbeiten möchte.	Eigenentwicklung
AutO2	Im Mathe-Unterricht können wir oft mitentscheiden, wann und wie lange wir uns mit einer bestimmten Aufgabe beschäftigen.	Röder & Kleine, 2009
AutO3	In Mathe lässt mich der Lehrer selbst entscheiden, an welchem Ort ich arbeiten möchte.	Eigenentwicklung
(b) Methodische Dimension		
AutM1	Bei meinem Mathe-Lehrer kann ich die Aufgaben auf meine eigene Art lösen.	Eigenentwicklung
AutM2	Wir dürfen bei Mathe-Aufgaben nur den Lösungsweg verwenden, den uns der Lehrer gezeigt hat. (-)	Eigenentwicklung
AutM3	Im Mathe-Unterricht kann ich selbst entscheiden, welche Hilfestellung und Hilfsmittel ich benutzen möchte.	Eigenentwicklung
(c) Inhaltliche Dimension		
AutI1	In Mathe kann ich mitbestimmen, welche Themen oder Aufgaben ich bearbeiten möchte.	Eigenentwicklung
AutI2	Im Mathe-Unterricht kann ich oft zwischen unterschiedlich schweren Aufgaben wählen.	Röder & Kleine, 2009
AutI3	In Mathe bearbeiten alle Schüler immer die exakt gleichen Aufgaben. (-)	Eigenentwicklung
(d) Soziale Dimension		
AutS1	In Mathe kann ich den Unterrichtsablauf mitbestimmen.	Eigenentwicklung
AutS2	In Mathe kann ich die Unterrichts-Regeln mitbestimmen.	Eigenentwicklung
AutS3	Allein unser Lehrer gibt vor, wie unser Unterricht in Mathe abläuft. (-)	Eigenentwicklung
(e) Persönliche Dimension		
AutP1	Ich fühle mich im Mathe-Unterricht gleichberechtigt zum Lehrer.	Eigenentwicklung
AutP2	In Mathe geht unser Lehrer oft auf aktuelle Wünsche der Schüler ein.	Baumert et al., 1997
AutP3	Mein Mathe-Lehrer hört mir zu und achtet meine Meinung.	Eigenentwicklung

Anmerkungen. Umpolung der Items AutM2, AutI3, AutS3
Instruktion: „Bitte entscheide auf der Skala von 1 bis 5 (1 = „stimmt gar nicht" bis 5 = „stimmt genau"), **wie genau** die Aussagen auf dich zutreffen."; Antwortformat: 5-stufige Likert-Skala; „stimmt gar nicht" (1), (2), (3), (4), „stimmt genau" (5); Auswertung: Skalen-Mittelwert

6.3.3.2 Skalen zur Erfassung von Lern- und Leistungsemotionen und deren Antezedenzien

Für die Erhebung von Lern- und Leistungsemotionen existieren mittlerweile einige validierte Instrumente. Auf Basis des „Academic Emotions Questionnaire (AEQ)“ (Pekrun et al., 2011; Pekrun, Goetz & Perry, 2005), dem derzeit wohl am häufigsten eingesetzten Fragebogen zur Erfassung von akademischen Emotionen in der Alterskohorte der Studierenden, entstanden in den vergangenen Jahren diverse Versionen in zahlreichen Sprachen für unterschiedliche Altersgruppen (Lichtenfeld et al., 2012; Peixoto et al., 2015) und Domänen (Frenzel et al., 2007; Pekrun, Goetz & Frenzel, 2005).

Auch das Instrument der vorliegenden Arbeit orientiert sich am AEQ sowie an der Version für Mathematik in der Sekundarstufe (AEQ-M; Pekrun, Goetz & Frenzel, 2005). Der „Academic Emotions Questionnaire–Mathematics“ ist ein multidimensionales Selbstberichts-Instrument, welches fünfstufige Likert-Skalen verwendet, um sieben Emotionen in drei verschiedenen Lern- und Leistungssituationen im Kontext des Mathematikunterrichts zu erfassen (Götz, 2004). Dabei handelt es sich um den Unterricht an sich, Hausaufgaben- und Lernsituationen sowie Prüfungssituationen. Der AEQ-M erfasst mit insgesamt 60 Items die Emotionen Freude, Stolz, Ärger, Angst, Scham, Hoffnungslosigkeit und Langeweile. Die Schüler*innen sollen sich vor dem Ausfüllen des Fragebogens alltägliche Situationen des Mathematikunterrichts vorstellen und beantworten, wie sie sich typischerweise in diesen Situationen fühlen. Dieses Prinzip von Situations-Reaktions-Inventaren hilft den Probanden, sich besser an Trait-Emotionen zu erinnern (Endler & Okada, 1975).

Daher wurde ein solches Vorgehen auch in der vorliegenden Studie angewandt, indem die Schüler*innen von den Testleiter*innen vor Beantwortung des Fragebogens aufgefordert wurden, an typische Situationen im Mathematikunterricht des laufenden Schuljahres zu denken. Die Sektion des Fragebogens wurde eingeleitet durch die Frage: „Wie fühlst du dich generell im Mathematik-Unterricht?“

Im Gegensatz zum AEQ oder AEQ-M, welche je nach Situation und Zeitpunkt (vor, während oder nach Unterricht/Hausaufgaben/Prüfung) unterschiedliche Emotionen mit Items zu verschiedenen Emotionskomponenten (affektiv, physiologisch, motivational, kognitive) erfragen und Items variieren, sollte das Instrument der vorliegenden Untersuchung so beschaffen sein, dass es flexibel und möglichst ökonomisch einsetzbar ist. D.h. der Fragebogen sollte unabhängig vom Testzeitpunkt das generelle retrospektive Befinden erfragen, dabei aber auch so offen formuliert sein, um ihn in folgenden Studien in anderen Lern-/ Leistungssituationen sowie zur Erfassung von State-Emotionen anwenden zu können. Durch die Veränderung der einleitenden Frage ist dies mit dem neu zusammengestellten Instrument – im Gegensatz zum AEQ-M – nun mit einer raschen Bearbeitungszeit möglich. Zudem sollte mit der Emotion Hoffnung eine Lern- und Leistungsemotion aufgenommen werden, die zwar im AEQ, nicht jedoch im AEQ-M erfasst wird, da das Spektrum an positiven Lern- und Leistungsemotionen ausgeschöpft werden sollte.

Ein Instrument, das diese Zwecke erfüllt, wurde im Projekt „Klassenzimmer unter Segeln" entwickelt (Jacob & Markus, 2012). Die Emotionsitems in diesem Projekt mussten möglichst kurz sein, denn der Fragebogen sollte einerseits möglichst rasch und auch in unkomfortablen Situationen ausgefüllt werden können, um möglichst unverfälschte State-Emotionen zu erfassen. Andererseits sollte das Instrument in möglichst vielseitigen Lern- und Leistungskontexten (physische, kognitive, soziale und emotionale Herausforderungen) – auch im Trait – anwendbar sein. Die Skalen dieses „Fragebogens für State-Leistungs-Emotionen" (FSLE) beinhalten ein (Langeweile), zwei (Stolz, Scham, Hoffnung, Hoffnungslosigkeit, Traurigkeit) oder vier (Freude, Angst, Ärger) Emotionsitems, wobei ein Item stets die Emotion direkt benennt (z.B. „Ich bin stolz.") und weitere Items ggfs. andere Komponenten anspricht (z.B. „Ich bin besorgt.").

Lern- und Leistungsemotionen

Der vorliegende Fragebogen versucht, die Vorteile der genannten Erhebungsinstrumente zu vereinen und basiert daher sowohl auf dem AEQ (Pekrun, Goetz & Perry, 2005), dem AEQ-M (Pekrun, Goetz & Frenzel, 2005) als auch dem FSLE (Jacob & Markus, 2012). Ziel war es, einen Emotionsfragebogen zu entwickeln, der ohne Veränderung der Itemformulierungen sowohl in Trait-Untersuchungen als auch in State-Situationen folgender Studien möglichst flexibel, ökonomisch und dabei reliabel einsetzbar sein sollte.

In der vorliegenden Studie wurden habituelle (Trait-)Lern- und Leistungsemotionen im Mathematikunterricht erfragt. Bei Trait-Erhebungen im Unterricht kann jedoch nur schwer zwischen eindeutigen Lernsituationen und Leistungssituationen unterschieden werden. Das Ausfüllen eines Arbeitsblattes beispielsweise kann für manche Schüler*innen eine Lern- oder Übungssituation darstellen, andere Schüler*innen interpretieren dieselbe Arbeitsanweisung als Leistungssituation, da sie beispielsweise einen hohen Anspruch an sich selbst erfüllen möchten oder bei einer Korrektur durch Mitschüler*innen respektive die Lehrkraft glänzen möchten. Die Formulierungen sollten daher sehr klar und einfach gehalten werden, um vielfältige Lern- und Leistungssituationen im Unterricht umfassend erheben zu können. Es wurde daher stets ein Item pro Skala mit einer eindeutigen Benennung der Emotion ausgewählt. Zudem wurde weitestgehend auf Begründungen für Gefühlszustände (z.B. „Ich habe Spaß" anstelle von „Ich finde den Stoff so spannend, dass mir der Unterricht richtig Spaß macht“; AEQ-M) verzichtet, um unterschiedliche Interpretationen zu vermeiden und den Fokus auf die Emotion, nicht den Emotionsauslöser, zu richten. Eine große Schwierigkeit von Itemformulierungen in der Emotionsforschung liegt in der empirisch trennscharfen Abgrenzung von Emotionen zu verwandten psychologischen Konstrukten wie Interesse und Motivation (Götz et al., 2003). Eine kurze, prägnante Formulierung und Benennung bzw. Umschreibung der spezifischen Emotion kann zu einer besseren Trennschärfe der Konstrukte beitragen.

Die Skalen des FSLE wurden ergänzt durch adaptierte Items des AEQ und AEQ-M, sodass jede Skala aus mindestens drei Items besteht. Es wurden insgesamt acht Emotionen im Kontext schulischer Lern- und Leistungssituationen erhoben: *Freude*, *Stolz* und *Hoffnung* als positive Emotionen, *Ärger/Frustration*, *Angst*, *Scham* und *Hoffnungslosigkeit* als negative Emotionen sowie *Langeweile* als neutral-negative Emotion. Die Skalen, Itemformulierungen und Quellen der zumeist adaptierten Items sind in Tabelle 6 ersichtlich.

Tabelle 6

Quellen und Itemformulierungen der Skalen zur Erfassung von Lern- und Leistungsemotionen

Item	Itemformulierung	Quelle
Freude		
Joy01	Ich freue mich.	AEQ-M
Joy02	Ich habe Spaß.	AEQ-M
Joy03	Ich bin begeistert.	AEQ
Joy04	Ich bin vergnügt.	FSLE
Stolz		
Pri01	Ich bin stolz.	AEQ-M
Pri02	Ich fühle mich großartig.	FSLE
Pri03	Wenn ich einen guten Beitrag leiste, schlägt mein Herz vor Stolz höher.	AEQ
Hoffnung		
Hop01	Ich bin hoffnungsvoll.	FSLE
Hop02	Ich bin zuversichtlich.	AEQ
Hop03	Ich bin optimistisch.	AEQ
Ärger/Frustration		
Ang01	Ich bin verärgert.	AEQ
Ang02	Ich bin sauer.	AEQ
Ang03	Ich bin einfach genervt.	AEQ-M
Ang04	Ich bin frustriert.	FSLE
Ang05	Ich bin unzufrieden.	Eigenentwicklung

Angst		
Anx01	Ich bin ängstlich.	FSLE
Anx02	Ich bin beunruhigt.	AEQ
Anx03	Ich bin besorgt.	FSLE
Anx04	Ich bin angespannt.	AEQ-M
Scham		
Sha01	Ich schäme mich.	AEQ-M
Sha02	Es ist mir peinlich, wenn ich etwas nicht verstehe.	Eigenentwicklung
Sha03	Ich habe das Gefühl, mich zu blamieren.	AEQ
Langeweile		
Bor01	Ich langweile mich.	AEQ-M
Bor02	Ich finde den Unterricht ziemlich öde.	AEQ
Bor03	Vor Langeweile gehen mir immer wieder Gedanken durch den Kopf, die mit dem Unterricht nichts zu tun haben.	AEQ
Hoffnungslosigkeit		
Hln01	Ich fühle mich hilflos.	AEQ
Hln02	Ich fühle mich niedergeschlagen.	AEQ-M
Hln03	Ich denke, dass ich den Stoff wohl nie verstehen werde.	AEQ

Anmerkungen. AEQ (Pekrun, Goetz & Perry, 2005), AEQ-M (Pekrun, Goetz & Frenzel, 2005), FSLE (Jacob & Markus, 2012). Instruktion: „Wie fühlst du dich generell im Mathematik-Unterricht? Bitte entscheide auf der Skala von 1 bis 5 (1 = „gar nicht" bis 5 = „sehr"), wie sehr die Aussagen auf dich zutreffen."; Antwortformat: 5-stufige Likert-Skala; „gar nicht" (1), (2), (3), (4), „sehr" (5); Auswertung: Skalen-Mittelwert

Da der Fragebogen in der vorliegenden Form neu zusammengestellt wurde, sollte trotz vielfältiger Arbeiten zur Validierung des AEQ und Überprüfung der Faktorenstruktur (z.B. Götz, 2004; Pekrun et al., 2002a; Pekrun et al., 2011; Titz, 2001) diese erneut getestet werden. Gleiches gilt für die Skalen der Antezedenzien von Lern- und Leistungsemotionen, insbesondere der Appraisals Kontrolle und Valenz.

Appraisals Kontrolle und Valenz als Antezedenzien von Lern- und Leistungsemotionen

Kontrolle wird in der vorliegenden Studie durch Skalen zum mathematischen Fähigkeitsselbstkonzept sowie zur mathematischen Selbstwirksamkeitserwartung operationalisiert. Selbstwirksamkeit kann verstanden werden als die „subjektive Gewissheit, neue oder schwierige Anforderungssituationen auf Grund eigener Kompetenz bewältigen zu können" (Schwarzer & Jerusalem, 2002, S. 35). Die *mathematische Selbstwirksamkeitserwartung* beschreibt somit, inwieweit Schüler*innen davon überzeugt sind, dass ihre eigenen mathematikbezogenen Anstrengungen zum gewünschten Ziel führen. Eigene (Miss-)Erfolgserfahrungen stellen dabei die gewichtigste Einflussgröße auf Selbstwirksamkeitserwartungen dar, sofern die Aktivität bzw. das Ergebnis auf die eigene Person attribuiert werden und eine subjektive Relevanz für den jeweiligen Selbstkonzeptaspekt aufweisen. Die Einschätzung der Kontrolle steht somit auch in engem Zusammenhang mit dem *Fähigkeitsselbstkonzept* der Schüler*innen. Die Skala basiert auf der Definition des Fähigkeitsselbstkonzepts als Selbsteinschätzung der eigenen Leistungsfähigkeit im Fach Mathematik. Aufgrund seiner domänenspezifischen Beschaffenheit ist auch hier das fachspezifische Fähigkeitsselbstkonzept ausschlaggebend. Die Einschätzung der eigenen Leistungsfähigkeit kann dabei sowohl auf dem Fähigkeitsselbstkonzept der Anstrengung, als auch auf der Selbsteinschätzung der mathematischen Begabung beruhen (Rheinberg & Wendland, 2002).

Tabelle 7
Skalen, Itemzahlen und Quellen der Skalen zur Erfassung von Appraisals

Skala	Itemzahl (Kürzel)	Quelle
Appraisal Kontrolle		
Mathematisches Fähigkeitsselbstkonzept	3 (MSeCo)	Götz et al., 2011
Mathematikbezogene Selbstwirksamkeitserwartung	7 (MSE)	Adaption der Skala zur schulischen Selbstwirksamkeit von Jerusalem & Satow, 1999
Appraisal Valenz		
Intrinsische Valenz Mathematik	6 (IVa)	Item 1 & 3: Götz et al., 2011 Item 2: Eigenentwicklung Item 4-6: Rheinberg & Wendland, 2003
Extrinsische Leistungsvalenz	5 (EVa)	Item 1 & 2: Jacob, 1996 Item 3-5: Rheinberg & Wendland, 2003

Anmerkungen. Umpolung des Items MSE5
Instruktion: „Bitte entscheide auf der Skala von 1 bis 5 (1 = „stimmt gar nicht“ bis 5 = „stimmt genau“), wie genau die Aussagen auf dich zutreffen.“ ; Antwortformat: 5-stufige Likert-Skala; „stimmt gar nicht“ (1), (2), (3), (4), „stimmt genau“ (5); Auswertung: Skalen-Mittelwert

Das Appraisal Valenz umfasst Skalen zur intrinsischen Valenz von Mathematik sowie zur extrinsischen Valenz der Handlungsfolgen. Hagenauer und Hascher (2011) begründen die vergleichsweise niedrigen Zusammenhänge der Valenzkognitionen mit dem emotionalen Erleben mit einer zu geringen Ausdifferenzierung und Spezifizität des Valenz-Appraisals in ihren Erhebungen. Sie sehen daher die Notwendigkeit, Items zu formulieren, die sowohl die extrinsischen als auch die intrinsischen Valenzeinschätzungen differenziert erheben. Die *intrinsische Valenz* äußert sich einerseits im Wert des Faches und der Inhalte in Mathematik, andererseits im Interesse und in der Freude an der Mathematik.

Die *extrinsische Valenz* besteht in der Leistungsvalenz, gute Noten erzielen zu wollen, sowie im Anreiz der positiven Fremdbewertungsfolgen durch Eltern, Lehrkraft und Mitschüler*innen. Alle Skalen zur Erfassung von Appraisals, die Anzahl der Items sowie deren Quellen sind Tabelle 7 zu entnehmen. Die einzelnen Itemformulierungen finden sich im Electronic Supplementary Material (ESM 3). Zudem wurden als demographische Variablen das Geschlecht, das Alter in Jahren sowie die Klassenstufe des Schülers bzw. der Schülerin erfasst.

6.4 Studiendesign, Akquise und Datenerhebung

Bei der vorliegenden Studie handelt es sich um eine Fragebogenuntersuchung im Querschnitt-Design mit einem Messzeitpunkt. Die Erhebungen wurden klassenweise in Schulen durchgeführt, wodurch es sich um eine Klumpenstichprobe (cluster sampling; Eid et al., 2015) handelt. Die Datenerhebung fand aus personellen und organisatorischen Gründen in mehreren Wellen im Zeitraum von Juli 2014 bis Februar 2017 statt. Um die terminlichen Bedingungen in den Klassen vergleichbar zu halten, wurden die Erhebungen jeweils gegen Ende eines Schuljahres (Juni/Juli) oder Halbjahres (Januar/Februar), sofern möglich außerhalb der Prüfungsphase (d.h. oftmals zwischen Notenschluss und Zeugnisvergabe), durchgeführt. Ein großer Teil der Daten stammt aus dem Schuljahr 2014/15, in welchem sich an der Gesamterhebung im Schulamtsbezirk Nürnberger Land sechs von zehn Schulen beteiligten. Diese Schulen wurden durch die Vorstellung des Projekts auf einer Versammlung aller Schulleitungen beim zuständigen Schulamt akquiriert. Die weiteren zwölf Schulen beteiligten sich aufgrund von Schulkontakten und gezielten Anfragen, weshalb im Gesamten von einem Convenience-Sample gesprochen werden muss (Henrich et al., 2010). Die Organisation der Erhebungsdurchführung oblag dem bzw. der jeweiligen Testleiter*in in Kooperation mit Schulleitung und beteiligten Lehrkräften. Bis auf eine Schule, die gezielt aufgrund ihrer pädagogischen Ausrichtung angefragt worden war, lagen alle beteiligten Schulen in der Metropolregion Nürnberg (verteilt auf 5 Landkreise und 4 kreisfreie Städte). In dieser Region führen Marktforschungsinstitute (z.B. GfK, RIM) gerne repräsentative Bevölkerungsumfragen durch, da die Bevölkerung hinsichtlich Zusammen-setzung und Struktur der relevanten Merkmale (z.B. Alter, sozio-ökonomischer Status, Stadt- vs. Landbevölkerung) in etwa die Verhältnisse der Bundesrepublik Deutschland widerspiegelt. Ohne den Anspruch auf Repräsentativität zu erheben, sollte die vorliegende Studie daher ebenfalls in dieser Region stattfinden. Insgesamt beteiligten sich sieben städtische Schulen (38.9 %) sowie elf Schulen in kleinstädtischen und ländlichen Gebieten (61.1 %). Eine Genehmigung des jeweiligen Schulamtes lag vor. Die Teilnahme der Schulen, Klassen als auch der einzelnen Schüler*innen erfolgte freiwillig. Die Eltern wurden über die Studie schriftlich informiert und mussten als Voraussetzung zur Teilnahme ihres Kindes ihr Einverständnis erteilen, sofern dieses noch nicht das 18. Lebensjahr vollendet hatte.

Beim dargestellten Erhebungsinstrument handelt es sich um einen vollstandardisierten empirischen Fragebogen zur selbstständigen Beantwortung während der Anwesenheit einer Testleiterin bzw. eines Testleiters (Verfasser und Lehramtsstudierende). Um eine möglichst hohe Standardisierung der Befragungssituation zu erreichen, erhielten die externen Testleiter*innen vorab eine Schulung zur Durchführung von Fragebogenerhebungen sowie eine ausformulierte Instruktion, anhand derer sie die Schüler*innen in die Untersuchung einwiesen und ggfs. Verständnisfragen während der Durchführung beantworteten (Durchführungsobjektivität). Aus versicherungsrechtlichen Gründen war während der Datenerhebung stets eine Lehrkraft anwesend, die sich jedoch passiv am Rande des Raumes ohne Einblick in die Schülerantworten aufhielt.

Die Durchführung von Instruktion und Datenerhebung dauerte, je nach Klassenstufe, 35 bis 50 Minuten, wobei die Instruktion davon etwa 10 Minuten benötigte. Die Rücklaufquote unter den teilnehmenden Schüler*innen betrug 100 %, da die Testdurchführung während der Unterrichtszeit stattfand und die Testleiter*innen die Fragebögen in den teilnehmenden Klassen austeilten, ihre Durchführung anleiteten, sie anschließend wieder einsammelten und in einem Umschlag verschlossen. So konnte die Anonymität der Jugendlichen gewahrt werden, da weder eindeutig zuordbare persönliche Daten erfasst wurden, noch Lehrkräfte Einblick in die beantworteten Fragebögen erhielten.

6.5 Stichprobe

An der Befragung nahmen insgesamt 1344 Schülerinnen aus 86 Klassen in 18 Schulen teil. Bei der Datensichtung mussten 53 Schüler*innen von der weiteren Analyse ausgeschlossen werden, da diese den Fragebogen willentlich fehlerhaft bearbeitet oder sehr starke Verständnisprobleme hatten (3.9 % Ausfallquote kompletter Datensätze).

Die für die Auswertung herangezogene Stichprobe umfasst somit $N = 1291$ Schülerinnen und Schüler, wovon $n = 588$ weiblich (45.5 %) und $n = 702$ männlich (54.4 %; ein fehlender Wert) waren. Ein Großteil der Schüler*innen wurde in den Schuljahren 2014/15 ($n = 404$) und 2016/17 ($n = 418$) befragt, etwas weniger Schüler*innen beteiligten sich in den Schuljahren 2013/14 ($n = 248$) und 2015/16 ($n = 221$). Es zeigen sich keine systematischen Unterschiede in den Merkmalsausprägungen oder im Antwortverhalten zwischen den Erhebungszeitpunkten.

Die Studie umfasste die Jahrgangsstufen 7 bis 10 an bayerischen Mittelschulen. Durch die Beschränkung auf eine Schulform können mögliche Schulformeffekte konstant gehalten werden. Gründe, warum die Mittelschule am geeignetsten für die Stichprobengewinnung eingeschätzt wurde, wurden bereits in Kapitel 6.1.3 genannt. Gleichzeitig wird damit jedoch auch die Einschränkung in Kauf genommen, dass mit dieser Stichprobe nur eine selektive Schülerpopulation sowie ein spezifischer Mathematikunterricht der Mittelschule abgebildet werden. Dieser unterscheidet sich von anderen Schularten beispielsweise dadurch, dass an der bayerischen Mittelschule das Klassenlehrerprinzip verfolgt wird. Mögliche Wahrnehmungsverzerrungen durch den Unterricht derselben Lehrkraft in anderen Fächern sollten bei der Interpretation und Verallgemeinerung der Ergebnisse Beachtung finden.

Das Alter der Teilnehmer*innen reichte von 12 bis 18 Jahre. Das Durchschnittsalter zum Zeitpunkt der Testdurchführung lag bei $M = 13.95$ Jahren ($SD = 1.29$), wobei 31.0 % der Stichprobe 13 Jahre und 26.1 % 14 Jahre alt waren. Dementsprechend war die 7. Jahrgangsstufe mit 37.7 % ($n = 487$) und die 8. Jahrgangsstufe mit $n = 425$ Schüler*innen (32.9 %) am häufigsten vertreten. Da die Mittelschule regulär mit den Abschlussprüfungen der 9. Jahrgangsstufe endet und im Verhältnis nur ein geringer Teil der Schüler*innen den M-Zweig zur Erlangung des Mittleren Schulabschlusses besucht, befanden sich erwartungsgemäß nur wenige Schüler*innen in der 10. Klasse ($n = 116$, 9.0 %).

Die durchschnittliche Klassengröße lag bei einem für Mittelschulen üblichen Wert von 20.11 Schüler*innen ($SD = 3.95$), wobei die Spanne von kleinen Klassen mit 13 Schüler*innen bis hin zu Klassengrößen von 30 Schüler*innen reichte. 50.3 % der befragten Schüler*innen hatten zum Testzeitpunkt in Mathematik eine männliche Lehrkraft ($n = 650$), 49.1 % der Schüler*innen hatten eine Lehrerin ($n = 634$, fehlende Angaben $n = 7$).

6.6 Analysemethode

Die Auswertung erfolgte mit der Statistiksoftware IBM SPSS Statistics 24, für konfirmatorische Faktorenanalysen und Pfadanalysen wurde AMOS 24 verwendet. Als statistische Testverfahren kamen als strukturentdeckendes Verfahren die explorative Faktorenanalyse sowie als strukturprüfendes Verfahren die konfirmatorische Faktorenanalyse, jeweils mit Maximum-Likelihood-Methode, zum Einsatz. Als Fit-Indizes werden in Abhängigkeit von der Fragestellung Chi-Quadrat (χ^2), Freiheitsgrade (*df*), Signifikanzniveau (*p*), root mean square error of approximation (RMSEA), comparative fit index (CFI), Tucker-Lewis Index (TLI), standardized root mean squared residual (SRMR), Akaike-Information-Criterion (AIC), Bayesian-Information-Criterion (BIC) und/oder das Verhältnis von Chi-quadrat zu Freiheitsgraden (χ^2/df) angegeben. Für die Modellgüte gelten für die vorliegende Stichprobengröße folgende Cut-Off-Werte der Fit-Indizes: $\chi^2/df \leq 5$ (Kline, 2016), CFI $\geq .95$, RMSEA $\leq .06$, TLI $\geq .95$, SRMR $\leq .11$ (Bühner, 2011).

Reliabilitätsanalysen wurden anhand Cronbach's α berechnet, Geschlechtsunterschiede mit t-Tests für unabhängige Stichproben und Unterschiede zwischen Klassenstufen per einfaktorieller Varianzanalyse mit Bonferroni-Korrektur sowie dem GT2 nach Hochberg und dem Games-Howell Post-hoc-Test.

Effektstärken werden als Cohens *d* angegeben, die Standardisierung der Mittelwertdifferenzen erfolgt anhand der Standardabweichung. Für alle inferenzstatistischen Tests wird als Signifikanzniveau $p \leq .05$ angewandt. Bei Korrelationen, Regressionen und Faktorladungen wird das Signifikanzniveau der Koeffizienten in üblicher Kurzschreibweise dargestellt: wird das 5 %-Fehlerniveau erreicht, werden die Koeffizienten mit * markiert, bei Unterschreiten des Signifikanzniveaus $p \leq .01$ werden sie mit ** bzw. bei $p \leq .001$ mit *** markiert.

Umgang mit Missing Data

Die verbliebenen 1291 Datensätze weisen nur vereinzelte Missings auf: auf Itemebene fehlen stets weniger als 2 % der Antworten, auf Skalenebene zeigen sich unsystematische Missings. Die Missing-Completely-At-Random-Voraussetzung (MCAR-Test nach Little: $\chi^2 = 13858.28$; $DF = 14002$, $p = .81$) wird erfüllt. Demnach sind auf Skalenebene MCAR-abhängige Verfahren zur Behandlung fehlender Werte (listen-/paarweiser Fallausschluss) zulässig und werden eingesetzt. Für Verfahren auf Itemebene, wie etwa der konfirmatorischen Faktorenanalyse, wird eine Einfachimputation per EM-Algorithmus durchgeführt, um einen vollständigen Datensatz zu erhalten.

Hierarchische Datenstruktur

Um der Abhängigkeit der Messungen bei Klumpenstichproben Rechnung zu tragen, werden hierarchisch lineare Mehrebenen-Regressionsanalysen mit der SPSS-Prozedur MIXED berechnet, wobei für die Paramterschätzung die unrestringierte Maximum-Likelihood-Methode (ML) angewandt wird.

In der vorliegenden Studie interessieren jedoch vorrangig die individuellen personenbedingten Wahrnehmungen und Einschätzungen. Tatsächlich bestehende Unterschiede zwischen Lernumwelten (Klassen, Schulen etc.) und daraus resultierende differenzielle Effekte sollen nur in einer darauf abzielenden Fragestellung untersucht werden. Alle weiteren Analysen wurden deshalb auf der Individualebene der Schüler*innen durchgeführt. Dies ist insofern durch die Annahme zu vertreten, dass die subjektive Wahrnehmung des Unterrichts und somit die individuell wahrgenommene Autonomieunterstützung von besonderer Relevanz für mögliche Wirkungen auf das emotionale Befinden der Schüler*innen sind. So konnten Studien mit ähnlicher Anlage zeigen, dass die individuelle Wahrnehmung des Kontextes in höherem Maße mit individuellen Schülermerkmalen zusammenhängt als die Beschreibung des Kontextes durch Klassenmittelwerte (Ryan & Grolnick, 1986). Um mögliche Effekte der Klassenzugehörigkeit konstant zu halten, werden die Berechnungen mit den jeweils am Klassenmittelwert standardisierten Variablen durchgeführt (pooled within-analysis).

Strukturgleichungsmodellierung
Strukturgleichungsmodelle und Mediatoranalysen werden in AMOS 24 modelliert. Durch Mediatoranalysen können sowohl direkte als auch indirekte Effekte von Faktoren überprüft werden. Die parametrische Monte Carlo-Bootstrap-Methode wird eingesetzt. In den Strukturgleichungsmodellen werden die standardisierten Regressions-Koeffizienten berichtet, wobei Pfadkoeffizienten über $\beta = .10$ als schwach, ab $\beta = .30$ als mittlere und über $\beta = .50$ als starke Effekte angesehen werden (Döring & Bortz, 2016a). Referenzwerte für die Klassifikation der Effektgrößen eingesetzter Testverfahren sind in Tabelle 8 ersichtlich.

Tabelle 8
Effektgrößen und Referenzwerte (Cohen, 1988; Döring & Bortz, 2016a, 820f.)

Test	Effektgrößenmaße	Klassifikation der Effektgrößen		
		Klein	*Mittel*	*Groß*
Gruppendifferenzmaße (2 Gruppen)				
t-Test	*d* bzw. δ	.20	.50	.80
Zusammenhangsmaße				
Quadrierte multiple Korrelation	R^2	.02	.13	.26
Standardisierter Regressionskoeffizient (Pfadkoeffizient)	β	.10	.30	.50
Varianzaufklärungsmaße				
Bivariater Determinationskoeffizient	r^2	.01	.09	.25
Eta-Quadrat	η^2	.01	.06	.14

7 Ergebnisse

Im folgenden Kapitel werden die Ergebnisse der Analysen dargestellt. Zunächst widmet sich Kapitel 7.1 der Komponentenstruktur schülerperzipierter Autonomieunterstützung anhand explorativer und konfirmatorischer Faktorenanalysen. Dieses Kapitel stellt die Basis für die weiteren Analysen dar und bildet somit einen ersten Schwerpunkt der vorliegenden Studie. Auch die adaptierten Skalen habitueller Lern- und Leistungsemotionen sowie deren direkter Antezedenzien (Appraisals) werden faktoranalytisch überprüft (Kap. 7.2). Skaleneigenschaften und Werteverteilungen der revidierten Skalen sind in Kapitel 7.3 ersichtlich. Klasseneffekte (Kap. 7.4) und Geschlechtsunterschiede (Kap. 7.5) werden ebenso beschrieben wie die Ausprägungen schülerperzipierter Autonomieunterstützung sowie des emotionalen Befindens in den Jahrgangstufen 7 bis 10 der Mittelschule (Kap. 7.6).

Der zweite Schwerpunkt der vorliegenden Studie liegt auf den Analysen der Zusammenhänge habitueller *Lern- und Leistungsemotionen* mit deren Antezedenzien: den Appraisals *Kontrolle* und *Valenz* sowie dem proximalen Sozialumweltfaktor *schülerperzipierte Autonomieunterstützung*. Um Mediatoreffekte der Appraisals beim Zusammenhang von schüler-perzipierter Autonomieunterstützung mit den einzelnen Emotionen zu untersuchen und Regressionen auf direkte und indirekte Effekte hin zu überprüfen, werden zuletzt differentielle Strukturgleichungsmodelle für die einzelnen Emotionen dargestellt (Kap. 7.7).

7.1 Komponentenstruktur schülerperzipierter Autonomieunterstützung

Die Grundannahme der Faktorenanalyse ist, dass es latente, d.h. nicht direkt beobachtbare, Variablen gibt (Faktoren), welche die gemessenen Werte der beobachtbaren Variablen (Indikatoren) beeinflussen. Die Korrelationen zwischen diesen gemessenen Werten (common factor model) haben im zugrundeliegenden Konstrukt demnach eine gemeinsame Ursache. Ziel der Faktorenanalyse ist es, empirisch die Anzahl und die Eigenschaften der latenten Variablen zu bestimmen, die den beobachteten Varianzen und Kovarianzen bzw. Korrelationen der Indikatoren zugrunde liegen (DeVellis, 2012).

Basierend auf den fünf Dimensionen der Öffnung des Unterrichts von Peschel (2002a, 2003) sowie Bohl und Kucharz (2010) wurde ein Instrument entwickelt, um aus Schülersicht den Grad und die Facetten von Autonomieunterstützung erheben zu können. Die Itemformulierung wurde an den höchsten Grad der Öffnung aus Peschels Raster zur Beurteilung des Öffnungsgrades von Unterricht angelehnt, um mit einer fünfstufigen Likert-Skala (1 = völlige Ablehnung; 5 = völlige Zustimmung) die schülerperzipierte Autonomieunterstützung möglichst differenziert zu erfassen.

Entsprechend dieser Operationalisierung stellt sich die Frage, ob es sich bei der schüler-perzipierten Autonomieunterstützung um ein unidimensionales oder mehrdimensionales Konstrukt handelt. Die Literatur zur Selbstbestimmungstheorie sowie zum Offenen Unterricht stellt dabei verschiedene Ansätze zur Verfügung, in wie viele Komponenten Autonomieunterstützung gegliedert werden kann. Die Anzahl der zu extrahierenden Faktoren ist somit unklar, weshalb es sich zunächst anbietet, die zur Erfassung der schülerperzipierten Autonomieunterstützung formulierten Items zunächst mit einer explorativen Faktorenanalyse (EFA) auf ihre Faktorenstruktur hin zu untersuchen. Anschließend wird zur Kreuzvalidierung des explorativ erstellten Modells eine konfirmatorische Faktorenanalyse (CFA) durchgeführt.

Aus der Gesamtstichprobe werden hierfür zwei Zufallsstichproben generiert. Dieses Vorgehen hat sich bei einer ausreichend großen Stichprobe in der Forschungspraxis etabliert, um die Aussagekraft der Faktorenanalysen zu erhöhen, da dabei nicht nur das konfirmatorisch bestätigt wird, was vorher schon explorativ mit einem ähnlichen statistischen Vorgehen (beides meist Maximum-Likelihood-Schätzungen) anhand derselben Stichprobe herausgefunden wurde, sondern die dort gefundenen Strukturen in einer anderen Population überprüft werden. Mit der ersten Teilstichprobe wird die explorative Faktorenanalyse durchgeführt. In dieser Teilstichprobe befinden sich $n_1 = 646$ Personen (45.4 % weiblich, Alter: M = 13.92, SD = 1.31). Die daraus gewonnenen Ergebnisse werden nachfolgend mit der zweiten zufälligen Teilstichprobe im Rahmen einer konfirmatorischen Faktorenanalyse überprüft. Die zweite Teilstichprobe umfasst $n_2 = 645$ Personen (45.6 % weiblich, Alter: M = 13.98, SD = 1.28).

Die Schwierigkeitsanalyse der einzelnen Items zeigt, dass über beide Teilstichproben hinweg bei allen Items die gesamte Breite der Antwortkategorien ausgenutzt wurde, einige Items jedoch rechtsschief beantwortet wurden. Außer bei Item AutP3 „Mein Mathe-Lehrer hört mir zu und achtet meine Meinung" liegen alle Mittelwerte unter der rechnerischen Skalenmitte von 3.5 (die invertiert formulierten Items wurden hierbei schon rekodiert). Mit Mittelwerten zwischen 2.00 und 2.03 stimmten die Schüler*innen den Items AutI1, AutO3 sowie AutS1 am geringsten zu. Ansonsten fallen anhand der Schwierigkeitsanalyse keine Items aufgrund ihrer Antworttendenzen besonders auf. Tabelle 9 zeigt die Mittelwerte, Standardabweichungen und die Schiefe der einzelnen Items für Teilstichprobe 1.

7.1.1 Explorative Faktorenanalyse: Schülerperzipierte Autonomieunterstützung

Wie Tabelle 5 (siehe Kap. 6.3.3.1) zu entnehmen ist, wurden für die fünf Dimensionen der Öffnung von Unterricht je drei Items konstruiert. Diese 15 Items werden in die explorative Faktorenanalyse einbezogen. Die Durchführung einer explorativen Faktorenanalyse scheint zunächst im Widerspruch zur theoriegeleiteten Itemkonstruktion zu stehen, da bereits Annahmen über die Zusammenhänge zwischen den Indikatoren (Items) und den latenten Variablen (a-priori-Skalen) bestehen, schließlich wurden die Items als Indikatoren für die latenten Variablen (verschiedene Dimensionen der Öffnung von Unterricht) generiert. Diese Vorannahmen über die Zusammenhänge zwischen den Indikatorvariablen basieren jedoch auf theoretischen Überlegungen und wurden in dieser Form bislang noch nicht empirisch überprüft. Aus diesem Grund erscheint es angebracht, zunächst eine Faktorenanalyse durchzuführen, die keine Vorannahmen beinhaltet (EFA) und somit auch der Möglichkeit Raum lässt, dass sich eine andere Konstellation latenter Dimensionen zeigt als a-priori angenommen. Dennoch stellen natürlich die a-priori-Skalen die Grundlage dar, auf deren Basis die gewonnenen Faktorenlösungen inhaltlich interpretiert werden sollen.

Die Analyseeinheiten für die explorative Faktorenanalyse stellen die Korrelationen bzw. Kovarianzen zwischen den Items dar. Mit Hilfe der EFA wird eine Matrix an Faktorladungen generiert, welche am besten die Korrelationen zwischen den Items erklärt (Brown, 2006). Den Empfehlungen von Bühner (2011) folgend, wird die Maximum-Likelihood-Methode angewendet, da im Anschluss eine konfirmatorische Faktorenanalyse durchgeführt werden soll. Die Faktorenextraktion erfolgt anhand des Eigenwertkriteriums größer eins sowie des Scree-Tests.

Der Kaiser-Meyer-Olkin-Koeffizient (KMO) liegt bei KMO = 0.88, was bedeutet, dass die Itemauswahl für eine Faktorenanalyse gut geeignet ist. Die Korrelationen der Korrelationsmatrix weichen signifikant von null ab (Bartlett-Test: $\chi^2(105) = 4154.02$; $p \leq .001$). Der MSA-Wert liegt für alle Items über dem kritischen Wert von MSA ≤ 0.50, auffällig ist jedoch, dass die invertierten Items AutI3r, AutM2r und AutS3r weit niedrigere MSA-Koeffizienten aufweisen als die anderen Items. Die Kommunalitäten liegen alle über der $h^2 \leq 0.10$ Grenze.

Der Scree-Plot lässt eine zwei- oder vierfaktorielle Struktur von schülerperzipierter Autonomieunterstützung erahnen, das Eigenwertkriterium > 1 hingegen schlägt eine dreifaktorielle Struktur vor. Da keine eindeutige Modellannahme über die Faktorenstruktur vorliegt, wird die ML-Extraktionsmethode zunächst mit einer Promax-Rotation angewendet.

Rotationsmethoden werden eingesetzt, um eine gut zu interpretierende Lösung aus einer Vielzahl möglicher Alternativlösungen zu finden. Jeder Faktor sollte dabei einerseits durch eine Teilmenge von Indikatoren definiert sein, die auf diesem Faktor hoch laden, andererseits sollte jeder Indikator idealerweise hoch auf einem Faktor (hohe Hauptladung) und nur gering bzw. auf anderen Faktoren laden (geringe Nebenladungen). Als bedeutsam werden dabei Ladungen größer .30 angesehen (Brown, 2006).

Neben statistischen Gesichtspunkten ist zur Sicherung der Qualität der Faktorlösung die Überprüfung der Faktoren hinsichtlich ihrer inhaltlichen Bedeutung bzw. ihrer empirischen Relevanz notwendig. Neben der inhaltlichen Interpretierbarkeit sollte dabei auch auf Methodenfaktoren geachtet werden, z.B. durch ähnlich oder negativ formulierte Items (Brown, 2006). Eine sinnvolle Interpretation der drei Faktoren ist jedoch nicht möglich, da ein starker Hauptfaktor mit 11 Items aus allen Autonomie-Dimensionen entsteht, ein Faktor mit zwei Items der methodischen Dimension sowie ein Faktor mit zwei invertierten Items (AutI3r, AutS3r). Unabhängig von Extraktionsmethode, Rotationstechnik und zu extrahierender Faktorenzahl zeigt sich bei der explorativen Faktorenanalyse mit allen Items stets ein ähnliches Bild: ein starker Hauptfaktor und ein Faktor, in welchem sich die rekodierten Items wiederfinden. Es bildet sich somit stets ein Methodenfaktor, welcher nicht inhaltlich, sondern in erster Linie methodisch bedingt ist, da die negative Itemformulierung offensichtlich das Antwortverhalten der Schüler*innen beeinflusst.

Ein Blick auf die Eigentrennschärfen der Items (Korrelation mit allen anderen Autonomie-Items mit Part-Whole-Korrektur) verrät, dass die drei invertiert formulierten Items das Konstrukt der schülerperzipierten Autonomieunterstützung nicht adäquat operationalisieren. Die Trennschärfen dieser drei Items (AutI3r $r_{ix} = .14$; AutM2r $r_{ix} = .20$; AutS3r $r_{ix} = .27$) liegen unter dem häufig angegebenen Kriterium von $r_{i(x-i)} > .30$ (Weise, 1975), während alle anderen Items mittlere bis hohe Werte zwischen $r_{ix} = .38$ und $r_{ix} = .58$ aufweisen. Auch eine kritische Analyse der Itemformulierungen zeigt, dass die invertierten Items eventuell zu scharf formuliert wurden, z.B. „bearbeiten alle Schüler immer die exakt gleichen Aufgaben" (negativ gepoltes Item) im Vergleich zu „kann oft zwischen unterschiedlich schweren Aufgaben wählen" (positiv gepoltes Item). Des Weiteren decken sie inhaltlich wenig neue Aspekte ab, welche nicht schon durch andere Items erfasst werden. Aus statistischen sowie inhaltlichen Gründen werden die drei invertierten Items AutI3r, AutM2r und AutS3r daher aus dem Testinstrument und somit von weiteren Analysen ausgeschlossen.

Tabelle 9

Itemstatistiken für eine zweidimensionale Skala zur Erfassung schülerperzipierter Autonomieunterstützung

Item	M	SD	Schiefe	Trennschärfe Gesamtskala	Faktorladung auf Faktor 1	Faktorladung auf Faktor 2
AutO2	2.28	1.08	0.49	.58	.65	-
AutI1	2.00	1.06	0.87	.56	.63	-
AutS2	2.16	1.09	0.66	.54	.60	-
AutS1	2.01	1.02	0.77	.56	.56	.34
AutO3	2.03	1.12	0.89	.46	.53	-
AutI2	2.41	1.13	0.43	.51	.51	-
AutO1	2.66	1.27	0.30	.42	.34	.32
AutP3	3.51	1.15	-0.45	.41	-	.62
AutP1	2.87	1.18	0.07	.38	-	.52
AutP2	2.73	1.17	0.15	.54	.38	.48
AutM3	3.09	1.15	-0.12	.46	-	.41
AutM1	2.96	1.23	0.01	.44	-	.41
AutI3r	2.22	1.19	0.70	.14	-	-
AutM2r	3.12	1.26	-0.12	.20	-	-
AutS3r	2.33	1.15	0.50	.27	-	-

Anmerkungen. Faktorladungen anhand einer Maximum-Likelihood-Analyse mit Varimax-Rotation; Ladungen < .30 werden nicht dargestellt.

Die aufgrund der Extraktion von Items erneut durchgeführten explorativen Faktorenanalysen ohne die invertierten Items zeigen ein verändertes Bild. KMO- und MSA-Koeffizienten sowie Kommunalitäten (KMO = 0.89; MSA zwischen .86 und .92; h^2>0.22) weisen verbesserte Werte auf. Eigenwertkriterium > 1 als auch Scree-Plot legen eine zweifaktorielle Struktur nahe. Da die Faktoren bei einer obliquen Rotation (Promax) größtenteils nur gering korrelieren, wird zur einfacheren Darstellung und Interpretation die Maximum-Likelihood-Analyse mit anschließender orthogonaler Varimax-Rotation durchgeführt. Die zweifaktorielle Lösung gruppiert die Items der organisatorischen, inhaltlichen und sozialen Dimension mit Faktorladungen zwischen .34 und .65 zu einem Faktor, während die Items der methodischen und persönlichen Dimension den zweiten Faktor mit Ladungen zwischen .41 und .63 bilden. Bedeutsame Doppelladungen lassen sich bei den Items AutO1 (.34/.32), AutS1 (.56/.34) und AutP2 (.48/.38) beobachten, wobei die sehr allgemein gehaltene Formulierung der Items AutP2 („In Mathe geht unser Lehrer oft auf aktuelle Wünsche der Schüler ein.“) und AutS1 („In Mathe kann ich den Unterrichtsablauf mitbestimmen.“) hohe Korrelationen mit allen Dimensionen erwarten lässt. Das theoretische Modell unkorrelierter Faktoren der Autonomieunterstützung kann somit nicht angenommen werden. Die sehr hohen Doppelladungen des Items AutO1 („In Mathe lässt mich der Lehrer selbst entscheiden, ob und mit welchen anderen Schülern ich zusammenarbeiten möchte.“) lassen sich hingegen nicht durch die Formulierung erklären, da es inhaltlich einen klar organisatorischen Aspekt von Autonomie abdeckt. Empirisch lässt es sich jedoch anhand der explorativen Faktorenanalyse keiner Skala eindeutig zuordnen. Da die beiden anderen Items der Skala die organisatorische Dimension ausreichend erfassen und das Item AutO1 auf beiden Faktoren relativ niedrig, dabei aber annähernd gleichstark lädt, wird es von den weiteren Analysen ausgeschlossen.

7.1.2 Konfirmatorische Faktorenanalyse: Schülerperzipierte Autonomieunterstützung

Im zweiten Schritt soll die innere Struktur der schülerperzipierten Autonomieunterstützung anhand von konfirmatorischen Faktorenanalysen (CFA) mit der zweiten Teilstichprobe überprüft werden. Ziel einer CFA als struktur-prüfendes Verfahren ist es, vorab bestimmte Modelle zu testen, welche die Zusammenhänge zwischen latenten Variablen (Faktoren) und Indikatorvariablen (Items) beschreiben. Die aus der Literatur abgeleiteten Modelle mit fünf Faktoren (Bohl & Kucharz, 2010; Peschel, 2003), drei Faktoren (Stefanou et al., 2004) oder einem Generalfaktor (Deci & Ryan, 1985) werden dem aus der explorativen Faktorenanalyse hervorgegangenen und ebenfalls theoretisch begründbaren zweifaktoriellen Modell (Reeve et al., 2003) gegenübergestellt.

Es soll wiederum die Maximum-Likelihood-Methode angewandt werden. Um bei der zu erwartenden Verletzung der multivariaten Normalverteilungsannahme der Itemantworten (siehe Schiefe in Tab. 12) den Bollen-Stine-Bootstrap anwenden zu können, müssen vorab alle fehlenden Werte eliminiert werden. Da 65 Personen der zweiten Teilstichprobe mindestens einen fehlenden Wert in den Items zur Autonomieunterstützung aufweisen, würden bei einem listenweisen Fallausschluss 10 % der Probanden wegfallen. Gleichzeitig fehlen bei den Items zur Autonomieunterstützung pro Variable lediglich 0.8–1.5 % der Werte. Um eine vervollständigte Datenmatrix zu erhalten, wird daher eine Einfachimputation per EM-Algorithmus durchgeführt.

Der Mardia-Test zeigt, dass keine multivariate Normalverteilung vorliegt (c.r. = 27.40). Die Werte von Schiefe und Exzess liegen zwar innerhalb der von West et al. (1995) postulierten kritischen Grenzen, um eine konfirmatorische Faktorenanalyse per ML-Methode durchführen zu können, jedoch weisen nur drei Items (AutP1, AutM3, AutM1) hinsichtlich Schiefe einen c.r. $\leq$ 1.96 auf. Um verzerrte Schätzungen zu vermeiden, wird die Bollen-Stine-Bootstrap-Methode sngewandt.

Tabelle 10

Strukturmodelle schülerperzipierter Autonomieunterstützung mit Fit-Indizes der konfirmatorischen Faktorenanalysen

Anzahl	Faktoren	Itemzahl	$\chi^2(df)$	$p <$	RMSEA	CFI	AIC	BIC	SRMR	χ^2/df
1	General-faktor	12	460.61 (54)	.001	.076	.890	508.61	632.53	.050	8.53
2	pers.-meth. in.-or.-soz.	5 6	270.74 (43)	.001	.064	.934	316.74	435.49	.039	6.30
3	pers.-meth. inhaltlich orga.-soz.	5 2 4	260.36 (41)	.001	.064	.936	310.36	439.44	.038	6.35
3	pers.-meth. inh.-orga. organisat.	5 4 2	216.51 (41)	.001	.058	.949	266.51	395.59	.035	5.28
5	persönlich methodisch inhaltlich organisat. sozial	3 2 2 2 2	158.63 (34)	.001	.053	.964	222.63	387.85	.030	4.67
5+2	persönlich methodisch inhaltlich organisat. sozial	3 2 5 2 2 6 2	185.16 (38)	.001	.058	.953	241.16	382.76	.035	4.87
5+1	persönlich methodisch inhaltlich organisat. sozial	3 2 2 11 2 2	223.64 (39)	.001	.064	.941	277.64	414.18	.041	5.73

Anmerkung. Anzahl = Anzahl der latenten Faktoren.

Das Generalfaktormodell mit nur einem latenten Faktor, auf den alle Items laden, zeigt unter allen verglichenen Modellen den schlechtesten Datenfit ($\chi^2(54) = 460.61$, $p < .001$, RMSEA = .076 (CI90: .070-.083), SRMR = .050, CFI = .890, AIC = 508.61, BIC = 632.53)[2]. Da die Doppelladungen beim einfaktoriellen Modell keine Rolle spielen, wird hier – im Gegensatz zu allen folgenden Modellen – das Item AutO1 miteinbezogen. Das theoretisch abgeleitete dreifaktorielle Modell wird auf zwei verschiedene Weisen gebildet: Erstens wird, ange-

[2] Aufgrund der sehr nah beieinander liegenden Fit-Werte (CFI, RMSEA, SRMR) wird hier zur besseren Vergleichbarkeit der Modelle auf drei Nachkommastellen gerundet.

lehnt an Stefanou et al. (2004), die kognitive Autonomieunterstützung (repräsentiert durch Items der methodischen und persönlichen Dimension) von der prozeduralen (inhaltlichen) und organisatorischen (organisatorischen und sozialen) Autonomieunterstützung getrennt ($\chi^2(41) = 260.36$, $p < .001$, RMSEA = .064 [CI90: .057-.072], SRMR = .038, CFI = .936, AIC = 310.36, BIC = 439.44). Im zweiten dreifaktoriellen Modell werden die Items der persönlichen und methodischen Dimension weiterhin zu einem Faktor gebündelt, doch bilden die inhaltliche und organisatorische Dimension diesmal den zweiten Faktor und die soziale Dimension den dritten Faktor ($\chi^2(41) = 216.51$, $p < .001$, RMSEA = .058 [CI90: .050-.065], SRMR = .035, CFI = .949, AIC = 266.51, BIC = 395.59). Beide Modelle weisen akzeptable Fit-Indizes auf. Auch das durch die explorative Faktorenanalyse vorgeschlagene und theoretisch begründbare zweifaktorielle Modell zeigt einen ähnlichen Datenfit ($\chi^2(43) = 270.74$, $p < .001$, RMSEA = .064 [CI90: .057-.071], SRMR = .039, CFI = .934, AIC = 316.74, BIC = 435.49).

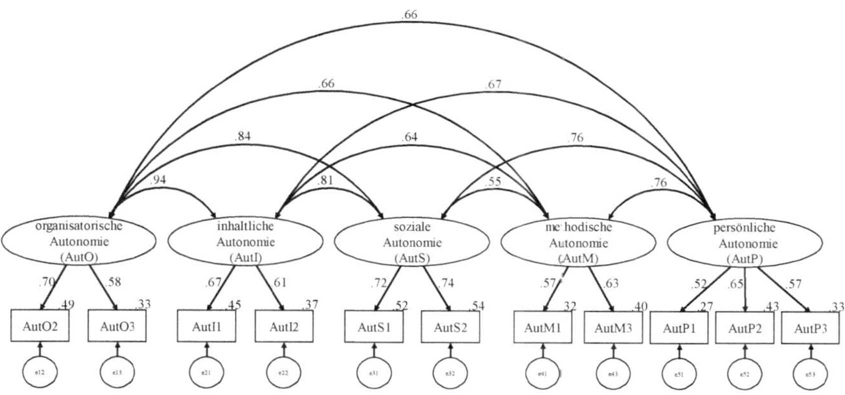

Abbildung 14. Konfirmatorische Faktorenanalyse 5-faktorielles Modell der schülerperzipierten Autonomieunterstützung

Die konfirmatorischen Faktorenanalysen ergeben den besten Datenfit für die durch Theorien zum Offenen Unterricht gestützte fünffaktorielle Struktur von schülerperzipierter Autonomieunterstützung ($\chi^2(34) = 158.63$, $p < .001$, RMSEA = .053 [CI90: .045-.062], SRMR = .030, CFI = .964, AIC = 222.63, BIC = 387.85). Die Critical Ratio der Regressionsgewichte zeigt, dass alle Parameter einen signifikanten Beitrag zur Bildung der Modellstruktur liefern. Bei Betrachtung der Zusammenhänge der latenten Faktoren fällt jedoch auf, dass zum einen die drei Dimensionen der organisatorischen, inhaltlichen und sozialen Autonomie äußerst hoch miteinander korrelieren, z.B. $r = .94$ zwischen AutO und AutI sowie $r = .84$ zwischen AutO und AutS. Zum anderen hängen die methodische und persönliche Autonomie ($r = .76$) stark zusammen (siehe Abb. 14).

Dies legt die Vermutung nahe, dass organisatorische, inhaltliche und soziale Autonomie einen gemeinsamen übergeordneten latenten Faktor aufweisen, während die methodische und persönliche Autonomie einen weiteren latenten Faktor auf der zweiten Ebene bilden. Ein solches 5+2-faktorielles Modell ($\chi^2(38) = 185.16$, $p < .001$, RMSEA = .058 [CI90: .050-.066], SRMR = .035, CFI = .953, AIC = 241.16, BIC = 382.76) weist ähnlich gute Fit-Indizes auf wie das fünffaktorielle Modell. Obwohl die Korrelation zwischen den beiden latenten Faktoren auf der zweiten Ebene mit $r = .82$ immer noch sehr hoch ist, zeigt dieses Modell einen besseren Datenfit als ein 5+1-Modell ($\chi^2(39) = 223.64$, $p < .001$, RMSEA = .064 [CI90: .056-.072], SRMR = .041, CFI = .941, AIC = 277.64, BIC = 414.18). Eine Zusammenfassung aller Strukturmodelle schülerperzipierter Autonomieunterstützung inklusive der jeweiligen Fit-Indizes der konfirmatorischen Faktorenanalysen in Teilstichprobe 2 bietet Tabelle 10. Die ausformulierten Items und Skalen mitsamt Item- bzw. Skalenkürzel finden sich in Tabelle 11 im folgenden Resümee.

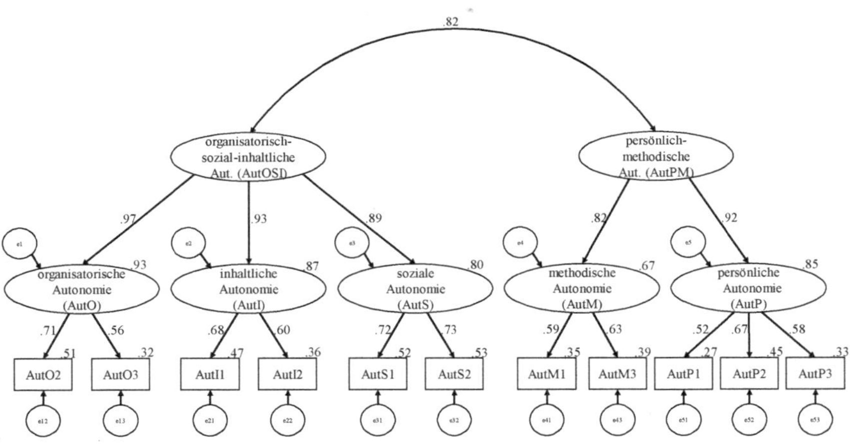

Abbildung 15. Konfirmatorische Faktorenanalyse 5+2-faktorielles Modell der schüler-perzipierten Autonomieunterstützung

7.1.3 Resümee

Sowohl das 5-faktorielle Modell als auch das 5+2-faktorielle Modell erfüllen somit die von Bühner (2011) angegebenen Grenzwerte für die vorliegende Stichprobengröße (CFI > .95, RMSEA < .06, SRMR < .11). Auch die Relation von Chi-Quadrat zu Freiheitsgraden liegt bei beiden Modellen im akzeptablen Bereich ($\chi^2/df < 5$; (Kline, 2016).

Das Bayesian-Information-Criterion (BIC), welches die Komplexität von Modellen miteinbezieht, fällt beim 5+2-faktoriellen Modell etwas geringer und daher besser aus als beim 5-faktoriellen Modell. Dieses weist jedoch bei allen anderen Fit-Indizes leicht bessere Werte auf, d.h. Akaike-Information-Criterion (AIC), χ^2/df, RMSEA und SRMR sind kleiner bzw. CFI ist etwas größer als beim 5+2-faktoriellen Modell.

Die Fit-Werte allein sprechen somit nicht eindeutig für eines der beiden Modelle. In Anbetracht der sehr hohen Korrelationen scheint es jedoch nicht vertretbar, die organisatorische, inhaltliche und soziale Autonomie einerseits sowie die methodische und persönliche Autonomie andererseits als distinktive Dimensionen schülerperzipierter Autonomieunterstützung zu betrachten. Auch die Ergebnisse der EFA deuten auf eine Zweigliedrigkeit hin. Es wird daher das 5+2-faktorielle Modell bevorzugt, welches Autonomieunterstützung in zwei latente second-order-Faktoren gliedert, die sich wiederum durch drei bzw. zwei latente first-order-Dimensionen beschreiben lassen. Diese Dimensionen werden durch je zwei (AutO, AutI, AutS, AutM) bzw. drei manifeste Variablen (AutP) operationalisiert. Dieses Modell bildet die Grundlage für das weitere Vorgehen der vorliegenden Arbeit.

Inhaltlich spiegeln die latenten second-order-Faktoren eine Zweigliedrigkeit von Autonomieunterstützung wider, wie sie auch Bohl und Kucharz (2010) sowie Reeve et al. (2003) angenommen haben. In Anlehnung an die Benennung von Bohl und Kucharz (2010) werden die beiden Faktoren zunächst als organisatorisch-sozial-inhaltliche *Selbstorganisation* (AutOSI) einerseits und als persönlich-methodische *Selbstbestimmung* (AutPM) andererseits bezeichnet. Die Operationalisierung dieser beiden Facetten schülerperzipierter Autonomieunterstützung sowie die Item- und Skalenbezeichnungen können Tabelle 11 entnommen werden.

Nach Überprüfung der Faktorenstruktur schülerperzipierter Autonomieunterstützung in beiden Teilstichproben wird für alle folgenden Analysen nun die gesamte Stichprobe mit N = 1291 Teilnehmer*innen (45.5 % Schülerinnen, 54.4 % Schüler; Alter: M = 13.95, SD = 1.29) herangezogen.

Tabelle 11

Manifeste Items und latente second-order-Faktoren schülerperzipierter Autonomieunterstützung

<table>
<tr><th>Item</th><th>Itemformulierung</th><th>Second-order-Faktor (Skala)</th></tr>
<tr><td colspan="2">Organisatorische Dimension (AutO)</td><td rowspan="9">organisatorisch-sozial-inhaltliche Selbst-organisation (AutOSI)</td></tr>
<tr><td>AutO2</td><td>Im Mathe-Unterricht können wir oft mitentscheiden, wann und wie lange wir uns mit einer bestimmten Aufgabe beschäftigen.</td></tr>
<tr><td>AutO3</td><td>In Mathe lässt mich der Lehrer selbst entscheiden, an welchem Ort ich arbeiten möchte.</td></tr>
<tr><td colspan="2">Inhaltliche Dimension (AutI)</td></tr>
<tr><td>AutI1</td><td>In Mathe kann ich mitbestimmen, welche Themen oder Aufgaben ich bearbeiten möchte.</td></tr>
<tr><td>AutI2</td><td>Im Mathe-Unterricht kann ich oft zwischen unterschiedlich schweren Aufgaben wählen.</td></tr>
<tr><td colspan="2">Soziale Dimension (AutS)</td></tr>
<tr><td>AutS1</td><td>In Mathe kann ich den Unterrichtsablauf mitbestimmen.</td></tr>
<tr><td>AutS2</td><td>In Mathe kann ich die Unterrichts-Regeln mitbestimmen.</td></tr>
<tr><td colspan="2">Methodische Dimension (AutM)</td><td rowspan="7">persönlich-methodische Selbst-bestimmung (AutPM)</td></tr>
<tr><td>AutM1</td><td>Bei meinem Mathe-Lehrer kann ich die Aufgaben auf meine eigene Art lösen.</td></tr>
<tr><td>AutM3</td><td>Im Mathe-Unterricht kann ich selbst entscheiden, welche Hilfestellung und Hilfsmittel ich benutzen möchte.</td></tr>
<tr><td colspan="2">Persönliche Dimension (AutP)</td></tr>
<tr><td>AutP1</td><td>Ich fühle mich im Mathe-Unterricht gleichberechtigt zum Lehrer.</td></tr>
<tr><td>AutP2</td><td>In Mathe geht unser Lehrer oft auf aktuelle Wünsche der Schüler ein.</td></tr>
<tr><td>AutP3</td><td>Mein Mathe-Lehrer hört mir zu und achtet meine Meinung.</td></tr>
</table>

7.2 Komponentenstruktur von habituellen Lern- und Leistungsemotionen sowie Appraisals

Appraisals

Die Appraisals Kontrolle und Valenz als Antezedenzien von Lern- und Leistungsemotionen werden in der vorliegenden Studie jeweils durch mehrere Facetten abgebildet. Kontrolle umfasst Skalen zum mathematischen Fähigkeitsselbstkonzept sowie zur mathematikbezogenen Selbstwirksamkeitserwartung. Valenz wird mit Skalen zur intrinsischen Valenz der Mathematik sowie zur extrinsischen Leistungsvalenz erfasst. Es soll anhand von konfirmatorischen Faktorenanalysen überprüft werden, ob sich die verschiedenen Facetten von Kontrolle bzw. Valenz anhand der vorliegenden Daten abbilden lassen. Zur Überprüfung der inneren Struktur werden demnach jeweils zwei Modelle gegenübergestellt: ein eindimensionales Modell, bei welchem alle jeweiligen Items auf einen latenten Faktor laden, versus ein Modell mit je zwei latenten Faktoren.

Für das Appraisal Kontrolle weist das zweifaktorielle Modell mit der mathematischen Selbstwirksamkeit sowie dem Fähigkeitsselbstkonzept als korrelierte latente Variablen den besseren Datenfit ($\chi^2(34) = 290.33$, $p = .001$, RMSEA = .08 [CI90: .07-.09], SRMR = .04, CFI = .96) gegenüber dem einfaktoriellen Modell ($\chi^2(35) = 384.18$, $p < .001$, RMSEA = .09 [CI90: .08-.10], SRMR = .04, CFI = .94) auf. Auch beim Appraisal Valenz erweist sich die Unterteilung in zwei Facetten als sinnvoll: das zweidimensionale Modell ($\chi^2(43) = 1078.12$, $p < .001$, RMSEA = .14 [CI90: .13-.14], SRMR = .09, CFI = .87) ist dem eindimensionalen Modell ($\chi^2(44) = 1883.34$, $p < .001$, RMSEA = .18 [CI90: .17-.19], SRMR = .09, CFI = .77) überlegen, auch wenn beide Modelle keinen befriedigenden Datenfit aufweisen.

Lern- und Leistungsemotionen

Bezüglich der Lern- und Leistungsemotionen wurden drei konkurrierende Modelle getestet. Das erste Modell enthält zwei latente Faktoren und unterscheidet lediglich zwischen positiven (Freude, Stolz, Hoffnung) und negativen Emotionen (Ärger, Angst, Scham, Hoffnungslosigkeit, Langeweile). Im zweiten Modell wurde die Emotion Langeweile separiert, da sie auch als „Emotionsleere“ bzw. weniger intensive Emotion (als z.B. Angst oder Ärger) aufgefasst werden kann und in manchen Studien andere Korrelationsmuster zeigt als negative Emotionen, insbesondere bezogen auf Valenz (siehe Kap. 2.2.6). Das Modell enthält somit drei latente Faktoren: Langeweile, positive und negative Emotionen. Im dritten Modell werden alle erhobenen Lern- und Leistungsemotionen auf latenter

Ebene differenziert, d.h. es werden entsprechend gängiger Forschungspraxis (Pekrun & Linnenbrink-Garcia, 2014a) acht Emotionen im Modell abgebildet.

Erwartungsgemäß zeigt das dritte Modell ($\chi^2(322) = 1634.82$, $p < .001$, RMSEA = .06 [CI90: .05-.06], SRMR = .06, CFI = .92), im Unterschied zum ersten ($\chi^2(349) = 3892.22$, $p < .001$, RMSEA = .09 [CI90: .08-.09], SRMR = .09, CFI = .78) und zweiten Modell ($\chi^2(347) = 3000.26$, $p < .001$, RMSEA = .08 [CI90: .07-.08], SRMR = .08, CFI = .84), einen akzeptablen Datenfit. Das dritte Modell, welches acht Lern- und Leistungsemotionen auf latenter Ebene differenziert, wird mitsamt allen Faktorladungen und Korrelationen zwischen den latenten Faktoren im Electronic Supplementary Material (ESM 4) dargestellt. Eine Zusammenfassung aller Strukturmodelle der Lern- und Leistungsemotionen inklusive der jeweiligen Fit-Indizes der konfirmatorischen Faktorenanalysen liefert Tabelle 12. Lern- und Leistungsemotionen sollten demnach in den weiteren Analysen differenziert betrachtet werden.

Tabelle 12
Strukturmodelle der Lern- und Leistungsemotionen mit Fit-Indizes der konfirmatorischen Faktorenanalysen

Faktorzahl	Faktoren	Itemzahl	$\chi^2(df)$	$p<$	RMSEA	CFI	χ^2/df
2	Positiv Negativ	10 18	3892.22 (349)	.001	.09	.78	11.15
3	Positiv Negativ Langeweile	10 15 3	3000.26 (347)	.001	.08	.84	8.65
8	Freude Stolz[1] Hoffnung Ärger Angst Scham Langeweile Hoffnungslosigkeit	4 3 3 5 4 3 3 3	1634.82 (322)	.001	.06	.92	5.08

Anmerkungen: [1]Original-Skala mit drei Items.

Alle überidentifizierten Messmodelle zeigen gute Werte der Fit-Indizes und durchweg signifikante Faktorladungen. Die nicht überidentifizierten Messmodelle (just-identified; $df = 0$) weisen ebenfalls – mit nur einer Ausnahme – signifikante Regressionskoeffizienten auf. Die Ausnahme bildet die Emotion Stolz, bei welcher das Item Pri03 („Wenn ich einen guten Beitrag leiste, schlägt mein

Herz vor Stolz höher.“) mit $\lambda = .19$ lediglich 4 % zur Varianzaufklärung der latenten Variable beiträgt. Inhaltlich spiegelt das Item einen physiologischen Aspekt der Emotion wider, welcher einerseits nicht notwendigerweise erhoben werden muss und andererseits von den Schüler*innen offensichtlich anders verstanden oder eingeschätzt wurde als die restlichen Itemformulierungen. Das Item Pri03 wird daher von den folgenden Analysen ausgeschlossen.

7.3 Skaleneigenschaften und deskriptive Daten

Reliabilität

Die Faktorenanalysen für schülerperzipierte Autonomieunterstützung sowie Lern- und Leistungsemotionen konnten zeigen, dass die jeweiligen Faktoren als eindimensional angesehen werden können. Durch die Verwendung von anderweitig bereits als valide getesteten Items für die Appraisals und etablierter Instrumente für die proximalen Umweltfaktoren (Lehrkraft- und Unterrichtsvariablen) wird auch hier die Eindimensionalität angenommen, wodurch die Grundbedingung für eine Reliabilitätsanalyse als erfüllt gelten kann.

Zur Reliabilitätsanalyse wird Cronbach's α verwendet. Die Skalen der Lern- und Leistungsemotionen, Appraisals sowie Beliefs (siehe Tab. 16) weisen nach den Konventionen von Kline (2000) befriedigende bis gute Reliabilitätswerte auf ($.69 \leq$ Cron.α $\leq .89$). Die Reliabilitäten der Skalen zur schülerperzipierten Autonomieunterstützung bewegen sich für die first-order-Faktoren aufgrund der äußerst geringen Itemzahl im niedrigen Bereich ($.53 \leq$ Cron.α $\leq .69$). Die second-order-Variablen AutPM (Cron.α = .68) und AutOSI (Cron.α = .80) hingegen zeigen einen akzeptablen bzw. guten Reliabilitätswert.

Die Reliabilitäten der weiteren Sozialumweltfaktoren zur Unterrichtsgestaltung und Lehrkraft fallen sehr unterschiedlich aus. Die sehr heterogenen Facetten von Vernetzung spiegeln sich in einer niedrigen Reliabilität dieser Skala (Cron.α = .59) wider. Ähnlich der first-order-Skalen schülerperzipierter Autonomieunterstützung sollte die Sinnhaftigkeit von empirischen Analysen und deren Interpretation mit Skalen derartig niedriger Reliabilität mit Vorsicht betrachtet werden. Die anderen Skalen der Sozialumweltfaktoren weisen jedoch akzeptable bis sehr gute Reliabilitätswerte auf ($.63 \leq$ Cron.α $\leq .91$). Alle Standardabweichungen sind ausreichend groß, um Varianz aufklären zu können.

Normalverteilung
Es fällt auf, dass die Mittelwerte der negativen Emotionen äußerst gering ausfallen und eine stark rechtsschiefe Verteilung aufweisen ($S > 0.5$), was viele niedrige und wenige hohe Werte in den Daten bedeutet. Solch linkssteile Verteilungen deuten auf Normalverteilungen 2. Art hin, bei denen Items eher multiplikativ als additiv zusammenwirken und logarithmisch transformiert werden sollten (Lienert & Raatz, 1998). Da sich ähnliche Ergebnisse jedoch auch bei anderen Studien zeigen, kann man bei Lern- und Leistungsemotionen, insbesondere bei negativen Emotionen, von einem anomalen, linksgipflig verteilten Merkmal von Schüler*innen ausgehen (Götz, 2004; Titz, 2001). Die Analyse der Q-Q-Diagramme bestätigt, dass bei den Skalen zu Ärger, Angst, Scham sowie Hoffnungslosigkeit nicht von einer Normalverteilung der Daten ausgegangen werden kann.

Bei den Skalen zur Unterrichtsgestaltung und zur Lehrkraft zeigen sich auffällige Verteilungen bei den Skalen AutOr, AutIr und AutSr, die leicht rechtsschief zu sein scheinen, sowie stärker linksschiefe Verteilungen bei den Skalen Per, Sup und TEval. In Anbetracht deutscher Forschung zur Verbreitung von geöffneten Unterrichtsformen im Schulalltag (siehe z.B. Bohl, 2007; Hartinger, 2005) sind die durchschnittlich recht niedrigen Werte der organisatorischen, sozialen und inhaltlichen Autonomie nicht unüblich.

Nachdem sowohl der Shapiro-Wilk- als auch der Kolmogorov-Smirnov-Test bei großen Stichproben dazu neigen, stets eine signifikante Ablehnung der Normalverteilungshypothese anzugeben, obwohl die Daten normalverteilt sind, sind diese Tests bei der vorliegenden Stichprobe durchweg signifikant und daher für eine Einschätzung der Normalverteilung nicht verlässlich. Bei einer Schiefe im Bereich $-0.5 \leq S \leq +0.5$ sowie einer Kurtosis im Bereich $-1.0 \leq \text{E} \leq +1.0$ können aufgrund der Stichprobengröße (n>400) jedoch die meisten Skalen – mit Ausnahme der genannten und in Tabelle 13 ersichtlichen Skalenwerte – als normalverteilt betrachtet werden (Lienert & Raatz, 1998).

Tabelle 13

Skalenwerte

Skala	Item-anzahl/ Kürzel	α	*M*	*SD*	Schiefe[a]		Kurtosis[a]	
					Skew	Stand.-fehler	kur.	Stand.-fehler
Lern- und Leistungsemotionen								
Freude	4 (Joy)	.85	2.74	0.98	0.10	0.07	-0.61	0.14
Stolz[1]	2 (Pri_r)	.73	2.65	1.08	0.19	0.07	-0.72	0.14
Hoffnung	3 (Hop)	.69	3.05	0.92	-0.10	0.07	-0.32	0.14
Ärger	5 (Ang)	.82	1.95	0.88	1.06	0.07	0.62	0.14
Angst	4 (Anx)	.75	1.93	0.84	0.86	0.07	0.18	0.14
Scham	3 (Sha)	.76	1.79	0.94	1.30	0.07	1.09	0.14
Langeweile	3 (Bor)	.76	2.72	1.06	0.36	0.07	-0.57	0.14
Hoffnungs-losigkeit	3 (Hln)	.73	1.90	0.94	1.07	0.07	0.46	0.14
Appraisals								
Math. FSK	3 (MSeCo)	.89	3.14	1.06	-0.14	0.07	-0.62	0.14
Math. SWE	7 (MSE)	.81	3.17	0.81	-0.17	0.07	-0.27	0.14
Intrinsische Valenz	6 (IVa)	.88	3.34	0.94	-0.21	0.07	-0.63	0.14
Ext. Leistungs-valenz	5 (EVa)	.83	3.83	0.83	-0.64	0.07	0.05	0.14
Schülerperzipierte Autonomieunterstützung								
Organisator. Dim.[1]	2 (AutOr)	.57	2.15	0.92	0.52	0.07	-0.35	0.14
Methodische Dim.[1]	2 (AutMr)	.53	3.02	0.98	-0.02	0.07	-0.49	0.14
Inhaltliche Dim.[1]	2 (AutIr)	.58	2.21	0.92	0.58	0.07	-0.08	0.14
Soziale Dimension[1]	2 (AutSr)	.69	2.09	0.92	0.60	0.07	-0.27	0.14
Persönliche Dim.	3 (AutP)	.61	3.03	0.88	-0.18	0.07	-0.25	0.14
Selbst-bestimmung	5 (AutPM)	.68	3.03	0.78	-0.15	0.07	-0.10	0.14
Selbst-organisation	6 (AutOSI)	.80	2.15	0.76	0.43	0.07	-0.37	0.14

Anmerkungen. [1]Revidierte Skala; [a]Eine Schiefe im Bereich [-0.5;+0.5] sowie eine Kurtosis im Bereich [-1.0;+1.0] können aufgrund der Stichprobengröße als normalverteilt betrachtet werden (Lienert & Raatz, 1998). Eine positive Schiefe beschreibt rechtsschiefe Daten (d.h. viele niedrige und wenige hohe Werte in den Daten), negative Schiefe linksschiefe Daten. Stichprobengröße $1214 \leq n \leq 1289$ aufgrund fehlender Werte. α = Cronbach's Alpha.

7.4 Klasseneffekte auf das emotionale Erleben, Appraisals und schülerperzipierte Autonomieunterstützung im Mathematikunterricht

Die Schüler*innen wurden im Klassenkontext befragt. Da die Antworten bei einer solchen Cluster-/Klumpenstichprobe nicht frei von Klasseneinflüssen sind, kann nicht von vollständig unabhängigen Messungen ausgegangen werden. Die Unabhängigkeit der Residuen zu den einzelnen Beobachtungen, welche im linearen Modell vorausgesetzt wird, ist somit verletzt. Es wurde davon ausgegangen (siehe Hypothesen 2.1 und 2.2), dass die Klassenebene signifikant zur Varianzaufklärung von schülerperzipierter Autonomieunterstützung sowie von Lern- und Leistungsemotionen beiträgt.

Zur Prüfung, ob signifikante Varianzanteile auf der zweiten Ebene (Schulklasse) vorliegen, werden zunächst Modelle (ohne Prädiktoren) berechnet. Es wird getestet, ob die Varianz auf der jeweiligen Ebene signifikant von Null abweicht. Für die Paramterschätzung wird die unrestringierte Maximum-Likelihood-Methode (ML) angewandt, welche simultan die festen Parameter (Regressionskoeffizienten) und die Kovarianzparameter miteinbezieht. Die abhängigen Variablen stellen zum einen die Lern- und Leistungsemotionen, zum anderen die beiden beiden second-order-Faktoren schülerperzipierter Autonomieunterstützung (Selbstbestimmung AutPM und Selbstorganisation AutOSI) dar. Alle metrischen Skalen werden anhand der Gesamtstichprobe z-standardisiert.

Bei der Berechnung der Nullmodelle der Lern- und Leistungsemotionen zeigen sich nur für Freude, Ärger und Langeweile signifikante Varianzanteile auf Klassenebene, jedoch sind auch bei diesen Emotionen nur 5–6 % der Gesamtvarianz auf Unterschiede zwischen den Schulklassen zurückzuführen (siehe Tab. 17). Die Interklassenkorrelationen (ICC) des Mathematischen Selbstkonzepts sowie der mathematischen Selbstwirksamkeit zeigen keine signifikanten Varianzanteile auf Klassenebene, wohingegen die intrinsische Valenz und insbesondere die extrinsische Valenz durch Klasseneffekte signifikant beeinflusst werden. Zwar besteht bei einer Intraklassenkorrelation unterhalb von 5 % Varianz kein zwingender Grund für eine Mehrebenenanalyse, dies kann jedoch zu einer Steigerung des α-Fehlerniveaus führen (Heck et al., 2010).

Tabelle 14

Informationskriterien, Signifikanz und Varianzaufklärung auf Klassenebene im Nullmodell

Skala	*AIC*	*BIC*	*Wald Z*	*Sig.*	R^2
Freude	3536.19	3551.58	2.86	$p < .01$	.048
Stolz	3586.84	3602.27	1.69	$p = .09$	.022
Hoffnung	3483.09	3498.42	1.96	$p = .05$	.030
Ärger	3628.40	3643.86	2.88	$p < .01$	.053
Angst	3524.71	3540.08	1.48	$p = .14$	.021
Scham	3597.07	3612.50	0.84	$p = .40$	.010
Langeweile	3570.31	3585.73	3.05	$p < .01$	.059
Hoffnungslosigkeit	3536.64	3552.02	1.55	$p = .12$	.021
Math. Selbstkonzept	3606.08	3621.52	1.25	$p = .21$	.015
Math. Selbstwirksamkeit	3521.23	3536.59	1.05	$p = .29$	.013
Intrin. Valenz	3530.83	3546.22	2.88	$p < .01$	.053
Extrin. Valenz	3548.19	3563.61	3.60	$p < .001$	.079
AutOSI	3338.82	3354.12	4.70	$p < .001$	.170
AutPM	3382.86	3398.20	4.65	$p < .001$	.155

Anmerkungen. AutOSI = organisatorisch-soziale-inhaltliche Selbstorganisation; AutPM = persönlich-methodische Selbstbestimmung.

Die Klassenlehrkraft bestimmt darüber, wieviel Autonomie sie den Schüler*innen zugesteht. Wie zu erwarten, zeigen die ICCs der Faktoren schülerperzipierter Autonomieunterstützung signifikante Varianzanteile auf Klassenebene. 17 % der Varianz von Selbstorganisation (AutOSI: *AIC* = 3338.82, *BIC* = 3354.12, *Wald Z* = 4.70, $p < .001$) und 16 % der Varianz von schülerperzipierter Selbstbestimmung (AutPM: *AIC* = 3382.86, *BIC* = 3398.20, *Wald Z* = 4.65, $p < .001$) sind auf Unterschiede zwischen den Schulklassen zurückzuführen.

Tabelle 15

Geschlechtsunterschiede mit standardisierten und unstandardisierten Werten

Skala	Gender	*M*	*SD*	*zM*	*zSD*	*Sig*	*d*
Joy	m	2.95	0.98	0.20	0.93	$p < .001$	.49
	w	2.49	0.92	-0.24	0.86		
Pri_r	m	2.88	1.05	0.22	1.01	$p < .001$	.48
	w	2.38	1.04	-0.26	0.99		
Hop	m	3.21	0.91	0.15	0.86	$p < .001$	.37
	w	2.87	0.89	-0.17	0.85		
Ang	m	1.87	0.85	-0.08	0.79	$p < .001$	.20
	w	2.04	0.92	0.09	0.87		
Anx	m	1.83	0.77	-0.10	0.72	$p < .001$	.28
	w	2.04	0.90	0.12	0.87		
Sha	m	1.63	0.81	-0.15	0.78	$p < .001$	.37
	w	1.98	1.04	0.18	1.00		
Bor	m	2.69	1.07	-0.03	1.00	$p = .22$	.07
	w	2.75	1.05	0.04	0.99		
Hln	m	1.68	0.80	-0.22	0.76	$p < .001$	.55
	w	2.17	1.03	0.26	0.98		
MSeCo	m	3.36	1.00	0.21	0.95	$p < .001$	.46
	w	2.88	1.09	-0.25	1.04		
MSE	m	3.38	0.75	0.21	0.73	$p < .001$	.61
	w	2.92	0.81	-0.25	0.77		
IVa	m	3.55	0.89	0.20	0.84	$p < .001$	.51
	w	3.10	0.94	-0.24	0.88		
EVa	m	3.90	0.81	0.08	0.74	$p < .001$	.22
	w	3.74	0.86	-0.09	0.80		
AutOSI	m	2.21	0.77	0.07	0.68	$p < .001$	.23
	w	2.07	0.74	-0.08	0.65		
AutPM	m	3.08	0.79	0.06	0.70	$p < .001$	.20
	w	2.97	0.76	-0.08	0.67		

Anmerkungen. Gender m = männlich, w = weiblich; M/SD = Mittelwert/Standardabweichung der unzentrierten Variablen; zM = Mittelwert der am Klassenmittelwert z-transformierten Individualwerte; zSD = Standardabweichung des Mittelwerts der am Klassenmittelwert z-transformierten Individualwerte.

7.5 Geschlechtsunterschiede im emotionalen Erleben, in den Appraisals sowie der schülerperzipierten Autonomieunterstützung

Zur Überprüfung der Hypothesen 2.3 und 2.4 bezüglich Unterschieden im emotionalen Erleben, in den Appraisals sowie der Wahrnehmung von Autonomieunterstützung zwischen Mädchen und Jungen im Unterricht werden im Folgenden t-Tests für unabhängige Stichproben durchgeführt. Da drei Emotionsskalen sowie die Skalen für Valenz und Autonomieunterstützung Effekte auf Klassenebene aufweisen, werden alle Berechnungen mit den jeweils am Klassenmittelwert standardisierten Variablen durchgeführt, um Effekte der Klassenzugehörigkeit konstant zu halten. Zur besseren Interpretierbarkeit werden ebenfalls die nicht z-standardisierten Mittelwerte und Standardabweichung angegeben (Tab. 15). Mädchen zeigen in Mathematik weniger positive und mehr negative Lern- und Leistungsemotionen als Jungen ($.20 \leq d \leq .55$, $p < .001$). Ausgenommen der Emotion Langeweile ($p = .22$) sind alle Mittelwertunterschiede hochsignifikant.

Bezüglich der Appraisals weisen Jungen ein höheres Selbstkonzept ($d = .46$) und insbesondere eine höhere mathematische Selbstwirksamkeit auf als Mädchen ($d = .61$). Auch die extrinsische ($d = .22$) und intrinsische Valenz, die dem Konstrukt Interesse sehr nahe steht, sind bei Schülern höher ausgeprägt als bei Schülerinnen ($d = .51$). Mit eher schwacher Effektstärke nehmen Mädchen im Mathematikunterricht weniger Autonomieunterstützung wahr als Jungen, sowohl hinsichtlich Selbstorganisation ($d = .23$) als auch kognitiver Selbstbestimmung ($d = .20$).

7.6 Ausprägungen von schülerperzipierter Autonomieunterstützung, Appraisals und emotionalem Befinden in der Sekundarstufe I

Nun soll ein genauerer Blick auf die Ausprägungen der Lern- und Leistungsemotionen sowie deren Antezedenzien in mehreren Jahrgangsstufen der Sekundarstufe I geworfen werden. Dabei sei nochmals darauf verwiesen, dass es sich bei der vorliegenden Untersuchung nicht um eine Längsschnittstudie handelt, dementsprechend also keine Entwicklung der Emotionen und Bedingungsfaktoren innerhalb derselben Personen dargestellt werden kann. Es handelt sich vielmehr um einen „Quasi-Längsschnitt", bei dem im querschnittlichen Studiendesign die mittleren Werte unterschiedlicher Personen zwischen den Jahrgangsstufen verglichen werden. Es soll auf diese Weise überprüft werden, ob signifikante

Unterschiede in der Ausprägung von Lern- und Leistungsemotionen zwischen den Jahrgangsstufen der Sekundarstufe auftreten. Es wurde davon ausgegangen, dass die Appraisals Kontrolle und Valenz sowie positive Lern- und Leistungsemotionen im Vergleich der Jahrgangsstufen der Sekundarstufe sinken, negative Lern- und Leistungsemotionen hingegen ansteigen (H3.1 und H3.2). Hypothese 3.3 ging des Weiteren davon aus, dass Schüler*innen höherer Klassen weniger Autonomieunterstützung wahrnehmen als in niedrigen Klassenstufen der Sekundarstufe.

Obwohl die Normalverteilungsannahme bei einigen Emotionen verletzt ist, wird eine Varianzanalyse durchgeführt, da die ANOVA relativ stabil gegenüber Verletzungen der Normalverteilung ist und eine höhere Teststärke aufweist als alternative Verfahren (Bühner & Ziegler, 2012). Hierfür werden wiederum die am Klassenmittelwert standardisierten Variablen verwendet, um den Klasseneffekten Rechnung zu tragen. Laut Levene-Tests wird die Varianzhomogenität bei den Emotionen Freude, Stolz, Ärger, Angst und Hoffnungslosigkeit sowie den Kontroll-Appraisals (MSeCo und MSE) verletzt. F_{max}-Tests zeigen jedoch, dass das Verhältnis der Varianzen klein genug ist, um bei einfaktoriellen Varianzanalysen keine α-Fehleranpassung vornehmen zu müssen.

Bei Post-hoc-Analysen wird die Bonferroni-Korrektur zur Verringerung der Alphafehler-Kumulierung bei multiplen Vergleichen angewandt. Da sich viele der befragten Schüler*innen in der 7. ($n = 487$) und 8. Jahrgangstufe ($n = 425$) zum Befragungszeitpunkt befanden, wenige dagegen in der 9. ($n = 263$) und 10. Jahrgangsstufe ($n = 116$), wird zusätzlich – den Empfehlungen von Field (2013) bei gleichen Varianzen und stark unterschiedlicher Fallzahl folgend – der GT2 nach Hochberg verwendet. Bei den oben genannten Variablen mit ungleichen Varianzen kommt der Games-Howell Post-hoc-Test zum Einsatz.

Die signifikanten Effekte sind mit Werten zwischen $.01 \leq \eta^2 \leq .02$ recht klein und tragen damit nur gering zur Varianzaufklärung bei. Die signifikanten Unterschiede liegen oftmals zwischen nicht direkt aneinander anschließenden Jahrgangsstufen. So zeigen sich häufig Unterschiede zwischen der 7. oder 10. Klasse mit den anderen Jahrgangsstufen. Der daraus eventuell abzuleitende lineare Anstieg bzw. Abfall der Werte kann nur bedingt bestätigt werden. Es zeigen sich durchaus Schwankungen im Anstieg bzw. Abfall der Emotionen im Verlauf der Sekundarstufe. Generell kann jedoch gezeigt werden, dass

a) Freude im Verlauf der Sekundarstufe abnimmt,
b) Ärger, Angst, Hoffnungslosigkeit und Langeweile, aber interessanterweise auch Hoffnung durchschnittlich zunehmen,
c) Scham sowie Stolz tendenziell, jedoch nicht signifikant absinken und

d) alle Lern- und Leistungsemotionen (in Anbetracht fast aller Mittelwerte unter dem theoretischen Mittel von $M = 3.00$) in relativ geringem Ausmaß auftreten.

Die Schüler*innen der 10. Jahrgangsstufe erleben – erklärbar durch die Besonderheit der bayerischen Mittelschule einer zeitlich verkürzten Abschlussklasse mit einer hohen Lernstoff- und Prüfungsdichte – nochmals vermehrt negative und weniger positive Emotionen.

Tabelle 16

Lern- und Leistungsemotion, Appraisals und schülerperzipierte Autonomieunterstützung im Verlauf der Sekundarstufe

Skala	*F(df)*	*Sig.*	η^2	*Post-hoc sig. Dif. zw. Jgst.*	*Sig.*
Freude	3.32(3)	$p = .02$	.01	7 > 10	$p = .02$
Stolz	1.52(3)	$p = .21$	.00	-	-
Hoffnung	3.12(3)	$p = .03$	.01	7 < 9	$p = .02$
Ärger	10.08(3)	$p < .001$	.02	7 < 8	$p = .03$
				7 < 9	$p < .01$
				7 < 10	$p < .001$
				8 < 10	$p = .02$
Angst	4.88(3)	$p < .001$	.01	7 < 10	$p < .01$
				8 < 10	$p = .01$
Scham	0.92(3)	$p = .43$	.00	-	-
Langeweile	5.45(3)	$p < .01$	.01	7 < 8	$p = .02$
				7 < 10	$p < .01$
Hoffnungs-losigkeit	6.96(3)	$p < .001$	.02	7 < 10	$p < .01$
				8 < 10	$p = .01$
Math. Selbst-konzept	1.84(3)	$p = .14$	.00	-	-
Math. Selbst-wirksamkeit	0.81(3)	$p = .49$	.00	-	-
Intrin. Valenz	1.77(3)	$p = .15$	.00	-	-
Extrin. Valenz	2.32(3)	$p = .07$	.01	-	-
AutOSI	2.86(3)	$p = .04$	.01	-	-
AutPM	7.34(3)	$p < .001$	.02	7 < 9	$p < .01$
				8 < 9	$p < .01$
				9 > 10	$p < .001$

Zwischen der 7. und 8. Jahrgangsstufe ergeben sich signifikante Unterschiede für zwei Emotionen: Schüler*innen langweilen sich durchschnittlich in der 8. Klasse ($M = 2.79$; $SD = 1.00$) mehr als Kinder aus der 7. Jahrgangsstufe ($M = 2.59$, $SD = 1.07$, $p = .02$). Ebenso ist Ärger in der 8. Klasse ($M = 1.95$, $SD = 0.87$) stärker ausgeprägt als in der 7. Jahrgangsstufe ($M = 1.80$, $SD = 0.87$, $p = .03$). Tendenziell sinken Freude und Stolz zwischen den beiden Jahrgangsstufen, während Angst, Scham, Hoffnung und Hoffnungslosigkeit sich zwischen 7. und 8. Jahrgangsstufe wenig verändern.

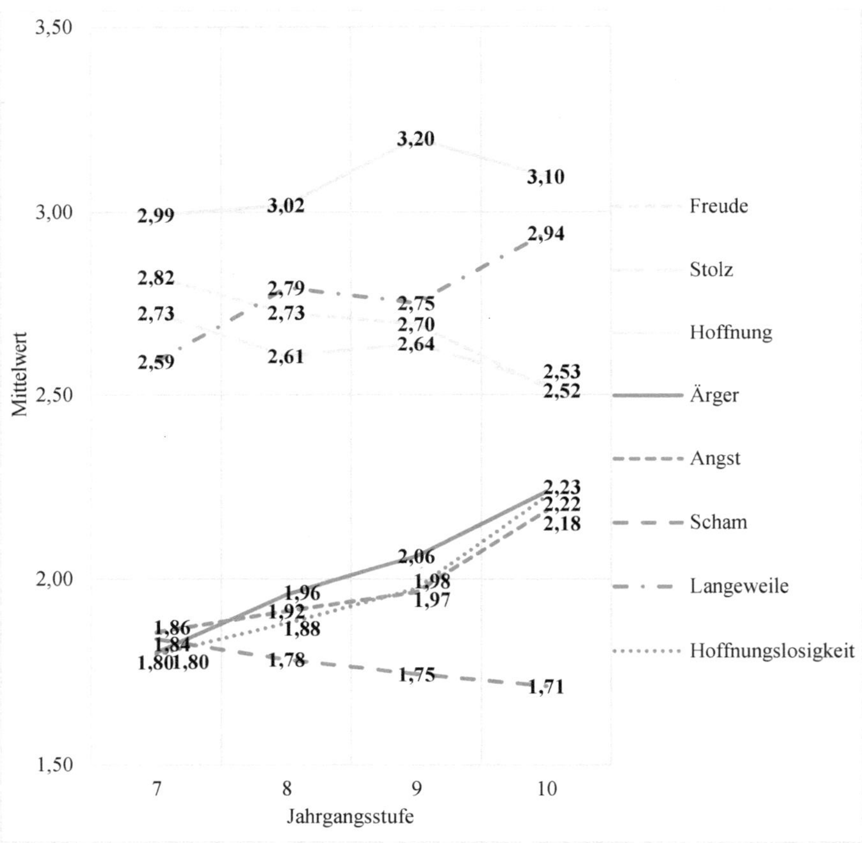

Abbildung 16. Mittelwerte der Lern- und Leistungsemotionen im Vergleich der Jahrgangsstufen

Die Appraisals Kontrolle, operationalisiert durch mathematisches Fähigkeitsselbstkonzept und mathematikbezogene Selbstwirksamkeit, sowie die intrinsische und extrinsische Valenz sinken tendenziell im Verlauf der Sekundarstufe zwar auch, doch zeigen sich keine signifikanten Effekte der Klassenstufe. Interessant ist dabei jedoch zum einen, dass die Werte im Vergleich zu den Lern- und Leistungsemotionen recht hoch eingeschätzt werden (außer einem liegen alle

Mittelwerte über der theoretischen Mittel), zum anderen liegt die extrinsische Valenz sowohl durchschnittlich (bei unstandardisierten Werten $p < .001$, $d = .68$) als auch in jeder Klassenstufe über der intrinsischen Valenz.

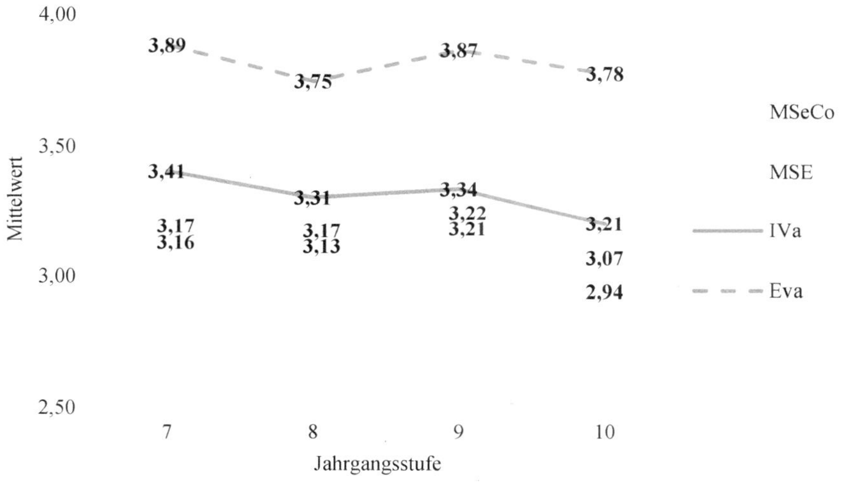

Abbildung 17. Mittelwerte der Appraisals Kontrolle und Valenz im Vergleich der Jahrgangsstufen

Bei Betrachtung der Ausprägungen schülerperzipierter Autonomieunterstützung über die Jahrgangstufen hinweg fällt ebenfalls auf, dass die persönlich-methodische Selbstbestimmung (AutPM) durchschnittlich höhere Werte aufweist als die organisatorisch-sozial-inhaltliche Selbstorganisation (AutOSI; $p < .001$, $d = 1.24$ bei unstandardisierten Werten). AutOSI verhält sich relativ stabil, die Klassenstufe hat nur einen kleinen Einfluss auf dessen Ausprägung ($F = 2.86(3)$, $p = .04$, $\eta^2 = .01$) und es zeigen sich keine signifikanten Differenzen zwischen den Jahrgangsstufen. Die persönlich-methodische Selbstbestimmung (AutPM) hingegen wird durch die Jahrgangsstufe hochsignifikant beeinflusst ($F = 7.34(3)$, $p < .001$, $\eta^2 = .02$). Während AutPM zwischen der 7. und 8. Jahrgangsstufe recht konstant bleibt, liegt die persönlich-methodische Selbstbestimmung in der 9. Jahrgangsstufe signifikant über den Werten der 7. und 8. Klasse ($p < .01$), sinkt jedoch in der 10. Jahrgangstufe wiederum signifikant ab ($p < .001$).

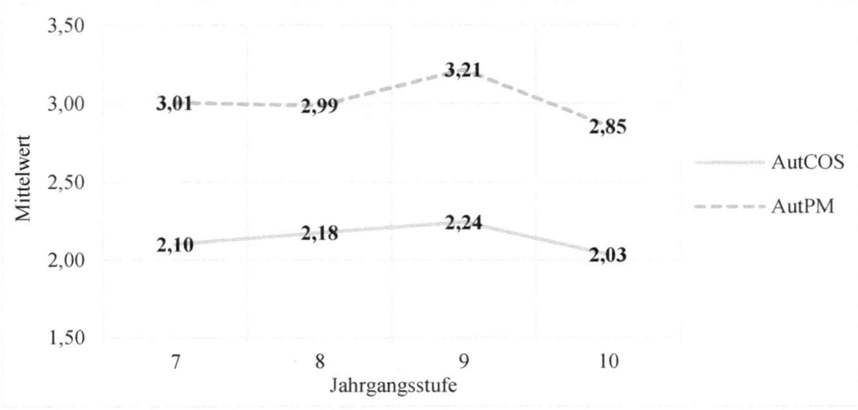

Abbildung 18. Mittelwerte schülerperzipierter Autonomieunterstützung im Verlauf der Sekundarstufe

7.7 Strukturgleichungsmodelle zur Analyse der Zusammenhänge von schülerperzipierter Autonomieunterstützung mit Appraisals und habituellen Lern- und Leistungsemotionen

Im folgenden Abschnitt soll das Zusammenspiel derjenigen Prädiktoren von Lern- und Leistungsemotionen genauer untersucht werden, für welche in der Kontroll-Wert-Theorie (Pekrun, 2006) direkte oder indirekte Zusammenhänge angenommen werden. Dabei handelt es sich um die zwei Facetten der schülerperzipierten Autonomieunterstützung sowie die jeweils differenziert erfassten Appraisals Kontrolle und Valenz. Aufbauend auf den Messmodellen der konfirmatorischen Faktorenanalyse (Kap. 7.1 & 7.2), die zur Überprüfung der Faktorenstruktur diente, werden im folgenden Abschnitt die Ergebnisse der Strukturgleichungsanalyse vorgestellt. Dies dient der Beantwortung der zentralen Fragestellung der vorliegenden Arbeit, ob sich die postulierten Zusammenhänge in der vorliegenden Untersuchung bestätigen und differenzieren lassen. Schülerperzipierte Autonomieunterstützung sollte positiv mit subjektiver Kontrolle, extrinsischer und intrinsischer Valenz korrelieren, welche positiv mit positiven bzw. negativ mit negativen Lern- und Leistungsemotionen zusammenhängen sollten (Hypothesen 4.1 bis 4.5). Insgesamt wurden somit Zusammenhänge von schülerperzipierter Autonomieunterstützung mit Lern- und Leistungsemotionen vermutet, die durch die Appraisals Kontrolle und intrinsische Valenz mediiert werden (H4.6 bis 4.8).

Die Strukturgleichungsanalyse ermöglicht die quantitative Abschätzung von Wirkungszusammenhängen und die Untersuchung komplexer Beziehungsstrukturen zwischen manifesten und latenten Variablen. Es sollen die theoretisch angenommenen Wirkungszusammenhänge in einem linearen Gleichungssystem abgebildet und die Modellparameter geschätzt werden. Um die parametrische Monte Carlo-Bootstrap-Methode durchführen zu können und Modifikationsindizes zu erhalten, wird bei der Strukturgleichungsanalyse wieder die per EM-Algorithmus vervollständigte Datenmatrix verwendet. Die manifesten Variablen werden unstandardisiert eingesetzt, um genügend Varianz bei Prädiktoren, die durch die Klassenebene beeinflusst werden, beizubehalten. Dies kann insofern gerechtfertigt werden, da es sich bei Appraisals und Emotionen um stark introspektive (abhängige) Variablen handelt und daher die individuelle Wahrnehmung der Autonomieunterstützung von größerer Bedeutung ist als (unabhängige) Prädiktoren auf Klassenebene.

Berücksichtigt man in den emotionsspezifischen Modellen alle genannten Prädiktoren simultan, so ergeben sich keine akzeptablen Model-Fit-Werte. Ein Grund hierfür kann sein, dass die Interkorrelation der latenten Faktoren mathematisches Fähigkeitsselbstkonzept und Selbstwirksamkeit mit .92 sehr hoch ausfällt. Auch die latenten Faktoren extrinsische und intrinsische Valenz (r = .69) bzw. AutOSI und AutPM (r = .82) korrelieren, wie im Messmodell bereits dargestellt, sehr hoch miteinander. Doch während bei Selbstwirksamkeit und Fähigkeitsselbstkonzept argumentiert werden kann, dass beides das Appraisal Kontrolle gleichermaßen widerspiegelt und ein Faktor ohne inhaltlichen Verlust aus dem Modell herausgelassen werden kann, ist die Unterscheidung der Facetten von Valenz bzw. Autonomieunterstützung inhaltlich notwendig zur Beantwortung der Forschungsfragen. Die beiden second-order-Faktoren der schülerperzipierten Autonomieunterstützung werden daher ebenso wie die intrinsische und extrinsische Valenz als Prädiktoren beibehalten.

Zur Operationalisierung des Kontroll-Appraisals wurden in bisherigen Studien sowohl das Fähigkeitsselbstkonzept als auch die Selbstwirksamkeitserwartungen herangezogen. Die Einschätzung der Kontrolle bezieht sich einerseits auf die Effekte eigener Handlungen (action-outcome expectancies), andererseits auf die Handlungssteuerung (action-control expectancies), ob eine bestimmte Handlung initiiert und vollbracht werden kann. Diese Erwartungen stehen somit dem Konzept der Selbstwirksamkeitserwartungen sehr nahe (siehe Kap. 3.5.2.1). Aufgrund dieser theoretischen Überlegungen werden die Items der mathematischen Selbstwirksamkeitserwartung als Operationalisierung des Kontroll-Appraisals in die Strukturgleichungsmodelle miteinbezogen.

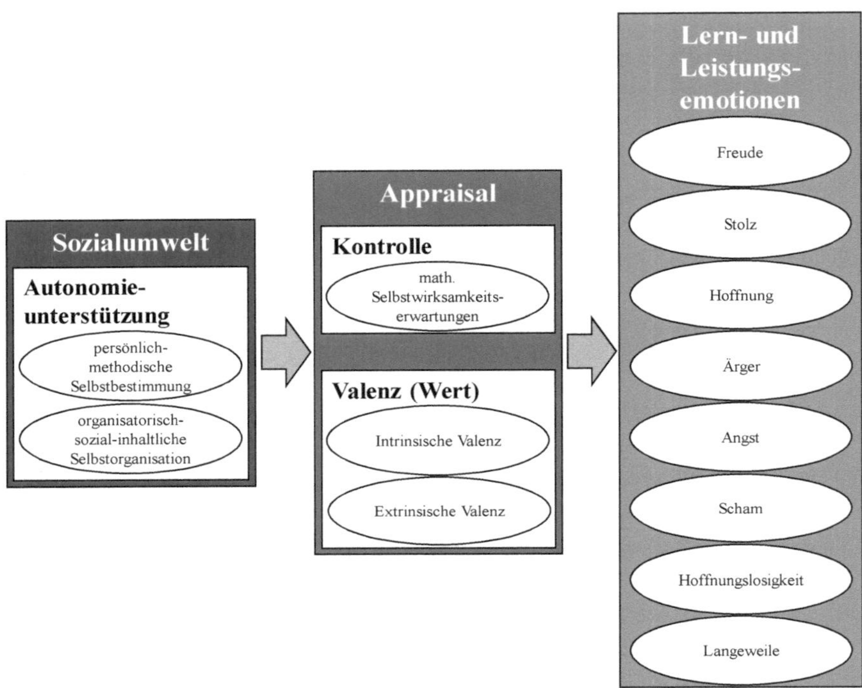

Abbildung 19. Latente Variablen der Strukturgleichungsmodell-Analysen

Vollständige Strukturgleichungsmodelle, die mindestens zwei durch ein Strukturmodell verknüpfte Messmodelle enthalten, können diverse Fehlerkorrelationen der manifesten Variablen enthalten. Eine Verletzung der Annahme unkorrelierter Fehlertherme kann zu verzerrten Schätzungen von Parametern führen, indem die tatsächliche Höhe des Koeffizienten eines Pfades unter- oder überschätzt werden. Eine Vereinfachung der Modellannahmen kann dazu beitragen, den wahren Sachverhalt korrekt zu beschreiben (korrekte Spezifikation), kann jedoch auch zu Fehlspezifikationen führen und den wahren Sachverhalt verkennen. Die Interpretation sollte daher mit Bedacht geschehen.

Dem Prinzip der Parsimonität folgend, Modelle möglichst einfach zu halten und dabei eine ausreichend gute Anpassung an die empirischen Daten (siehe Fit-Indizes) zu erzielen, jedoch hinreichend komplex, um die empirische Realität abbilden zu können, werden die Strukturgleichungsmodelle der vorliegenden Arbeit in Teilmodelle gegliedert. Dies dient auch dazu, den Zusammenhang von schülerperzipierter Autonomieunterstützung mit Lern- und Leistungsemotionen Mediationsanalysen zu unterziehen.

7.7.1 Mediationsanalysen

Ein Mediator-Effekt liegt dann vor, wenn die kausale Beziehung zwischen X und Y durch einen Mediator Z beeinflusst wird. Die Mediator-Variablen Z ist dabei gleichzeitig eine abhängige (im Verhältnis zu X) und eine unabhängige Variable (im Verhältnis zu Y). Nach Holmbeck (1997) müssen vier Bedingungen erfüllt sein, um eine Variable als Mediator bezeichnen zu können:

(a) Der Prädiktor (X) muss ohne Kontrolle des Einflusses der Mediator-Variablen einen signifikanten Effekt auf die abhängige Variable (Y) haben.

(b) Der Prädiktor (X) muss einen signifikanten Effekt auf den Mediator (Z) ausüben.

(c) Der Mediator (Z) muss einen signifikanten Effekt auf die abhängige Variable (Y) ausüben.

(d) Der Effekt des Prädiktors (X) auf die abhängige Variable (Y) muss sich verringern bzw. bei einer vollständigen Mediation nicht signifikant werden, wenn die Variable Z als zusätzlicher Prädiktor in das Strukturgleichungsmodell aufgenommen wird.

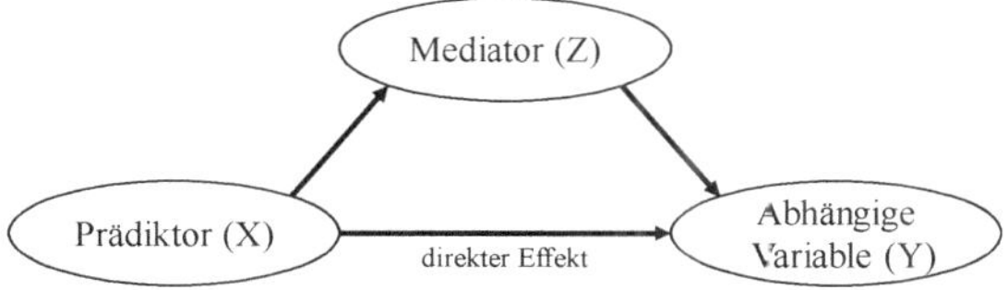

Abbildung 20. Schematische Darstellung einer Mediation

Um die Bedingungen (a) bis (c) zu überprüfen, werden zunächst separate Modelle mit je einer latenten Prädiktorvariable pro Emotion berechnet. Bedingung (a) wird anhand der standardisierten Regressionsgewichte überprüft. Die beiden Facetten schülerperzipierter Autonomieunterstützung sind dabei signifikante Prädiktoren der Emotionen Freude (AutOSI: $\beta = .36^{***}$; AutPM: $\beta = .48^{***}$), Stolz (AutOSI: $\beta = .34^{***}$; AutPM: $\beta = .45^{***}$), Hoffnung (AutOSI: $\beta = .20^{***}$; AutPM: $\beta = .41^{***}$), Ärger (AutOSI: $\beta = -.13^{***}$; AutPM: $\beta = -.29^{***}$), Hoffnungslosigkeit (AutOSI: $\beta = -.12^{**}$; AutPM: $\beta = -.27^{***}$) und Langeweile (AutOSI: $\beta = -.23^{***}$; AutPM: $\beta = -.38^{***}$). Bei Angst erweist sich lediglich persönlich-methodische Selbstbestimmung (AutPM) als signifikanter, jedoch schwacher Prädiktor ($\beta = -.13$; $p = .04$). Sowohl Selbstbestimmung als auch Selbstorganisation (AutOSI) scheinen auf Scham keinen signifikanten Einfluss auszuüben (AutOSI: $\beta = -.06$, $p = .24$; AutPM: $\beta = -.09$, $p = .29$). Die Fit-Werte aller Modelle mit einem Autonomie-Prädiktor liegen im sehr guten Bereich (CFI≥.95, RMSEA<.06, SRMR<.11).

Tabelle 17

Regressionskoeffizienten schülerperzipierter Autonomieunterstützung auf Lern- und Leistungsemotionen

β	Freude	Stolz	Hoff-nung	Ärger	Angst	Scham	Hoff.-losigk.	Lange-weile
AutOSI	.36***	.34***	.20***	-.13***	-.02[1]	-.06[2]	-.12***	-.23***
AutPM	.48***	.45***	.41***	-.29***	-.13*	-.09[3]	-.27***	-.38***

Anmerkungen. AutOSI = org.-soz-inh. Selbstorganisation; AutPM = pers.-meth. Selbstbestimmung, Hoff.-losigk. = Hoffnungslosigkeit; β = standardisierter Regressionskoeffizient; * $p \leq .05$; *** $p \leq .001$; [1]$p = .61$; [2]$p = .24$; [3]$p = .29$

Bezüglich Bedingung (b) werden die standardisierten Regressionsgewichte von schülerperzipierter Selbstorganisation und Selbstbestimmung auf die Appraisals Selbstwirksamkeit (MSE), intrinsische (IVa) und extrinsische Valenz (EVa) betrachtet. Organisatorisch-sozial-inhaltliche Selbstorganisation erweist sich als moderater signifikanter Prädiktor mathematischer Selbstwirksamkeit (β = .31***) und intrinsischer Valenz (β = .34***), jedoch nur ein äußerst schwacher Prädiktor von extrinsischer Valenz (β = .07*). Persönlich-methodische Selbstbestimmung ist ein moderater bis starker hochsignifikanter Prädiktor von Selbstwirksamkeit (β = .52***), intrinsischer Valenz (β = .47***) sowie extrinsischer Valenz (β = .34***).

Tabelle 18

Regressionskoeffizienten schülerperzipierter Autonomieunterstützung auf Appraisals

β	MSE	IVa	EVa
AutOSI	.31***	.34***	.07*
AutPM	.52***	.47***	.34***

Anmerkungen. AutOSI = org.-soz.-inh. Selbstorganisation; AutPM = pers.-meth. Selbstbestimmung; MSE = mathematische Selbstwirksamkeit; IVa = intrins. Valenz; EVa = extrins. Valenz; β = standardisierter Regressionskoeffizient; * $p \leq .05$; *** $p \leq .001$

Die Appraisals wiederum zeigen größtenteils hochsignifikante Effekte auf Lern- und Leistungsemotionen. Die mathematische Selbstwirksamkeit und die intrinsische Valenz sind starke Prädiktoren von Freude, Stolz und Hoffnung. Auch extrinsische Valenz ist ein moderater Prädiktor positiver Emotionen. Negative Emotionen werden von den Appraisals weniger stark, aber auch signifikant von den Appraisals beeinflusst. Selbstwirksamkeit wirkt sich stark negativ auf Hoffnungslosigkeit aus, intrinsische Valenz stark negativ auf Langeweile. Des Weiteren sind diese beiden Appraisals schwache bis moderate Prädiktoren für Ärger,

Angst Scham, Hoffnungslosigkeit und Langeweile. Extrinsische Valenz hingegen zeigt keine Auswirkungen auf Angst und Scham und weist im Vergleich zu den anderen beiden Appraisals stets die schwächsten Regressionskoeffizienten auf (siehe Tab. 22).

Tabelle 19
Regressionskoeffizienten der Appraisals auf Lern- und Leistungsemotionen

β	Freude	Stolz	Hoffnung	Ärger	Angst	Scham	Hoff.-losigk.	Langeweile
MSE	.72***	.70***	.70***	-.49***	-.49***	-.42***	-.77***	-.39***
IVa	.81***	.72***	.58***	-.46***	-.28***	-.17***	-.46***	-.58***
EVa	.42***	.41***	.44***	-.28***	-.03[1]	.00[2]	-.21***	-.35***

Anmerkungen. MSE = mathematische Selbstwirksamkeit; IVa = intrinsische Valenz; EVa = extrinsische Valenz, Hoff.-losigk. = Hoffnungslosigkeit; β = standardisierter Regressionskoeffizient; *** $p \leq .001$; [1] $p = .35$; [2] $p = .98$

Um Appraisals als Mediatoren des Zusammen-hangs von schülerperzipierter Autonomieunterstützung mit Lern- und Leistungsemotionen bezeichnen zu können, muss sich als vierte Bedingung der direkte Effekt des Prädiktors (X) auf die abhängige Variable (Y) verringern, wenn der jeweilige Mediator in das Strukturgleichungsmodell aufgenommen wird.

Die Korrelationen zwischen einer Kriteriumsvariable und einer Prädiktorvariable können dabei additiv in einen direkten kausalen Effekt, einen indirekten kausalen Effekt und einen korrelativen Effekt zerlegt werden. Die indirekten kausalen Effekte lassen sich durch Multiplikation der entsprechenden Pfadkoeffizienten berechnen. Signifikanzen für indirekte Effekte und Gesamteffekte beruhen auf Bootstrap-Schätzungen und werden durch Berechnung der zweiseitigen Bias-korrigierten Konfidenzintervalle ermittelt.

Wie durch den schwachen Einfluss von Selbstorganisation (AutOSI) auf extrinsische Valenz erwartbar, wirkt sich diese kaum auf den Zusammenhang zwischen AutOSI und den jeweiligen Emotionen aus. Der indirekte Einfluss über die extrinsische Valenz (EVa) reduziert den direkten Zusammenhang zwischen Selbstorganisation und Emotion nur in geringem Ausmaß, die indirekten Pfade erreichen Werte zwischen $.00 \leq |\beta| \leq .03^*$. Daher kann extrinsische Valenz nicht als Mediator des Zusammenhangs von AutOSI und Lern- und Leistungsemotionen bezeichnet werden.

Ebenso scheint die extrinsische Valenz beim Zusammenhang von Selbstbestimmung (AutPM) und negativen Emotionen als Mediator keine bzw. eine nur sehr geringe Rolle zu spielen. Die indirekten Pfade weisen nur äußerst schwache Koeffizienten auf ($.01 \leq |\beta| \leq .08^{**}$).

Tabelle 20

Direkte, indirekte und Gesamteffekte schülerperzipierter organisatorisch-sozial-inhaltlicher Autonomieunterstützung auf Lern- und Leistungsemotionen

X	AutOSI								
Z	MSE			IVa			EVa		
β	direkt	indirekt[1]	gesamt[1]	direkt	indirekt[1]	gesamt[1]	direkt	indirekt[1]	gesamt[1]
Freude	.15***	.21**	.36**	.09***	.27**	.36**	.33***	.03*	.36**
Stolz	.15***	.20**	.35**	.12***	.23**	.36**	.33***	.03*	.35**
Hoffnung	-.02 n.s.	.22**	.20**	.00 n.s.	.20**	.20**	.17***	.03*	.20**
Ärger	.02 n.s.	-.15**	-.13**	.04 n.s.	-.15**	-.11**	-.09*	-.02*	-.11**
Angst	.15***	-.17**	-.02 n.s.	.07 n.s.	-.09**	-.02 n.s.	-.02 n.s.	.00 n.s.	-.02 n.s.
Scham	.10**	-.14**	-.04 n.s.	.02 n.s.	-.06**	-.04 n.s.	-.06 n.s.	.00 n.s.	-.06 n.s.
Hoff.-losigkeit	.11***	-.25**	-.14**	.03 n.s.	-.16**	-.13**	-.11**	-.01*	-.12**
Langeweile	-.12***	-.11**	-.23**	-.04 n.s.	-.20**	-.24**	-.21***	-.02 n.s.	-.23**

Anmerkungen. X = Prädiktor; Z = Mediator; AutOSI = organisatorisch.-sozial-inhaltliche Selbstorganisation; MSE = mathematische Selbstwirksamkeit; IVa = intrinsische Valenz; EVa = extrinsische Valenz; Hoff.-losigkeit = Hoffnungslosigkeit; β = standardisierte Regressionseffekte; [1] Signifikanzen für indirekte und Gesamt-Effekte beruhen auf Bootstrap-Schätzungen;
* $p \leq .05$; ** $p \leq .01$; *** $p \leq .001$; n.s. p nicht signifikant.

Tabelle 21

Direkte, indirekte und Gesamteffekte schülerperzipierter persönlich-methodischer Autonomieunterstützung auf Lern- und Leistungsemotionen

X	AutPM								
Z	MSE			IVa			EVa		
β	direkt	indirekt[1]	gesamt[1]	direkt	indirekt[1]	gesamt[1]	direkt	indirekt[1]	gesamt[1]
Freude	.19***	.31**	.51**	.15***	.34**	.49**	.38***	.10**	.48**
Stolz	.15***	.32**	.47**	.15***	.31**	.46**	.35***	.10**	.45**
Hoffnung	.09*	.33**	.43**	.18***	.23**	.41**	.28***	.12**	.40**
Ärger	-.11*	-.22**	-.33**	-.14***	-.18**	-.32**	-.24***	-.07**	-.30**
Angst	.15**	-.29**	-.15**	-.04 n.s.	-.10**	-.14**	-.14**	.01 n.s.	-.13**
Scham	.13**	-.25**	-.12**	-.06 n.s.	-.07**	-.13**	-.14**	.02 n.s.	-.12**
Hoff.-losigkeit	.13**	-.43**	-.31**	-.09*	-.20**	-.29**	-.22***	-.05**	-.27**
Lange- weile	-.33***	-.11**	-.45**	-.22***	-.22**	-.43**	-.32***	-.08**	-.40**

Anmerkungen. X = Prädiktor; Z = Mediator; AutOSI = organisatorisch.-sozial-inhaltliche Selbstorganisation; MSE = mathematische Selbstwirksamkeit; IVa = intrinsische Valenz; EVa = extrinsische Valenz; Hoff.-losigkeit = Hoffnungslosigkeit; β = standardisierte Regressionseffekte; [1] Signifikanzen für indirekte und Gesamt-Effekte beruhen auf Bootstrap-Schätzungen;
* $p \leq .05$; ** $p \leq .01$; *** $p \leq .001$; n.s. p nicht signifikant.

Bei den positiven Emotionen hingegen scheint die extrinsische Valenz eine zumindest schwache Mediatorrolle einzunehmen. Der direkte Zusammenhang zwischen AutPM und Emotionen verringert sich signifikant (indirekte Pfade: $.10^{**} \leq |\beta| \leq .12^{**}$).

Intrinsische Valenz sowie die mathematische Selbstwirksamkeit erweisen sich als signifikante Mediatoren des Zusammenhangs zwischen beiden Facetten von Autonomieunterstützung und positiven Emotionen. So wird beispielsweise der Zusammenhang von AutOSI und Hoffnung ($\beta = .20^{***}$) vollständig durch die indirekten Pfade mediiert, sodass der direkte Pfad nicht signifikant wird ($\beta = -.02^{\text{n.s.}}$ bzw. $\beta = .00^{\text{n.s.}}$). Die indirekten Pfade weisen, mit Ausnahme der Emotion Langeweile, bei den einzelnen Mediatoranalysen stets höhere Koeffizienten auf als die direkten Pfade.

Interessant ist die Mediatorrolle der mathematikbezogenen Selbstwirksamkeit bei Angst, Scham und Hoffnungslosigkeit. Der direkte Zusammenhang von Autonomieunterstützung mit diesen Lern- und Leistungsemotionen scheint positiver Natur zu sein, d.h. das Zugestehen von Autonomie begünstigt zunächst das Entstehen von Angst, Hoffnungslosigkeit und Scham. Gleichzeitig fördert Autonomieunterstützung jedoch die Selbstwirksamkeit sowie die intrinsische Valenz, welche wiederum die Entstehung der genannten Emotionen verringern. Dieser indirekte Effekt ist so stark, dass der positive Zusammenhang von Selbstorganisation mit Angst und Scham aufgefangen, bzw. bei Hoffnungslosigkeit ins Gegenteil umgekehrt wird. Dieser Effekt zeigt sich bei Selbstbestimmung noch stärker: Die signifikant positive direkte Wirkung des Prädiktors AutPM auf Angst ($\beta = .15^{**}$), Scham ($\beta = .13^{**}$) und Hoffnungslosigkeit ($\beta = .13^{**}$) wird durch die Hinzunahme des Mediators Selbstwirksamkeit (MSE) zu einem signifikant negativen Gesamteffekt (Angst $\beta = -.15^{**}$, Scham $\beta = -.12^{**}$, Hoffnungslosigkeit $\beta = -.31^{**}$).

Die Koeffizienten der Gesamteffekte von Selbstorganisation auf Lern- und Leistungsemotionen bewegen sich insgesamt vorwiegend im schwachen Bereich. Die Teilmodelle mit dem Prädiktor AutOSI und je einem Mediator deuten darauf hin, dass Angst und Scham – teilweise begründet durch die gegenteiligen Effekte von Autonomie und Selbstwirksamkeit – nicht von organisatorisch-sozial-inhaltlicher Autonomieunterstützung beeinflusst werden. Selbstorganisation hat schwache Gesamteffekte in positiver Richtung auf Hoffnung, in negativer Richtung auf Hoffnungslosigkeit, Ärger und Langeweile. Mittelstarke positive Effekte zeigen sich bei Freude und Stolz.

Persönlich-methodische Selbstbestimmung hingegen erweist sich, außer bei Angst und Scham, als moderater bis starker hochsignifikanter Prädiktor von

Lern- und Leistungsemotionen. Die Gesamteffekte auf positive Emotionen und Langeweile sind dabei stärker als die Gesamteffekte auf negativen Emotionen.

Die Mediatoren Selbstwirksamkeit und intrinsische Valenz leisten mit signifikanten, schwachen bis moderaten indirekten Pfaden einen erheblichen Beitrag zu diesen Effekten. Lediglich bei Langeweile scheint Selbstbestimmung einen mittelstarken direkten Effekt zu haben.

Die Tabellen 20 und 21 geben einen detaillierten Überblick über alle direkten, indirekten und gesamten Effekte beider Facetten schülerperzipierter Autonomieunterstützung auf Lern- und Leistungsemotionen.

7.7.2 Differentielle Strukturgleichungsmodelle

Es wurde davon ausgegangen, dass schülerperzipierte Autonomieunterstützung positive Zusammenhänge mit positiven Lern- und Leistungsemotionen sowie negative Zusammenhänge mit negativen Lern- und Leistungsemotionen aufweist, die durch die Appraisals Kontrolle, extrinsische und intrinsische Valenz mediiert werden (H4.6 bis 4.8). Dies soll im folgenden Kapitel differenziert untersucht werden.

Werden die bisherigen Ergebnisse verwendet, um in einem Bottom-Up-Verfahren die Teilmodelle der Mediationsanalysen zu einem Modell pro Emotion und Autonomiefacette zusammenzufügen, so zeigen sich für die unterschiedlichen Lern- und Leistungsemotionen individuelle Konstellation an signifikanten Prädiktoren und Mediatoren. Um diese Modelle möglichst übersichtlich darzustellen, werden in den folgenden Grafiken zum einen nur die latenten Variablen dargestellt. Es handelt sich bei der Berechnung in AMOS jedoch immer um vollständige Strukturgleichungsmodelle mit Mess- und Strukturmodellen. Zum anderen werden Fehlerterme nicht dargestellt. Bei den angegebenen Korrelationen zwischen Mediatoren handelt es sich demnach um Korrelationen der Messfehler. Eine mögliche Verzerrung der Parameterschätzungen durch eine unbeachtete Verletzung der Annahme unkorrelierter Fehlerterme wird hierdurch kontrolliert. Alle nicht signifikanten Pfade und Mediatoren werden bei nicht bedeutenden Einflüssen aus dem jeweiligen Modell entfernt.

7.7.2.1 Freude

Werden die Mediatoren gemeinsam in das jeweilige Strukturgleichungsmodell aufgenommen, so zeigt sich die große Bedeutung von intrinsischer Valenz für die Entstehung von Freude im schulischen Kontext ($\beta = .60^{***}$ bzw. $\beta = .74^{***}$). Selbstorganisation und Selbstbestimmung wiederum wirken sich mit mittleren Effektgrößen signifikant auf intrinsische Valenz aus. Anhand der

Mediationsanalysen konnte bereits gezeigt werden, dass extrinsische Valenz bei der Beziehung zwischen organisatorisch-sozial-inhaltlicher Selbstorganisation und Freude nicht als Mediator fungiert, jedoch die Wirkung von persönlich-methodischer Selbstbestimmung auf Freude mediiert. Interessanterweise ist der Pfadkoeffizient von extrinsischer Valenz auf Freude mit $\beta = -.23^{***}$ negativ.

Während bei Selbstorganisation der positive Effekt auf Freude vollständig durch Selbstwirksamkeitserwartungen und intrinsische Valenz mediiert wird, bleibt bei persönlich-methodischer Selbstbestimmung ein zwar schwacher, aber signifikanter direkter Effekt auf Freude erhalten ($\beta = .12^{***}$).

Die Fit-Indizes für das Modell der Beziehung von Selbstorganisation zu Appraisals und Freude sind noch akzeptabel ($\chi^2(222) = 950.99$, $p < .001$, RMSEA = .05, CFI = .94, TLI = .94, $\chi^2/df = 4.28$), weniger hingegen die Fit-Werte des Strukturmodells für Selbstbestimmung ($\chi^2(312) = 1844.27$, $p < .001$, RMSEA = .06, CFI = .90, TLI = .89, $\chi^2/df = 5.91$). Bemerkenswert ist der sehr hohe Anteil der durch alle Prädiktoren aufgeklärten Varianz mit $R^2 = .69$ bei Selbstorganisation bzw. $R^2 = .71$ bei Selbstbestimmung.

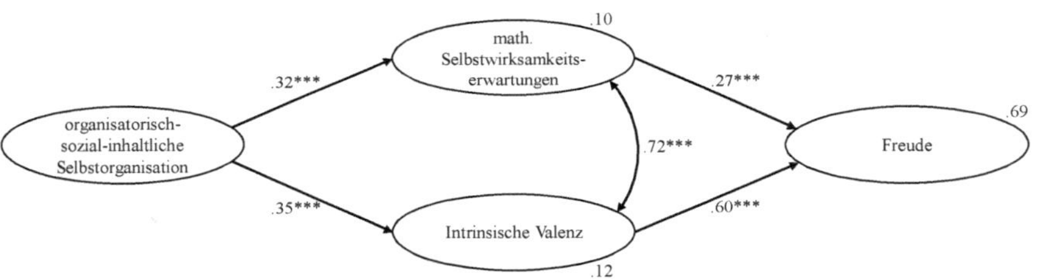

Abbildung 21. Beziehung von Selbstorganisation zu Appraisals und Freude

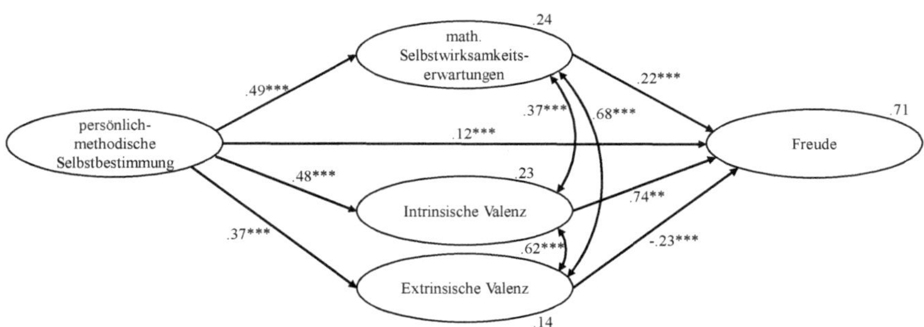

Abbildung 22. Beziehung von Selbstbestimmung zu Appraisals und Freude

7.7.2.2 Stolz

Ein ähnliches Bild zeigt sich für die Emotion Stolz. Auch hier erweist sich extrinsische Valenz nur bei Selbstbestimmung als Mediator, der Koeffizient von extrinsischer Valenz auf Stolz ist wiederum schwach negativ (β = -.14***). Beide Facetten von Autonomieunterstützung haben neben den indirekten Effekten – insbesondere über Selbstwirksamkeitserwartungen und intrinsische Valenz – auch jeweils signifikante, schwache direkte Effekte auf Stolz (β = .10***). Es sind somit nur partielle Mediatoreffekte zu beobachten.

Die Fit-Indizes für das Strukturmodell der Beziehung von Selbstbestimmung zu Appraisals und Stolz ist nicht befriedigend ($\chi^2(263) = 1717.12$, $p < .001$, RMSEA = .07, CFI = .89, TLI = .88, $\chi^2/df = 6.53$), die Fit-Werte für das einen Mediator weniger umfassende Modell des Zusammenhangs der Selbstorganisation mit Stolz sind im akzeptablen Bereich ($\chi^2(180) = 802.98$, $p < .001$, RMSEA = .05, CFI = .94, TLI = .93, $\chi^2/df = 4.46$). Mit $R^2 = .59$ wird in beiden Modellen ein erheblicher Anteil der Unterschiede im Kriterium durch die Prädiktoren bzw. Mediatoren vorhergesagt.

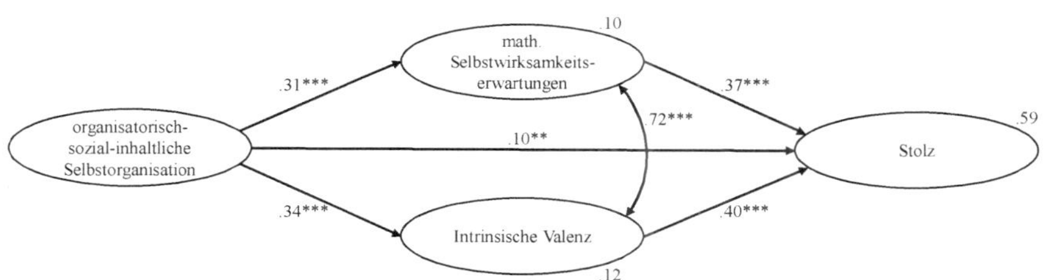

Abbildung 23. Beziehung von Selbstorganisation zu Appraisals und Stolz

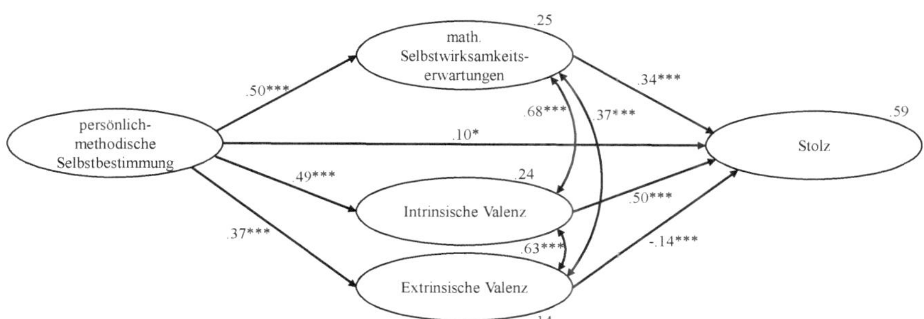

Abbildung 24. Beziehung von Selbstbestimmung zu Appraisals und Stolz

7.7.2.3 Hoffnung

Für die Emotion Hoffnung ergeben sich beim schrittweisen Aufbau der Strukturmodelle unterschiedliche Mediatoren für die Effekte der beiden Facetten von Autonomieunterstützung. Extrinsische Valenz hat beim Effekt von Selbstorganisation auf Hoffnung eine nur sehr schwache Mediatorrolle, die bei Einbezug der intrinsischen Valenz sogar unter das Signifikanzniveau fällt. Daher moderiert unter den Valenzen lediglich die intrinsische die Beziehung zwischen Selbstorganisation und Hoffnung signifikant ($\beta = .12^*$). Beim Zusammenhang von Hoffnung und Selbstbestimmung hingegen erweist sich extrinsische Valenz ($\beta = .13^{***}$) als stärkerer Mediator im Vergleich zur nicht signifikanten intrinsischen Valenz. Hiermit stellt die Emotion Hoffnung jedoch eine Ausnahme dar, denn extrinsische Valenz als alleiniger Mediator unter den beiden Valenzformen ergibt sich nur im Zusammenspiel mit persönlich-methodischer Selbstbestimmung. Als stärkster Prädiktor von Hoffnung erweisen sich konstrukt-immanent die Selbstwirksamkeitserwartungen (MSE auf Hoffnung: $\beta = .60^{***}$ bzw. $\beta = .64^{***}$). Etwa die Hälfte der Varianz der Kriteriumsvariable Hoffnung wird durch Autonomieunterstützung und Appraisals vorhergesagt ($R^2 = .49$ bzw. $R^2 = .51$). Die Fit-Indizes liegen für beide Strukturmodelle im akzeptablen Bereich (AutOSI: $\chi^2(201) = 842.65$, $p < .001$, RMSEA = .05, CFI = .94, TLI = .93, $\chi^2/df = 4.19$; AutPM: $\chi^2(163) = 584.48$, $p < .001$, RMSEA = .05, CFI = .95, TLI = .94, $\chi^2/df = 3.59$).

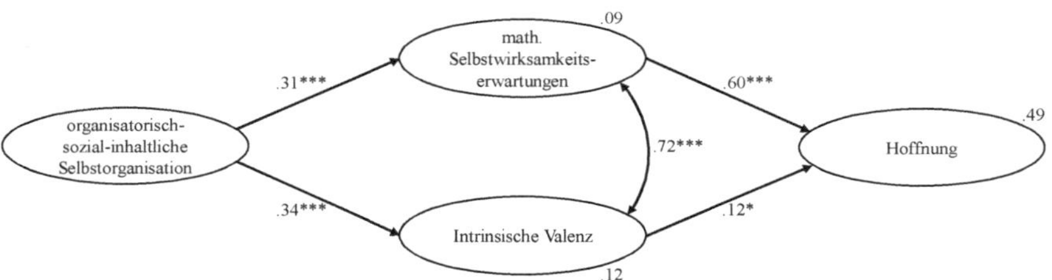

Abbildung 25. Beziehung von Selbstorganisation zu Appraisals und Hoffnung

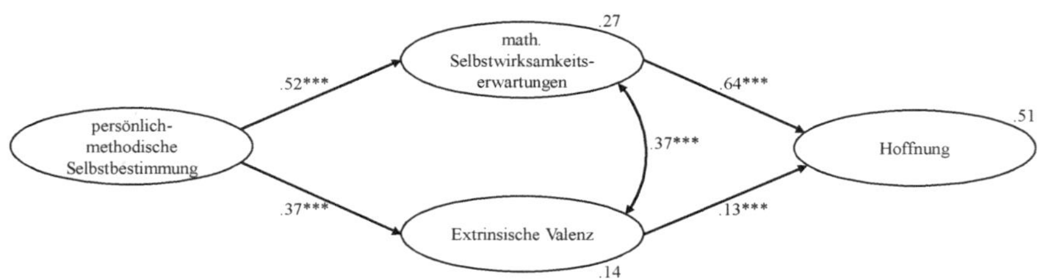

Abbildung 26. Beziehung von Selbstbestimmung zu Appraisals und Hoffnung

7.7.2.4 Ärger

Bei den Effekten beider Formen von Autonomieunterstützung auf die Emotion Ärger zeigen sich totale Mediatoreffekte durch die Variablen mathematische Selbstwirksamkeitserwartungen und intrinsische Valenz, da im gemeinsamen Modell keine signifikanten direkten Effekte von Selbstorganisation bzw. Selbstbestimmung auf Ärger mehr zu beobachten sind. Die Mediatoren haben schwach moderate Effekte auf Ärger, die Selbstwirksamkeitserwartungen (β = -.32*** bzw. β = -.33***) weisen dabei etwas stärkere Effekte als die intrinsische Valenz (β = -.22***) auf. Die Effekte zeigen in die erwartete negative Richtung, weshalb die Gesamtwirkung von Autonomieunterstützung auf Ärger negativ ist (siehe Tab. 23 & 24). Im Gesamten liegt der relative Varianzanteil der Prädiktoren mit R^2 = .26 noch im hohen Bereich. Die Fit-Werte sind, je nach Referenz, als nicht mehr bis gerade noch akzeptabel zu bezeichnen (AutOSI: $\chi^2(202)$ = 1090.42, $p < .001$, RMSEA = .06, CFI = .92, TLI = .91, χ^2/df = 5.40; AutPM: $\chi^2(223)$ = 1195.40, $p < .001$, RMSEA = .06, CFI = .91, TLI = .90, χ^2/df = 5.36).

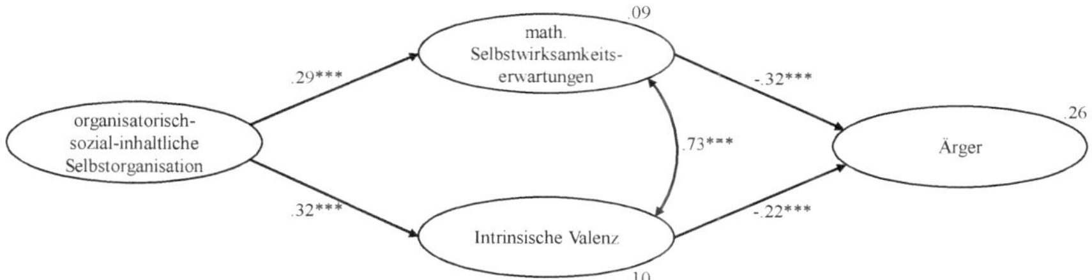

Abbildung 27. Beziehung von Selbstorganisation zu Appraisals und Ärger

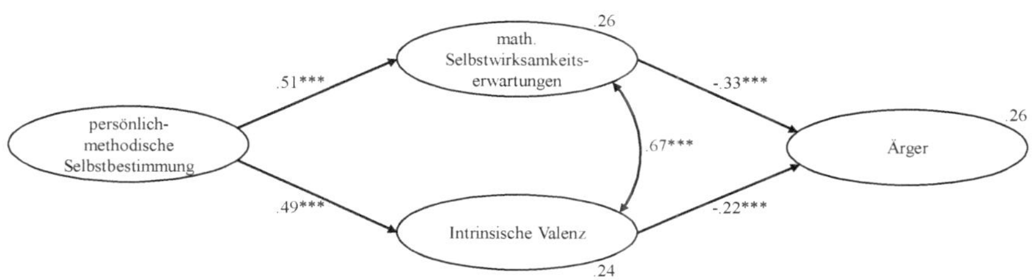

Abbildung 28. Beziehung von Selbstbestimmung zu Appraisals und Ärger

7.7.2.5 Angst

Während persönlich-methodische Selbstbestimmung als alleiniger Prädiktor von Angst einen schwach negativen Effekt aufweist, scheint die organisatorisch-sozial-inhaltliche Selbstorganisation keinen Einfluss auf Angst auszuüben (siehe Tab. 20). Bezieht man jedoch Mediatoren in das Strukturmodell mit ein, so zeigt sich, dass die signifikanten direkten und indirekten Effekte sich gegenseitig aufheben. Am einzigen Mediator mit signifikanten Pfadkoeffizienten – den mathematischen Selbstwirksamkeitserwartungen – lässt sich dies für den Prädiktor Selbstorganisation aufzeigen: Der direkte Effekt ist signifikant positiv, d.h. Autonomieunterstützung in Form organisatorischer, sozialer und inhaltlicher Freiheiten hätte für sich genommen zunächst einen leichten Anstieg der Angst zur Folge. Durch die positiven Effekte von Selbstorganisation auf Selbstwirksamkeitserwartungen ($\beta = .31^{***}$) und deren stark negative Effekte auf Angst ($\beta = -.54^{***}$), wird die angstförderliche Wirkung von AutOSI ($\beta = .15^{***}$) via den indirekten Effekt ($\beta = -.17^{**}$) aufgehoben.

Werden bei persönlich-methodischer Selbstbestimmung beide signifikanten Mediatoren in das Strukturgleichungsmodell aufgenommen, so erreicht der direkte Effekt auf Angst nicht mehr das Signifikanzniveau. Es zeigt sich auch hier die entscheidende Rolle, welche die Selbstwirksamkeit im Entstehungsprozess von Angst einnimmt. Während die intrinsische Valenz Angst moderat steigert ($\beta = .33^{***}$), ist der negative Effekt der Selbstwirksamkeitserwartungen so stark negativ ($\beta = -.74^{***}$), dass die Gesamtwirkung von Selbstbestimmung auf Angst über die beiden Appraisals negativ ausfällt ($\beta = .-13^{*}$). Die Determinationskoeffizienten ($R^2 = .26$ bzw. $R^2 = .28$). sprechen für einen moderat starken Beitrag der Faktoren zur Varianzaufklärung von Angst. Die Fit-Indizes sind gut (AutOSI: $\chi^2(113) = 345.01$, $p < .001$, RMSEA = .04, CFI = .96, TLI = .95, $\chi^2/df = 3.05$) respektive akzeptabel (AutPM: $\chi^2(202) = 933.75$, $p < .001$, RMSEA = .05, CFI = .93, TLI = .92, $\chi^2/df = 4.62$).

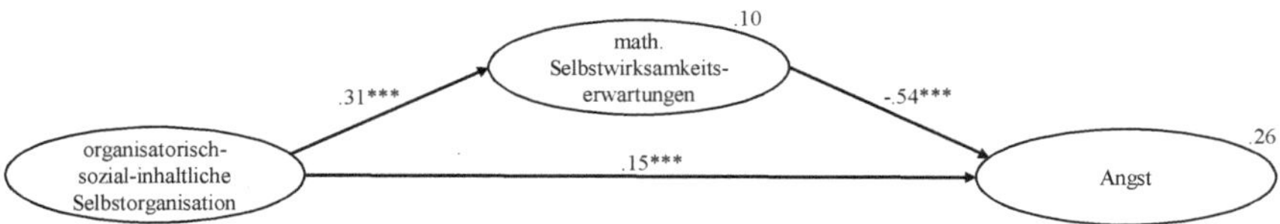

Abbildung 29. Beziehung von Selbstorganisation zu Appraisals und Angst

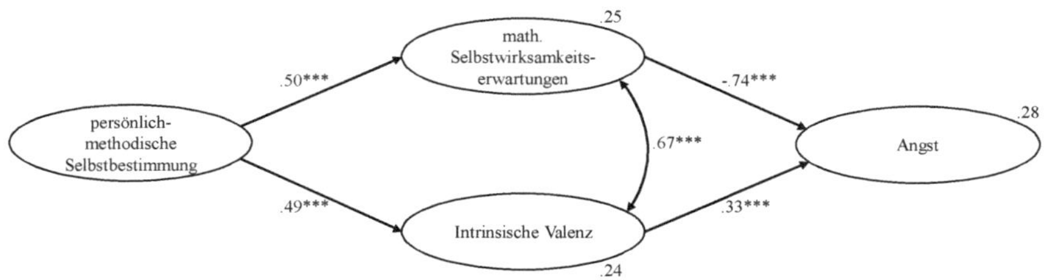

Abbildung 30. Beziehung von Selbstbestimmung zu Appraisals und Angst

7.7.2.6 Scham

In Anbetracht der nicht signifikanten direkten Regressionskoeffizienten scheint Autonomieunterstützung sich nicht auf das Erleben von Scham auszuwirken. Weder intrinsische noch extrinsische Valenz mediieren den Zusammenhang von Prädiktor und Kriterium signifikant. Der schwach positive direkte Effekt von Selbstorganisation auf Scham (β = .10**) wird durch den indirekten Effekt (β = -.14**) des Mediators Selbstwirksamkeit aufgehoben. Der stärkere Effekt von Selbstbestimmung auf die Selbstwirksamkeitserwartungen (β = .52***) hat einen höheren indirekten Effekt (β = -.25**) zur Folge, woraus ein signifikanter, schwach negativer Gesamteffekt von Selbstbestimmung und Selbstwirksamkeit auf Scham (β = -.12**) resultiert. Die Fit-Indizes der Strukturmodelle liegen zwar in einem gut akzeptablen Bereich (AutOSI: $\chi^2(98) = 314.34$, $p < .001$, RMSEA = .04, CFI = .96, TLI = .94, $\chi^2/df = 3.21$; AutPM: $\chi^2(85) = 303.62$, $p < .001$, RMSEA = .05, CFI = .96, TLI = .95, $\chi^2/df = 3.57$), die schwachen Gesamteffekte sowie der im Vergleich zu anderen Emotionen geringere Anteil der aufgeklärten Varianz ($R^2 = .18$ bzw. $R^2 = .19$) sprechen jedoch dafür, dass Autonomieunterstützung zur Verringerung von Scham keinen bzw. einen nur marginalen Beitrag leistet.

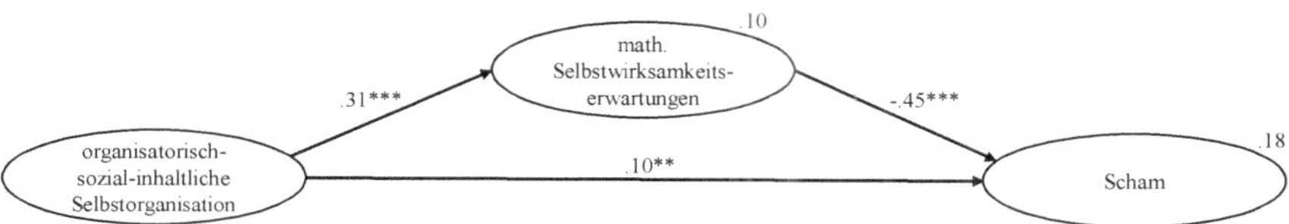

Abbildung 31. Beziehung von Selbstorganisation zu Appraisals und Scham

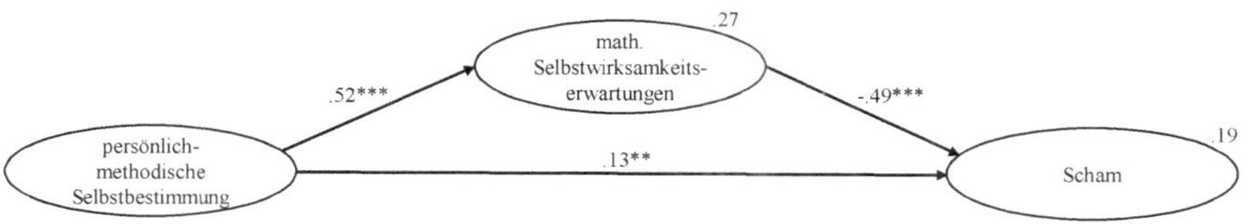

Abbildung 32. Beziehung von Selbstbestimmung zu Appraisals und Scham

7.7.2.7 Hoffnungslosigkeit

Als Gegenpart zur Emotion Hoffnung erweisen sich auch bei Hoffnungslosigkeit die Selbstwirksamkeitserwartungen konstrukt-immanent als stärkster Prädiktor. Mit Regressionskoeffizienten von β = -.94*** bzw. β = -.96*** mediiert dieser Faktor sehr stark den signifikanten, jedoch äußerst schwachen Effekt von Selbstorganisation (β = .08*) bzw. Selbstbestimmung (β = .09*) auf Hoffnungslosigkeit. Dieser negative indirekte Effekt von Autonomieunterstützung über Selbstwirksamkeit auf Hoffnungslosigkeit ist dabei so gewichtig, dass auch der ebenfalls positive Effekt intrinsischer Valenz auf Hoffnungslosigkeit (β = .20***) aufgefangen wird und sich ein signifikanter, negativer Gesamteffekt für beide Facetten von Autonomieunterstützung ergibt. Dieser fällt bei Selbstbestimmung (β = -.27**) etwas höher aus als bei Selbstorganisation (β = -.12**). Der Anteil aufgeklärter Varianz liegt mit R^2 = .62 vor allem wegen des starken Beitrags der Selbstwirksamkeitserwartungen in einem sehr hohen Bereich. Die Passung der Modelle kann jedoch nur als schwach akzeptabel bezeichnet werden (AutOSI: $\chi^2(200) = 980.72$, $p < .001$, RMSEA = .06, CFI = .93, TLI = .92, $\chi^2/df = 4.90$; AutPM: $\chi^2(181) = 981.26$, $p < .001$, RMSEA = .06, CFI = .92, TLI = .91, $\chi^2/df = 5.42$).

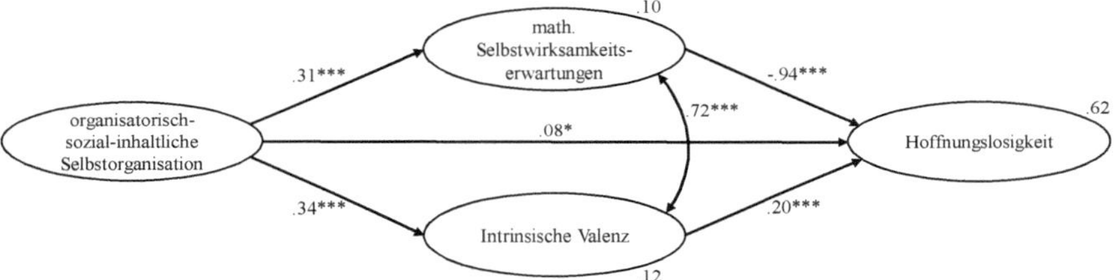

Abbildung 33. Beziehung von Selbstorganisation zu Appraisals und Hoffnungslosigkeit

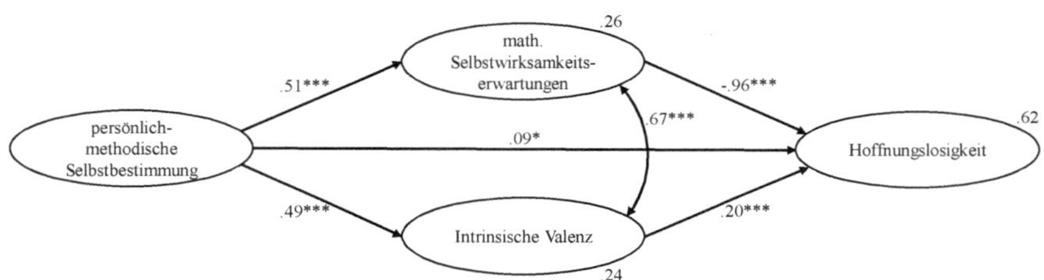

Abbildung 34. Beziehung von Selbstbestimmung zu Appraisals und Hoffnungslosigkeit

7.7.2.8 Langeweile

Eine im Vergleich zu den bisherigen Modellen andere Konstellation der Variablen und Effektstärken zeigt sich bei der Emotion Langeweile. Erstens beim Prädiktor Selbstorganisation, dessen Effekt auf Langeweile vollständig durch intrinsische Valenz mediiert wird. Extrinsische Valenz hat dagegen als Mediator keinen signifikanten Einfluss auf den Zusammenhang. Auch der Regressionskoeffizient der Selbstwirksamkeitserwartungen auf Langeweile ist nicht signifikant, wenn intrinsische Valenz in das Modell aufgenommen wird. Interessanterweise verschlechtert sich der Daten-Fit jedoch, wenn die Selbstwirksamkeitserwartungen als Variable aus dem Modell entfernt werden. Eventuell aufgrund der hohen Korrelation der Fehlerterme scheinen die Selbstwirksamkeitserwartungen in Verbindung mit intrinsischer Valenz, auch ohne signifikanten Pfadkoeffizienten auf Langeweile, eine Rolle für den Einfluss von Selbstorganisation auf diese Emotion zu spielen.

Zweitens hebt sich das Strukturgleichungsmodell der Beziehung von Selbstbestimmung zu Appraisals und Langeweile deswegen von den anderen Modellen ab, da der direkte Pfadkoeffizient von Selbstbestimmung auf Langeweile auch unter Einbezug der Appraisals als Mediatoren mit $\beta = -.25^{***}$ eine signifikante, leicht moderate negative Effektstärke aufweist. Persönlich-methodische Selbstbestimmung scheint demnach auch einen erwähnenswerten direkten Effekt auf Langeweile zu haben, welcher durch die indirekten Effekte über Selbstwirksamkeit und intrinsische Valenz verstärkt wird.

Drittens ist Langeweile die einzige negative Emotion, auf welche die intrinsische Valenz ($\beta = -.59^{***}$) höhere Regressionskoeffizienten aufweist als Selbstwirksamkeit ($\beta = .16^{***}$). Dieser stärkere Beitrag intrinsischer Valenz gegenüber den Selbstwirksamkeitserwartungen ist bei der Emotionsentstehung ansonsten nur bei Freude und Stolz zu verzeichnen.

Der Anteil der durch alle Prädiktoren aufgeklärten Varianz liegt bei $R^2 = .34$, wenn Selbstorganisation als Prädiktor fungiert, respektive bei $R^2 = .39$ bei Selbstorganisation als Prädiktorvariable. Die Fit-Werte der beiden Strukturmodelle zur Beziehung von Autonomieunterstützung zu Apprasisals und Langeweile sind als noch akzeptabel zu bezeichnen (AutOSI: $\chi^2(202) = 907.52$, $p < .001$, RMSEA = .05, CFI = .94, TLI = .93, $\chi^2/df = 5.15$; AutPM: $\chi^2(181) = 931.17$, $p < .001$, RMSEA = .06, CFI = .93, TLI = .91, $\chi^2/df = 4.49$).

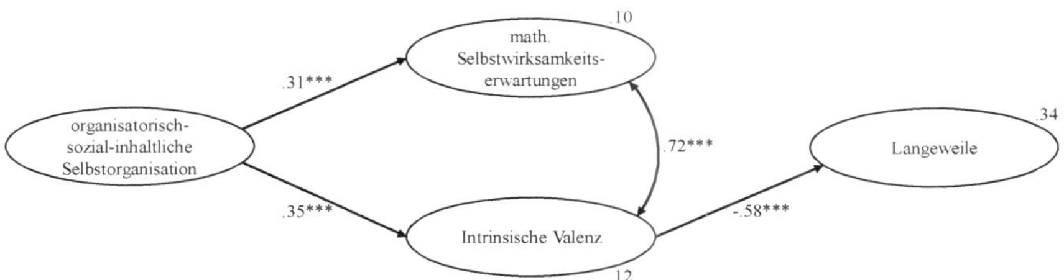

Abbildung 35. Beziehung von Selbstorganisation zu Appraisals und Langeweile

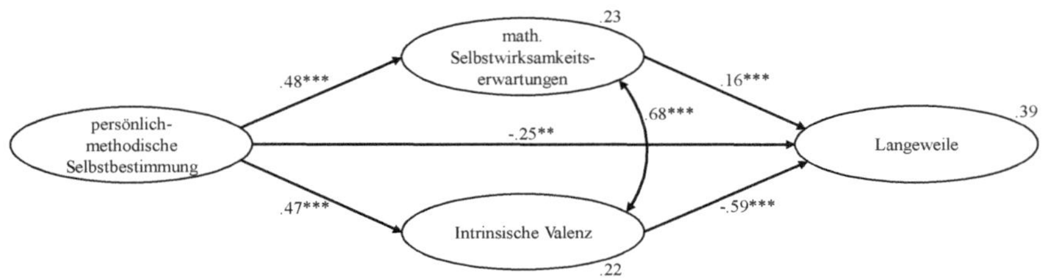

Abbildung 36. Beziehung von Selbstbestimmung zu Appraisals und Langeweile

Zusammenfassend kann mit Blick auf die Analyse der Strukturgleichungsmodellierung konstatiert werden, dass die Facetten von Autonomieunterstützung als Prädiktoren in unterschiedlicher Stärke einen Einfluss auf Lern- und Leistungsemotionen nehmen. Diese Effekte werden in differenzierten Konstellationen durch die Appraisals intrinsische Valenz, extrinsische Valenz und insbesondere Selbstwirksamkeitserwartungen mediiert.

8 Diskussion

Zentrale Ziele der vorliegenden Studie sind zum einen die Klassifikation und Operationalisierung schülerperzipierter Autonomieunterstützung, zum anderen die Untersuchung der Zusammenhänge dieses Unterrichtsmerkmals mit Lern- und Leistungsemotionen von Schüler*innen sowie deren situativen Wahrnehmungen von Kontrolle und Valenz. Hierfür wurde zunächst ein Instrument zur detaillierten Erfassung der Schülerwahrnehmung von Autonomieunterstützung sowie zur ökonomischen Erhebung des emotionalen Befindens von Schüler*innen und weiteren Merkmalen des Mathematikunterrichts entwickelt. Für die Beantwortung der handlungsleitenden Fragestellung der Arbeit, wie Lern- und Leistungsemotionen im Unterricht durch Autonomieunterstützung positiv gefördert werden können, wurde die Fragestellung in mehrere Teilstränge gegliedert, welche nun in der Diskussion aufgegriffen werden sollen. In Kapitel 8.1 werden zunächst die Ergebnisse der Studie zusammengefasst und interpretiert. Anschließend sollen das empirische Vorgehen kritisch gewürdigt und empirische Implikationen geschlussfolgert werden (Kap. 8.2). Abschließend werden Implikationen für die Unterrichtspraxis abgeleitet (Kap. 8.3).

8.1 Interpretation der Ergebnisse

Der Zusammenhang von Autonomieunterstützung als didaktisch-methodischem Merkmal von Unterricht und mathematikbezogenen Lern- und Leistungsemotionen ist bislang noch unzureichend erforscht und vorliegende Befunde sind teilweise widersprüchlich. Studien aus der Forschungstradition der Selbstbestimmungstheorie verwenden zur Erhebung von affektivem Erleben oftmals nicht trennscharfe Konstrukte; z.B. nutzen sie Interesse als Indikator für positive Emotionen (z.B. Black & Deci, 2000; Buff et al., 2011; Williams & Deci, 1996), erheben Emotionen mit nur einzelnen Items oder unterscheiden lediglich zwischen positiven und negativen Emotionen (z.B. Assor et al., 2002; Hospel & Galand, 2016). Die faktoranalytische Untersuchung der Struktur von Lern- und Leistungsemotionen legt jedoch nahe, diese differenziert zu betrachten.

Studien aus dem Bereich der Emotionsforschung wiederum erheben Autonomieunterstützung häufig undifferenziert oder lediglich Teilaspekte des Konstrukts (z.B. Buff et al., 2011; Götz, 2004; Pekrun et al., 2011). Insgesamt existieren kaum Studien der Autonomie- oder Emotionsforschung, die sich mit Unterrichtsdidaktik und -methodik auf der Ebene der Sichtstrukturen beschäftigen.

Es sollten daher Ansätze verschiedener Forschungsdisziplinen, z.B. der Emotions- und Motivationspsychologie, Schulpädagogik und Fachdidaktik, integriert und darauf aufbauend theoriebasierte, hypothesen-testende Forschung betrieben werden (Pekrun & Linnenbrink-Garcia, 2014b; Schukajlow et al., 2017).

Die vorliegende Studie wurde im Mathematikunterricht an bayerischen Mittelschulen durchgeführt, an welchen nach dem Klassenleiterprinzip unterrichtet wird. Dies bedeutet, die Lehrkräfte unterrichten einen Großteil der Fächer in einer Klasse selbst und haben somit bessere Möglichkeiten, auf individuelle Lernvoraussetzungen der Schüler*innen einzugehen und ihnen Partizipations- bzw. Selbstbestimmungsmöglichkeiten zu gewähren (Kunter, 2005). Die Einschätzungen der Lehrkräfte durch die Schüler*innen basieren gleichzeitig auf umfangreicheren und tiefergehenden Interaktionen als typischerweise im Fachlehrerprinzip. Die Studie erhebt somit zum einen den Anspruch, domänenspezifisch die Einschätzungen und das emotionale Erleben der Schüler*innen erfragt zu haben, zum anderen können die Ergebnisse aber im Sinne der schulpädagogischen Grundlagenforschung auch – mit aller gebotenen Vorsicht – fächerübergreifend interpretiert werden. Dies soll in den nun folgenden Kapiteln geschehen.

8.1.1 Struktur und Operationalisierung schülerperzipierter Autonomieunterstützung

Die Frage nach der Struktur und Operationalisierung schülerperzipierter Autonomieunterstützung stellt die Basis für alle weiteren Analysen dar. Zunächst soll daher erläutert werden, ob Autonomieunterstützung von Schüler*innen in divergenten Facetten wahrgenommen wird und wie diese schülerperzipierte Autonomieunterstützung operationalisiert werden kann.

Einige pädagogisch-psychologische Studien, welche Autonomie bzw. Selbstbestimmung im Lehr-Lern-Kontext fokussieren, konnten zeigen, dass im Unterricht verschiedene Facetten an Autonomieunterstützung angeboten und von Schüler*innen als solche wahrgenommen werden können (Assor et al., 2002; Hartinger, 2005; Peschel, 2002a; Reeve et al., 2003; Stefanou et al., 2004; Tsai et al., 2008). In den Forschungstraditionen zum Offenen Unterricht und zur Selbstbestimmungstheorie existieren jedoch unterschiedliche Modelle und empirische Befunde darüber, wie viele und welche Facetten Autonomieunterstützung bzw. Selbstbestimmung kennzeichnen. Ein erstes Ziel der vorliegenden Studie ist daher, die Struktur von Autonomieunterstützung im Mathematik-Unterricht der Sekundarstufe möglichst differenziert zu betrachten. Auf Basis der Dimensionen der Öffnung von Unterricht (Bohl & Kucharz, 2010; Peschel,

2002a) wurde angenommen, dass schülerperzipierte Autonomieunterstützung sich anhand fünf distinktiver Dimensionen operationalisieren lässt (H1).

In Anlehnung an das Raster zur Beurteilung des Öffnungsgrades von Unterricht wurde ein Erhebungsinstrument entwickelt, welches anhand fünfstufiger Likert-Skalen die fünf Dimensionen von Autonomieunterstützung auf Ebene der Sichtstrukturen von Unterricht aus Sicht der Schüler*innen einschätzbar macht. Zunächst wurde mit der explorativen Faktorenanalyse ein struktur-entdeckendes Verfahren der multivariaten Datenanalyse angewendet, um deren Ergebnisse anschließend in einem struktur-prüfenden Verfahren weiteren theoretisch abgeleiteten Modellen gegenüberzustellen. Nach Ausschluss invertierter Items, welche stets einen konstrukt-irrelevanten Methodenfaktor bildeten, zeigt sich in der explorativen Faktorenanalyse eine zweifaktorielle Struktur, welche die Items der organisatorischen, inhaltlichen und sozialen Dimension zu einem Faktor und die Items der methodischen und persönlichen Dimension zum zweiten Faktor gruppiert. Da bei drei Items bedeutsame Doppelladungen bestehen, kann das theoretische Modell unkorrelierter Faktoren der Autonomieunterstützung nicht angenommen werden. Es ist jedoch auch im Unterrichtsalltag nur schwer vorstellbar, dass Lehrkräfte, die den Schüler*innen auf einer persönlichen oder methodischen Ebene Selbstbestimmung zugestehen, diesen keine organisatorischen, inhaltlichen oder sozialen Freiheiten erlauben. Doppelladungen der Items und hohe Korrelationen zwischen den Skalen sind somit erklärbar.

Dies zeigt sich auch in der konfirmatorischen Faktorenanalyse. Von den sieben getesteten, theoretisch begründbaren Modellen weisen auf einem sehr ähnlichen Niveau sowohl das 5-faktorielle Modell als auch das 5+2-faktorielle Modell die besten Fit-Werte auf. Bei Betrachtung der Zusammenhänge der latenten Faktoren im 5-faktoriellen Modell fallen jedoch zum einen sehr hohe Korrelationen der Skalen zur organisatorischen, inhaltlichen und sozialen Autonomieunterstützung auf, zum anderen hängen die methodische und persönliche Autonomieunterstützung stark zusammen. Diese sehr hohen Korrelationen sowie die Ergebnisse der explorativen Faktorenanalyse deuten auf eine zweigliedrige Struktur von schülerperzipierter Autonomieunterstützung hin. Die Hypothese H1, schülerperzipierte Autonomieunterstützung lasse sich anhand fünf distinktiver Dimensionen operationalisieren, kann somit nicht eindeutig beantwortet werden, da einerseits die Model-Fit-Werte zwar gut sind, andererseits die beschriebenen Korrelationen keine distinkte Abgrenzung zwischen einzelnen Dimensionen erlauben.

Als Grundlage für die weiteren empirischen Analysen wurde daher das 5+2-faktorielle Modell verwendet, welches Autonomieunterstützung in zwei latente second-order-Faktoren gliedert, die sich wiederum durch drei bzw. zwei latente first-order-Dimensionen beschreiben lassen. Es scheint somit zwei zwar korrelierte, jedoch empirisch trennbare Facetten von Autonomieunterstützung zu geben, die sich einerseits durch organisatorische, inhaltliche und soziale *Wahlmöglichkeiten der Selbstorganisation*, andererseits durch kognitiv-methodische *Selbstbestimmung* auf einer persönlichen Ebene (psychologische Freiheit) auszeichnen.

Eine solche Gliederung kommt der Differenzierung von Autonomieunterstützung nach Bohl und Kucharz (2010) sehr nahe, die zwischen Selbstorganisation bzw. Selbstregulierung (Öffnung von Unterricht) und Selbstbestimmung (Offener Unterricht) unterscheiden. In ihrem Stufenmodell des Offenen Unterrichts unterscheiden sie zwischen *Öffnung von Unterricht* in organisatorischer sowie methodischer Hinsicht und *Offenem Unterricht*, wenn inhaltliche und/oder politisch-partizipative Mitbestimmung ermöglicht wird. Die Autoren sehen die beiden Ausprägungen von Autonomieunterstützung demnach inhaltlich zwar anders geprägt, als die Ergebnisse der vorliegenden Studie es vermuten lassen, doch sollen die Grundgedanken von Bohl und Kucharz (2010) an dieser Stelle weiter aufgegriffen werden.

Es muss dabei beachtet werden, dass die Autoren in ihren Ausführungen methodische Öffnung als Bestimmung des Lernstoffes verstehen und somit im Verständnis von Peschel (2002a) sowie der vorliegenden Studie einen integralen Bestandteil der inhaltlichen Dimension meinen. Bohl und Kucharz (2010) sehen in der inhaltlichen Dimension hingegen die Vorgabe bzw. Selbstbestimmung der Themen und Aufgabenstellungen. Gibt die Lehrkraft diese exakt vor oder können Schüler*innen lediglich eine aus mehreren Aufgabenstellungen auswählen, so handelt es sich um Wahlmöglichkeiten. Entscheiden die Schüler*innen jedoch selbst, welches Thema sie bearbeiten möchten, so kann von Selbstbestimmung des Lernens ausgegangen werden. Hierin sehen die Autoren den „Quantensprung“ zwischen Selbstorganisation im geöffneten Unterricht und Selbstbestimmung im Offenen Unterricht. Der Begriff des Offenen Unterrichts sollte ihrer Ansicht nach nur verwendet werden, wenn das Lehrkonzept den Schüler*innen eine Mitbestimmung in so verstandener inhaltlicher und politisch-partizipativer Hinsicht ermöglicht.

Diese Unterscheidung zwischen Selbstorganisation und Selbstbestimmung ähnelt der zweigliedrigen Differenzierung der *wahrgenommenen Wahlmöglichkeiten* zwischen vorgegebenen Alternativen von *wahrgenommener Selbstbestimmung* im Sinne psychologischer Freiheit nach Reeve et al. (2003). Den Unterschied zwischen *Wahlmöglichkeiten* und *Selbstbestimmung* erklären die Autoren mit dem Grad der internalen Handlungsverursachung respektive Volition. Wahlmöglichkeiten im Sinne der Auswahl aus verschiedenen vorgegebenen Optionen

(„Wahl zwischen Alternativen“; *option choices*) wirken sich nur wenig auf die Wahrnehmung von Selbstbestimmung aus, da die Ursache der Handlung nicht in der Person selbst liegt und keine (oder nur eine mit Sanktionen einhergehende) Möglichkeit besteht, die Handlung zu unterlassen. Die organisatorische Offenheit beispielsweise stellt in den allermeisten Fällen lediglich eine Auswahl aus Alternativen dar, denn die Bestimmung von Rahmenbedingungen, wie z.B. die Wahl von Raum, Zeit oder Sozialform, ist immer eine Wahl innerhalb klar vorgegebener Strukturen. So sind etwa als Raum das Klassenzimmer bzw. das Schulgebäude vorgegeben, als Zeit der Stundenplan oder als Sozialform die Klassen- bzw. Schulgemeinschaft. Eine wirklich freie Wahl organisatorischer Rahmenbedingungen ist mit der Institution Schule – zumindest mit den Strukturen der Regelschule – nicht vereinbar.

Ähnlich verhält es sich mit der inhaltlichen Offenheit. Die Bestimmung des Lernstoffs obliegt zunächst dem Bildungs-/Kultusministerium des jeweiligen Staates bzw. Bundeslandes anhand der Curricula. Die Umsetzung dieser Lehrplanvorgaben wiederum geschieht durch die Lehrkraft in Abstimmung mit bzw. auf Weisung ihrer Schulleitung und deren Aufsichtsbehörde. Diese hierarchische Bestimmung des Lernstoffes hat zur Sicherung von Bildungsstandards durchaus ihren Sinn und Zweck, doch widerspricht sie dem Streben der Schüler*innen nach Selbstbestimmung im Sinne einer internalen Handlungsverursachung. Die freie Wahl der Lerninhalte beschränkt sich auf wenige Lehrkräfte und/oder wenige Stunden pro Schuljahr, z.B. in Form von Projektunterricht.

Damit einhergehend zeichnet die Lehrkraft verantwortlich für die langfristige Unterrichtsplanung ebenso wie für den konkreten Unterrichtsablauf, sie trifft letztendlich die Entscheidungen bezüglich der Klassenführung. Auch die Regeln des sozialen Miteinanders sind durch die Schule sowie im weiteren Sinne durch die Gesellschaft vorgegeben. Eine soziale bzw. politisch-partizipative Offenheit im Sinne von Selbstbestimmung kann in der Regelschule daher nur schwerlich existieren. Jedoch können Schüler*innen in die Planung des Unterrichtsablaufs oder gemeinsamer Vorhaben eingebunden werden, indem ihnen verschiedene Alternativen zur Wahl gestellt werden oder sie eigene Vorschläge innerhalb der Rahmenbedingungen miteinbringen können. Ebenso kann die Bestimmung des sozialen Miteinanders, z.B. die Etablierung von Regelstrukturen und Aushandlung von Rahmen-bedingungen, in die Hände der Schüler*innen gegeben werden. Es wird sich dabei innerhalb formaler Lernsettings jedoch aus Schülersicht stets um Mitbestimmungs- bzw. Wahlmöglichkeiten zwischen Alternativen (*option choices*) handeln. Existieren solche Wahlmöglichkeiten lediglich zwischen mehreren gleichermaßen unerwünschten oder inhaltlich ähnlichen Alternativen, werden diese nicht als autonome Entscheidungen empfunden, sondern als Pseudoentscheidungen (Schraw et al., 1998). Die Wahl von (gleichartigen) Aufgaben, der Reihenfolge der Bearbeitung oder des Arbeitspartners in einer sonst fremdgesteuerten Umgebung vermittelt nur wenig Autonomieempfinden, weshalb hier nicht von Selbstbestimmung gesprochen werden kann.

Um einen positiven Effekt auf Motivation und Emotionen zu erzielen, müssen Wahlmöglichkeiten eine internale Handlungsverursachung sowie die freie Art zu handeln umfassen, was als *„action choice“* („Wahl der Handlung“) bezeichnet wird. Dieses Konzept findet sich in der methodischen und persönlichen Offenheit von Unterricht wieder.

Die methodische Offenheit erlaubt den Schüler*innen die Bestimmung des eigenen Lernweges. Die Entscheidung darüber, den Kindern bzw. Jugendlichen Freiräume zur selbstbestimmten Problemlösung zu gewähren, ist relativ unabhängig von institutionellen Rahmenbedingungen. Vielmehr geht es darum, ob die Lehrkraft die Denkstrukturen der Schüler*innen ernst nimmt, sie ihre eigenen Lösungsversuche selbsttätig unternehmen lässt und Fehler als Lernchancen versteht. In musisch-künstlerischen Fächern oder bei naturwissenschaftlichen Problemstellungen in Physik oder Chemie mag es auf der Hand liegen, Schüler*innen ihren eigenen Lernweg gehen zu lassen. Doch gerade auch das in dieser Studie in den Fokus gerückte Fach Mathematik bietet sich an, eigene Lösungswege suchen zu lassen, sie mit Arbeitspartner*innen zu diskutieren, zu hinterfragen und so Schritt für Schritt zu einer „Ideallösung“ zu gelangen. Auch die Frage, welche Hilfestellung und Hilfsmittel die Schüler*innen verwenden möchten, erlaubt diesen, eigenständige Entscheidungen hinsichtlich der Passung von Aufgabenschwierigkeit und ihren eigenen Kompetenzen sowie motivationalen Voraussetzungen zu treffen. Die Kinder und Jugendlichen können sich hierbei als selbstbestimmt erleben, da sie in ihrer Person, in ihrem Denken und Wollen, anerkannt werden.

Ebenso zielt die persönliche Offenheit auf Gleichberechtigung in der Beziehung zwischen der Lehrkraft und ihren Schüler*innen sowie in den Beziehungen der Klassen- und Schulkamerad*innen untereinander. Gleichberechtigung ist hierbei nicht im Sinne der sozialen Dimension (Bestimmung des Unterrichtsablaufs etc.) zu verstehen, sondern meint vielmehr die Wertschätzung der Person und des Willens der Schüler*innen. So wurde in der vorliegenden Studie persönliche Offenheit beispielsweise durch Items operationalisiert, welche erfragen, ob die Lehrkraft dem bzw. der einzelnen Schüler*in zuhört und deren/dessen Meinung achtet (Item AutP3) und oft auf aktuelle Wünsche der Schüler*innen eingeht. Wenn die Kinder und Jugendlichen sich in diesem Sinne gleichberechtigt zur Lehrkraft fühlen, werden ihre Vorschläge, Meinungen und Wünsche ernst genommen und diskutiert, können sie über die (Nicht-)Ausführung ihrer Handlungen selbst entscheiden und nehmen somit einen hohen Grad an Selbstbestimmung im Unterricht wahr. *Action choice* durch methodische und persönliche Autonomieunterstützung steht somit der internalen Handlungsverursachung und der Volition, d.h. der psychologischen Freiheit im Sinne hoher Flexibilität und geringem Druck, sehr nahe.

Ob es sich bei der persönlichen Offenheit tatsächlich um Sichtstrukturen der Unterrichtsgestaltung handelt, kann diskutiert werden. Während organisatorische, inhaltliche und soziale Mitbestimmungsmöglichkeiten klar sichtbar sind und auch methodische Selbstbestimmung beispielsweise durch die Wahl der Hilfsmittel und der Lösungsmethoden beobachtbar ist, spielt bei der persönlichen Selbstbestimmung die Gestaltung der Interaktion zwischen Lehrkraft und Schüler*innen die entscheidende Rolle. Die Wahrnehmung einer solchen Beziehung ist stark subjektiv geprägt: ob Schüler*innen ihre Meinungen und Wünsche geachtet fühlen, hängt von den individuellen Voraussetzungen und Vorerfahrungen der einzelnen Person ab. Nichtsdestotrotz können auch solche Indikatoren in Unterrichtsbeobachtungen erfasst und quantifiziert werden, z.B. anhand der Anzahl an Lehrer-Schüler-Interaktionen „auf Augenhöhe“ oder durch die Adaptivität des Unterrichts (Beck et al., 2008; Martschinke, 2015), die durch die Anpassung des Unterrichtsverlaufs an situative Gegebenheiten beobachtbar wird. Insofern kann auch bei der Selbstbestimmung auf der persönlichen, zwischenmenschlichen Ebene von einem – wenn auch etwas schwierig – beobachtbaren Kriterium und somit von einer Sichtstruktur des Unterrichts gesprochen werden.

Autonomieunterstützung lässt sich somit – sowohl in den Sichtstrukturen des Unterrichts als auch in der Wahrnehmung durch die Schüler*innen – in zwei Facetten gliedern, die sich wiederum anhand mehrerer Subdimensionen beschreiben lassen. Zum einen die organisatorischen, inhaltlichen und sozialen Wahlmöglichkeiten im Unterricht, die von den Schüler*innen als Selbstorganisation wahrgenommen werden. Diese Art der Autonomieunterstützung wird durch eine Öffnung von Unterricht erreicht. Zum anderen zeichnet sich ein wirklich Offener Unterricht durch methodische Freiheit und Berücksichtigung des Schülerwillens auf einer persönlichen Ebene aus. Eine solche psychologische Freiheit nehmen die Schüler*innen als kognitive und emotional-motivationale Selbstbestimmung wahr.

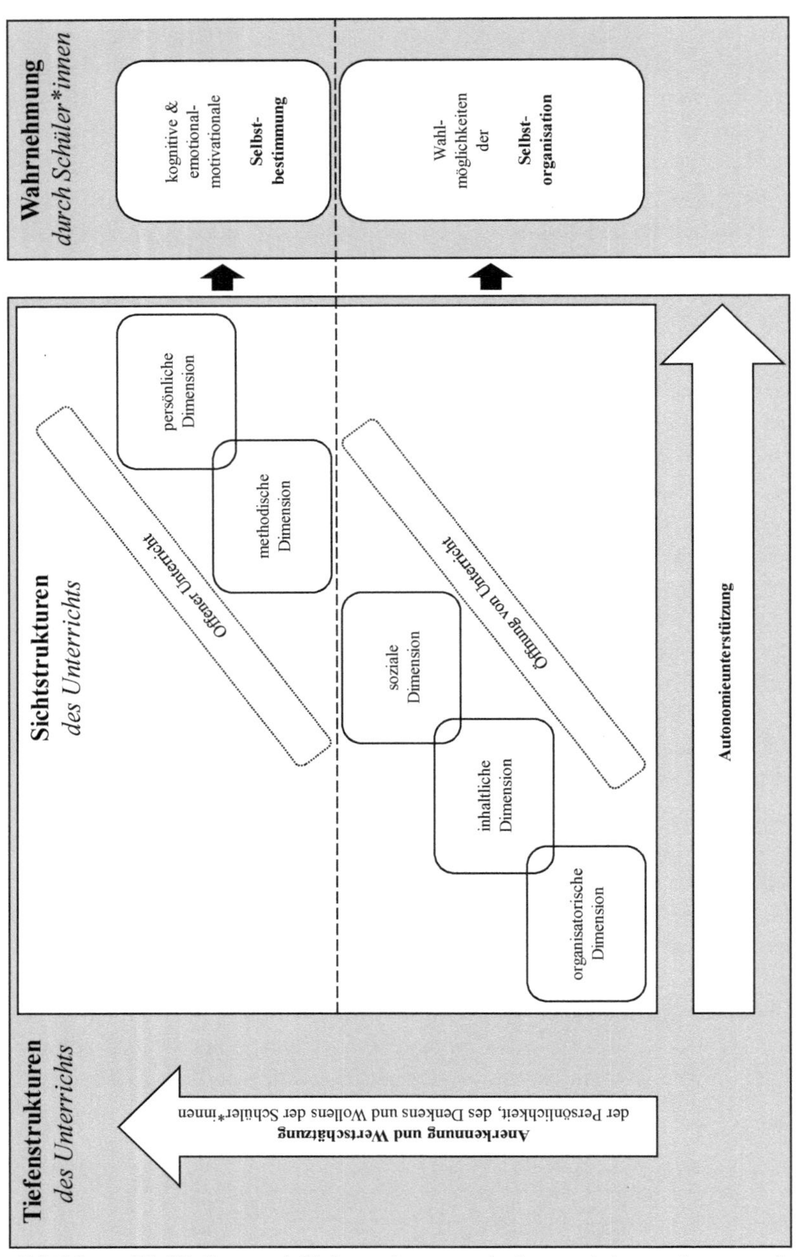

Abbildung 37. Tiefen- und Sichtstrukturen schülerperzipierter Autonomieunterstützung

Die beiden Facetten von Autonomieunterstützung lassen sich demnach nicht nur anhand des Grades an Autonomie unterscheiden, sie weisen auch unterschiedliche Qualitäten hinsichtlich der Anerkennung und Wertschätzung der Persönlichkeit, des Denkens und des Wollens der Schüler*innen auf. Bei der Differenzierung von Autonomieunterstützung kommt es daher nicht nur auf das „Wieviel", sondern vielmehr auf das „Was" und „Wie" an. Dies hat in der bisherigen Diskussion um Schülerautonomie im Unterricht – insbesondere in der psychologischen Forschungstradition – noch zu wenig Beachtung gefunden.

8.1.2 Ausprägungen schülerperzipierter Autonomieunterstützung und emotionalen Erlebens im Mathematikunterricht

8.1.2.1 Klasseneffekte

Die zweite Fragestellung der vorliegenden Arbeit befasst sich mit Klassen- und Geschlechtseffekten. Die Lehrkraft trägt die Verantwortung für die Unterrichtsgestaltung und nimmt somit die entscheidende Rolle für die Unterstützung des Autonomiebestrebens ihrer Schüler*innen ein. Auch die Entstehung von Lern- und Leistungsemotionen beeinflusst sie auf vielfältige Weise maßgeblich. Es wurde daher davon ausgegangen, dass die Klassenebene signifikant zur Varianzaufklärung der Ausprägung von schülerperzipierter Autonomieunter-stützung (H2.1) sowie von Lern- und Leistungsemotionen (H2.2) beiträgt.

Hinsichtlich Autonomieunterstützung kann die Hypothese bestätigt werden, da die Nullmodelle signifikante Varianzanteile auf Klassenebene zeigen. Es können anhand Mehrebenen-Regressionsanalysen 17 % der Varianz von Selbstorganisation und 16 % der Varianz von schülerperzipierter Selbstbestimmung durch Unterschiede zwischen den Schulklassen erklärt werden. Nachdem im Klassenleiterprinzip der bayerischen Mittelschule jede Lehrkraft vorwiegend eine Klasse unterrichtet und in der vorliegenden Studie darauf geachtet wurde, dass der Unterricht jeder Lehrkraft nur durch eine Klasse eingeschätzt wird, können die Varianzanteile auf Klassenebene auch gleichermaßen für die Lehrkraft gelten. Es bestätigt sich somit einerseits die erwartbar wichtige Rolle der Lehrkraft für das Empfinden von Autonomieunterstützung. Andererseits zeigen die Varianzanteile auch, dass die Lehrkraft bzw. die Klassenebene allein weniger als ein Fünftel der Varianz erklären kann, obwohl die Schüler*innen einer Klasse denselben Unterricht bei derselben Lehrkraft besuchen. Dies deutet – im konstruktivistischen Sinne – auf die Subjektivität der Wahrnehmung einer vermeintlich objektiv für alle Schüler*innen gleich gestalteten Lernumwelt hin. Die individuelle Interpretation der Unterrichtsvariablen, wie in diesem Fall Autonomieunterstützung, scheint demnach von größerer Bedeutung zu sein, als die von außen beobachtbare Variable selbst.

Dies entspricht einer appraisal-theoretischen Perspektive, in deren Tradition sich diese Arbeit versteht. Nicht die objektiven Eigenschaften eines internen oder externen Reizes, sondern dessen subjektive Einschätzung im Hinblick auf bestimmte Kriterien ist für die Emotionsentstehung von zentraler Bedeutung. Situationsspezifische kognitive Bewertungen entstehen immer in Auseinandersetzung mit der Sozialumwelt. Daher ist es nicht verwunderlich, dass entgegen der Hypothese 2.2 nur für Freude, Ärger und Langeweile signifikante Varianzanteile auf Klassenebene nachgewiesen werden konnten und auch bei diesen Emotionen nur 5–6 % der Gesamtvarianz auf Unterschiede zwischen den Schulklassen zurückzuführen sind. Diese drei Emotionen scheinen damit jedoch stärker vom Klassen- und Unterrichtskontext abhängig zu sein als andere Emotionen. Dies bedeutet einerseits, dass Lehrkräfte durch ihr Verhalten und ihre Unterrichtsgestaltung hier größere Möglichkeiten der Beeinflussung haben, andererseits Freude, Ärger und Langeweile aber auch durch Mitschüler*innen sowie das Lern- und Arbeitsklima in der Klasse stärker beeinflusst werden. Diese Emotionen sind somit stärker kollektivistisch geprägt als die von sehr individuellen Einschätzungen abhängigen Emotionen Stolz, Angst, Scham, Hoffnung und Hoffnungslosigkeit. Hier beeinflusst zwar auch beispielsweise das Leistungsniveau der Mitschüler*innen die Wahrnehmung eigener Kompetenzen (Bong, 1998), doch handelt es sich hierbei um einen individuellen und oftmals subjektiv festgelegten Referenzrahmen, indem die Peers, mit denen Schüler*innen sich vergleichen, gezielt für Aufwärts- oder Abwärtsvergleiche ausgesucht werden.

Trotz der vielen Einflussmöglichkeiten von Lehrkräften auf das emotionale Befinden der Schüler*innen, gründen diese Lern- und Leistungsemotionen zum größten Teil auf individuellen innerpsychischen Bewertungsprozessen. Auch das mathematische Selbstkonzept sowie die mathematische Selbstwirksamkeit zeigen keine signifikanten Varianzanteile auf Klassenebene, sodass auch hier die individuelle Wahrnehmung der Unterrichtssituation für die Genese ausschlaggebend zu sein scheint. Dies geht einher mit empirischen Befunden zur Genese von akademischen Selbstkonzepten (Lüdtke et al., 2002; Möller & Köller, 2004). Zum Beispiel weisen Schüler*innen derselben objektiven Leistungsstärke in einer leistungsschwachen Klasse ein höheres domänenspezifisches Selbstkonzept auf als in einer leistungsstarken Klasse (Big-Fish-Little-Pond-Effekt; Marsh, 1987). Nicht die Leistungsstärke der Klasse ist ausschlaggebend, sondern die individuelle Wahrnehmung der eigenen Kompetenzen in Relation zur Bezugsgruppe und zu den eigenen Fähigkeitseinschätzungen in anderen Domänen (Internal/External Frame of Reference-Modell; ebd.).

Signifikante Effekte auf Klassenebene zeigen sich hingegen bei intrinsischer und extrinsischer Valenz. Der Klassenkontext – mitsamt der Lehrkraft, den Mitschüler*innen, dem Unterrichtsangebot etc. – scheint zu einem eher schwachen Grad die Einschätzung der Valenz des Mathematikunterrichts zu beeinflussen. Gerade bei der extrinsischen Valenz, d.h. der instrumentellen Nützlichkeit des Lernens oder der Leistungen für eine positive Fremdbewertung bzw. gute Noten, spielen Mitschüler*innen und die Lehrkraft eine wichtige Rolle, denn sie sind nicht nur maßgebend für den Bewertungsmaßstab, sondern beeinflussen durch ihr Verhalten auch direkt die Wichtigkeit des Lernens bzw. einer Leistung, indem sie das Lernklima mitgestalten und Erwartungen sowie Zielstrukturen formulieren. Es ist daher nachvollziehbar, dass extrinsische Valenz mehr Varianzanteile auf Klassenebene aufweist als intrinsische Valenz. Jedoch kann in Anbetracht der geringen Effektgrößen auch hier die Individualebene als wesentlich bedeutsamer für das Valenzempfinden gelten als die Klassenebene.

8.1.2.2 Geschlechtsunterschiede

Des Weiteren wurde angenommen, dass Mädchen auf Trait-Ebene in Mathematik weniger positive und mehr negative Lern- und Leistungsemotionen angeben als Jungen (H2.3). Zahlreiche Studien konnten bereits zeigen, dass Mädchen ein niedrigeres Kontrollempfinden sowie eine geringere Fachvalenz in Mathematik aufweisen und somit auch weniger positive Emotionen erleben (Bieg et al., 2015; Frenzel et al., 2007; Goetz et al., 2013; Helmke, 1993; Jerusalem & Mittag, 1999). Da die vorliegende Studie nicht zwischen Über- und Unterforderungs-Langeweile differenziert, wurden hier keine Geschlechtsunterschiede erwartet.

Durch Mittelwertvergleiche können die Annahmen bestätigt werden, dass Mädchen in Mathematik hochsignifikant weniger positive und mehr negative Lern- und Leistungsemotionen zeigen als Jungen. Eine Ausnahme bildet hierbei, ebenso hypothesenkonform, die Emotion Langeweile, bei welcher sich keine signifikanten Unterschiede feststellen lassen. Dies kann der undifferenzierten Erfassung des Konstrukts zugeschrieben werden.

Jungen weisen ein signifikant höheres mathematisches Selbstkonzept, eine höhere mathematische Selbstwirksamkeit sowie eine höhere extrinsische und intrinsische Valenz auf als Mädchen. Die vorliegende Studie repliziert damit die oben genannten Befunde früherer Untersuchungen. Die Effektstärken liegen im schwachen bis mittleren Bereich (Cohen, 1988). Auffällig ist, dass die Effektstärken bei den Appraisals Selbstwirksamkeit und intrinsische Valenz am höchsten ausfallen, entsprechend zeigt die durch hohe kognitive Anteile geprägte Emotion Hoffnungslosigkeit unter den Emotionen die höchste Effektstärke. Dies kann als ein Indiz dafür gesehen werden, dass Emotionen zu einem bestimmten

Maß, insbesondere bei Mädchen, doch auch „Kopfsache" sind und von unseren Gedanken bzw. Situationsbewertungen beeinflusst werden.

Neben Hoffnungslosigkeit treten die größten Unterschiede zwischen Mädchen und Jungen bei den Emotionen Freude und Stolz auf. Die im Durchschnitt hochsignifikant höhere Freude und der größere Stolz von Schülern gegenüber Schülerinnen ist einerseits zwar hypothesenkonform, andererseits werfen derartige Befunde auch Bedenken hinsichtlich einer noch nicht ausreichend praktizierten geschlechtersensiblen Mathematikdidaktik auf und sollten als Hinweis für gezielte Interventionen zur emotionalen und motivationalen Förderung von Mädchen im Mathematikunterricht verstanden werden.

Ein Ansatzpunkt könnte hierbei die Unterstützung von Mädchen in ihrer Autonomie sein, denn Selbstregulation des Lernens korreliert positiv mit positiven Emotionen (Götz, 2004; Pekrun & Perry, 2014). Dies kann einerseits dadurch begründet sein, dass Schülerinnen – die weniger Freude und mehr Angst erleben als Jungen – die Angebote selbstbestimmten Lernens weniger wahrnehmen und nutzen können, andererseits Mädchen auch weniger Gelegenheiten für selbstbestimmtes Lernen bekommen. Diese Hypothese, dass Mädchen im Mathematikunterricht weniger Autonomieunterstützung erleben als Jungen (H2.4), kann durch die vorliegende Studie für den Sekundarschulbereich bestätigt werden. Zwar mit schwacher Effektstärke, jedoch hochsignifikant nehmen Mädchen im Mathematikunterricht weniger Autonomieunterstützung wahr als Jungen, sowohl hinsichtlich organisatorisch-sozial-inhaltlicher Selbstorganisation als auch persönlicher und methodischer Selbstbestimmung.

8.1.3 Vergleich von Schülerperzeptionen und emotionalem Befinden zwischen Jahrgangsstufen der Sekundarstufe I

Eine dritte Teilfrage der vorliegenden Arbeit bezieht sich auf die Ausprägungen schülerperzipierter Autonomieunterstützung, der Lern- und Leistungsemotionen sowie deren Appraisals im Vergleich der Jahrgangsstufen 7 bis 10. Die Ausprägungen der Mittelwerte wurden auf einer Mesoebene über die Sekundarstufe I hinweg untersucht. Da es sich um eine Querschnittstudie handelt, wurden die Mittelwerte verschiedener Alterskohorten miteinander verglichen. Übereinstimmend mit zahlreichen Studien wurde davon ausgegangen, dass die Appraisals Kontrolle und Valenz bezüglich Mathematik im Verlauf der Sekundarstufe I absinken (H3.1) und somit auch die positiven Lern- und Leistungsemotionen abnehmen bzw. negative Lern- und Leistungs-emotionen sowie Langeweile im Mathematikunterricht ansteigen (H3.2).

Die Ergebnisse der Mehrebenen-Regressionsanalyse zeigen, dass bei den Emotionen Freude, Ärger und Langeweile Klasseneffekte auftreten. Inwiefern die Jahrgangsstufe zu diesen Effekten auf Klassenebene beiträgt, kann aus den Befunden der Varianzanalyse gefolgert werden. Bei den Emotionen Freude, Ärger, Angst, Langeweile und Hoffnungslosigkeit, nicht jedoch bei Stolz und Scham, lassen sich im Querschnitt hypothesenkonforme Verläufe feststellen. Hoffnung nimmt entgegen der Annahme von der 7. zur 9. Jahrgangstufe sogar zu. Die signifikanten Unterschiede zwischen den Jahrgangsstufen sind recht klein und finden sich meist im Vergleich der 7. und 10. Klasse. Ein daraus eventuell abzuleitender linearer Anstieg bzw. Abfall der durchschnittlichen Emotion kann nur bedingt bestätigt werden, da vor allem bei positiven Emotionen Schwankungen im Verlauf der Sekundarstufe auftreten.

Der deutlichste und am stabilsten verlaufende Anstieg ist bei der Emotion Ärger zu verzeichnen. Auch Angst und Hoffnungslosigkeit nehmen kontinuierlich zwischen der 7. und 10. Jahrgangsstufe zu. Den Tiefpunkt des emotionalen Befindens erreichen die Schüler*innen in der 10. Klasse, der höchsten untersuchten Jahrgangsstufe; hier erleben sie nochmals vermehrt negative und weniger positive Emotionen.

Erklärt werden kann dies durch die Besonderheit der befragten Stichprobe. An der bayerischen Mittelschule unterscheidet sich diese Jahrgangstufe insofern von den anderen, dass sich hierin nur Schüler*innen befinden, die den Mittleren Schulabschluss anstreben. Leistungsstarke Schüler*innen der Mittelschule können in der 7. Jahrgangsstufe in den sog. M-Zweig wechseln, in welchem sie in dafür zusammengestellten Klassen auf einen mittleren Bildungsabschluss (vergleichbar mit der „Mittleren Reife“) vorbereitet werden. Während die Mittelschule in der Regel nach der 9. Jahrgangsstufe endet, absolvieren die Schüler*innen des M-Zweigs die 10. Jahrgangsstufe. Dieses letzte Schuljahr ist erheblich kürzer und zeichnet sich deswegen durch ein höheres Arbeitstempo, eine höhere Lernstoff- und Prüfungsdichte, gesteigerten Leistungsdruck und stark lehrgangsorientierten Unterricht aus. Manche Schüler*innen stoßen dabei an ihre motivationale und kognitive Belastungsgrenze, insbesondere wenn die Gründe für den Besuch der 10. Jahrgangsstufe external liegen, z.B. am Elterndruck, an geringen Jobaussichten beim normalen Mittelschulabschluss oder an der verpassten Bewerbung um einen Ausbildungsplatz in der 9. Jahrgangsstufe. Bei dieser Stichprobe schlagen daher die Effekte einer Abschlussklasse zu Buche und erklären das im Vergleich negativere emotionale Befinden der Schüler*innen.

Insgesamt muss bei der Betrachtung der mittleren Ausprägungen der Lern- und Leistungsemotionen konstatiert werden, dass in der untersuchten Stichprobe negative Lern- und Leistungsemotionen durchschnittlich sehr niedrig ausgeprägt sind, insbesondere Angst, Scham, Ärger und Hoffnungslosigkeit werden in nur geringem Maße angegeben und sind rechtsschief verteilt. Einerseits sind wenig ausgeprägte und nicht normalverteilte Werte keine gute Voraussetzung für empirische Analysen. Andererseits ist dies ein sehr erfreuliches Ergebnis, denn den Lehrkräften der Mittelschule gelingt es offensichtlich, eine positive Lernatmosphäre zu kreieren, in der die Schüler*innen durchschnittlich nur verhältnismäßig wenig negative Emotionen erleben bzw. angeben. Eine Ausnahme ist hierbei die Emotion Langeweile, die ab der 8. Jahrgangsstufe die – nach Hoffnung – am meisten erlebte Emotion ist.

Da sich auch die positiven Emotionen durchschnittlich unter dem theoretischen Mittelwert befinden, kann jedoch auch nicht von einem durchweg positiven emotionalen Befinden der Schüler*innen gesprochen werden; insbesondere nicht mit steigendem Alter. Die eher niedrigeren Angaben bei Lern- und Leistungsemotionen in der Sekundarstufe, im speziellen im Mathematikunterricht, sind schon aus einigen Studien bekannt, so z.B. bei Götz (2004). Eine Erklärung hierfür fehlt bislang jedoch. Auch an dieser Stelle kann nur gemutmaßt werden, dass Schüler*innen entweder in Bezug auf Lernen und Leistung in der Schule keine überschwänglichen Emotionen erleben, vor allem im Vergleich zu intensiven Emotionen im Zwischenmenschlichen bzw. im Freizeitbereich. Oder dass Schüler*innen es schwer fällt, sich ihrer Emotionen im Unterricht bewusst zu werden und diese explizit zu verbalisieren (siehe hierzu Kap. 8.2.2).

Ähnliche Ausprägungen wie bei positiven Lern- und Leistungsemotionen zeigen sich bei Betrachtung der Verläufe von Kontroll- und Valenz-Appraisals. Jedoch sinken das mathematische Fähigkeitsselbstkonzept und die spezifische Selbstwirksamkeit sowie die intrinsische und extrinsische Valenz im Verlauf der Sekundarstufe nur tendenziell, signifikante Mittelwertunterschiede lassen sich nicht aufzeigen. Hypothese 3.1 kann somit empirisch nicht bestätigt werden.

Auch Hypothese 3.3, schülerperzipierte Autonomieunterstützung nehme im Verlauf der Sekundarstufe I ab, kann nicht angenommen werden. Sieht man vom bereits erwähnten Abfall der Autonomieunterstützung in der 10. Jahrgangsstufe des M-Zweigs ab, bleibt die organisatorisch-sozial-inhaltliche Selbstorganisation relativ stabil. Es zeigen sich keine signifikanten Differenzen zwischen den Jahrgangsstufen und kaum Einfluss auf die Ausprägung von AutOSI. Die persönlich-methodische Selbstbestimmung (AutPM) hingegen wird durch die Jahrgangsstufe hochsignifikant beeinflusst: die schülerperzipierte Unterstützung von Selbstbestimmung steigt zwischen der 7. und 9. Jahrgangsstufe kontinuierlich an, sinkt jedoch in der 10. Jahrgangstufe signifikant unter ihren Ausgangswert ab. Auch dies ist auf die besagten Gründe zurückzuführen, da der Unterricht in dieser

Jahrgangsstufe sehr stark auf den Lehrplan und die Abschlussprüfung ausgerichtet ist und somit weniger auf die Wünsche und Ideen der Schüler*innen eingeht. Das Vermitteln „richtiger" Lösungen und Inhalte scheint mehr Raum einzunehmen als das Erlernen selbsttätig konstruierter Problemlösungsstrategien.

Die Ausprägungen persönlich-methodischer Selbstbestimmung liegen dabei über die Jahrgangstufen hinweg stets über denen der organisatorisch-sozial-inhaltlichen Selbst-organisation. Dieses Ergebnis kann durchaus als Überraschung bezeichnet werden, denn in der praktischen Umsetzung wäre zu vermuten gewesen, dass es Lehrkräften leichter fällt, Schüler*innen Wahlmöglichkeiten zwischen vorgegebenen Alternativen zu bieten, anstatt sie gleichberechtigt in die Unterrichtsentwicklung miteinzubeziehen und sie ihren eigenen Lösungswege gehen zu lassen. Es wäre zu erwarten gewesen, dass leichter umzusetzende und für Schüler*innen offensichtlichere Methoden der Öffnung von Unterricht, wie z.B. die Wahl des Arbeitsplatzes, der Arbeitsgruppenmitglieder oder die Auswahl zwischen verschiedenen Inhalten bei einer Lerntheke bzw. Stationenarbeit, von den Schüler*innen häufiger wahrgenommen werden als kognitive und persönliche Selbstbestimmung. Während die Mittelwerte für Selbstorganisation niedrig und rechtsschief verteilt sind, sind die der Selbstbestimmung mittig normalverteilt. Scheinbar gelingt es einem Großteil der Lehrkräfte an der Mittelschule durchschnittlich recht gut, den Schüler*innen den Eindruck zu vermitteln, ihre Meinungen und Wünsche zu achten und sie ihren eigenen Lösungsweg gehen zu lassen. Organisatorisch-sozial-inhaltliche Mitbestimmung hingegen ist signifikant niedriger ausgeprägt. Insbesondere soziale Autonomie, d.h. Mitbestimmung über den Unterrichtsverlauf, Regeln des sozialen Miteinanders, etc., scheint im Mathematikunterricht der Mittelschule nur gering unterstützt zu werden. In Anbetracht deutscher Forschung zur Verbreitung von geöffneten Unterrichtsformen im Schulalltag (siehe z.B. Bohl, 2007; Hartinger, 2005) sind die durchschnittlich recht niedrigen Werte der organisatorischen, sozialen und inhaltlichen Autonomie aber nicht unüblich. Ob diese Ausprägungen auch von Lehrkräften so wahrgenommen werden oder sich objektiv beobachten lassen, wurde in der vorliegenden Studie nicht untersucht.

8.1.4 Lern- und Leistungsemotionen im Zusammenhang mit schülerperzipierter Autonomieunterstützung

Die zentrale Fragestellung der vorliegenden Arbeit dreht sich um den Zusammenhang von schülerperzipierter Autonomieunterstützung mit dem emotionalen Befinden der Schüler*innen. Pekrun (2006) beschreibt Autonomieunterstützung als einen Faktor der proximalen Sozialumwelt. Jedoch lösen nicht die Umweltbedingungen an sich eine Emotion aus, sondern die Bewertung der jeweiligen Situation bzw. des Gegenstandes durch die betreffende Person (Pekrun, 2000). Die Kontroll-Wert-Theorie der Entstehung und Wirkung von Lern- und Leistungsemotionen (Pekrun, 2006; Pekrun & Perry, 2014) nimmt dabei die subjektive Einschätzung der Kontrolle sowie der intrinsischen und extrinsischen Valenz als ausschlaggebende Appraisals in der Emotionsentstehung in Lern- und Leistungssituationen an. Zahlreiche Studien weltweit konnten in unterschiedlichsten Kontexten und Altersstufen diese Annahmen bekräftigen. Daher war auch bei dieser Studie davon auszugehen, dass subjektive Kontrolle (H4.1) und intrinsische Valenz (H4.3) positiv mit positiven Lern- und Leistungsemotionen sowie negativ mit negativen Lern- und Leistungsemotionen zusammenhängen. Die subjektive extrinsische Valenz hingegen sollte positiv sowohl mit positiven als auch mit negativen Emotionen korrelieren (H4.2). Anhand von Strukturgleichungsmodellen konnten diese Annahmen größtenteils bestätigt werden.

8.1.4.1 Zusammenhänge von Appraisals mit Lern- und Leistungsemotionen

Subjektive Kontrolle, operationalisiert durch mathematische Selbstwirksamkeitserwartung sowie intrinsische Valenz sind starke, positive Prädiktoren von positiven Emotionen und zumeist mittelstarke negative Prädiktoren von negativen Emotionen. Das Kontroll-Appraisal wirkt sich bei den negativen Emotionen vor allem auf die Hoffnungslosigkeit stark negativ aus. Intrinsische Valenz kann insbesondere dazu beitragen, Langeweile zu verringern. Nur schwach hingegen sind die Auswirkungen intrinsischer Valenz auf Angst und Scham.

Im Vergleich zur intrinsischen weist extrinsische Valenz durchwegs wesentlich schwächere Regressionsgewichte auf die Lern- und Leistungsemotionen auf. Eine stärkere Beziehung zwischen Kontrollkognitionen und positiven Emotionen im Vergleich zu deutlich schwächeren Korrelationen zwischen Valenzkognitionen und positivem Erleben zeigen sich auch bei Hagenauer und Hascher (2011). Auf Angst und Scham scheint extrinsische Leistungsvalenz sogar gar keinen Einfluss zu haben. Dies verwundert, denn sowohl Angst als auch Scham stehen theoretisch in enger Verbindung mit Leistungssituation. So wird Angst typischerweise vor nicht oder nur schwer bewältigbaren Aufgaben erlebt, während Scham insbesondere nach Versagen in Leistungssituationen erlebt wird. Allerdings entspricht das Ergebnis für Angst den Befunden von Götz (2004), der in der Unterrichtssituation ebenfalls keinen Zusammenhang von extrinsischer Valenz und Angst gefunden hat (Scham wurde in diesen Studien nicht erhoben). Die Zusammenhänge von extrinsischer Valenz mit den anderen Lern- und Leistungsemotionen indes sind sowohl bei Götz (2004) als auch in der vorliegenden Studie auf schwachem bis mittlerem Niveau signifikant.

Hypothesenkonform sind bei Valenz die mittelstarken Regressionsgewichte bei positiven Emotionen positiv. Entgegen den Erwartungen sind diese bei den negativen Emotionen Ärger, Hoffnungslosigkeit und Langeweile jedoch negativ. Klassische Mediationsanalysen mit einer Form der Autonomieunterstützung als exogene Variable, einer Emotion als endogene Variable und extrinsischer Valenz als Mediator, schreiben den indirekten Effekten sogar keine bzw. nur äußerst schwache Mediationseffekte zu.

Die schülerperzipierte Wichtigkeit des Faches und der Leistungen scheinen insgesamt ein positives emotionales Befinden der Schüler*innen zu fördern und negative Emotionen zu verringern oder – im Fall von Angst und Scham – keine bzw. eine ambivalente Wirkung zu haben. Die positiven Effekte auf das emotionale Erleben können auch bedingt sein durch Korrelationen von intrinsischer, extrinsischer Valenz und mathematischen Selbstwirksamkeitserwartungen (SWE). Werden Strukturgleichungsmodelle mit diesen Faktoren gerechnet, so korreliert intrinsische Valenz hoch mit extrinsischer Valenz sowie mit Selbstwirksamkeitserwartungen. Auch die extrinsische Valenz und die mathematischen Selbstwirksamkeitserwartungen hängen moderat zusammen. Der negative Effekt extrinsischer Valenz auf negative Emotionen könnte daher auch ein durch die stark negative Wirkung der Selbstwirksamkeit mediierter Effekt sein.

Insgesamt ist es zunächst einmal als positiv zu bewerten, dass das emotionale Befinden von Schüler*innen durch die Vermittlung der intrinsischen Valenz sowie – wenn auch mit einer geringen Auswirkung – der extrinsischen Valenz gefördert werden kann. Die Emotionen Angst und Scham entstehen jedoch insbesondere dann, wenn eine hohe extrinsische Wichtigkeit, z.B. die Note einer anstehenden Prüfung, gepaart mit einem niedrigen Kontrollempfinden auftritt. So zeigte sich zumindest in einigen früheren Studien, dass Angst und Scham positiv mit Leistungsvalenz korrelieren (Frenzel et al., 2007). Vor einem relevanten Ereignis kann prospektiv Angst hervorgerufen werden, während es nach einem erlebten Misserfolg retrospektiv zu einem Schamgefühl führen kann. Hierin könnte auch ein Grund liegen, warum in der vorliegenden Studie extrinsische Valenz auf Angst und Scham keine signifikanten Regressionseffekte zeigt: die generelle abschwächende Wirkung von Valenz auf negative Emotionen wird aufgehoben durch einen gegensätzlichen Effekt der extrinsischen Wichtigkeit, die von den Schüler*innen auch als Leistungsdruck empfunden werden kann und somit Angst und Scham hervorruft. Diese ambivalente Wirkung von extrinsischer Valenz könnte sich in den Nullkorrelationen mit Angst und Scham widerspiegeln.

8.1.4.2 Zusammenhänge von schülerperzipierter Autonomieunterstützung mit Appraisals

Den Annahmen der Kontroll-Wert-Theorie (Pekrun & Perry, 2014) sowie der Selbstbestimmungstheorie (Ryan & Deci, 2017) folgend, sollte Autonomieempfinden sich positiv auf die Kontroll- und Valenzappraisals der Schüler*innen auswirken. Einerseits hat Autonomieunterstützung durch die Lehrkraft generell einen positiven Einfluss auf die Bewertung der Kontrolle (Patall et al., 2013; Ryan & Deci, 2000), befriedigt das psychologische Grundbedürfnis nach Autonomie (Rakoczy, 2008; Reeve, 2002) und beeinflusst somit das emotionale Befinden der Schüler*innen positiv (Hascher, 2004b). Andererseits haben Schüler*innen in einem autonomieunterstützenden Unterricht die Möglichkeit, intrinsisch motiviert zu handeln und sollten daher einen hohen intrinsischen Wert der Lerntätigkeit wahrnehmen sowie positive Emotionen erleben.

Autonomieunterstützung nimmt somit auf vielfältige Weise einen positiven Einfluss auf das emotionale Empfinden in Lernsituationen (Deci & Ryan, 2002a; Ryan & Deci, 2017). In einigen Studien konnte bereits gezeigt werden, dass Lernende im Unterricht mehr positive und weniger negative lernbezogene Emotionen erleben, wenn sie sich als autonom und kompetent wahrnehmen (Assor et al., 2002; Miserandino, 1996). Es wurde daher angenommen, dass schülerperzipierte Autonomieunterstützung sowohl mit der subjektiven Kontrolle (H4.4) als auch mit der intrinsischen Valenz (H4.5) positiv zusammenhängt.

Die Hypothesen 4.4 sowie 4.5 können zunächst angenommen werden. Selbstorganisation (AutOSI) hängt moderat mit Selbstwirksamkeitserwartungen sowie der intrinsischen Valenz zusammen, während die Regressionskoeffizienten bei Selbstbestimmung (AutPM) als hoch bezeichnet werden können. Selbstbestimmung erweist sich ebenfalls als moderater Prädiktor extrinsischer Valenz. AutOSI und extrinsische Valenz hingegen hängen nur schwach zusammen.

Selbstbestimmung und mathematikbezogene Selbstwirksamkeitserwartungen korrelieren stark, ebenso wirkt sie sich auf einem hoch mittleren Niveau auf die intrinsische Valenz aus. Je mehr Schüler*innen demnach ihre eigenen Lösungswege gehen können und den Unterricht gleichberechtigt zur Lehrkraft mitentwickeln können, desto selbstwirksamer erleben sie sich und desto wichtiger sind ihnen auch die Inhalte des Unterrichts. Interessant erscheint der positive Zusammenhang von persönlich-methodischer Autonomieunterstützung mit der extrinsischen Valenz. Es scheint so, als würde ein auf Gleichberechtigung ausgerichtetes persönliches Verhältnis zwischen Lehrkraft und Schüler*innen deren Leistungsvalenz erhöhen. Durch die Wertschätzung der Schülermeinung könnte eine erhöhte Verbindlichkeit entstehen, die sich auch darauf auswirkt, wie wichtig den Schüler*innen die Zufriedenheit der Lehrkraft mit der eigenen Leistung ist. Etwa im Sinne von: „Je wichtiger die Lehrkraft meine Meinung nimmt, desto weniger möchte ich sie mit meiner Leistung enttäuschen.“ Hierdurch könnte einerseits der positive Zusammenhang von persönlich-methodischer Autonomieunterstützung mit Leistungsvalenz erklärt werden, andererseits überrascht so aber auch nicht, dass zwischen organisatorisch-inhaltlich-sozialer Mitbestimmung und extrinsischer Valenz ein nur äußerst schwacher Zusammenhang gefunden wurde. Allein die Wahlmöglichkeit zwischen verschiedenen Lernorten, Arbeitspartner*innen oder Inhalten wirkt sich scheinbar noch nicht auf die Wertigkeit der zu erbringenden Leistung aus.

Organisatorisch-inhaltlich-soziale Autonomieunterstützung hat jedoch einen mittleren positiven Effekt auf die Selbstwirksamkeit sowie die intrinsische Valenz. Je mehr die Schüler*innen demnach die sozialen Strukturen, Inhalte und die Rahmenbedingungen des Lernens mitbestimmen können, desto wichtiger erscheinen ihnen die Inhalte bzw. das Fach und desto höher ist ihre Selbstwirksamkeitserwartung.

8.1.4.3 Mediatorfunktion der Appraisals beim Zusammenhang von schülerperzipierter Autonomieunterstützung mit Lern- und Leistungsemotionen

In Folge der positiven Zusammenhänge von Autonomieempfinden und Appraisals sollte schülerperzipierte Autonomieunterstützung positiv mit positiven Lern- und Leistungsemotionen sowie negativ mit negativen Emotionen und Langeweile korrelieren (H4.6). Subjektive Kompetenzwahrnehmung (H4.7) sowie subjektive intrinsische Valenz (H4.8) sollten diesen Zusammenhang mediieren.

Die Gesamteffekte von organisatorisch-inhaltlich-sozialer Selbstorganisation auf Lern- und Leistungsemotionen bewegen sich insgesamt vorwiegend im schwachen Bereich, wobei sich keine signifikanten Effekte auf Angst und Scham zeigen. Persönlich-methodische Selbstbestimmung hingegen erweist sich als moderater bis starker Prädiktor von Lern- und Leistungsemotionen, insbesondere bei positiven Emotionen (positive Effekte) und Langeweile (negativer Effekt). Bei Angst und Scham sind die Gesamteffekte von Selbstbestimmung zwar signifikant, aber schwach.

Wie aus dem nur äußerst schwachen Zusammenhang von schülerperzipierter Autonomie-unterstützung und extrinsischer Valenz gefolgert werden kann, konnte die extrinsische Valenz bei organisatorisch-inhaltlich-sozialen Wahlmöglichkeiten (AutOSI) nicht als Mediator der Wirkung auf Lern- und Leistungsemotionen bestätigt werden. Auch bei persönlich-methodischer Selbstbestimmung (AutPM) fungiert extrinsische Valenz nur bei drei Emotionen als Mediator: bei Freude, Stolz (gemeinsam mit intrinsischer Valenz und SWE) sowie bei Hoffnung (mit SWE).

Interessant ist hierbei die Polarität der Regressionsgewichte. Bei der Regression von Selbstbestimmung auf Hoffnung weist extrinsische Valenz (als alleiniger der beiden Valenz-Faktoren) ein schwach positives Regressionsgewicht auf die Emotion auf. Bei Freude und Stolz allerdings zeigt sich eine schwach negative Wirkung der extrinsischen Valenz auf die beiden Emotionen. Das positive Regressionsgewicht der intrinsischen Valenz ist in beiden Fällen jedoch mehr als dreifach so stark. Dies bedeutet, dass die positive Wirkung von persönlich-methodischer Selbstbestimmung auf Freude und Stolz in erster Linie über die Steigerung der intrinsischen Valenz und deren positiver Wirkung auf die beiden Emotionen erklärt werden kann. Gleichzeitig wirkt sich unter Kontrolle der intrinsischen Valenz eine Steigerung extrinsischer Valenz negativ auf Freude und Stolz aus. Dies kann wie folgt interpretiert werden: Werden durch Selbstbestimmung die intrinsische Valenz und somit Freude und Stolz gefördert, verringert eine Steigerung der extrinsischen Valenz das Empfinden von Stolz und Freude wiederum. Es sollte in einem persönlich-methodisch selbstbestimmten Unterricht daher darauf geachtet werden, vermehrt die intrinsische Wichtigkeit der Mathematik zu betonen und möglichst wenig die extrinsische Leistungs- und Fremdbewertungsvalenz anzuregen.

Selbstorganisation und Selbstbestimmung scheinen bei Freude und Stolz somit vor allem über die Steigerung der intrinsischen Valenz einen positiven Einfluss auf diese Emotionen zu nehmen. Zusammen mit den Selbstwirksamkeitserwartungen sowie einem schwachen direkten Pfad der Autonomieunterstützung auf die Emotionen, klären die Faktoren 69 % bzw. 71 % der Varianz von Freude sowie 59 % der Varianz von Stolz auf. Dies kann, bei einer noch akzeptablen Modellgüte, als durchaus beachtlicher Befund gelten. Autonomieunterstützung scheint einen beträchtlichen, durch die Appraisals mediierten Einfluss auf die Entwicklung von positiven Emotionen zu haben, denn auch bei Hoffnung zeigt sich eine Varianzaufklärung von 49 % bzw. 51 %. Hier ist jedoch – emotionsimmanent – die Selbstwirksamkeit der wesentlich gewichtigere Mediator, da Hoffnung verstanden wird als die prospektive Einschätzung, die anstehenden Lernaufgaben bewältigen zu können, und somit dem Konstrukt der Selbstwirksamkeitserwartung sehr nahesteht.

Bei den negativen Emotionen Angst, Ärger, Scham und insbesondere Hoffnungslosigkeit erweisen sich die fachspezifischen Selbstwirksamkeitserwartungen ebenfalls konstant als stärkerer Mediator des Zusammenhangs von schülerperzipierter Autonomieunterstützung und besagten Emotionen. Bei Hoffnungslosigkeit weist der indirekte Pfad über SWE sehr hohe negative Regressionsgewichte auf, die intrinsische Valenz als zweiter Mediator schwächere positive

Effekte. Derselbe Effekt zeigt sich beim Zusammenhang von persönlich-methodischer Selbstbestimmung mit Angst. Je wichtiger den Schüler*innen Mathe ist, desto mehr Hoffnungslosigkeit und Angst verspüren sie in diesem Fall. Die positive Wirkung von Autonomieunterstützung auf die intrinsische Valenz lässt Hoffnungslosigkeit und (bei AutPM) Angst somit leicht steigen, ihr positiver Effekt auf die Selbstwirksamkeitserwartungen hingegen lässt Hoffnungslosigkeit und Angst gegenteilig in stärkerem Ausmaß sinken.

Bei Angst (als Folge von AutOSI) und Scham ist Selbstwirksamkeit der einzige signifikante Mediator. Gleichzeitig weist der direkte Effekt von Selbstorganisation auf die jeweilige Emotion ein schwach positives Regressionsgewicht auf. Autonomie wirkt sich somit, vermittelt über steigende Selbstwirksamkeitserwartungen, insgesamt scham- und angstmindernd aus. Es scheint jedoch auch eine wesentlich schwächere scham- und angststeigernde Wirkung von Autonomie zu geben, die eventuell durch nicht erfasste Variablen, wie etwa Unsicherheit, Überforderung, vermehrte Peer-Vergleiche bei Aufgabenauswahl und -kontrolle, erklärt werden könnte.

Autonomieunterstützung scheint sich bei negativen Emotionen, mit Ausnahme von Langeweile, somit in erster Linie über die Steigerung der fachspezifischen Selbstwirksamkeitserwartungen negativ auf Angst, Ärger, Scham und Hoffnungslosigkeit auszuwirken. Selbstorganisation und Selbstbestimmung führen auf diesem Wege zu einer Reduktion negativer Lern- und Leistungsemotionen. Die aufgeklärte Varianz liegt dabei zwischen 18 % (AutOSI/Scham) und 62 % (AutPM/Hoffnungslosigkeit).

Bei Langeweile scheint Selbstwirksamkeit eine untergeordnete Rolle zu spielen, da intrinsische Valenz hier die alleinige (AutOSI) bzw. im Vergleich stärkere (AutPM) Mediatorfunktion einnimmt. Das schwache, aber signifikante Regressionsgewicht der Selbstwirksamkeitserwartungen auf Langeweile ist bemerkenswerterweise positiv. Dies bedeutet, dass unter Kontrolle der intrinsischen Valenz eine hohe Selbstwirksamkeit zu mehr Langeweile führt. Dies ist dadurch zu erklären, dass eine Form der Langeweile auf dem Gefühl der Unterforderung basiert. Leistungsstarke bzw. hoch selbstwirksame Schüler*innen langweilen sich somit vermehrt bei nicht adäquaten Aufgabenschwierigkeiten.

Dass der Effekt so gering ausfällt, kann auf zweierlei Weise begründet werden: Neben der Unter- können Schüler*innen auch eine Überforderungslangeweile verspüren, d.h. es könnte erstens einen gegenteiligen Effekt geben (je niedriger die SWE, desto höher die Langeweile). Zweitens ist in einem Unterricht mit hoher Selbstbestimmung davon auszugehen, dass Schüler*innen ihrer Langeweile durch ihren Einfluss auf das Unterrichtsgeschehen aktiv entgegenwirken können und sich je nach Leistungs- bzw. Selbstwirksamkeitsniveau passenderen

Inhalten und Methoden zuwenden können. Die ambivalente Wirkung hoher Selbstwirksamkeit wird auch dadurch bestätigt, dass SWE beim Zusammenhang von Selbstorganisation und Langeweile keine signifikante Mediatorrolle einnehmen. Es könnte sein, dass die freie Inhalts-, Aufgaben- und Sozialformwahl die potentiell Langeweile fördernde Wirkung hoher Selbstwirksamkeit aufhebt.

Langeweile ist darüber hinaus die einzige Lern- und Leistungsemotion, auf welche Selbstbestimmung auch unter Einbezug der Appraisals einen signifikanten, moderat negativen, direkten Effekt aufweist. Persönlich-methodische Selbstbestimmung verringert somit Langeweile einerseits über indirekte Effekte, welche insbesondere durch intrinsische Valenz mediiert werden. Andererseits wirkt sich persönlich-methodische Selbstbestimmung auch direkt auf das Absinken von Langeweile aus (bzw. über Mediatoren, welche in dieser Studie nicht erfasst wurden). Die Modellpassung und Varianzaufklärung sprechen dabei für einen gewichtigen Einfluss von Autonomieunterstützung und Appraisals auf Langeweile.

8.1.4.4 Resümee

Zusammenfassend können die Annahmen der Kontroll-Wert-Theorie (Pekrun & Perry, 2014), welche die Appraisals Kontrolle und Valenz als auschlaggebend bei der Emotionsentstehung annimmt, durch die vorliegende Studie erneut gestärkt werden. Darüber hinaus kann die Studie aber auch Erkenntnisse dazu beitragen, dass

a) Valenz differenziert erfasst werden sollte und intrinsische Valenz eine stärkere Rolle bei der Emotionsentstehung zu spielen scheint als extrinsische Valenz,
b) der Sozialumweltfaktor Autonomieunterstützung einen positiven Einfluss auf Kontroll- und (vor allem intrinsische) Valenzappraisals nimmt,
c) verschiedene Facetten von Autonomieunterstützung (Selbstorganisation vs. Selbstbestimmung) unterschiedlich starke Effekte in teilweise unterschiedlichen Mediatorkonstellationen auf Lern- und Leistungsemotionen ausüben,
d) persönlich-methodische Selbstbestimmung dabei durchweg höhere Regressionskoeffizienten aufweist als organisatorisch-inhaltlich-soziale Selbstorganisation,
e) Valenz bei positiven Emotionen und Selbstwirksamkeit insbesondere bei negativen Emotionen eine Mediatorrolle beim Effekt von Autonomieunterstützung auf Lern- und Leistungsemotionen einnehmen,
f) schülerperzipierte Autonomieunterstützung somit insgesamt negative Emotionen verringert und insbesondere positive Emotionen fördert.

In Übereinstimmung mit bestehenden Forschungsergebnissen erleben Schüler*innen demnach mehr positive und weniger negative lernbezogene Emotionen, wenn sie sich im Unterricht als autonom und kompetent empfinden (Assor et al., 2002; Miserandino, 1996). Die Unterrichtsmethodik ist dabei ein bedeutender Sozialumweltfaktor (Bieg et al., 2017). Die Befunde früherer Studien zum Zusammenhang von Schülermitbestimmung (Götz, 2004) und Selbstreguliertem Lernen (Pekrun et al., 2002a; Pekrun et al., 2011; Titz, 2001) mit Lern- und Leistungsemotionen können größtenteils bestätigt und erweitert werden. Selbstbestimmung auf einer methodischen und persönlichen Ebene vermag Lern- und Leistungsemotionen stärker zu beeinflussen als Selbstorganisation durch inhaltliche, soziale und organisatorische Wahlmöglichkeiten. Insbesondere die persönliche Dimension, die sich im Verhältnis der Schüler*innen zur Lehrkraft widerspiegelt, hat eine bedeutende Auswirkung auf das emotionale Erleben der Schüler*innen. Eine Beziehung, die durch Wärme, Achtung, Anerkennung, Menschlichkeit, Interesse und Unterstützung geprägt ist, kann der Auslöser für vielfältige positive Lern- und Leistungsemotionen sein. Wird sie hingegen als kalt, wenig unterstützend und als wenig respektvoll wahrgenommen, so werden vermehrt negative Emotionen erlebt (Heise & Neumann, 2006).

Divergente Facetten sowie der Grad an Autonomieunterstützung, den Schüler*innen subjektiv wahrnehmen, beeinflussen demnach die Lern- und Leistungsemotionen auf unterschiedliche Weise. Unklar bleibt zunächst, inwiefern diese Wirkung auch dadurch begründet sein kann, dass Lehrer*innen, welche die Autonomie ihrer Schüler*innen unterstützen, auch weitere Qualitätsmerkmale guten Unterrichts erfüllen und die positive Wirkung von Autonomieunterstützung auf Lern- und Leistungsemotionen auch ein Effekt „guten Unterrichts" sein könnte. Dieser Frage wurde an anderer Stelle nachgegangen (Markus, 2019).

8.2 Kritische Würdigung des Vorgehens und empirische Implikationen

Das folgende Kapitel widmet sich drei wesentlichen Bereichen des empirischen Vorgehens, um sie kritisch zu begutachten. Zunächst wird das Design (Kap. 8.2.1) diskutiert, anschließend das Messinstrument bzw. die Messbarkeit von Emotionen und Autonomieunterstützung (Kap. 8.2.2) hinterfragt. Die angewandten Analysemethoden werden in Kapitel 8.2.3 zur Diskussion gestellt. Mögliche Implikationen der Limitationen werden zu den jeweiligen Kritikpunkten vorgeschlagen.

8.2.1 Design und Stichprobe

Wie bei den meisten bisherigen Untersuchungen zu Unterrichtsmethoden im Mathematikunterricht und deren Zusammenhang mit Emotionen (Götz et al., 2005; Pekrun & Bühner, 2014) wurde ein querschnittliches Design gewählt, um Schüler*innen per Selbstberichtsskalen zu ihren Trait-Emotionen zu befragen. Bezüglich des Designs der vorliegenden Studie sollen zunächst die Folgen der Anlage als Querschnittuntersuchung diskutiert werden.

Ein solches Design wurde gewählt, um mit einer relativ hohen Probandenzahl Mediationseffekte und Mehrebenenstrukturen untersuchen zu können. Ein Hauptkritikpunkt ist jedoch, dass Erhebungen zu nur einem Messzeitpunkt keine kausalen Schlussfolgerungen zulassen. Zwar nehmen Regressionsanalysen und Strukturgleichungsmodell auf Grundlage plausibler theoretischer Modelle, wie hier der Kontroll-Wert-Theorie (Pekrun & Perry, 2014), sowie bestehender Forschungsergebnisse eine Wirkrichtung von unabhängigen (exogenen) auf abhängige (endogene) Variablen an, eindeutige Kausalbeziehung lassen sich jedoch erst in einem längsschnittlichen Cross-Lagged-Panel-Design untersuchen. So bleibt die Wirkrichtung in der vorliegenden Studie eine Vermutung, denn die Frage, ob Schüler*innen bessere Emotionen erleben, weil sie Autonomieunterstützung wahrnehmen, oder mehr Autonomieunterstützung (sowie Kontrolle und Valenz) wahrnehmen, weil sie bessere Emotionen empfinden, wird nur auf Grundlage einer theoretischen Annahme der Wirkrichtung beantwortet. Longitudinale Studiendesigns, experimentelle Studien oder Interventions-forschung bleiben in der Emotionsforschung weiterhin rar (Gläser-Zikuda et al., 2005; Schukajlow et al., 2017).

Wie z.B. Pekrun und Linnenbrink-Garcia (2014b) fordern, sollten diese empirischen Ansätze in der Emotionsforschung stärker verfolgt werden und könnten auch bei den Fragestellungen der vorliegenden Arbeit weitere Erkenntnisse liefern. Teilweise wurden qualitative Methoden, z.B. Videobeobachtungen (Givvin et al., 2005; Jacobs et al., 2006) oder Interviews (Gläser-Zikuda et al., 2003) durchgeführt. Nur selten wurden in diesem Zusammen-hang State-Emotionen der Schüler*innen erhoben (Bieg et al., 2017), Mixed-Methods-Designs verwendet (Gläser-Zikuda & Järvelä, 2008; Gläser-Zikuda & Schuster, 2005; Schutz et al., 2016), experimentelle Studien oder Implementations-/Interventionsforschung durchgeführt (Gläser-Zikuda et al., 2005; Schukajlow et al., 2017).

Daher werden in einer Folgestudie – aufbauend auf der vorliegenden querschnittlichen Untersuchung von Trait-Einschätzungen – in einer experimentellen Versuchsanordnung die State-Emotionen der Schüler*innen sowie deren Antezedenzien im Mixed-Methods-Design erfragt. Eine Ergänzung der rein quantitativen Studie durch qualitative Verfahren zur Validierung der Ergebnisse ist somit in Planung, wäre aber auch in der vorliegenden Studie schon wünschenswert gewesen. Mixed-Methods-Designs (Gläser-Zikuda et al., 2012; Schutz et al., 2016) können z.B. durch den Einsatz von Interviews dabei helfen, die Gründe der Emotionsentwicklung zu beleuchten und zu hinterfragen, welchen Anteil Autonomieunterstützung dazu beiträgt. Erleben die Schüler*innen tatsächlich aufgrund der Autonomieunterstützung und deren Auswirkungen auf die Appraisals positivere Emotionen oder gibt es hierfür anderweitige Gründe, die bislang nicht erfasst wurden? Durch den Einsatz qualitativer Methoden könnten die Wahrnehmung und das Verständnis der Schüler*innen von Autonomieunterstützung und deren Zusammenhang mit dem emotionalen Befinden untersucht werden. Teilnehmende Beobachtung und Videographie von Unterricht könnten eine zusätzliche „objektive" Perspektive in den Forschungsprozess einbringen. Einerseits, um den Unterricht und das Verhalten der Lehrkraft hinsichtlich Autonomieunterstützung zu evaluieren, andererseits um durch gezielte Beobachtung einzelner Schüler*innen den Emotionsausdruck zu erfassen. Beides könnte mit der Schülerwahrnehmung abgeglichen werden.

Als erstes Zwischenfazit kann festgehalten werden, dass mit rein quantitativen Verfahren nur Teilbereiche erhoben werden konnten. Um die Bandbreite der subjektiven Wahrnehmungen im Unterricht zu dokumentieren, bedarf es explorativer bzw. qualitativer Studien. Mixed-Methods-Designs helfen dabei, den Informationsverlust bei ausschließlich qualitativen oder quantitativen Forschungsmethoden zu minimieren (Bühner, 2011; Eberle, 2008; Gläser-Zikuda et al., 2012; Pekrun & Bühner, 2014).

Wie bei vielen anderen Studien der Emotionsforschung werden auch in dieser Untersuchung Emotionen als Traits erfasst. Es ist mittlerweile jedoch bekannt, dass im Schulkontext eine große Diskrepanz zwischen den Angaben von State- und Trait-Emotionen herrscht (Bieg et al., 2014). Das, was Schüler*innen denken, dass sie durchschnittlich fühlen (Traits), unterscheidet sich von dem, was sie in situativen Befragungen angeben, tatsächlich zu fühlen (States). Ähnliches kann für die situative Wahrnehmung von Autonomieunterstützung angenommen werden. Es ist daher durchaus denkbar, dass sich in State-Erhebungen nicht nur eine unterschiedliche Höhe, sondern auch andere Konstellationen von Zusammenhängen finden ließen. Dies sollte in Folgestudien überprüft werden.

Bei der Stichprobe wurde mit Unterstützung des zuständigen Schulamtes versucht, eine Gesamterhebung aller Mittelschulen im Nürnberger Land zu erreichen. Die Schulen konnten freiwillig über die Teilnahme entscheiden, wodurch das Ziel einer Vollerhebung nicht erreicht wurde. Immerhin sechs von zehn

Schulen beteiligten sich an der Studie. Die Stichprobe musste daraufhin allerdings mit weiteren Mittelschulen aus der Metropolregion Nürnberg durch gezielten Kontakt erweitert werden, weshalb es sich im Gesamten um ein Convenience-Sample handelt (Henrich et al., 2010). Die Stichprobenauswahl konnte somit weder randomisiert, noch vollständig kontrolliert erfolgen. Die Aussagekraft und Übertragbarkeit der Studienergebnisse werden dadurch eingeschränkt.

Auch die Teilnahme der Klassen und jeder Schülerin bzw. jedes Schülers beruhte auf Freiwilligkeit. Alle Erhebungen wurden aufgrund der hohen Beteiligungszahlen im Klassenverband durchgeführt. Die Wahrung der Anonymität der Jugendlichen sowie der vollständige Rücklauf aller Fragebögen der teilnehmenden Schüler*innen konnte durch die standardisierte Durchführung durch Testleiter erreicht werden. Nur 3.9 % der Datensätze mussten aufgrund offensichtlicher Fehler ausgeschlossen werden, fehlende Werte in den verwendeten Datensätzen sind vollständig unsystematisch. Dies lässt auf eine gewissenhafte Beantwortung des Messinstruments schließen.

Die vorliegende Studie beschränkt sich auf die Domäne Mathematik. Den vielen Vorteilen dieser Eingrenzung, z.B. eine bessere Vergleichbarkeit, hohe Anknüpfungsfähigkeit und größeren Emotionsvarianz, stehen aber auch Nachteile gegenüber. So ist die Übertragbarkeit der Ergebnisse auf andere Domänen nicht gewährleistet. Sowohl die Art und damit die Facetten an Autonomieunterstützung als auch das emotionale Befinden könnten in sprachlichen, gesellschaftlichen, musisch-künstlerischen Fächern oder Sport anders beschaffen sein. Nicht nur die Regressionskoeffizienten und Mediatoreffekte beim Zusammenhang dieser Faktoren könnten somit eine veränderte Ausprägung aufweisen, sondern auch die Gültigkeit der für Mathematik aufgestellten Hypothesen muss hinterfragt werden. So könnte im Sportunterricht beispielsweise das freie Finden von Lösungswegen beim Geräteturnen zu gefährlichen Situationen führen, die Unsicherheit und Angst auslösen. Eine organisatorische Selbstbestimmung könnte eine Grüppchenbildung unterstützen, in der insbesondere Leistungsschwächere sich vermehrt ärgern, langweilen oder hoffnungslos fühlen.

Ebenso kann die Durchführung der Studie in der Sekundarstufe der Mittelschule kritisch hinterfragt werden. Da im Verhältnis wenige Schüler*innen den M-Zweig der Mittelschule absolvieren, ist die 10. Jahrgangsstufe mit 9 % der Teilnehmer*innen unterrepräsentiert, während es in der 7. und 8. Jahrgangsstufe zu einer Überrepräsentation kommt. Durch die Beschränkung auf eine Schulform können mögliche Schulformeffekte konstant gehalten werden. Gründe, warum die Mittelschule am geeignetsten für die Stichprobengewinnung eingeschätzt wurde, wurden bereits in Kapitel 6.1.3 genannt. Gleichzeitig wird damit jedoch auch die Einschränkung in Kauf genommen, dass mit dieser Stichprobe nur eine selektive Schülerpopulation sowie ein spezifischer (Mathematik-)Unterricht der Mittelschule abgebildet werden. Dieser unterscheidet sich von anderen Schularten beispielsweise dadurch, dass nach dem Klassenleiterprinzip unterrichtet wird. Einerseits wird dadurch die Generalisierbarkeit der Ergebnisse stark eingeschränkt, denn die meisten Schulformen in Deutschland (wie in vielen Teilen Europas und weltweit) arbeiten nach dem Fachlehrerprinzip oder in einem Kurssystem, in welchem die Schüler*innen pro Fach bzw. Kurs eine Lehrkraft haben, welche in jedem Schuljahr oder Semester potentiell wechselt. Andererseits kann bei der vorliegenden Studie nicht mit Sicherheit davon ausgegangen werden, dass die Schüler*innen bei der Beantwortung der Fragen ihre Lehrkraft stets nur im Mathematikunterricht vor Augen hatten. Dadurch, dass ein Großteil der beteiligten Klassen nicht ausschließlich in Mathematik durch dieselbe Lehrkraft unterrichtet wurde, sind unbewusste Wahrnehmungsverzerrungen – z.B. ein Halo-Effekt (Thorndike, 1920) – möglich. Die Einschätzung der Lehrkraft bzw. der Gestaltung des Unterrichts könnte durch die Wahrnehmung in anderen Fächern beeinflusst und somit eher personen- als domänenspezifisch interpretiert worden sein. Auch verweisen manche Forschungsbefunde auf Verzerrungen und eine geringere Zuverlässigkeit in der Wahrnehmung und Einschätzung der schulischen Lernumwelt bei Hauptschülern (Lüdtke et al., 2006). Anhand der Instruktionen durch die Testleiter*innen sowie schriftliche Hinweise bei jedem Fragenblock wurde jedoch das Möglichste versucht, die Fragestellung verständlich zu gestalten, die Aufmerksamkeit der Proband*innen auf den Mathematikunterricht zu lenken und somit eine Vergleichbarkeit der Testungen zu gewährleisten.

Die Übertragbarkeit auf andere Schularten muss in Frage gestellt und in weiteren Studien überprüft werden. Das Klassenleiterprinzip, in welchem ein Großteil der Fächer von derselben Lehrkraft unterrichtet wird, findet sich ansonsten im deutschen Regelschulsystem nur in der Grundschule wieder. Von Schüler*innen dieser Klassenstufen ist jedoch bekannt, dass sie sowohl Autonomieunterstützung (Hartinger, 2005) als auch Lern- und Leistungsemotionen (Lichtenfeld et al., 2012) noch wesentlich undifferenzierter wahrnehmen als Sekundarstufenschüler*innen. Es kann somit bezweifelt werden, dass die differentiellen Analysen der Zusammenhänge von Autonomieunterstützung, Appraisals und Emotionen in dieser Altersstufe repliziert werden könnten. Ähnliches kann für Förderschulen angenommen werden, insbesondere in den Förderbereichen Lernen, Geistige Entwicklung und Autismus-Spektrum-Störung.

In der Sekundarstufe anderer Schularten hingegen wird nach dem Fachlehrerprinzip unterrichtet. Lehrkräfte befinden sich hier pro Fach nur eine oder maximal zwei Schulstunden am Tag in einer Klasse. Dies begrenzt die organisatorischen Möglichkeiten, insbesondere die zeitliche Flexibilität, um den Schüler*innen selbstbestimmtes Lernen zu ermöglichen. Es darf angenommen werden, dass die Schüler*innen an Realschulen und Gymnasien – zumindest in der Selbstorganisation – weniger in ihrem Bedürfnis nach Autonomie unterstützt werden. Die Beziehungsarbeit, welche insbesondere bei der persönlich-methodischen Selbstbestimmung eine entscheidende Rolle einnimmt, wird durch die Vielzahl an Klassen, die eine Lehrkraft pro Schuljahr parallel unterrichten muss, und die stark eingeschränkte Zeit, die pro Klasse und Schüler*in somit zur Verfügung steht, ebenfalls erheblich erschwert. Andererseits könnte es auf der persönlichen und methodischen Ebene hingegen vor allem in den höheren Jahrgangsstufen zu einer vermehrten Autonomieunterstützung kommen, da den Schüler*innen mit steigenden kognitiven, meta-kognitiven und selbstorganisatorischen Fertigkeiten eventuell mehr Freiheiten in der Lösungsfindung und ein eher gleichberechtigtes Verhältnis zur Lehrkraft eingeräumt werden, was sich positiv auf die Lern- und Leistungsemotionen auswirken könnte. Dem entgegen steht die Erkenntnis aus der vorliegenden Studie, dass gerade in Abschlussklassen Lehrkräfte dazu neigen, den Schüler*innen wenig Autonomie zu gewähren. Ähnlich dem M-Zweig der Mittelschule könnte die striktere Ausrichtung des Unterrichts am Lehrplan in der 10. Jahrgangsstufe der Realschule sowie der Oberstufe des Gymnasiums bzw. an Gesamtschulen zu kontrollierendem, autonomieunterdrückendem Verhalten der Lehrkraft führen. Wie stark Autonomieunterstützung aus Schülersicht an anderen Schularten ausgeprägt ist und ob die Appraisals Kontrolle und Valenz in gleicher Weise als Mediatoren im Zusammenhang mit Lern- und Leistungsemotionen fungieren, kann somit aus der vorliegenden Studie nicht abgeleitet werden und sollte daher in Folgestudien überprüft werden.

8.2.2 Messinstrument

Die Messung von Emotionen ist generell eher schwierig. Die ökonomischste Form der Erfassung durch Verbalaussagen in standardisierter Fragebogenform bringt einige Nachteile mit sich. So fällt es einigen Schüler*innen, insbesondere leistungsschwachen Mittelschüler*innen, sehr schwer, Emotionen zu verbalisieren. Einige Emotionen und Situationsbewertungen, die für das Entstehen der Emotionen verantwortlich sind (Appraisals und Umweltfaktoren), sind unbewusst und laufen automatisch ab (Ulich, 1995). Zum einen heißt das, dass Schüler*innen sich ihrer Emotionen nicht immer bewusst sind bzw. sein können. Andererseits haben sie Schwierigkeiten im verbalen Ausdruck und im Verständnis von Emotionsbegrifflichkeiten (Götz et al., 2003). Gerade in der Mittelschule dürfte dies ein Faktor sein, der zu Verzerrungen im Ergebnis führt. Trotz einer standardisierten Einführung in die Fragebogenerhebung und die Möglichkeit, bei Unklarheiten stets Rückfragen stellen zu können, kann nicht ausgeschlossen werden, dass Schüler*innen die Formulierungen nicht oder missverstanden haben. Die empirisch trennscharfe Abgrenzung von Emotionen zu verwandten psychologischen Konstrukten wie Interesse und Motivation ist in der Itemformulierung äußerst schwierig. Einzelne Items der Emotions- oder Unterrichtsskalen könnten von Schüler*innen fehlinterpretiert worden sein.

Auch die Nachteile der Antworttendenz zur sozialen Erwünschtheit sowie der Verzerrung durch psychologische Prozesse, wie z.B. selbstwertdienliche Attributionen oder emotionale Umdeutungen, stehen den Vorteilen der Selbstberichte gegenüber. Zudem lässt sich bei der standardisierten Fragebogenerhebung von Trait-Emotionen nicht nachvollziehen, ob das tatsächliche emotionale Erleben der Schüler*innen oder deren implizite Theorien zu spezifischen Emotionen erhoben wurden. Die erstaunlich niedrigen Werte negativer Emotionen werfen die Frage auf, ob Schüler*innen ihre tatsächlichen Emotionen berichten oder das, was sie denken, in Mathe an Emotionen erleben bzw. angeben zu sollen. Ersterem wurde versucht durch eine Atmosphäre des Vertrauens zu begegnen, indem allen Beteiligten der absolut vertrauliche Umgang mit allen Angaben versichert wurde (Pekrun & Bühner, 2014). Zweiteres ist insbesondere bei retrospektiven Trait-Erhebungen problematisch und trägt zur Erklärung der Trait-State-Diskrepanz bei (siehe Kap. 2.1.3). Auch hier hätten qualitative Nachfragen in einem Mixed-Methods-Design hilfreich sein können.

Bezüglich der Erfassung von Lern- und Leistungsemotionen sollte angemerkt werden, dass aufgrund der Kürze der Skalen weder die verschiedenen Komponenten einer Emotion durchwegs berücksichtigt werden konnten, noch verschiedene Facetten bestimmter Emotionen erfasst werden konnten. So wird bei Angst beispielsweise nicht zwischen emotionality- vs. worry-Komponente differenziert oder – wie beim AEQ (Pekrun et al., 2011) etwa – stets eine emotionale, physiologische, kognitive und motivationale Komponente angesprochen. Auch wird nicht getrennt zwischen Über- vs. Unterforderungslangeweile, individueller vs. kollektiver Scham, Lern-/Aktivitätsfreude vs. Ergebnisfreude, selbstgerichtetem vs. fremdgerichtetem Ärger oder Prüfungsangst vs. Lern-/Schulangst. Dies ist in dieser Detailliertheit in der pädagogisch-psychologischen Schulforschung jedoch weder üblich, noch wäre die Länge und Komplexität einer solchen Befragung den Schüler*innen zumutbar.

Auch das Messinstrument zur Erfassung der schülerperzipierten Autonomieunterstützung muss kritisch geprüft werden. Als Grundlage für die Konstruktion der Skalen wurden die Facetten der Öffnung von Unterricht und zur Formulierung der Items die höchste Stufe des Rasters zur Beurteilung der Öffnung von

Unterricht nach Peschel (2002a) verwendet. Auch andere Autoren sehen in der Fünfgliedrigkeit eine sinnvolle Beschreibung der Facetten von Offenem Unterricht (Bohl & Kucharz, 2010; Brügelmann, 1997; Goetze, 1992; Ramseger, 1977). Diese Einteilung ist letztendlich jedoch willkürlich, da sie bislang – v.a. in der deutschsprachigen Schulpädagogik – kaum empirisch untersucht wurde. Die wenigen Untersuchungen, die sich explizit mit der Wahrnehmung von Unterrichtsöffnung durch Schüler*innen befassen (Hartinger, 2005; Hofmann et al., 1998), kommen zu unterschiedlichen Ergebnissen, v.a. im Vergleich zu Studien in anderen Ländern (Assor et al., 2002; Reeve et al., 2003; Stefanou et al., 2004). Eine Stärke der vorliegenden Untersuchung wird deshalb darin gesehen, von einer möglichst differenzierten Erfassung ausgegangen zu sein und aus den Ergebnissen eine Struktur von schülerperzipierter Autonomieunterstützung abgeleitet zu haben, die die Auffassung mehrerer Empiriker vereint. Damit kann jedoch nicht ausgeschlossen werden, dass die Verwendung einer anderen Basis für die Konstruktion der Items zu völlig unterschiedlichen Ergebnissen hätte führen können. Beispielsweise hätten die von Reeve (2016) postulierten integrativen Bestandteile von Autonomieunterstützung als Grundlage der Skalenkonstruktion ganz andere Facetten angesprochen. So wurden diverse Aspekte – wie z.B. die Anregung der inneren motivationalen Ressourcen, das Liefern von Begründungen für Handlungen, die Verwendung einer informativen, nicht-kontrollierenden Sprache oder Geduld zeigen – im vorliegenden Erhebungsinstrument nicht oder nur rudimentär berücksichtigt, obwohl sie als wichtig für die Befriedigung des Autonomiebedürfnisses von Schüler*innen angesehen werden. Hierbei handelt es sich jedoch vorwiegend um Tiefenstrukturen des Unterrichts, während die Erfassung von Autonomieunterstützung in der vorliegenden Studie hauptsächlich auf die Sichtstrukturen des Unterrichts ausgerichtet werden sollte. Zudem begründet Reeve (2016) seine Facetten aus der Lehrerperspektive, die vorliegende Studie wollte jedoch explizit die Schülerwahrnehmung erfassen. Ähnlich verhält es sich auch bei Merkmalen von Autonomieunterstützung bei anderen Autoren, wie etwa der Steigerung der Relevanz der Lerninhalte bzw. Aufgaben sowie ein Verständnis der Gefühle und Gedanken der Schüler*innen bezüglich des Lernstoffs (Assor et al., 2002).

Aelterman et al. (2019) liefern eine neuartige, integrative Konzeptualisierung von Autonomieunterstützung (mitsamt empirischer Überprüfung), welche detailliert vier Dimensionen mit jeweils zwei Subdimensionen motivierenden und demotivierenden Lehrkraftverhaltens in einem Cirkumplex-Modell auf Basis der Selbstbestimmungstheorie beschreibt. In ihrem kreisförmig angeordneten Modell beschreiben sie anhand der beiden Dimensionen Bedürfnisbefriedigung (*need support vs. thwarting*) und Direktivität (*high vs. low directiveness*), wie

Autonomieunterstützung und Struktur motivierend bzw. kontrollierendes Lehrkraftverhalten und Chaos demotivierend auf Schüler*innen wirken. Viele der dort benannten (Tiefen-)Strukturen wurden in der vorliegenden Studie (als Sichtstrukturen) implizit erfragt, jedoch ist die Studie von Aelterman et al. (2019) wesentlich weiter gefasst.

Es kann somit festgehalten werden, dass es über die erfassten fünf (plus zwei second-order) Facetten hinaus noch andere zentrale Bestandteile von Autonomieunterstützung gibt bzw. diese in einer anderen Weise benannt und taxonomisiert werden können. Auch hier wäre es interessant, mit qualitativen Methoden zu untersuchen, ob für Schüler*innen die genannten fünf Facetten entscheidend für ein Gefühl der Autonomie im Unterricht sind oder ob darüber hinaus andere zentrale Elemente existieren. Zudem könnten State-Erhebungen Aufschluss darüber geben, wie stabil das autonomieunterstützende Handeln einer Lehrkraft ist. Entgegen individueller Eigenschaften der Person oder dem generellen Duktus einer Lehrkraft, sollte es zu einigen Schwankungen hinsichtlich des Einsatzes autonomieunterstützender Unterrichtsmethoden kommen. Einige Unterrichtsstunden derselben Lehrkraft werden daher vermutlich als autonomieunterstützend empfunden, andere dagegen weniger. Je nach persönlichen Erfahrungen und Vorlieben nehmen Schüler*innen denselben Unterricht unterschiedlich autonomieunterstützend wahr (Tsai et al., 2008). Es sollte daher erforscht werden, ob es sich bei Autonomieunterstützung um ein zeitstabiles Merkmal der Lehrkraft handelt (Trait) oder ob eine Erfassung als variierendes Unterrichtsmerkmal (State) nicht reliabler und valider wäre.

8.2.3 Gütekriterien und Analysemethode

Gütekriterien

Bei der Planung, Durchführung und Auswertung der Studie wurde versucht, die Gütekriterien wissenschaftlichen Arbeitens möglichst umfassend zu erfüllen. Durchführungsobjektivität wurde durch Standardisierung der Befragungssituation anhand von Schulungen und ausformulierten Instruktionen zur Einweisung und Beantwortung von Rückfragen versucht zu erreichen, die Auswertungsobjektivität ist durch Verwendung standardisierter Messinstrumente und quantitativer Auswertungsmethoden höchstmöglich gegeben. Die Größe der Stichprobe sowie die Orientierung an Referenzwerten bei der Auswertung begünstigen die Interpretationsobjektivität, da zum einen jede*r Teilnehmer*in gleichwertig in die Stichprobe miteinfließt und zum anderen die Effektgrößenmaße nach objektivierten Standards bewertet wurden.

Die Überprüfung der Reliabilität erfolgte unter Verwendung und Angabe von Cronbachs α-Werten (Cronbach, 1951) als Maß für die interne Konsistenz (Bühner, 2011; Döring & Bortz, 2016b). Die Kritik an der auf diese Weise berechneten Reliabilität ist mannigfaltig, z.B. hinsichtlich der Eignung des Cronbachs α-Kennwerts als Nachweis für Unidimensionalität (Kane, 1996; Schmitt, 1996) oder der starken Abhängigkeit von der Itemzahl des Tests (Döring & Bortz, 2016c). Diese Problematik zeigt sich auch in der vorliegenden Studie, da insbesondere die Reliabilitäten von Skalen mit geringer Itemzahl sich im schwachen Bereich befinden. Dennoch wurde Cronbachs α verwendet, da es immer noch der etablierteste Kennwert zur Einschätzung der Reliabilität ist.

Die Itemkonstruktion zur Erfassung schülerperzipierter Autonomieunterstützung orientierte sich nah am Wortlaut des von Peschel (2002a) vorgegebenen Rasters zur Beurteilung der Öffnung von Unterricht. Es ist daher anzunehmen, dass das Instrument das zu messende Merkmal tatsächlich abbildet und somit inhaltsvalide ist. Die Nähe zu anderen Konstrukten, z.B. einer demokratischen Lehrer-Schüler-Beziehung bei der persönlichen Offenheit, aber auch die hohen Korrelationen zwischen den Skalen der Autonomieunterstützung sind definitionsbedingt gegeben. So ist es im schulischen Alltag nur schwer vorstellbar, dass Lehrkräfte eine Form der Autonomieunterstützung völlig unabhängig von anderen Dimensionen praktizieren. Eine divergente Konstruktvalidität kann somit – auch aufgrund der unklaren Definition von Autonomieunterstützung bzw. Offenem Unterricht – nur bedingt angenommen werden. Die signifikanten Zusammenhänge der Autonomieunterstützung mit Lern- und Leistungsemotionen können indes zur Überprüfung der Kriteriumsvalidität herangezogen werden, da die theoretisch sowie empirisch begründete Annahme besteht, Autonomie führe zu positivem emotionalem Befinden. Insofern kann das Messinstrument bezüglich der Erfassung schülerperzipierter Autonomieunterstützung als kriteriumsvalide eingeschätzt werden. Bei den weiteren Skalen handelt es sich größtenteils um Items aus bereits existierenden und empirisch überprüften Messinstrumenten. Insofern kann auch hier den Items bzw. Skalen Validität unterstellt werden.

Explorative vs. konfirmatorische Faktorenanalyse

Die Struktur schülerperzipierter Autonomieunterstützung wurde anhand von explorativen (EFA) und konfirmatorischen Faktorenanalysen (CFA) überprüft. Bei kritischer Betrachtung des Einsatzes von EFA und CFA in der vorliegenden Studie muss jedoch festgestellt werden, dass die beiden Vorgehensweisen weder streng explorativ noch konfirmatorisch angewandt wurden. Denn einerseits lag der Itemkonstruktion eine Theorie und somit eine Hypothese zugrunde, auf welche Weise sich die Items zu Skalen zuordnen lassen könnten. Somit handelt es sich um ein hypothesenprüfendes Vorgehen, nicht um ein exploratives im engeren Sinne. Andererseits wurde die CFA auf eher explorative Weise genutzt, indem verschiedene Modelle hinsichtlich ihrer Modellgüte gegeneinander getestet wurden. Die Idee der letztendlich angenommenen Struktur mit latenten second-order-Faktoren entstand aufgrund hoher Korrelationen der Faktoren einer fünffaktoriellen Struktur. Das Modell wurde demnach weiter modifiziert, was einer explorativen Vorgehensweise entspricht. Die Grundidee der CFA ist jedoch eigentlich die Testung *einer* hypothetisch angenommenen Struktur. Es muss daher kritisch hinterfragt werden, ob die konfirmatorische Faktorenanalyse tatsächlich konfirmatorisch war (Hinz, 2014) und ob der Einsatz einer explorativen Faktorenanalyse überhaupt notwendig gewesen wäre.

Nachdem es sich bei der explorativen Faktoranalyse um ein strukturentdeckendes Verfahren handelt, das angewendet wird, wenn keine gesicherten Annahmen über die Struktur, die Operationalisierung und die Zusammenhänge der Variablen vorliegen (Bühner, 2011), ist die Anwendung der EFA durchaus zu vertreten. Trotz theoretischer Vorannahmen konnte die Struktur von schülerperzipierter Autonomieunterstützung aufgrund der vielen widersprüchlichen Theorien und Befunde keineswegs als gesichert angesehen werden. Aufgrund der Ergebnisse der EFA wurden zum einen Items selektiert und damit die psychometrische Qualität der Skalen verbessert. Zunächst war auffällig, dass die drei invertiert formulierten Items, evtl. aufgrund ihrer schärferen Formulierung, nicht trennscharf das Konstrukt wiedergaben. Das Problem einer inkonsistenten Beantwortung vergleichbarer Items mit unterschiedlicher Fragerichtung findet sich in vielen anderen Studien (Eberle, 2009), ebenso die typische Bildung eines trivialen Faktors, der auf Methodeneffekte zurückzuführen ist (Brown, 2006). Die Exklusion weiterer Einzelitems erfolgte aufgrund der bei der Überprüfung der Faktorenstruktur entdeckten Doppelladungen bzw. geringer Trennschärfen.

Zum anderen war die hier gefundene zweifaktorielle Struktur ein weiterer Ideengeber für die latenten second-order-Faktoren. Die Entscheidung für die Anzahl der Faktoren fiel damit sowohl auf Grundlage empirischer Erkenntnisse der EFA, als auch hinsichtlich der Interpretierbarkeit und Plausibilität der Zuordnung der Faktoren. Unter Berücksichtigung des theoretischen Hintergrundes entstand so die letztendlich angenommene 5+2-Faktorenstruktur schülerperzipierter Autonomieunterstützung. Die Anwendung der EFA erwies sich demnach als sinnvoll.

Als Kritik an der konfirmatorischen Faktorenanalyse muss zudem angeführt werden, dass die Voraussetzung einer multivariaten Normalverteilung der einzelnen Indikatoren nicht durchgängig gegeben war. Zur Berechnung von Faktorenanalysen auf der Grundlage nicht-normalverteilter Indikatorvariablen sind die traditionellen linearen Modelle der Faktorenanalyse jedoch nicht geeignet, da sie von kontinuierlichen Variablen ausgehen. Um die Gültigkeit der dadurch eventuell verzerrten Ergebnisse der Faktorenanalyse zu überprüfen, sollten Modelle der Item-Response-Theorie (IRT) angewandt werden, die robust gegen Verletzungen der Normalverteilungsannahme sind (Glöckner-Rist & Hoijtink, 2003).

Hierarchische Datenstruktur
Vernachlässigt wurde bei der CFA ebenso wie bei den anschließenden Strukturgleichungsmodellen die hierarchische Datenstruktur, obwohl eine Klumpenstichprobe vorlag und bei der Analyse von Mehrebenenmodellen ein signifikanter Effekt der Klassenebene auf die Wahrnehmung von Autonomieunterstützung nachgewiesen werden konnte. Ein Grund für den Verzicht auf mehrebenenanalytische Strukturgleichungsmodelle liegt in den schwachen Klasseneffekten auf die Lern- und Leistungsemotionen als endogene Variable der Strukturgleichungsmodelle und wurde bereits ausführlicher in Kapitel 6.6 dargelegt. Da es sich sowohl bei der abhängigen Variable als auch den Appraisals um ein intraindividuelles Phänomen handelt, sollten die Analysen auf der Individualebene der Schüler*innen durchgeführt werden. Die subjektive Wahrnehmung der Unterrichtssituation wurde somit für relevanter für die Entstehung von Lern- und Leistungssituationen eingeschätzt als die Effekte der Klassenebene. Die Intraklassenkorrelationen verdeutlichen, dass der Einfluss der Klassenzugehörigkeit auf die Lern- und Leistungsemotionen nur bei den Emotionen Freude, Ärger und Langeweile – und auch hier nur eine geringe – Rolle zu spielen scheint (siehe auch Hagenauer & Hascher, 2011). Da bei einer geringen Intraklassenkorrelation kein zwingender Grund für eine Mehrebenenanalyse besteht (Heck et al., 2010) und die Analysen einheitlich gestaltet werden sollten, wurde bei den Strukturgleichungsmodellen und somit auch bei der Überprüfung der Messmodelle auf die Anwendung von Mehrebenen-Strukturgleichungs-modellen verzichtet. Um eine ausreichende Varianz der Autonomieunterstützung zu erhalten, wurden bei den Strukturgleichungsmodellen die z-transformierten, aber nicht am Klassenmittelwert standardisierten Items als manifeste Variablen verwendet. Dies ist insofern zu vertreten, da mit dem eingesetzten Erhebungsinstrument die Wahrnehmung der Schüler*innen erfragt wurde. Auch bei der Erfassung der Autonomieunterstützung handelt es sich letztendlich um die individuelle Schülerperzeption, nicht um ein aus Sicht der Lehrkraft oder eines objektiven Beobachters erfasstes Konstrukt. Schülerperzipierte Autonomie-unterstützung kann somit auch als Prädiktor auf der Individualebene aufgefasst werden.

Andere methodische Möglichkeiten, die Mehrebenenstruktur in die Analyse miteinzubeziehen, z.B. durch hierarchisch lineare Regressionen, wurden nach Abwägung der Vor- und Nachteile der jeweiligen Methoden verworfen. Die

Strukturgleichungsmodellierung erlaubt es, im Gegensatz zur Regressionsanalyse, auch Wechselbeziehungen zwischen Variablen zu analysieren (Weiber & Mühlhaus, 2014). Anstelle latenter Faktoren und dem damit verbundenen Verlust an Informationen werden die einzelnen manifesten Variablen in die Strukturgleichungsmodelle miteinbezogen. Die Strukturgleichungsanalyse ist damit umfassender als die multiple Regressionsanalyse. Zudem sind Strukturgleichungsmodelle robuster als Regressionsanalysen, da im Falle von Verletzungen der Normalverteilungs-annahme korrigierte Schätzmethoden (robuste Maximum Likelihood Analyse; Bootstrapping) und korrigierte statistische Testkennwerte verwendet wurden. Es ist jedoch nicht auszuschließen, dass Methoden, welche die Mehrebenenstruktur der Daten miteinbeziehen, wie z.B. hierarchisch lineare Regressionsanalysen oder Mehrebenen-Strukturgleichungsmodelle, zu veränderten Ergebnissen führen könnten. Insbesondere bei einer weiterführenden faktoranalytischen Überprüfung der schülerperzipierten Autonomieunterstützung, für die bedeutsame Intraklassenkorrelationen gefunden wurden, sollte der Einsatz einer Multilevel-CFA in Betracht gezogen werden.

Um bei den angestellten Varianz- und Korrelationsanalysen möglichen Effekten der hierarchischen Datenstruktur dennoch zu begegnen, wurden die Berechnungen mit den jeweils am Klassenmittelwert zentrierten Variablen durchgeführt. Auf Berechnungen rein auf Klassenebene wurde verzichtet, da eine Aggregierung der Individualwerte zu einem Klassenmittelwert davon ausgeht, dass dieser Mittelwert einen Indikator für die geteilte Wahrnehmung des Unterrichts darstellt. Die jeweilige Abweichung der individuellen Wahrnehmung von diesem Mittelwert wird im Sinne einer Fehlervarianz verstanden. Meist wird nicht weiter betrachtet, ob alle Schüler*innen einer Klasse zu ähnlichen Beurteilungen eines Merkmals gelangen bzw. welche Übereinstimmung zwischen den Lernenden besteht (Gruehn, 2000; Kunter, 2005). Dies würde jedoch dem Gegenteil dessen entsprechen, worauf die vorliegende Studie abzielt: eine Fokussierung auf das individuelle Unterrichts- und Emotions-erleben.

Weitere Diskussionspunkte und zukünftige Forschungsfragen

Weitere Kritikpunkte an den Analysen sollen an dieser Stelle ebenfalls noch Erwähnung finden. So wurde die Verletzung der multivariaten Normalverteilung, die Voraussetzung für die meisten der angewandten Methoden ist, hinsichtlich einzelner Items schülerperzipierter Autonomieunterstützung bereits eingegangen. Doch auch auf Skalenebene sind einige Variablen nicht normalverteilt, wie etwa die rechtsschiefe Verteilung der Emotionen Angst, Ärger, Scham und Hoffnungslosigkeit. Die Ergebnisse der mit diesen Skalen trotzdem durchgeführten

Analysen sollten unter Vorbehalt betrachtet werden, da die Verletzung der Normalverteilungsannahme zu einer Über- oder Unterschätzung der Koeffizienten bzw. Effektstärken führen kann.

Geschlechtsspezifische Unterschiede in der Wahrnehmung von Autonomieunterstützung sowie im emotionalen Erleben wurden in lediglich einer Fragestellung untersucht. Die Befunde zeigen über beide Facetten der Autonomieunterstützung, die Kontroll- und Valenz-Appraisals sowie alle Emotionen (außer Langeweile) hinweg signifikante Geschlechtsunterschiede. Dennoch wurden die weiteren Analysen nicht nach Geschlechtern getrennt durchgeführt. So wurde beispielsweise die Differenzierung zwischen Jungen und Mädchen bei der Analyse von Zusammenhängen und Strukturgleichungsmodellen vernachlässigt. Weiterführende Analysen sollten sich mit der Fragestellung befassen, ob und auf welche Weise sich die Effekte von Autonomieunterstützung auf die Appraisals sowie die Lern- und Leistungsemotionen zwischen den Geschlechtern unterscheiden.

Ebenso sinnvoll wären differentielle Analysen hinsichtlich des Alters der Schüler*innen, welche einerseits die altersspezifische Bedeutung des Autonomiebedürfnisses berücksichtigen würden, andererseits aber auch Erkenntnisse zu kognitiven und meta-kognitiven Fähigkeiten als Mediator des Zusammenhangs der Öffnung von Unterricht mit Emotionen liefern könnten. Der Bereich der Meta-Kognitionen konnte ebenso wie der Leistungsaspekt in der vorliegenden Arbeit nicht berücksichtigt werden. Sowohl die kognitiven als auch selbstregulativen Fähigkeiten sind im Offenen Unterricht jedoch bedeutsam, um Autonomie adäquat nutzen zu können. Vor allem leistungsstarke Schüler*innen profitieren von einem stärker selbstgesteuerten und entdeckenden Unterrichtssetting, während leistungs-schwache Schüler*innen sich bei einer hohen Steuerung und Strukturierung besser entwickeln (Connor et al., 2004; Decristan, Hondrich et al., 2015; Dumont, 2018; Snow, 1989). Die Lern- und Leistungsemotionen von Schüler*innen mit hohen fachlichen und selbstregulatorischen Kompetenzen sollten in einem autonomieunterstützenden Unterricht positiver sein, weil dann eine hohe Passung zwischen ihren Fähigkeiten, Bedürfnissen und dem Unterrichtsangebot besteht. Schüler*innen mit niedrigen Kompetenzen sollten dementsprechend bei geringer Autonomieunterstützung bzw. einem kontrollierenden Unterrichtsstil positivere Emotionen erleben (Assor et al., 2002; Krapp, 2005a; Pekrun, 2006; Reeve, 2002; Ryan & Deci, 2000). In zukünftigen Studien sollten die Leistung bzw. Leistungsfähigkeit der Schüler*innen objektiv erhoben und als Kriterium für differentielle Analysen herangezogen werden.

Ebenso wäre es interessant, die schülerperzipierte Passung von Autonomieunterstützung mit der Selbstwahrnehmung der Fähigkeiten sowie den persönlichen Vorlieben an Unterrichtsmethoden zu erfassen. Der Grad der Passung des Unterrichtsangebots kann nicht beobachtet werden, sondern kann nur durch die Lernenden selbst angegeben werden. Es ist jedoch fraglich, ob Schüler*innen in der Lage sind, ein solches Urteil abzugeben oder ob es sich dabei um eine sehr emotional gefärbte Wahrnehmung handeln würde (und es somit im Zusammenhang mit der Erfassung von Lern- und Leistungsemotionen zu einer zirkulären Argumentation käme). Eine Möglichkeit, möglichst reliable und valide Aussagen zu erhalten, könnte in der mehrfachen und möglichst unmittelbar in oder nach den einzelnen Unterrichtsstunden stattfindenden Befragung der Schüler*innen bestehen. Durch solche State-Erhebungen, z.B. in Form einer Experience Samplings, wäre es gleichzeitig möglich, die kumulative und sequenzielle Natur von Emotionen und selbstbestimmten Lernprozessen (Boekaerts, 2017) sowie intraindividuelle Unterschiede besser abbilden zu können.

Bezüglich Passung zu den Lernvoraussetzungen der Schüler*innen wäre es aus einem sonderpädagogischen Blickwinkel auch interessant gewesen, den diagnostizierten sonderpädagogischen Förderbedarf (SPF) zu erfragen, denn es ist davon auszugehen, dass sich Schüler*innen mit dem SPF Lernen, Geistige Entwicklung oder Autismus in ihrer Wahrnehmung der Unterrichtssituation, in ihrem Autonomiebedürfnis sowie in ihren Emotionen von Schüler*innen ohne SPF unterscheiden. Da die vorliegende Studie an einer Mittelschule durchgeführt wurde, befinden sich in der Stichprobe höchstwahrscheinlich einige Schüler*innen mit SPF. Dies könnte Auswirkungen auf die Ausprägungen und Zusammenhänge von schülerperzipierter Autonomieunterstützung, Appraisals und Emotionen haben. In zukünftigen Studien zu diesem Themengebiet sollte daher der diagnostizierte SPF erhoben und in den Analysen berücksichtigt werden. Die vorliegende Arbeit bietet zusammen-fassend somit etliche Ansatzpunkte für weitere Fragestellungen und Analysen.

8.3 Implikationen für die Unterrichtspraxis

Implikationen der vorliegenden Studienergebnisse für die Unterrichtspraxis lassen sich aus den zentralen Befunden der Untersuchung ableiten. Drei Erkenntnisse sind dabei von entscheidender Bedeutung:

Erstens sollte nicht von *der* Autonomieunterstützung gesprochen werden, sondern es lassen sich verschiedene Dimensionen von Autonomieunterstützung unterscheiden. Einerseits zeichnen sich *Wahlmöglichkeiten der Selbstorganisation* in einem geöffneten Unterricht durch die Mitbestimmung der Schüler*innen an organisatorischen, inhaltlichen und sozialen Strukturen aus. Andererseits handelt es sich in einem Offenen Unterricht um *kognitive und emotional-motivationale Selbstbestimmung*, wenn Schüler*innen ihren Lernweg sowie die methodischen Zugänge selbst bestimmen können und die persönliche Ebene zwischen Lehrkräften und Schüler*innen durch psychologische Freiheit und Wertschätzung geprägt ist.

Zweitens können durch beide Dimensionen der Autonomieunterstützung die intrinsische Valenz (Wertigkeit der Inhalte) sowie die Selbstwirksamkeitserwartungen (Kontrolle über Lern- und Leistungsergebnisse) der Schüler*innen gefördert werden, wobei *Selbstbestimmung* höhere Effekte zeigt als *Selbstorganisation.*

Drittens wirken sich beide Dimensionen schülerperzipierter Autonomieunterstützung somit vor allem positiv auf die Lern- und Leistungsemotionen Freude, Stolz und Hoffnung aus, aber auch die negativen Emotionen Ärger, Hoffnungslosigkeit und Langeweile lassen sich durch Autonomieunterstützung verringern. *Selbstbestimmung* erzielt dabei wiederum die höheren Effekte als *Selbstorganisation.*

Schüler*innen erleben somit mehr positive und weniger negative lern- und leistungsbezogene Emotionen, wenn sie sich im Unterricht als selbstbestimmt sowie selbstwirksam empfinden und die intrinsische Valenz als hoch erachten. Die Unterstützung der Autonomie ist in einem adaptiven Unterricht (Kap. 8.3.1) durch eine veränderte Leistungsdiagnostik (Kap. 8.3.2) sowie durch verschiedene Methoden in den jeweiligen Dimensionen möglich (Kap. 8.3.4). Weitere Aspekte zur Gestaltung eines emotionsgünstigen Unterrichts werden in Kapitel 8.3.3 thematisiert.

8.3.1 Autonomieunterstützung als Merkmal eines adaptiven Unterrichts

Damit Schüler*innen sich in ihrer Autonomie sowie ihrem Kompetenz- und Valenzempfinden unterstützt fühlen, muss eine Anpassung des Unterrichts an die individuellen Lernvoraussetzungen der einzelnen Schüler*innen erfolgen. Basierend auf den Erkenntnissen der *Aptitude-Treatment-Interaktion (ATI)*-Forschung (Snow, 1989) ergeben sich die Lernvoraussetzungen nicht nur aus dem Vorwissen, den kognitiven Fähigkeiten und dem Leistungsstand, sondern auch aus den Interessen, der Persönlichkeit, den emotionalen Vorerfahrungen sowie vielen weiteren lernrelevanten Merkmalen der Schülerin bzw. des Schülers (Corno & Snow, 1986). Hierzu können unter anderem auch die meta-kognitiven sowie selbstregulatorischen Kompetenzen hinsichtlich Lern- und Verhaltensregulation,

Motivations- und Emotionsregulation der Schüler*innen gezählt werden. Ein adaptiver Unterricht stellt zum einen ein Unterrichtsangebot bereit, welches den individuellen Lernvoraussetzungen der Schüler*innen entspricht (Makro-Adaptationen), zum anderen finden kontinuierlich kurzfristige Anpassungen während des Unterrichts im Rahmen der Lehrer-Schüler-Interaktionen statt (Mikro-Adaptationen; Corno, 2008). Dies kommt dem hier vorgestellten Verständnis von persönlich-methodischer Selbstbestimmung sehr nahe, zumal für Corno (2008) ein adaptiver Unterricht nicht ohne selbstbestimmtes, eigenverantwortliches Lernen zu denken ist. Mit steigenden Fertigkeiten der Schüler*innen sollten immer weniger instruktionale Vorgaben durch die Lehrkraft erfolgen (Corno & Snow, 1986).

Hierfür ist es zunächst erforderlich, die Schüler*innen im Ausbau ihrer kognitiven, meta-kognitiven und selbstregulatorischen Fähigkeiten zu unterstützen. Um positive emotionale Erlebnisse zu ermöglich, müssen die Schüler*innen Gelegenheiten bekommen, ihre Lern- und Arbeitstechniken aufzubauen und weiterzuentwickeln (Gläser-Zikuda, 2012). Die Selbststeuerungsfähigkeiten können z.B. dadurch gefördert werden, dass das Setzen realistischer Lernziele sowie die Planung und Reflexion von Lernwegen und -strategien durch die Lehrkraft begleitet und mit den einzelnen Schüler*innen diskutiert werden. Ohne die entsprechenden Kompetenzen und Motivation kann ein Übermaß an Autonomie zu einem Kontrollverlust und damit zu negativen Emotionen (Pekrun & Perry, 2014) sowie negativen Auswirkungen auf den Lernprozess führen (Kirschner et al., 2006). In Abhängigkeit von den individuellen Kompetenzen und Bedürfnissen, sich eigenständig mit dem Unterrichtsgegenstand auseinandersetzen zu können und zu wollen (Lipowsky & Lotz, 2015), benötigen die Schüler*innen deshalb einen unterschiedlichen Grad an Steuerung durch die Lehrkraft. Auch schließen sich Struktur und Autonomie nicht gegenseitig aus, sondern sind zwei orthogonale Dimensionen, die einander unterstützen und ergänzen (Aelterman et al., 2019; Vansteenkiste et al., 2012). Geht Autonomieunterstützung mit einer kognitiven Strukturierung des Unterrichtsangebots einher, so zeigen die Schüler*innen mehr behaviorales, kognitives und emotionales Engagement (Hospel & Galand, 2016).

Autonomieunterstützung ist somit ein Unterrichtsmerkmal, bei dem es nicht auf eine Maximierung ankommt, sondern auf die Passung. Die schulische Umwelt wird von Schüler*innen – vor allem an Regelschulen – niemals als vollständig autonom bzw. „nichtkontrollierend" wahrgenommen werden, da kontrollierende Faktoren wie Noten, Belohnungen oder Bestrafungen stets Bestandteil des (Regel-)Schulsystems sind. Ein autonomieunterstützender Unterricht sollte daher im Sinne der Ausübung von *möglichst wenig Zwang* auf Schüler*innen verstanden werden. Autonomieunterstützung darf dabei niemals als laissez-faires Verhalten der Lehrkraft oder mangelnde Lernbegleitung aufgefasst werden, sondern sollte stets dem Credo folgen: So wenig Zwang und Kontrolle wie möglich, soviel Unterstützung und Struktur wie nötig. Durch die Passung von Autonomie mit den individuellen Kompetenzen und Bedürfnissen der Schüler*innen kann eine möglichst optimale Lernumwelt für jede*n Einzelne*n geschaffen werden.

8.3.2 Autonomieunterstützung durch eine veränderte Leistungsdiagnostik

Um einschätzen zu können, wieviel Autonomie die Schüler*innen jeweils benötigen und welche Unterstützung geboten werden sollte, ist eine kontinuierliche, informelle und formative Evaluation des Lernfortschritts erforderlich (Corno, 2008). Das Konzept des *formative assessment* (Sadler, 1989) beschreibt eine solche den Lernprozess begleitende Beurteilung und Rückmeldung mit dem Ziel, das Unterrichtsangebot mehr an die Bedürfnisse der Schüler*innen anzupassen. Durch eine formative Evaluation kann eine Adaption des Unterrichts erfolgen, weshalb *formative assessment* sozusagen eine Brücke zwischen Lehren und Lernen darstellt (Wiliam, 2010). Die Wirksamkeit dieser lernprozessbegleitenden Diagnostik in Verbindung mit konstruktivem Feedback und einer Adaption des Unterrichts zeigt sich in einigen Studien (Decristan, Klieme et al., 2015; Hattie, 2009; Kingston & Nash, 2011). Entscheidend bei *formative assessment* ist, dass es sich nicht ausschließlich um eine Fremdbeurteilung der Leistung durch die Lehrkraft oder Mitschüler*innen handelt, sondern dass auch eine Selbstevaluation des eigenen Lernprozesses durch die Lernenden erfolgen soll (Black & Wiliam, 2009; Sadler, 1989). Einerseits können auf diese Weise die Meta-kognitiven Fähigkeiten geschult werden, andererseits fördert eine solche kooperative Lernevaluation „auf Augenhöhe" die wahrgenommene Autonomie der Schüler*innen im Sinne einer methodisch-persönlichen Selbstbestimmung. Denn sowohl die methodische Dimension, sich des eigenen Lernweges bewusst zu werden und ihn weiter zu gehen bzw. ihn anzupassen, als auch eine auf Gleichberechtigung abzielende Beziehung zwischen Lehrkraft und Schüler*in wird durch *formative assessment* umgesetzt. Ein solches Vorgehen findet teilweise an reformpädagogischen Schulen Einsatz, indem anstelle oder zur Vorbereitung von Notenzeugnissen Feedbackgespräche geführt werden. In einem Einzelgespräch zwischen Lehrkraft und Schüler*in wird zunächst dessen bzw. deren Einschätzung der eigenen Kompetenzen und des Arbeitsverhaltens besprochen. Anschließend gibt die Lehrkraft ihr Feedback aus ihrer Sicht wieder. Im gemeinsamen

Austausch wird sich auf eine verbale oder numerische Beurteilung verständigt und es werden inhaltliche Schwerpunkte, organisatorische und methodische Vorgehensweisen sowie mögliche Unterstützungsangebote besprochen. Das Feedback-Gespräch endet mit einer Zielvereinbarung, die von beiden Seiten unterschrieben wird. Erst, wenn Schüler*in und Lehrkraft sich auf die Bewertung und zukünftige Ziele geeinigt haben, werden die Evaluationsergebnisse in einem Folgegespräch den Eltern gemeinsam präsentiert.

Erprobte Konzepte in der Praxis (z.B. an Jenaplan-Schulen in den Niederlanden oder an Preisträgerschulen des deutschen Schulpreises) zeigen, dass Schüler*innen in einem ernsthaften und zugleich wohlwollenden Gespräch auf Augenhöhe ihre eigenen Kompetenzen und ihr Arbeitsverhalten recht präzise einschätzen können, ihre Leistung im Vergleich zur Einschätzung der Lehrkraft tendenziell sogar etwas schlechter bewerten.

Weitere Beispiele einer veränderten Leistungsdiagnostik, die auf die Lernvoraussetzungen und Wünsche der Schüler*innen eingeht, sind das Lernportfolio sowie sogenannte „Führerscheinprüfungen". Bei letztgenanntem geht es darum, dass die Schüler*innen selbst bestimmen können, wann sie eine Leistungserbringung ablegen. Ähnlich der Ausbildung zum Führerschein entscheiden die Schüler*innen, ob sie sich für die Prüfung bereit fühlen und sich in die Prüfungssituation begeben, oder ob sie lieber nochmal ein paar praktische „Fahrstunden" bzw. „Theoriestunden" zur Vorbereitung benötigen. Neben der offensichtlichen organisatorischen Mitbestimmung geht es dabei auch um eine Selbstbestimmung auf methodischer und persönlicher Ebene. Zum einen können die Schüler*innen sich individuell mit dem Lernstoff auseinandersetzen und müssen sich selbst immer wieder hinterfragen, wann sie die Inhalte verstanden haben und welche Hilfestellungen sie noch benötigen. Neben selbstregulativen Fähigkeiten wird hiermit die Kontrollwahrnehmung – im Sinne von Selbstwirksamkeitserwartungen als auch hinsichtlich der Kontrolle über die Prüfungssituation – gefördert. Zum anderen wird dadurch die Persönlichkeit des Schülers bzw. der Schülerin anerkannt, denn nicht mehr die Lehrkraft oder sogar Schulbehörde entscheidet darüber, bis zu welchem Zeitpunkt ein Kind lernen darf und wann es welchen Inhalt wiederzugeben hat, sondern der Lerner selbst.

Dasselbe gilt für die Leistungserhebung durch ein prozessorientiertes Portfolio. Durch die eigenständige Dokumentation der Lernentwicklung, der daraus resultierenden Ergebnisse sowie deren kritischer Würdigung sollen Schüler*innen anhand der Portfolioarbeit angeregt werden, ihr Lernen selbst zu beobachten und zu reflektieren (Gläser-Zikuda & Hascher, 2007a). Insbesondere zwei Arten des Portfolio-Ansatzes vermitteln den Schüler*innen das Gefühl der Selbstbestimmung und fördern somit das emotionale Befinden: (a) das Arbeitsportfolio, welches Dokumente aller Art enthalten kann, die den Lernprozess dokumentieren, Stärken und Schwächen aufzeigt und somit der Analyse des Lernprozesses dient; (b) das Entwicklungs-portfolio, welches noch stärker die Lernfortschritte fokussiert. Den Schüler*innen werden hierbei in zunehmendem Maße die Beurteilung ihrer Arbeiten, die Überwachung ihrer Lernfortschritte und die Entscheidung bezüglich des Umgangs mit den eigenen Stärken und Schwächen übertragen, damit die Schüler*innen schrittweise lernen, die Verantwortung für das eigene Lernen und die daraus resultierenden Leistungen zu übernehmen (Gläser-Zikuda & Hascher, 2007b).

Neben dem methodischen Zugang zum Lerninhalt und dem Lernweg, können hier auch oftmals die Lerninhalte mit- oder sogar selbstbestimmt werden. Das Portfolio kann durch die beim Schreiben angeregten Reflexionsprozesse helfen, erfolgreiche Zwischenschritte im Lernprozess zu erkennen, den eigenen Lernweg besser zu verstehen und dadurch Lern- und Wachstumsprozesse zu verdeutlichen. Dies wirkt sich positiv auf das Kontrollempfinden und somit förderlich auf positive Lern- und Leistungsemotionen aus (Gläser-Zikuda & Göhring, 2007; Hagenauer et al., 2016; Ziegelbauer & Gläser-Zikuda, 2016). Durch das Portfolio können individuelle Lernprozesse und Lernfortschritte dokumentiert, mit dem Schüler bzw. der Schülerin gemeinsam reflektiert und der Lernstand diagnostiziert werden, um darauf abgestimmt weitere Lernziele und Fördermöglichkeiten zu entwickeln. Auf diese Weise können auch Schüler*innen unterstützt werden, die dazu neigen, sich aufgrund von Fehleinschätzungen ihrer Kompetenzen mit zu einfachen oder zu schwierigen Aufgabenstellungen zu befassen. Gemeinsame Reflexionsprozesse unter Einbezug eines Portfolios können somit helfen, die Passung von individuell oder kriterial eingeschätzten Kompetenzen mit dem Lernangebot und dessen optimaler Nutzung zu erhöhen.

Eine veränderte Leistungsdiagnostik kann somit positiv-realistische Selbstwirksamkeitserwartungen und das Gefühl der Selbstbestimmung unterstützen, insbesondere wenn im Verständnis des *formative assessment* Fehler als Lernchance angesehen werden und darauf aufbauend der weitere Lernweg und das Unterrichtsangebot bestimmt werden. Fehler werden hierbei nicht als Defizit verstanden, sondern bieten im meta-kognitiven Vergleich von Problemstellung und Lösungsweg bzw. Lernziel und Lernstand ein großes Potential. Ein solches Verständnis wirkt sich positiv auf die Lern- und Leistungsemotionen der Schüler*innen aus. Es bedarf einer Leistungsdiagnostik, die von Transparenz sowie durch eine realistische Gestaltung der Leistungsanforderungen und Leistungskontrollen geprägt ist. Ebenso trägt eine intraindividuelle und kriteriumsorientierte Bezugsnormorientierung dazu bei, die Lern- und Leistungsemotionen von Schüler*innen positiv zu beeinflussen (Gläser-Zikuda, 2010).

8.3.3 Gestaltung eines emotionsgünstigen Unterrichts

Neben einer veränderten Leistungsdiagnostik muss für einen emotional positiven Unterricht auch der Instruktionsansatz überdacht werden. Aus der vorliegenden Arbeit sowie vielen weiteren Studien kann gefolgert werden, dass die Förderung des individuellen Kompetenz-erlebens sowie der intrinsischen Valenz die entscheidende Rolle in einem emotionsgünstigen Unterricht einnehmen. In der Forschung zum Selbstkonzept und zu Selbstwirksamkeits-erwartungen ebenso wie zur Wert- und Interessensentwicklung existieren etliche Ansätze zur Förderung (Bong, 1998; Fredricks & Eccles, 2002; Hartinger, 1997; Jerusalem & Hopf, 2002; Köller et al., 2006; Krapp & Prenzel, 1992; Lohrmann & Hartinger, 2014; Schukajlow et al., 2012). Daher seien an dieser Stelle – neben Autonomieunterstützung – nur ein paar Möglichkeiten zur Förderung von Kontroll- und Wertkognitionen erwähnt. So können intrinsische Wertüberzeugungen z.B. durch ein authentisches Lernumfeld und „echte", herausfordernde Aufgabenstellungen, Modellverhalten der Lehrkraft mit Begeisterung für das Fach und Enthusiasmus beim Unterrichten, Vernetzung von Wissen sowie direkte Vermittlung der Bedeutsamkeit und Attraktivität eines Lerninhalts positiv beeinflusst werden. Kontrollüberzeugungen lassen sich u.a. durch eine eindeutige Formulierung und Transparenz von Leistungsanforderungen, Attribution von Erfolg und Misserfolg auf kontrollierbare Ursachen (z.B. Anstrengung) sowie eine klare, offenstrukturierte Gestaltung von Lerngelegenheiten fördern (Frenzel & Stephens, 2011).

Zur Förderung eines positiven emotionalen Befindens der Schüler*innen wurden auch bereits ganze Unterrichtskonzepte entwickelt und evaluiert. Der ECOLE-Ansatz (Gläser-Zikuda et al., 2005) akzentuiert (a) die Strukturierung des Unterrichts, z.B. durch Zusammenfassungen, Erklärungen und die Lernmaterialien, (b) die Bedeutung des Lebensweltbezugs der Unterrichtsinhalte, (c) die Transparenz des Unterrichts und der der Anforderungen sowie (d) die Bedeutsamkeit harmonischer sozialer Kontakte durch kooperative und spielorientierte Lernformen. Der FEASP-Ansatz (Astleitner, 2000) betont über bereits genannte Aspekte hinaus eine entspannte Lernatmosphäre sowie die Intensivierung von Beziehungen, eine kooperative Lernkultur und Förderung gegenseitiger Hilfe im Unterricht. Die Bedeutung des Zugehörigkeitsgefühls sowie die Fokussierung auf Lernen und Verstehen bei gleichzeitiger Reduzierung der Wettbewerbsstrukturen und sozialer Vergleiche führen Linnenbrink-Garcia et al. (2016) in ihren Unterrichtsprinzipien ergänzend an.

Ein in der Literatur jedoch immer wiederkehrendes, oftmals genanntes und auch in der vorliegenden Studie als bedeutsam bestätigtes Merkmal eines Unterrichts, der die Kontroll- und Valenz-Appraisals sowie Lern- und Leistungsemotionen positiv beeinflusst, ist die schüler-perzipierte Autonomieunterstützung bzw. das Gefühl der Selbstbestimmung.

8.3.4 Dimensionen und Methoden eines autonomieunterstützenden Unterrichts

Autonomieunterstützung sollte dabei stets darauf abzielen, dass Schüler*innen sich selbst als Verursacher*innen eigener Handlungen erleben und aus eigenen Werten und Interessen heraus authentisch handeln können. Wie bereits aufgezeigt wurde, sollte diese Verantwortungs-übertragung stets in Passung zu den individuellen Kompetenzen und innerhalb strukturierter Rahmenbedingungen erfolgen. Autonomie umfasst somit die Wahrnehmung internaler Handlungsverursachung, freier Wahlmöglichkeiten bezüglich der eigenen Handlungen sowie psychologischer Freiheit im Sinne von hoher Flexibilität und geringem Druck während der Handlung (Deci & Ryan, 1987). Diese Tiefenstrukturen können durch fünf Dimensionen für die Schüler*innen sichtbar gemacht werden.

In *organisatorischer* Hinsicht können die Schüler*innen die räumlichen und zeitlichen Rahmenbedingungen mitbestimmen sowie die Sozialform wählen. Die *inhaltliche* Dimension meint die Mitbestimmung des Lernstoffs innerhalb der Lehrplanvorgaben. Diese beiden Formen der Öffnung von Unterricht können beispielsweise durch eine offene Stationenarbeit umgesetzt werden, in welcher die Schüler*innen eine wirkliche Wahl zwischen Aufgaben haben; d.h. es müssen drei von sechs Stationen erfüllt werden, wobei sich die Stationen inhaltlich sowie im Schwierigkeitsgrad unterscheiden. Dabei können die Schüler*innen selbst entscheiden, wieviel Zeit sie für die einzelnen Aufgaben aufwenden, wo sie diese lösen und ob sie allein oder im Team daran arbeiten möchten.

Die *soziale* Dimension umfasst die Mitbestimmung beim Unterrichtsablauf sowie bei den Regeln und Strukturen des sozialen Miteinanders. Hier geht es unter anderem darum, die Schüler*innen darüber mitentscheiden zu lassen, welche Unterrichtsmethoden zum Einsatz kommen, wie eine angenehme Lernatmosphäre und kooperative Lernkultur geschaffen oder wie ein Helfersystem in der Klasse etabliert werden können. Auch Regeln und Regelstrukturen sowie die Überwachung der Einhaltung und Maßnahmen bei Verstößen sollten zusammen mit den Schüler*innen diskutiert und erarbeitet werden. Dies kann z.B. durch Klassenleiterstunden, bei denen Lehrkräfte mit den Schüler*innen gemeinsam an diesen Themen arbeiten, oder in Stunden der Schülerselbstverantwortung geschehen, in denen die Schüler*innen ohne das Beisein einer Lehrkraft darüber diskutieren und ihre Ergebnisse im Anschluss der Lehrkraft erörtern. Die Umsetzung sozialer Offenheit kann auch durch die Bildung eines Klassenrates erfolgen, in welchem gewählte Schüler*innen- und Lehrer*innen-Vertreter einen gemeinsamen Rat bilden, in dem alle Mitglieder gleichberechtigt diskutieren und abstimmen können. Der Klassenrat dient zur gruppen-, klassen- oder auch schulbezogenen Entscheidungsfindung, Konfliktlösung und fördert das politisch-partizipative, basisdemokratische Verständnis. Die organisatorischen, inhaltlichen und sozialen Mitbestimmungs-möglichkeiten empfinden die Schüler*innen als *Wahlmöglichkeiten der Selbstorganisation* in einem geöffneten Unterricht.

Erst durch die Öffnung des Unterrichts um die methodische und persönliche Dimension erleben die Schüler*innen eine *kognitive und emotional-motivationale Selbstbestimmung*. Im Sinne Peschels (2003) wird diesen Dimensionen eine andere Qualität zugesprochen, denn erst mit der *methodischen* Öffnung werden die Grundbedingungen für einen Offenen Unterricht erfüllt. Anstelle von Vorgaben zum Kompetenzerwerb und zur Problemlösung können die Schüler*innen ihren Lernweg sowie die verwendeten Hilfsmittel selbst bestimmen und sich auf ihre individuelle Art und Weise mit dem Lernstoff auseinandersetzen. Dies schließt mit ein, dass sich die Schüler*innen aktiv mit den Lerninhalten auseinandersetzen und neues Wissen mit bestehenden Denkstrukturen verknüpft wird. Dies entspricht dem konstruktivistischen und neuro-psychologischen Verständnis von Lernen. Bei einer offenen Anwendungsweise kann z.B. durch die Placemat-Methode oder Mind-Mapping die Strukturierung des Lerngegenstands und die methodische Herangehensweise der Lösungsfindung in kooperativen Arbeitsprozessen von den Schüler*innen selbstständig erprobt werden. In Simulations-/Planspielen werden den Schüler*innen realitätsnahe Problemstellungen dargeboten, die jedoch fiktiv sind und somit die Möglichkeit bieten, das eigene Handeln zu testen und Fehler zu machen, ohne reale Konsequenzen befürchten zu müssen. Die kooperative Bewältigung komplexer Probleme fördert den Umgang mit dynamischen Gruppensystemen, die Fähigkeit zum Perspektivenwechsel und die Entwicklung effektiver Kommunikations- und Organisations-strukturen. Erfahrungen in der Problemlösung und die Reflexion des Handelns verändern und erweitern auf diese Weise des Handlungsrepertoire (Eberle, 2017). Ähnliche Potenziale bietet eine Schüler-/Juniorfirma, wobei es sich dabei nicht mehr um fiktive, sondern reale Aufgabenstellungen handelt. Hier können die Schüler*innen eigenverantwortlich und unter realen strukturellen Bedingungen

Produkte erzeugen und Dienstleistungen anbieten. Durch „learning by doing" in verschiedenen Aufgabenbereichen sowie die aktive Lösungsfindung können fachliche und soziale Kompetenzen aufgebaut werden.

Die *persönliche* Dimension der Autonomieunterstützung nimmt die Lehrer-Schüler-Beziehung sowie die Beziehungen der Schüler*innen untereinander in den Blick. Das Ziel ist eine offene Beziehungskultur, welche die Interessen und die Persönlichkeit des Einzelnen achtet und auf Gleichberechtigung zwischen allen Beteiligten ausgerichtet ist. Die Lehrkraft legt Wert auf die Meinung und Wünsche der Schüler*innen und geht im Sinne adaptiven Unterrichts gezielt darauf ein. Neben den bereits erwähnten politisch-partizipativen Methoden (Klassenrat, Schülerselbstverantwortung) ist der Projektunterricht an dieser Stelle als Beispiel zu nennen. Projektarbeit meint die Bearbeitung einer Aufgabe von der Planung über die Durchführung bis hin zur Präsentation und Reflexion in größtmöglicher Eigenverantwortung. Mehrere Schüler*innen arbeiten über einen definierten Zeitraum freiwillig in einem Projekt zusammen an der Problemlösung. Das Themenfeld bzw. die Aufgabenstellung sollten von der Gruppe selbst definiert werden; werden Themenbereiche vorgegeben, so müssen von den Gruppenmitgliedern zumindest die konkreten Ziele festgelegt werden, die notwendigen Arbeitsschritte geplant und ggfs. aufgeteilt werden. Das Gesamtergebnis wird am Ende der gesamten Klasse, Schule bzw. der Öffentlichkeit präsentiert (Frey, 2012). Die methodische und persönliche Selbstbestimmung durchzieht demnach die gesamte Projektarbeit. Die Rolle der Lehrkraft ändert sich im Zuge einer partizipativen Handlungs- und Interessenorientierung hin zu der eines Lernberaters.

Selbstbestimmung im Lernprozess impliziert für die Lehrkraft somit einen Paradigmenwechsel vom instruktionsorientierten zum konstruktivistischen Verständnis von Unterricht. Das bedeutet, die Ausrichtung am Lehren weicht einer Orientierung an den Lernprozessen der Schüler*innen. Die Rolle der Lehrkraft wandelt sich vom Wissensvermittler hin zum Lern-coach, der über umfangreiche Diagnose- und Beratungskompetenzen verfügen sollte (Gläser-Zikuda, 2012).

Es sei nochmals betont, dass Autonomie zu unterstützen keineswegs einen laissez-fairen Unterrichtsstil ohne Struktur bedeutet (siehe Kap. 4.2.2.3). Für das Wohlbefinden förderliche Lehrkräfte werden von Schüler*innen gegenteilig sogar als führend-helfend-verständnisvoll beschrieben (Eder, 2004). Das bedeutet, auch autonomieunterstützende Lehrkräfte bieten ihren Schüler*innen Strukturen, indem sie mit ihnen zusammen Zielerwartungen vereinbaren, optimale Herausforderungen schaffen und konstruktives Feedback anbieten.

Das Ziel sollte dabei stets sein, die Schüler*innen an die optimale Nutzung von Autonomie im Unterricht heranzuführen. Im Sinne der Cognitive-Apprenticeship-Methode (Collins et al., 1989) sollte die Lehrkraft anhand einer praxisnahen Aufgabenstellung zunächst Lösungsprozesse modellhaft veranschaulichen und die Schüler*innen dabei unterstützen, sich die eigenen kognitiven Prozesse der Problemlösung bewusst zu machen (*modeling*). Anschließend sollen die Schüler*innen eigentätig Erfahrungen sammeln und die einzelnen Arbeitsschritte unter Hilfestellung selbst durchführen (*scaffolding*). Mit zunehmender Kompetenz der Schüler*innen nimmt die Führung und Unterstützung der Lehrkraft immer weiter ab (*fading*), bis nur noch Beobachtung und Hilfestellung bei gezielten Fragen notwendig ist (*coaching*). Ziel der Methode ist es, dass die Schüler*innen sukzessiv selbstständiger an der Problemlösung arbeiten können, neu erworbenes Wissen artikulieren, bewusst reflektieren sowie eigenständig anwenden und übertragen lernen (*exploration*).

Jang et al. (2016) erweitern den Autonomiebegriff sogar und postulieren, dass es sich auch dann um Autonomieunterstützung handelt, wenn die Unterrichtsmethoden den Wünschen der Schüler*innen entsprechend eingesetzt werden. Wenn die Schüler*innen es also bevorzugen, sehr kontrollierend unterrichtet und eng geführt zu werden, dann wirkt die Erfüllung dieser Präferenz kurioserweise auch autonomieunterstützend. Selbstbestimmung kann daher nicht am Einsatz bestimmter Methoden festgemacht werden, sondern die Art und Weise der Anwendung sowie die Passung sind entscheidend. Es muss personen- und situationsabhängig spezifiziert werden, welche Dimensionen von Autonomieunterstützung zu den Lernvoraussetzungen, Kompetenzen und Präferenzen der Schüler*innen adäquat erscheinen. Sind die angebotenen Unterrichts- und Aufgabensituationen mit den persönlichen Zielen und Wünschen kongruent und weisen die Lerninhalte für die Schüler*innen eine persönliche Relevanz für die eigenen Bedürfnisse und Ziele auf, so werden sie als selbstbestimmt wahrgenommen (Assor et al., 2002). Ist diese Passung nicht gegeben, können die Schüler*innen lediglich aus einem Angebot an ich-fremden Aufgaben wählen (Hagenauer, 2011).

Die recht hohen Interkorrelationen der Dimensionen lassen auch den Schluss zu, dass eine Lehrkraft, welche die Autonomie ihrer Schüler*innen unterstützen möchte, verschiedene Dimensionen des Unterrichts gleichzeitig öffnet. Eine autonomieorientierte Einstellung der Lehrkraft scheint demnach insgesamt entscheidender zu sein als die konkreten Methoden, welche sie sie anwendet. Auch als bedeutende Einflussgröße auf das emotionale Erleben der Schüler*innen scheint die Persönlichkeit der Lehrerin bzw. des Lehrers gewichtiger zu sein als der generelle Unterrichtsstil oder konkrete Instruktionsmethoden (Gläser-Zikuda et al., 2005; Skinner & Belmont, 1993). Die Lehrer-Schüler-Beziehung sowie die Interaktion in Lehr-Lernsituationen rücken damit mehr in den Fokus der Emotionsentstehung. Das übergeordnete Ziel einer autonomieunterstützenden Interaktion ist es, mit den Schüler*innen „in Einklang" (*in synch*) zu sein, d.h. eine reziproke Beeinflussung der unterrichtlichen Handlungen aufzubauen (Lee & Reeve, 2012). Wenn Schüler*innen z.B. Engagement im Unterricht zeigen, ermöglicht das der Lehrkraft, den Unterricht mehr zu öffnen, auf die Wünsche der Schüler*innen einzugehen und ihnen mehr Selbstbestimmung zu überlassen. Die größere Autonomie wiederum liefert den Schüler*innen die Möglichkeit, sich auf ihre Weise in den Unterricht einzubringen und sich vermehrt zu engagieren. Die gegenseitige Beeinflussung kann ausgeweitet werden auf das positive Zusammenspiel von schülerperzipierter Autonomie-unterstützung und emotionalem Befinden. Autonomieunterstützung führt in der Wahrnehmung der Schüler*innen zu mehr Kontrolle und höherer intrinsischer Valenz, die wiederum positive Lern- und Leistungsemotionen begünstigen. Positive Emotionen wiederum wirken sich positiv auf die Fähigkeit zum selbstregulierten Lernen aus (siehe Kap. 3.5). Durch höhere Kompetenzen im Bereich des selbstregulierten Lernens können die Lerngelegenheiten des selbstbestimmten Lernens besser genutzt werden und Lehrkräfte werden eher gewillt sein, diese Schüler*innen in ihrer Autonomie zu unterstützen. Es kann somit eine Spirale komplexer reziproker Zusammenhänge von Autonomieunterstützung, Kontroll- und Valenzempfinden, positiver Lern- und Leistungsemotionen, selbstbestimmter Motivation und Engagement sowie dem Ausbau von Kompetenzen entstehen.

Auch wenn mit Autonomieunterstützung und der damit verbundenen individualisierten Förderung eine Dezentralisierung des Unterrichts einhergeht, bleibt die Klassengemeinschaft für den Austausch unterschiedlicher Zugangs-, Lösungs- und Erkenntniswege eine wichtige Stütze. Selbstbestimmung sollte nicht zu einer „Vereinzelung" von Lernprozessen führen, sondern in kooperativen Arbeitsformen umgesetzt werden, um die soziale Anschlussfähigkeit zu wahren (Klippert, 2010). Schüler*innen haben ein Bedürfnis nach sozialer Eingebundenheit (Deci & Ryan, 1985; Ryan & Deci, 2017) und Interaktion. Die Partizipation in der Klassengemeinschaft erhöht das Wohlbefinden der Schüler*innen (Hascher, 2003) und ein kooperatives Klassenklima trägt dazu bei, dass der Unterricht als angenehmer erlebt wird. Götz et al. (2004) gehen sogar davon aus, dass die soziale Eingebundenheit, z.B. in Form von Akzeptanz, Unterstützung und Zusammenhalt innerhalb der Klasse, einen separaten, für die Genese von akademischen Emotionen relevanten Umweltfaktor darstellt. Abseits von Autonomieunterstützung gibt es demnach noch viele weitere Faktoren, die sich auf die Lern- und Leistungsemotionen der Schüler*innen auswirken.

8.3.5 Resümee

Mit Blick auf das übergreifendes Ziel der vorliegenden Arbeit, zur Diskussion beizutragen, wie Lern- und Leistungsemotionen im Unterricht durch Autonomieunterstützung positiv gefördert werden können, ist resümierend festzuhalten, dass die Öffnung von Unterricht durch verschiedene Facetten der Autonomieunterstützung einen erheblichen Beitrag dazu leisten kann. In Einklang mit der Mehrzahl an empirischen Untersuchungen können positive Effekte von schülerperzipierter Autonomieunterstützung auf wahrgenommene Kontrolle sowie intrinsische Valenz und somit auf die Lern- und Leistungsemotionen bestätigt werden. Je besser Autonomieunterstützung dabei auf die Kompetenzen und Bedürfnisse der Schüler*innen im Sinne einer optimalen Aptitude-Treatment-Interaction (ATI; Snow, 1989) abgestimmt ist, desto positiver ist das emotionale Erleben im Unterricht.

Aus pädagogischer Sicht dürfte es daher wünschenswert sein, die Schüler*innen in ihrem Bestreben nach Selbstbestimmung sowie bei der Ausbildung ihrer Kompetenzen zur adäquaten Nutzung von Autonomie zu unterstützen (Ryan & Deci, 2000). Ein selbstbestimmter Umgang mit den oftmals extern gesetzten schulischen Anforderungen „kann als ein Element der [...] Entwicklung zur eigenverantwortlichen Persönlichkeit gesehen werden“ (Kunter, 2005, S. 75).

Für positive Lern- und Leistungsemotionen, für eine höhere intrinsische Motivation, mehr aktive Informationsverarbeitung und Kreativität sowie insgesamt ein besseres Wohlbefinden in der Schule scheint die Befriedigung der psychologischen Grundbedürfnisse nach Autonomie, Kompetenzerleben und sozialer Eingebundenheit eine zentrale Rolle einzunehmen (Ryan & Deci, 2017). Ähnlich der Selbstbestimmungstheorie formulieren aus diesem Grund auch reformpädagogische, neuro-psychologische, konstruktivistische und humanistische Ansätze sehr ähnliche Ziele von Unterricht:

> Humanistische Erziehung geht davon aus, dass Schüler das lernen, was sie wissen müssen und wissen wollen (Selbstbestimmung). Zweitens ist es wichtig, dass Schüler selbstständig lernen wollen. Aufgabe der Schule und der Lehrenden ist es deshalb, den Schülern dazu zu verhelfen, dass sie lernen, wie man lernt (lernen wollen und wissen, wie man lernt). Drittens ist das Urteil des Schülers über seine eigene Arbeit die einzig sinnvolle Bewertung im Hinblick auf Selbstbestimmtheit und Selbstverantwortung (Selbstbewertung). Es ist deshalb genauso bedeutsam, zu lernen, wie man denkt und wie man fühlt (Bedeutung von Emotionen). Schließlich findet Lernen nur statt, wenn sich der Schüler von der Umwelt nicht bedroht fühlt (bedrohungsfreie Umwelt). (Gläser-Zikuda, 2010, S. 101)

Im Sinne der humanistischen Erziehung sowie des konstruktivistischen Verständnisses von Lernen sollte es daher ein zentrales Ziel jeglichen formellen Lernens und Lehrens sein, die Schüler*innen in ihrer Selbstbestimmung, Selbstständigkeit und Selbstverantwortung des eigenen Lernens zu unterstützen. Mitbestimmung an organisatorischen, inhaltlichen und sozialen Entscheidungen wirken sich positiv auf ein Gefühl der *Selbstorganisation durch Wahlmöglichkeiten* aus.

Erst in einem Unterricht, der den Schüler*innen ermöglicht, ihren Lernweg sowie die methodischen Zugänge selbst zu bestimmen, und die Beziehungen zwischen Lehrkräften und Schüler*innen auf Wertschätzung und Gleichberechtigung basieren, werden optimale Voraussetzungen geschaffen, damit Schüler*innen *kognitive und emotional-motivationale Selbstbestimmung* erleben können.

9 Warum es so wichtig ist, Autonomie und Emotionen von Schüler*innen zu fördern (II)

Zu guter Letzt soll an dieser Stelle noch auf einen Aspekt eingegangen werden, dem in dieser Arbeit bislang nur am Rande Beachtung geschenkt wurde – und das aus gutem Grund: Leistung.

Entgegen einer Großzahl an Studien der empirischen Bildungsforschung, die Unterrichtsqualität an der Leistung der Schüler*innen fest machen und entgegen gängiger Praxis, gute Leistungen als zentrales Element und Maßstab schulischer Bildung anzusehen, stellt diese Studie die kognitiven Lernergebnisse von Schüler*innen nicht in den Mittelpunkt des Interesses. Wie im einleitenden Kapitel dieser Arbeit dargestellt, sollte es ein (vorrangiges) Ziel des Unterrichts sein, eine positive emotionale Beziehung zu Schule und Lernen aufzubauen, da diese als unabdingbare Voraussetzung für eine lebenslange Zuwendung zur Aus- und Weiterbildung sowie für die Entwicklung von Interessen und Leistungsmotiven einen großen Einfluss auf die generelle Entwicklung von Menschen und ihre Persönlichkeit nimmt (Gläser-Zikuda, 2010).

Doch Emotionen spielen eine wichtige Rolle für die Erklärung von Lern- und Leistungsverhalten und nehmen somit auch Einfluss auf die resultierende Leistung (Abele, 1995). Über die direkten Auswirkungen von Lern- und Leistungsemotionen auf die kognitiven Ressourcen, das Interesse und die Lernmotivation, die Informationsverarbeitung und Lernstrategien sowie die kognitive Flexibilität für selbstreguliertes Lernen, nimmt die Kontroll-Wert-Theorie eine indirekte Beeinflussung der Leistung an (Pekrun & Perry, 2014). Auch wenn die Effekte von Emotionen auf die Leistung sehr komplex und von vielen weiteren Faktoren – wie z.B. der Passung von Aufgabenanforderungen, Personeneigenschaften sowie diversen kognitiven und motivationalen Mechanismen – abhängig sind, können unter Berücksichtigung der spezifischen Aktivation (aktivierend vs. deaktivierend), Valenz (positiv vs. negativ) und funktionaler Unterscheidung (z.B. Annäherungs- vs. Vermeidungsverhalten) klare Zusammenhänge von Emotionen und Leistung konstatiert werden (Pekrun, 2006, 2009; Pekrun, Frenzel et al., 2007; Pekrun & Perry, 2014).

Die Wechselwirkungen von Kognitionen, Emotionen und Motivation während des Lernprozesses steuern das konkrete Verhalten im und außerhalb des Unterrichts (z.B. Mitarbeit, Engagement bei Hausaufgaben) sowie die Qualität der kognitiven Lern- und Verarbeitungsprozesse (z.B. Erinnerungsleistung, flexible Anwendung des Wissens; Hascher & Hagenauer, 2011; Linnenbrink-Garcia & Pekrun, 2011). Beispielsweise können wesentliche Informationen besser erinnert werden, wenn das Lernen in eine emotionale Episode eingebettet war (Klauer & Hecker, 2009). Ainley und Ainley (2011) konnten zeigen, dass Freude und fachspezifisches Interesse sehr eng verknüpft sind und sich positiv auf das Engagement auswirken. Dabei kann differenziert werden zwischen kognitivem Engagement (Aufmerksamkeit, Erinnerungsvermögen), motivationalem Engagement (Ausbildung, Intensität und Ausdauer der Zielverfolgung), behavioralem Engagement (Anstrengung, Quantität und Ausdauer des Verhaltens) sowie sozialem Engagement (Beteiligung an Interaktionen, kohäsive Zusammenarbeit, Unterstützung anderer), wobei alle Formen durch die Lern- und Leistungsemotionen beeinflusst werden (Pekrun & Linnenbrink-Garcia, 2012).

Gemeinsam mit Intelligenz, Vorwissen und Kompetenzen wirken sich die genannten Faktoren auf die Lernleistungen der Schüler*innen aus, gleichzeitig beeinflussen die Leistungen wiederum die Emotionen reziprok (Pekrun et al., 2017). Positive Emotionen wirken sich durchschnittlich positiv auf nachfolgende Leistungen aus und erfolgreiche Leistungen begünstigen positive Emotionen, während für negative Emotionen entgegengesetzte Effekte gefunden wurden. Durch eine solche Spirale aus guten Leistungen und positiven Emotionen kann eine affektive Basis geschaffen werden, um langfristig die Entwicklung lern- und leistungsförderlicher Kognitionen, Emotionen, der Motivation und des Lernerfolgs zu unterstützen (Hascher, 2005).

Auch der Unterstützung von Schüler*innen in ihrem Bestreben nach Autonomie werden positive Effekte auf deren Leistung zugeschrieben. Schülerperzipierte Autonomieunterstützung führt zu einer höheren Wertschätzung der Lerninhalte, einer höheren intrinsischen Motivation, mehr aktiver Informationsverarbeitung, einer höheren Flexibilität im Denken, mehr Kreativität, positiverem emotionalen Befinden und Wohlbefinden, mehr Interesse, Neugier sowie Eigenständigkeit beim Problemlösen und somit letztlich zu höheren Schulleistungen (Assor et al., 2002; Black & Deci, 2000; Grolnick et al., 1991; Hartinger, 2001b; Jang et al., 2010; Krapp, 2005b; Krijgsman et al., 2017; Reeve, 2002; Ryan & Grolnick, 1986; Tsai et al., 2008; Vansteenkiste et al., 2012). Die positiven Zusammenhänge von schülerperzipierter Autonomieunterstützung mit Lern- und Leistungsemotionen konnten in der vorliegenden Studie gezeigt werden.

Obwohl die positiven Effekte eines autonomie- und emotionsförderlichen Unterrichts auf Lernen und Leistung durch empirische Studien vielfach bestätigt wurden, wird dem lehrerzentrierten, kontrollierenden Unterricht dennoch eine höhere Wirkung auf die Leistungsentwicklung zugeschrieben. Auch hierfür lassen sich empirische Belege finden (Boenicke, 2000; Brophy & Good, 1986; Kunter, 2005). Dieser Kontroverse begegnen viele Schulen und Lehrkräfte damit, dass sie am traditionellen Unterricht festhalten.

Auch wenn es seit der Begründung der Reformpädagogik Ende des 19. Jahrhunderts etliche Versuche und Argumente gegeben hat, das emotionale Befinden und die Selbstbestimmung der Schüler*innen mehr in den Fokus zu rücken, so muss doch konsterniert werden, dass geöffnete Unterrichtsformen im Schulalltag durchschnittlich vergleichsweise selten zu finden sind (siehe z.B. Bohl, 2007; Hartinger, 2005). Punktuell haben vor allem in Grund- und Haupt-/Mittelschulen Methoden der Öffnung von Unterricht Einzug gehalten, doch zum einen sagt die Anwendung dieser Methoden noch nichts über die autonomieförderliche Einstellung der Lehrkraft und die Interaktion aus, zum anderen scheinen nur äußerst wenige Schulen eine Gesamtunterrichtsstrategie zum Einsatz emotions- und autonomieförderlicher Konzepte zu verfolgen. Bei diesen Institutionen handelt es sich größtenteils um Modellschulen oder reformpädagogische (Ersatz-)Schulen, aber auch um Regelschulen, die durch ihr Engagement und ihre herausragendes Schulklima auffallen (z.B. Preisträgerschulen des deutschen Schulpreises; Beutel et al., 2017).

Unter dem Aspekt der vielfältigen positiven Wirkungen von schülerperzipierter Autonomie sowie positiven Lern- und Leistungsemotionen verwundert es jedoch, dass diese nicht in stärkerem Maße gefördert werden. Gründe hierfür mögen in der stärkeren Fokussierung der fachlichen Bildung, in der Leistungsorientierung des deutschen Bildungssystems, in der Tradition, der Schulaufsicht, der Ausbildung zur Lehrkraft oder in der Trägheit des Systems Schule liegen.

Um der Heterogenität an Lernvoraussetzungen und Bedürfnissen der Schüler*innen gerecht zu werden, muss eine Ausdifferenzierung der Lernziele erfolgen (Vock & Gronostaj, 2017). Eine „gerechte“ Bildung bedeutet eben nicht, dass alle dieselben Ziele verfolgen und die gleiche Art an Unterstützung erhalten, sondern entsprechend des individuellen Förderbedarfs – von sonderpädagogischem Förderbedarf bis multipler Hochbegabung – ein entwicklungs- und lernstandsgerechtes Bildungsangebot erhalten. Bei der passenden Auswahl der Lerninhalte, Kompetenzstufen und Hilfsmittel gilt es, auch die Sicht des betreffenden Kindes bzw. Jugendlichen miteinzubeziehen, denn die Schüler*innen sind selbst die größten Expert*innen ihres eigenen Denkens und Lernens – oder sollten dies im Verlauf der Schulzeit werden.

Um bei aller Öffnung des Unterrichts und Selbstbestimmung des Lernens sicherzustellen, dass bestimmte Basiskompetenzen erlernt und individuell herausfordernde Lernziele festgelegt werden, können die Bildungsstandards mit ihrer Unterscheidung von Mindeststandards, Regelstandards und Optimalstandards als Orientierungshilfe für Lehrkräfte und Schüler*innen herangezogen werden (Dumont, 2018). Insbesondere bei Schüler*innen mit geringeren Kompetenzen oder mangelnder Selbstregulation, welche Autonomie beim Lernen weniger effektiv nutzen können, bietet die Orientierung an Bildungsstandards eine strukturierende Hilfe für Schüler*innen und Lehrkräfte gleichermaßen. Dies könnte ein Baustein sein, um die Bedenken und Unsicherheiten von Lehrkräften gegenüber dem Einsatz offener Unterrichtsformen abzubauen. Denn eines scheint trotz einiger gelungener Praxisbeispiele auch klar zu sein: Die Umsetzung eines autonomieunterstützenden Unterrichts ist sowohl für die einzelne Lehrkraft als auch für die gesamte Schule ein äußerst anspruchsvolles Vorhaben.

Einige der größten Herausforderungen sind dabei, herausfordernde und gleichzeitig unterstützende Lernumgebungen zu kreieren, Autonomie und Führung in einem ausgewogenen Verhältnis zu halten, die verschiedenen parallel ablaufenden Lehr- und Lernprozesse im Blick zu behalten, dabei immer wieder strukturierend und regulierend einzugreifen sowie die Aufmerksamkeit zwischen den Schüler*innen gerecht zu verteilen (Breidenstein, 2014; Lipowsky & Lotz, 2015; Trautmann & Wischer, 2011). Auch der Umgang mit Unterrichtsstörungen und Fehlinterpretationen von Freiheit auf Lehrkraft- und Schüler*innenseite sind herausfordernd, da Autonomie eben nichts mit Disziplinlosigkeit, Chaos (Aelterman et al., 2019) oder einer laissez-fairen Beziehungs- und Interaktionsgestaltung (Wubbels & Brekelmans, 2005) gemein haben, fälschlicherweise aber als solche verstanden werden können. Vielmehr ist ein Gespür für das richtige Maß an Autonomieunterstützung, Direktivität und emotionaler Nähe im Sinne eines modernen Classroom Managements und adaptiven Unterrichts von Nöten.

Zur Entwicklung dieser Kompetenzen ist eine Aus- und Weiterbildung der Lehrkräfte sowie eine Schul- und Unterrichtsentwicklung notwendig, welche die Selbstbestimmung, Selbstständigkeit und Selbstverantwortung von Schüler*innen sowie die Handlungsmöglichkeiten der Lehrkräfte, sie darin zu unterstützen, stärker thematisiert. Hierbei sollten nicht nur Lehrerkompetenzen weiterentwickelt werden, sondern auch die positive Einstellung von Lehrkräften zu Verantwortungsübertragung, Wertschätzung und Vertrauen in Schüler*innen sowie generell zum Umgang mit Heterogenität gefördert werden (Dumont, 2018). Auch auf Schulebene sind organisatorische und strukturelle Veränderungen notwendig: z.B. mehr Kooperation zwischen Lehrkräften und außerschulischen Partnern, Schaffung eines ausreichenden Platzangebotes, Arbeitsplätze zum selbstständigen Arbeiten, vielfältige Materialsammlungen und Informationsmöglichkeiten (z.B. Lernwerkstatt, Bibliothek, ausreichende Anzahl an PCs/ Tablets) sowie die Änderung starrer Zeitvorgaben (Stundenpläne im 45-Minuten-Takt) und eine Anpassung der Klassenstärke an die Lernvoraussetzungen der Schüler*innen, sodass auf die individuellen Bedürfnisse der einzelnen Schüler*innen eingegangen werden kann.

Es sind demnach grundlegende Veränderungen auf allen Ebenen des Schul- und Bildungssystems notwendig, um die Verbreitung des selbstbestimmten Lernens in unseren Schulen voranzubringen. Doch die Unterstützung des Selbstbestimmungsempfindens ist aus pädagogischer Sicht zweifach von Bedeutung. Zum einen sind die positiven Effekte auf die Emotionen, intrinsischen Wert- und Kontrollüberzeugungen der Schüler*innen in dieser Arbeit untersucht und bekräftigt worden. Zum anderen kann die Unterstützung des Selbstbestimmungsempfindens aber auch als „Selbstzweck" angesehen werden (Hartinger, 2005), da die Schüler*innen in ihrer ganzen Individualität als Persönlichkeiten anerkannt und wertgeschätzt werden. Um allen Kindern und Jugendlichen eine optimale Kompetenz- und Persönlichkeitsentwicklung zu ermöglichen, bedarf es somit der Förderung von Autonomie und einer positiven affektiven Beziehung zum Lernen. Denn „wenn wir wollen, dass unsere Kinder und Jugendlichen in der Schule für das Leben lernen, dann muss eines in der Schule stimmen: die emotionale Atmosphäre beim Lernen" (Spitzer, 2010, S. 29). Eine solche Lernatmosphäre ist gekennzeichnet durch positive Beziehungen, Wertschätzung, Partizipation, Vertrauen und Zutrauen. Neben fachlicher, didaktischer und pädagogischer Kompetenz von Lehrkräften ist insbesondere deren Haltung für gelingende Lernprozesse entscheidend (Hattie & Zierer, 2018). Diese Einstellung ist geprägt von einer „Wertschätzung des Lernenden, seiner Gefühle, seiner Meinungen, seiner Person. Sie besteht darin, sich um den Lernenden zu kümmern, ohne dabei Besitz von ihm zu ergreifen" (Rogers, 1974, S. 110) und schließt damit die Anerkennung der Persönlichkeit der Schüler*in als selbstständige Person mit ein. Die Einstellung, die*den einzelne*n Lernende*n und seine bzw. ihre Bildung in den Mittelpunkt zu stellen, ist wichtiger als eine einzelne autonomieunterstützende Methode.

Literatur

Abele, A. (1995). *Stimmung und Leistung: Allgemein- und sozialpsychologische Perspektive. Schriftenreihe Lehr- und Forschungstexte Psychologie*. Hogrefe.

Aelterman, N., Vansteenkiste, M., Haerens, L., Soenens, B., Fontaine, J. R. J. & Reeve, J. (2019). Toward an integrative and fine-grained insight in motivating and demotivating teaching styles: The merits of a circumplex approach. *Journal of Educational Psychology, 111*(3), 497–521. https://doi.org/10.1037/edu0000293

Agawa, T. & Takeuchi, O. (2016). Re-examination of Psychological Needs and L2 Motivation of Japanese EFL learners: An Interview Study. *Asian EFL Journal Professional Teaching Articles*, *89*, 74–98.

Ahmed, W., van der Werf, G., Minnaert, A. & Kuyper, H. (2010). Students' daily emotions in the classroom: intra-individual variability and appraisal correlates. *The British journal of educational psychology*, *80*(4), 583–597. https://doi.org/10.1348/000709910X498544

Ainley, M. & Ainley, J. (2011). Student engagement with science in early adolescence: The contribution of enjoyment to students' continuing interest in learning about science. *Contemporary Educational Psychology*, *36*(1), 4–12. https://doi.org/10.1016/j.cedpsych.2010.08.001

Ames, C. (1992). Classrooms: Goals, structures, and student motivation. *Journal of Educational Psychology*, *84*(3), 261–271. https://doi.org/10.1037/0022-0663.84.3.261

Apel, H. J. (2009). Klassenführung. In K.-H. Arnold, U. Sandfuchs & J. Wiechmann (Hrsg.), *Handbuch Unterricht* (2. Aufl., S. 171–175). Klinkhardt.

Arnold, K.-H. (2009). Unterricht als zentrales Konzept der didaktischen Theoriebildung und der Lehr-Lern-Forschung. In K.-H. Arnold, U. Sandfuchs & J. Wiechmann (Hrsg.), *Handbuch Unterricht* (2. Aufl., S. 15–22). Klinkhardt.

Arnold, M. B. (1960). *Emotion and personality*. Columbia Univ. Press.

Aspinwall, L. G. (1998). Rethinking the role of positive affect in self-regulation. *Motivation and Emotion*, *22*, 1–32. https://doi.org/10.1023/A:1023080224401

Assor, A., Kaplan, H., Kanat Maymon, Y. & Roth, G. (2005). Directly controlling teacher behaviors as predictors of poor motivation and engagement in girls and boys: The role of anger and anxiety. *Learning and Instruction*, *15*, 397–413. https://doi.org/10.1016/j.learninstruc.2005.07.008

Assor, A., Kaplan, H. & Roth, G. (2002). Choice is good, but relevance is excellent: Autonomy-enhancing and suppressing teacher behaviours predicting students' engagement in schoolwork. *British Journal of Educational Psychology*, *72*, 261–278. https://doi.org/10.1348/000709902158883

Astleitner, H. (2000). Designing emotionally sound instruction: The FEASP-approach. *Instructional Science*, *28*, 169–198. https://doi.org/10.1023/A:1003893915778

Atkinson, J. W. (1957). Motivational determinants of risk-taking behavior. *Psychological Review*, *64*(6), 359–372. https://doi.org/10.1037/h0043445

Atkinson, J. W. (1964). *An introduction to motivation*. Van Nostrand.

Averill, J. R. (1979). Anger. In H. Howe & R. A. Dienstbier (Hrsg.), *Nebraska Symposium on Motivation* (Bd. 26, S. 1–80). Univ. of Nebraska Press.

Bakker, A., Smit, J. & Wegerif, R. (2015). Scaffolding and dialogic teaching in mathematics education: Introduction and review. *ZDM*, *47*(7), 1047–1065. https://doi.org/10.1007/s11858-015-0738-8

Bandura, A. (1977). Self-efficacy: Toward a unifying theory of behavioral change. *Psychological Review*, *84*(2), 191–215. https://doi.org/10.1037/0033-295X.84.2.191

Bandura, A. (1994). *Self-efficacy: The exercise of control*. Freeman.

Bass, B. M., Avolio, B. J., Jung, D. I. & Berson, Y. (2003). Predicting unit performance by assessing transformational and transactional leadership. *Journal of Applied Psychology*, *88*(2), 207–218. https://doi.org/10.1037/0021-9010.88.2.207

Baumeister, R. F. & Leary, M. R. (1995). The need to belong: Desire for interpersonal attachments as a fundamental human motivation. *Psychological Bulletin*, *117*(3), 497–529. https://doi.org/10.1037/0033-2909.117.3.497

Baumert, J., Gruehn, S., Heyn, S., Köller, O. & Schnabel, K.-U. (1997). *Bildungsverläufe und psychosoziale Entwicklung im Jugendalter (BIJU): Dokumentation Band 1.*

Bayerisches Staatsministerium für Unterricht und Kultus. (2019). *Die bayerische Mittelschule*. https://www.km.bayern.de/eltern/schularten/mittelschule.html [06.11.2019].

Beck, E., Baer, M., Guldimann, T., Bischoff, S., Brühwiler, C. & Müller, P. (2008). *Adaptive Lehrkompetenz*. Waxmann.

Becker, E. S., Goetz, T., Morger, V. & Ranellucci, J. (2014). The importance of teachers' emotions and instructional behavior for their students' emotions – An experience sampling analysis. *Teaching and Teacher Education*, *43*, 15–26. https://doi.org/10.1016/j.tate.2014.05.002

Belland, B. R. (2014). Scaffolding: Definition, Current Debates, and Future Directions. In J. M. Spector, M. D. Merrill, J. Elen & M. J. Bishop (Hrsg.), *Handbook of Research on Educational Communications and Technology* (S. 505–518). Springer New York. https://doi.org/10.1007/978-1-4614-3185-5_39

Bem, D. J. (1967). Self-perception: An alternative interpretation of cognitive dissonance phenomena. *Psychological Review*, *74*(3), 183–200.

Beutel, S.-I., Höhmann, K., Pant, H. A. & Schratz, M. (Hrsg.). (2017). *Handbuch gute Schule: Sechs Qualitätsbereiche für eine zukunftsweisende Praxis* (2. Auflage). Klett/Kallmeyer.

Bieg, M., Goetz, T. & Hubbard, K. (2013). Can I master it and does it matter? An intraindividual analysis on control–value antecedents of trait and state academic emotions. *Learning and Individual Differences*, *28*, 102–108. https://doi.org/10.1016/j.lindif.2013.09.006

Bieg, M., Goetz, T. & Lipnevich, A. A. (2014). What students think they feel differs from what they really feel – academic self-concept moderates the discrepancy between students' trait and state emotional self-reports. *PloS one*, *9*(3), e92563. https://doi.org/10.1371/journal.pone.0092563

Bieg, M., Goetz, T., Sticca, F., Brunner, E., Becker, E., Morger, V. & Hubbard, K. (2017). Teaching methods and their impact on students' emotions in mathematics: An experience-sampling approach. *ZDM, 47*(4), 1163. https://doi.org/10.1007/s11858-017-0840-1

Bieg, M., Goetz, T., Wolter, I. & Hall, N. C. (2015). Gender stereotype endorsement differentially predicts girls' and boys' trait-state discrepancy in math anxiety. *Frontiers in psychology, 6,* 1404. https://doi.org/10.3389/fpsyg.2015.01404

Black, A. E. & Deci, E. L. (2000). The effects of instructors' autonomy support and students' autonomous motivation on learning organic chemistry: a self-determination theory perspective. *Science education, 84*(6), 740–756.

Black, P. & Wiliam, D. (2009). Developing the theory of formative assessment. *Educational Assessment, Evaluation and Accountability, 21*, 5–32.

Boekaerts, M. (2017). Cognitive load and self-regulation: attempts to build a bridge. *Learning and Instruction, 51*, 90–97.

Boenicke, R. (2000). Selbstorganisation im Klassenraum? Zu den Begründungen offener Lernformen und ihrer Konzepte. *Die deutsche Schule, 92*(1), 13–22. http://www.digizeitschriften.de/dms/img/?PPN=PPN509092632_0092&DMDID=dmdlog10

Bohl, T. (2007). Stagnation oder Weiterentwicklung? Offener Unterricht zwischen reformpädagogischer Tradition und empirischer Bildungsforschung. *Schulmagazin 5 bis 10, 75*(2), 5–8.

Bohl, T., Kohler, B., Kucharz, D., Haag, L., Rahm, S., Apel, J. & Sacher, W. (2013). Offener Unterricht: Theorie, Empirie und praktische Konsequenzen. In *Studienbuch Schulpädagogik* (Erziehungswissenschaft, Schulpädagogik, 5., vollständig überarb. Aufl., S. 282–303). Klinkhardt.

Bohl, T. & Kucharz, D. (2010). *Offener Unterricht heute: Konzeptionelle und didaktische Weiterentwicklung* (Studientexte für das Lehramt: Bd. 22). Beltz.

Bong, M. (1998). Tests of the internal/external frames of reference model with subject-specific academic self-efficacy and frame-specific academic self-concepts. *Journal of Educational Psychology, 90*(1), 102–110. https://doi.org/10.1037/0022-0663.90.1.102

Bong, M. (2001). Between- and within-domain relations of academic motivation among middle and high school students: Self-efficacy, task value, and achievement goals. *Journal of Educational Psychology, 93*(1), 23–34. https://doi.org/10.1037/0022-0663.93.1.23

Bönsch, M. (2015). *Die neuen Sekundarschulen und ihre Pädagogik: Grundstrukturen und Gestaltungsideen.* Beltz Juventa.

Brandstätter, V., Schüler, J., Puca, R. M. & Lozo, L. (Hrsg.). (2013). *Motivation und Emotion* (Springer-Lehrbuch). Springer. https://doi.org/10.1007/978-3-642-30150-6

Breidenstein, G. (2014). Die Individualisierung des Lernens unter den Bedingungen der Institution Schule. In B. Kopp, S. Martschinke, M. Munser-Kiefer, M. Haider, E.-M. Kirschhock, G. Ranger & G. Renner (Hrsg.), *Jahrbuch Grundschulforschung: Bd. 17. Individuelle Förderung und Lernen in der Gemeinschaft* (S. 35–50). Springer VS.

Brophy, J. E. & Good, T. L. (1986). Teacher behavior and student achievement. In M. C. Wittrock (Hrsg.), *Handbook of research on teaching. American Educational Research Association* (3. Aufl., S. 328–375). Macmillan u.a.

Brown, T. A. (2006). *Confirmatory factor analysis for applied research. Methodology in the Social Sciences*. Guilford Press.

Brügelmann, H. (1997). *Öffnung des Unterrichts. Befunde und Probleme der empirischen Forschung.* (OASE-Bericht Nr. 10a). Universität Siegen.

Brunner, E. (2014). Verschiedene Beweistypen und ihre Umsetzung im Unterrichtsgespräch. *Journal für Mathematik-Didaktik, 35*(2), 229–249. http://dx.doi.org/10.1007/s13138-014-0065-6

Buddrus, V. (1992a). Einleitung. In V. Buddrus (Hrsg.), *Die "verborgenen" Gefühle in der Pädagogik: Impulse und Beispiele aus der humanistischen Pädagogik zur Wiederbelebung der Gefühle* (S. 1–13). Schneider Hohengehren.

Buddrus, V. (1992b). Das pädagogische Dilemma im Umgang mit den Gefühlen - Eine historische Nachzeichnung. In V. Buddrus (Hrsg.), *Die "verborgenen" Gefühle in der Pädagogik: Impulse und Beispiele aus der humanistischen Pädagogik zur Wiederbelebung der Gefühle* (S. 16–38). Schneider Hohengehren.

Buddrus, V. (1992c). Der pädagogische Umgang mit den Gefühlen - Systematische Überlegungen. In V. Buddrus (Hrsg.), *Die "verborgenen" Gefühle in der Pädagogik: Impulse und Beispiele aus der humanistischen Pädagogik zur Wiederbelebung der Gefühle* (S. 78–96). Schneider Hohengehren.

Buechner, V. L., Pekrun, R. & Lichtenfeld, S. (2016). The Achievement Pride Scales (APS). *European Journal of Psychological Assessment, 34*(3), 181–192. https://doi.org/10.1027/1015-5759/a000325

Buff, A., Reusser, K., Rakoczy, K. & Pauli, C. (2011). Activating positive affective experiences in the classroom: "Nice to have" or something more? *Learning and Instruction, 21*(3), 452–466. https://doi.org/10.1016/j.learninstruc.2010.07.008

Bühner, M. (2011). *Einführung in die Test- und Fragebogenkonstruktion* (3. Aufl.). *PS Psychologie*. Pearson Studium.

Bühner, M. & Ziegler, M. (2012). *Statistik für Psychologen und Sozialwissenschaftler*. Pearson.

Cassady, J. C. (2004). The influence of cognitive test anxiety across the learning-testing cycle. *Learning and Instruction, 14*, 569–592. https://doi.org/10.1016/j.learninstruc.2004.09.002

Cattell, R. B. & Scheier, I. H. (1958). The nature of anxiety: A review of thirteen multivariate analyses comprising 814 variables. *Psychological Reports, 4*, 351–388. https://doi.org/10.2466/PR0.4.3.351-388

Cheon, S. H., Reeve, J., Yu, T. H. & Jang, H. R. (2014). The teacher benefits from giving autonomy support during physical education instruction. *Journal of Sport and Exercise Psychology, 36*, 331–346. https://doi.org/10.1123/jsep.2013-0231

Christensen, T. C., Wood, J. V. & Barrett, L. F. (2003). Remembering everyday experience through the prism of self-esteem. *Personality and Social Psychology Bulletin, 29*, 51–62. https://doi.org/10.1177/0146167202238371

Clausen, M. (2002). *Unterrichtsqualität: Eine Frage der Perspektive? Pädagogische Psychologie und Entwicklungspsychologie: Bd. 29.* Waxmann.

Cohen, J. (1988). *Statistical power analysis for the behavioral sciences* (2. Aufl.). Erlbaum. https://doi.org/10.4324/9780203771587

Collins, A., Brown, J. S. & Newman, S. E. (1989). Cognitive apprenticeship: Teaching the crafts of reading, writing and mathematics. In L. B. Resnick (Hrsg.), *Knowing, learning, and instruction: Essays in honor of Robert Glaser* (S. 453–495). Erlbaum.

Connor, C. M., Morrison, F. J. & Petrella, J. N. (2004). Effective reading comprehension instruction: Examining child by instruction interactions. *Journal of Educational Psychology, 96*, 682–698.

Cordova, D. I. & Lepper, M. R. (1996). Intrinsic motivation and the process of learning: Beneficial effects of contextualization, personalization, and choice. *Journal of Educational Psychology, 88*(4), 715–730. https://doi.org/10.1037/0022-0663.88.4.715

Corno, L. (2008). On teaching adaptively. *Educational Psychologist, 43*, 161–173.

Corno, L. & Rohrkemper, M. (1985). The intrinsic motivation to learn in the classroom. In R. Ames & C. Ames (Hrsg.), *Research on motivation in education* (S. 53–90). Academic.

Corno, L. & Snow, R. E. (1986). Adapting teaching to individual differences among learners. In M. C. Wittrock (Hrsg.), *Handbook of research on teaching. American Educational Research Association* (3. Aufl., S. 605–629). Macmillan.

Cronbach, L. J. (1951). Coefficient alpha and the internal structure of tests. *Psychometrika*, 297–334. https://doi.org/10.1007/BF02310555

Curran, T., Hill, A. P. & Niemiec, C. P. (2013). A Conditional Process Model of Children's Behavioral Engagement and Behavioral Disaffection in Sport Based on Self-Determination Theory. *Journal of Sport and Exercise Psychology, 35*(1), 30–43. https://doi.org/10.1123/jsep.35.1.30

Czerwenka, K., Nölle, K., Pause, G., Schlotthaus, W., Schmidt, H. J. & Tessloff, J. (1990). *Schülerurteile über die Schule: Bericht über eine internationale Untersuchung* (Europäische Hochschulschriften. Reihe 11, Pädagogik Bd. 419). Peter Lang.

Dalbert, C. & Stöber, J. (2004). Forschung zur Schülerpersönlichkeit. In W. Helsper & J. Böhme (Hrsg.), *Handbuch der Schulforschung* (S. 881–902). VS Verlag für Sozialwissenschaften.

Daschmann, E. C., Goetz, T. & Stupnisky, R. H. (2014). Exploring the antecedents of boredom: Do teachers know why students are bored? *Teaching and Teacher Education, 39*, 22–30. https://doi.org/10.1016/j.tate.2013.11.009

DeCharms, R. (1968). *Personal causation: The internal affective determinants of behavior*. Acad. Press.

Deci, E. L. (1980). *The Psychology of self-determination.* Lexington Books.

Deci, E. L. (1992). Interest and the intrinsic motivation of behavior. In K. A. Renninger, S. Hidi & A. Krapp (Hrsg.), *The role of interest in learning and development* (S. 43–70). Erlbaum.

Deci, E. L. (1995). *Why we do what we do: The dynamics of personal autonomy*. Putnam.

Deci, E. L., Eghrari, H., Patrick, B. C. & Leone, D. R. (1994). Facilitating internalization: The self-determination theory perspective. *Journal of personality, 62*, 119–142. https://doi.org/10.1111/j.1467-6494.1994.tb00797.x

Deci, E. L., Koestner, R. & Ryan, R. M. (1999). A meta-analytic review of experiments examining the effects of extrinsic rewards on intrinsic motivation. *Psychological Bulletin, 125*(6), 627–668. https://doi.org/10.1037/0033-2909.125.6.627

Deci, E. L. & Ryan, R. M. (1985). *Intrinsic motivation and self-determination in human behavior*. Plenum Press.

Deci, E. L. & Ryan, R. M. (1987). The support of autonomy and the control of behavior. *Journal of Personality and Social Psychology, 53*(6), 1024–1037. https://doi.org/10.1037/0022-3514.53.6.1024

Deci, E. L. & Ryan, R. M. (1991). A motivational approach to self: Integration in personality. In R. A. Dienstbier (Hrsg.), *Nebraska Symposium on Motivation: Perspectives on Motivation* (S. 237–288). Univ. of Nebraska Press.

Deci, E. L. & Ryan, R. M. (1993). Die Selbstbestimmungstheorie der Motivation und ihre Bedeutung für die Pädagogik. *Zeitschrift für Pädagogik, 39*(2), 223–238.

Deci, E. L. & Ryan, R. M. (2000). The "What" and "Why" of Goal Pursuits: Human Needs and the Self-Determination of Behavior. *Psychological Inquiry, 11*(4), 227–268. https://doi.org/10.1207/S15327965PLI1104_01

Deci, E. L. & Ryan, R. M. (Hrsg.). (2002a). *Handbook of self-determination research*. Univ. of Rochester Press.

Deci, E. L. & Ryan, R. M. (2002b). The paradox of achievement: The harder you push, the worse it gets. In J. Aronson (Hrsg.), *Educational psychology series. Improving academic achievement: Impact of psychological factors on education* (S. 61–87). Acad. Press. https://doi.org/10.1016/B978-012064455-1/50007-5

Deci, E. L., Ryan, R. M. & Williams, G. C. (1996). Need satisfaction and the self-regulation of learning. *Learning & Individual Differences, 8*, 165–183.

Deci, E. L., Schwartz, A. J., Sheinman, L. & Ryan, R. M. (1981). An instrument to assess adults' orientations toward control versus autonomy with children: Reflections on intrinsic motivation and perceived competence. *Journal of Educational Psychology, 73*(5), 642–650. https://doi.org/10.1037/0022-0663.73.5.642

Deci, E. L., Vallerand, R. J., Pelletier, L. G. & Ryan, R. M. (1991). Motivation and Education: The Self-Determination Perspective. *Educational Psychologist, 26*, 325–346.

Decristan, J., Hondrich, A. L., Büttner, G., Hertel, S., Klieme, E., Kunter, M., Lühken, A., Adl-Armini, K., Djakovic, S.-K., Mannel, S., Naumann, A. & Hardy, I. (2015). Impact of additional guidance in science education on primary students' conceptual understanding. *The Journal of Educational Research, 108*, 358–370.

Decristan, J., Klieme, E., Kunter, M., Hochweber, J., Büttner, G., Fauth, B., Hondrich, A. L., Rieser, S., Hertel, S. & Hardy, I. (2015). Embedded formative assessment and classroom process quality: How do they interact in promoting students' science understanding? *American Educational Research Journal, 52*(6), 1133–1159.

Dettmers, S., Trautwein, U., Ludtke, O., Goetz, T., Frenzel, A. C. & Pekrun, R. (2011). Students' emotions during homework in mathematics: Testing a theoretical model of antecedents and achievement outcomes. *Contemporary Educational Psychology, 36*, 25–35. https://doi.org/10.1016/j.cedpsych.2010.10.001

DeVellis, R. F. (2012). *Scale development: Theory and applications* (3. Aufl.). *Applied social research methods series: Bd. 26*. SAGE.

Dinkelmann, I. & Buff, A. (2016). Vorfreude auf die Mathematikprüfung und ihre individuellen motivational-affektiven Antezedenzien. Ein Mediationsmodell. *Psychologie in Erziehung und Unterricht, 63*(3), 220. https://doi.org/10.2378/peu2016.art14d

Döring, N. & Bortz, J. (2016a). Bestimmung von Teststärke, Effektgröße und optimalem Stichprobenumfang. In N. Döring & J. Bortz (Hrsg.), *Forschungsmethoden und Evaluation in den Sozial- und Humanwissenschaften* (S. 807–866). Springer.

Döring, N. & Bortz, J. (Hrsg.). (2016b). *Forschungsmethoden und Evaluation in den Sozial- und Humanwissenschaften*. Springer. https://doi.org/10.1007/978-3-642-41089-5

Döring, N. & Bortz, J. (2016c). Qualitätskriterien in der empirischen Sozialforschung. In N. Döring & J. Bortz (Hrsg.), *Forschungsmethoden und Evaluation in den Sozial- und Humanwissenschaften* (S. 81–119). Springer.

Dumont, H. (2018). Neuer Schlauch für alten Wein? Eine konzeptuelle Betrachtung von individueller Förderung im Unterricht. *Zeitschrift für Erziehungswissenschaft, 22*, 249–277. https://doi.org/10.1007/s11618-018-0840-0

Eberle, T. (2008). Entwicklung und Einsatz standardisierter Erhebungsinstrumente in Praxisprojekten - Messung von Effekten auf Selbstkonzept, Sozialverhalten und Arbeitsatmosphäre. In B. Hill, T. Biburger & A. Wenzlik (Hrsg.), *Kulturelle Bildung: Bd. 12. Lernkultur und Kulturelle Bildung* (S. 165–173). Kopaed.

Eberle, T. (2009). Veränderungen von Selbstkonzept, Sozialverhalten und Arbeitsatmosphäre von Schülerinnen und Schülern im "Praxisforschungsprojekt – Leben Lernen". Ergebnisse der quantitativen Fragebogenerhebung und der inhaltsanalytischen Auswertung. In T. Biburger & A. Wenzlik (Hrsg.), *Kulturelle Bildung: Bd. 13. "Ich hab gar nicht gemerkt, dass ich was lern". Untersuchungen zur Wirkung kultureller Bildung und einer veränderten Lernkultur in Kooperation mit Schulen* (S. 249–273).

Eberle, T. (2017). Planspiel, Erlebnispädagogik, Outdoor-Training – Chancen erfahrungsorientierter Lernsettings. In Petrik A. & S. Rappenglück (Hrsg.), *Handbuch Planspiele in der politischen Bildung* (Reihe Politik und Bildung, S. 169–180). Wochenschau-Verlag.

Eccles, J. S. (1983). Expectancies, Values, and Academic Behaviors. In J. T. Spence (Hrsg.), *A Series of books in psychology. Achievement and achievement motives* (S. 75–146). W.H. Freeman.

Eccles, J. S., Midgley, C., Wigfield, A., Buchanan, C. M., Reuman, D., Flanagan, C. & Mac Iver, D. (1993). Development during adolescence: The impact of stage-environment fit on young adolescents' experiences in schools and in families. *American Psychologist, 48*(2), 90–101. https://doi.org/10.1037/0003-066X.48.2.90

Eccles, J. S. & Wigfield, A. (1995). In the Mind of the Actor: The Structure of Adolescents' Achievement Task Values and Expectancy-Related Beliefs. *Personality and Social Psychology Bulletin, 21*(3), 215–225. https://doi.org/10.1177/0146167295213003

Eder, A. B. & Brosch, T. (2017). Emotion. In J. Müsseler & M. Rieger (Hrsg.), *Allgemeine Psychologie* (3. Aufl., S. 185–222). Springer.

Eder, F. (1995). *Das Befinden von Kindern und Jugendlichen in der Schule* (Bildungsforschung des Bundesministeriums für Unterricht und Kulturelle Angelegenheiten: Bd. 8). Studien-Verl.

Eder, F. (1996). *Schul- und Klassenklima: Ausprägung Determinanten und Wirkungen des Klimas an höheren Schulen* (Studien zur Bildungsforschung und Bildungspolitik: Bd. 8). Studien-Verl.

Eder, F. (2004). Der Einfluss einzelner Lehrpersonen auf das Befinden von Schülerinnen und Schülern. In T. Hascher (Hrsg.), *Schule positiv erleben: Ergebnisse und Erkenntnisse zum Wohlbefinden von Schülerinnen und Schülern* (Schulpädagogik – Fachdidaktik – Lehrerbildung: Bd. 10, S. 91–112). Haupt.

Eder, F. (2007). *Das Befinden von Kindern und Jugendlichen in der österreichischen Schule: Befragung 2005* (Bildungsforschung des Bundesministeriums für Unterricht und kulturelle Angelegenheiten: Bd. 20). Studien Verl.

Eder, F. & Mayr, J. (2001). Die Primadonna, das Aschenputtel und die Unschuld vom Lande: Vergleichende Befunde zu den Schulen der Zehn- bis Vierzehnjährigen. In F. Eder, G. Grogger & J. Mayr (Hrsg.), *Sekundarstufe I: Probleme – Praxis – Perspektiven* (Studien zur Bildungsforschung und Bildungspolitik: Bd. 24, S. 101–134). Studien-Verl.

Efklides, A. & Volet, S. (2005). Emotional experiences during learning: Multiple, situated and dynamic. *Learning and Instruction, 15*(5), 377–380. https://doi.org/10.1016/j.learninstruc.2005.07.006

Eid, M., Gollwitzer, M. & Schmitt, M. (2015). *Statistik und Forschungsmethoden: Mit Online-Materialien* (5., korrigierte Auflage). Beltz.

Ekman, P. (2007). *Gefühle lesen: Wie Sie Emotionen erkennen und richtig interpretieren.* Spektrum Akad. Verl.

Ekman, P., Friesen, W. V. & Ellsworth, P. (1982). What emotion categories or dimensions can observers judge from facial behavior? In P. Ekman (Hrsg.), *Emotion in the human face* (2. Aufl., S. 39–55). Cambridge University Press.

Endler, N. S. & Okada, M. (1975). A multidimensional measure of trait anxiety: The S-R Inventory of General Trait Anxiousness. *Journal of Consulting and Clinical Psychology, 43*(3), 319–329. https://doi.org/10.1037/h0076643

Evertson, C. M. & Weinstein, C. S. (Hrsg.). (2006). *Handbook of Classroom Management: Research, Practice, and Contemporary Issues.* Erlbaum.

Fehr, B. & Russell, J. A. (1984, September). Concept of emotion viewed from a prototype perspective. *Journal of Experimental Psychology: General, 113*(3), 464–486. https://doi.org/10.1037/0096-3445.113.3.464

Fend, H. (1997). *Der Umgang mit Schule in der Adoleszenz: Aufbau und Verlust von Lernmotivation, Selbstachtung und Empathie.* Hans Huber.

Fend, H. (2005). *Entwicklungspsychologie des Jugendalters: Lehrbuch* (3., durchges. Aufl.). VS Verl. für Sozialwiss.

Field, A. P. (2013). *Discovering statistics using IBM SPSS statistics: And sex and drugs and rock 'n' roll. Introducing statistical methods* (4. Aufl.). SAGE.

Fontaine, J. R. J., Scherer, K. R. & Soriano, C. (2013). *Components of emotional meaning: A sourcebook. Series in affective science*. Oxford University Press.

Fredricks, J. A. & Eccles, J. S. (2002). Children's competence and value beliefs from childhood through adolescence: Growth trajectories in two male-sex-typed domains. *Developmental psychology, 38*(4), 519–533. https://doi.org/10.1037//0012-1649.38.4.519

Fredrickson, B. L. (2001). The role of positive emotions in positive psychology: The broaden-and-build theory of positive emotions. *American Psychologist, 56*(3), 218–226. https://doi.org/10.1037/0003-066X.56.3.218

Frenzel, A. C., Goetz, T., Ludtke, O., Pekrun, R. & Sutton, R. E. (2009). Emotional transmission in the classroom: Exploring the relationship between teacher and student enjoyment. *Journal of Educational Psychology, 101*(3), 705–716. https://doi.org/10.1037/a0014695

Frenzel, A. C., Götz, T. & Pekrun, R. (2015). Emotionen. In E. Wild & J. Möller (Hrsg.), *Pädagogische Psychologie* (S. 201–224). Springer Berlin Heidelberg. https://doi.org/10.1007/978-3-642-41291-2_9

Frenzel, A. C., Pekrun, R. & Goetz, T. (2007). Girls and mathematics – A "hopeless" issue? A control-value approach to gender differences in emotions towards mathematics. *European Journal of Psychology of Education, 22*(4), 497–514.

Frenzel, A. C. & Stephens, E. J. (2011). Emotionen. In T. Götz (Hrsg.), *Emotion, Motivation und selbstreguliertes Lernen* (StandardWissen Lehramt: UTB Bd. 3481, S. 16–77). Schöningh.

Frenzel, A. C., Thrash, T. M., Pekrun, R. & Goetz, T. (2007). Achievement Emotions in Germany and China: A Cross-Cultural Validation of the Academic Emotions Questionnaire—Mathematics. *Journal of Cross-Cultural Psychology, 38*(3), 302–309. https://doi.org/10.1177/0022022107300276

Frey, K. (2012). *Die Projektmethode: Der Weg zum bildenden Tun* (12. Aufl.). *Pädagogik*. Beltz.

Frijda, N. H. (1986). *The emotions*. Cambridge University Press.

Furlong, M. J., Gilman, R. & Huebner, E. S. (Hrsg.). (2014). *Educational psychology handbook series. Handbook of positive psychology in schools* (2. Aufl.). Routledge.

Furrer, C. & Skinner, E. (2003). Sense of relatedness as a factor in children's academic engagement and performance. *Journal of Educational Psychology, 95*(1), 148–162. https://doi.org/10.1037/0022-0663.95.1.148

Gable, R. A., Hester, P. H., Rock, M. L. & Hughes, K. G. (2009). Back to Basics. *Intervention in School and Clinic, 44*(4), 195–205. https://doi.org/10.1177/1053451208328831

Gage, N. L. & Berliner, D. C. (1996). *Pädagogische Psychologie* (5., vollst. überarb. Aufl.). Beltz Psychologie-Verl.-Union.

Geiser, C., Götz, T., Preckel, F. & Freund, P. A. (2017). States and Traits. *European Journal of Psychological Assessment, 33*(4), 219–223. https://doi.org/10.1027/1015-5759/a000413

Gersten, R., Chard, D. J., Jayanthi, M., Baker, S. K., Morphy, P. & Flojo, J. (2009). Mathematics instruction for students with learning disabilities: A meta-analysis of instructional components. *Review of Educational Research, 79*, 1202–1242. https://doi.org/10.3102/0034654309334431

Giaconia, R. M. & Hedges, L. V. (1982). Identifying features of effective open education. *Review of Educational Research, 52*, 579–602. https://doi.org/10.2307/1170267

Givvin, K. B., Hiebert, J. & Jacobs, J. K. (2005). Are there national patterns of teaching? Evidence from the TIMMS 1999 video study. *Comparative education review, 49*(3), 311–343.

Gläser-Zikuda, M. (2001). *Emotionen und Lernstrategien in der Schule: Eine empirische Studie mit qualitativer Inhaltsanalyse*. Beltz.

Gläser-Zikuda, M. (2010). "Heute hat es im Unterricht wieder Spaß gemacht!": Zur Bedeutung von Lern- und Leistungsemotionen in Schule und Unterricht. In J. Mägdefrau (Hrsg.), *Schulisches Lehren und Lernen: Pädagogische Theorie an Praxisbeispielen* (S. 85–108). Klinkhardt.

Gläser-Zikuda, M. (2012). Gelingensbedingungen für individualisiertes Lernen: Zur Bedeutung von Emotionen, Interesse und Selbstbestimmungserleben. In A. Jantowski (Hrsg.), *Thillm. 2012. Kontinuität und Wandel in der Bildung*. (Impulse Bd. 55, S. 18–42). Thillm.

Gläser-Zikuda, M. & Fuß, S. (2003). Emotionen und Lernleistungen in den Fächern Deutsch und Physik: Unterscheiden sich Mädchen und Jungen in der 8. Klasse? *Lehren & lernen, 29*(4), 5–11.

Gläser-Zikuda, M. & Fuß, S. (2004). Wohlbefinden von Schülerinnen und Schülern im Unterricht. In T. Hascher (Hrsg.), *Schule positiv erleben: Ergebnisse und Erkenntnisse zum Wohlbefinden von Schülerinnen und Schülern* (Schulpädagogik – Fachdidaktik – Lehrerbildung: Bd. 10, S. 27–48). Haupt.

Gläser-Zikuda, M. & Fuß, S. (2008). Lehrerkompetenzen und Schüleremotionen: Wie nehmen Lernende ihre Lehrkräfte emotional wahr? In M. Gläser-Zikuda & J. Seifried (Hrsg.), *Lehrerexpertise - Analyse und Bedeutung unterrichtlichen Handelns* (S. 113–142). Waxmann.

Gläser-Zikuda, M., Fuß, S., Laukenmann, M., Metz, K. & Randler, C. (2005). Promoting students' emotions and achievement – Instructional design and evaluation of the ECOLE-approach. *Learning and Instruction, 15*(5), 481–495.

Gläser-Zikuda, M., Fuß, S., Ziegelbauer, S. & Göhring, A. (2006). Zur Bedeutung von Unterrichtsqualität für kognitive und emotionale Lernfaktoren im Physikunterricht. In R. Girwidz, M. Gläser-Zikuda, M. Laukenmann & T. Rubitzko (Hrsg.), *Lernen im Physikunterricht. Festschrift für Prof. Dr. Christoph von Rhöneck* (Didaktik in Forschung und Praxis: Bd. 29, S. 231–247). Dr. Kovac.

Gläser-Zikuda, M. & Göhring, A. (2007). Analyse und Förderung selbstregulierten Lernens auf der Grundlage des Portfolio-Ansatzes: Ein Forschungsprogramm in der Sekundarstufe I. *Empirische Pädagogik, 21*(2), 174–208.

Gläser-Zikuda, M. & Hascher, T. (Hrsg.). (2007a). *Lernprozesse dokumentieren, reflektieren und beurteilen: Lerntagebuch und Portfolio in Bildungsforschung und Bildungspraxis*. Klinkhardt.

Gläser-Zikuda, M. & Hascher, T. (2007b). Zum Potenzial von Lerntagebuch und Portfolio. In M. Gläser-Zikuda & T. Hascher (Hrsg.), *Lernprozesse dokumentieren, reflektieren und beurteilen: Lerntagebuch und Portfolio in Bildungsforschung und Bildungspraxis* (S. 9–21). Klinkhardt.

Gläser-Zikuda, M., Hascher, T. & Schmitz, B. (2010). Emotionen. In T. Hascher & B. Schmitz (Hrsg.), *Grundlagentexte Pädagogik. Pädagogische Interventionsforschung. Theoretische Grundlagen und empirisches Handlungswissen* (S. 111–132). Juventa-Verl.

Gläser-Zikuda, M. & Järvelä, S. (2008). Application of qualitative and quantitative methods to enrich understanding of emotional and motivational aspects of learning. *International Journal of Educational Research, 47*(2), 79–83. https://doi.org/10.1016/j.ijer.2007.11.009

Gläser-Zikuda, M. & Laukenmann, M. (2001). Emotionen und Lernen im Physikunterricht der Sekundarstufe I. *Unterrichten, erziehen, 20*(6), 315–318.

Gläser-Zikuda, M., Mayring, P. & Rhöneck, C. v. (2003). A qualitative approach to learning emotions at school. In *Learning Emotions. The Influence of Affective Factors on Classroom Learning* (S. 103–126). Peter Lang.

Gläser-Zikuda, M. & Schuster, H. (2005). How Do Students Feel in Open and Direct Instruction? A Study with Mixed Methods. In L. Gürtler, M. Kiegelmann, G. L. Huber & G. Kleining (Hrsg.), *Qualitative psychology nexus: Vol. 4. Areas of qualitative psychology: Special focus on design* (S. 143–162). Verlag Ingeborg Huber.

Gläser-Zikuda, M., Seidel, T., Rohlfs, C., Gröschner, A., Ziegelbauer, S., Dalehefte, I. M., Kobarg, M., Mayring, P., Gürtler, L., Huber, G. L., Radisch, F., Patry, J.-L., Ludwig, P. H., Trempler, K., Schellenbach-Zell, J., Gräsel, C., Steffensky, M., Lankes, E.-M., Carstensen, C. H., Prenzel, M. et al. (2012). *Mixed methods in der empirischen Bildungsforschung [AEPF Jena 2010]*. Waxmann.

Glöckner-Rist, A. & Hoijtink, H. (2003). The best of both worlds: factor analysis of dichotomous data using Item Response Theory and Structural Equation Modeling. *Structural Equation Modeling, 10*(4), 544–565.

Goetz, T., Bieg, M., Ludtke, O., Pekrun, R. & Hall, N. C. (2013). Do girls really experience more anxiety in mathematics? *Psychological Science, 24*(10), 2079–2087. https://doi.org/10.1177/0956797613486989

Goetz, T., Cronjaeger, H., Frenzel, A. C., Ludtke, O. & Hall, N. C. (2010). Academic self-concept and emotion relations: Domain specificity and age effects. *Contemporary Educational Psychology, 35*(1), 44–58. https://doi.org/10.1016/j.cedpsych.2009.10.001

Goetz, T., Frenzel, A. C., Hall, N. C. & Pekrun, R. (2008). Antecedents of academic emotions: Testing the internal/external frame of reference model for academic enjoyment. *Contemporary Educational Psychology, 33*(1), 9–33. https://doi.org/10.1016/j.cedpsych.2006.12.002

Goetz, T., Frenzel, A. C., Lüdtke, O. & Hall, N. C. (2010). Between-domain relations of academic emotions: Does having the same instructor make a difference? *The journal of experimental education, 79*(1), 84–101. http://dx.doi.org/10.1080/00220970903292967

Goetz, T., Frenzel, A. C., Pekrun, R., Hall, N. C. & Ludtke, O. (2007). Between- and within-domain relations of students' academic emotions. *Journal of Educational Psychology, 99*(4), 715–733. https://doi.org/10.1037/0022-0663.99.4.715

Goetz, T., Frenzel, A. C., Stoeger, H. & Hall, N. C. (2010). Antecedents of everyday positive emotions: An experience sampling analysis. *Motivation and Emotion, 34*(1), 49–62. http://dx.doi.org/10.1007/s11031-009-9152-2

Goetz, T., Haag, L., Lipnevich, A. A., Keller, M. M., Frenzel, A. C. & Collier, A. P. M. (2014). Between-domain relations of students' academic emotions and their judgments of school domain similarity. *Frontiers in psychology, 5*, 1153. https://doi.org/10.3389/fpsyg.2014.01153

Goetz, T. & Hall, N. C. (2013). Emotion and achievement in the classroom. In J. Hattie & E. M. Anderman (Hrsg.), *International guide to student achievement* (Educational psychology handbook series: 1, S. 192–195). Routledge.

Goetz, T. & Hall, N. C. (2014). Academic Boredom. In R. Pekrun & L. Linnenbrink-Garcia (Hrsg.), *International Handbook of Emotions in Education* (Educational Psychology Handbook Series, S. 311–330). Routledge.

Goetz, T., Hall, N. C., Frenzel, A. C. & Pekrun, R. (2006). A hierarchical conceptualization of enjoyment in students. *Learning and Instruction, 16*(4), 323–338. https://doi.org/10.1016/j.learninstruc.2006.07.004

Goetz, T., Pekrun, R., Hall, N. & Haag, L. (2006). Academic emotions from a social-cognitive perspective: Antecedents and domain specificity of students' affect in the context of Latin instruction. *British Journal of Educational Psychology, 76*, 289–308. https://doi.org/10.1348/000709905X42860

Goetz, T., Preckel, F., Pekrun, R. & Hall, N. C. (2007). Emotional experiences during test taking: Does cognitive ability make a difference? *Learning and Individual Differences, 17*(1), 3–16. https://doi.org/10.1016/j.lindif.2006.12.002

Goetze, H. (1992). 'Wenn freie Arbeit schwierig wird…' – Stolpersteine auf dem Weg zum Offenen Unterricht. In G. Reiß & G. Eberle (Hrsg.), *Offener Unterricht. Freie Arbeit mit lernschwachen Schülerinnen und* Schülern (Schriftenreihe der Pädagogischen Hochschule Heidelberg, Bd. 11). Deutscher Studien Verl.

Gogol, K., Brunner, M., Goetz, T., Martin, R., Ugen, S., Keller, U., Fischbach, A. & Preckel, F. (2014). 'My Questionnaire is Too Long!' the assessments of motivational-affective constructs with three-item and single-item measures. *Contemporary Educational Psychology, 39*, 188–205. https://doi.org/10.1016/j.cedpsych.2014.04.002

Gold, A. (2015). *Guter Unterricht: Was wir wirklich darüber wissen* (Pädagogik). Vandenhoeck & Ruprecht.

Goschke, T. & Dreisbach, G. (2011). Kognitiv-affektive Neurowissenschaft: Emotionale Modulation des Erinnerns, Entscheidens und Handelns. In H.-U. Wittchen & J. Hoyer (Hrsg.), *Klinische Psychologie & Psychotherapie* (S. 129–168). Springer. https://doi.org/10.1007/978-3-642-13018-2_6

Götz, T. (2004). *Emotionales Erleben und selbstreguliertes Lernen bei Schülern im Fach Mathematik* (Psychologie: Bd. 20). Herbert Utz.

Götz, T. & Frenzel, A. C. (2010). Über- und Unterforderungslangeweile im Mathematikunterricht. *Empirische Pädagogik, 24*, 113–134.

Götz, T., Frenzel, A. C. & Haag, L. (2006). Ursachen von Langweile im Unterricht. *Empirische Pädagogik, 20*(2), 113–134.

Götz, T., Frenzel, A. C. & Pekrun, R. (2007). Regulation von Langeweile im Unterricht. Was Schülerinnen und Schüler bei der "Windstille der Seele" (nicht) tun. *Unterrichtswissenschaft, 35*(4), 312–333. https://doi.org/10.25656/01:5499

Götz, T., Heller, K. A., Collier, A. & Kügow, E. C. (2011). *Codebook SEE2-Studie – Schüler und ihr emotionales Erleben.* Konstanz: Unveröffentlichtes Codebook.

Götz, T., Lohrmann, K. & Ganser, B. (2005). Einsatz von Unterrichtsmethoden – Konstanz oder Wandel? *Empirische Pädagogik, 19*(4), 342–360.

Götz, T., Zirngibl, A. C. & Pekrun, R. (2004). Lern- und Leistungsemotionen von Schülerinnen und Schülern. In T. Hascher (Hrsg.), *Schule positiv erleben: Ergebnisse und Erkenntnisse zum Wohlbefinden von Schülerinnen und Schülern* (Schulpädagogik – Fachdidaktik – Lehrerbildung: Bd. 10, S. 49–66). Haupt.

Götz, T., Zirngibl, A. C., Pekrun, R. & Hall, N. C. (2003). Emotions, learning and achievement from an educational-psychological perspective. In P. Mayring & C. von Rhoeneck (Hrsg.), *Learning Emotions. The Influence of Affective Factors on Classroom Learning* (S. 9–28). Peter Lang.

Graham, S. & Weiner, B. (1986). From an attributional theory of emotion to developmental psychology: A round-trip ticket? *Social Cognition, 4*, 152–179. https://doi.org/10.1521/soco.1986.4.2.152

Grolnick, W. S. & Ryan, R. M. (1989). Parent styles associated with children's self-regulation and competence in school. *Journal of Educational Psychology, 81*(2), 143–154. https://doi.org/10.1037/0022-0663.81.2.143

Grolnick, W. S., Ryan, R. M. & Deci, E. L. (1991). Inner resources for school achievement: Motivational mediators of children's perceptions of their parents. *Journal of Educational Psychology, 83*(4), 508–517. https://doi.org/10.1037/0022-0663.83.4.508

Gruehn, S. (2000). *Unterricht und schulisches Lernen: Schüler als Quellen der Unterrichtsbeschreibung* (Pädagogische Psychologie und Entwicklungspsychologie: Bd. 12). Waxmann.

Haarmann, D. (1988). Was heisst hier "offen"? Über die Mehrdeutigkeit etablierter Unterrichtskonzepte. *Grundschule, 20*(6), 37–41.

Haerens, L., Aelterman, N., Vansteenkiste, M., Soenens, B. & van Petegem, S. (2015). Do perceived autonomy-supportive and controlling teaching relate to physical education students' motivational experiences through unique pathways? Distinguishing between the bright and dark side of motivation. *Psychology of Sport and Exercise, 16*(3), 26–36. https://doi.org/10.1016/j.psychsport.2014.08.013

Hagenauer, G. (2011). *Lernfreude in der Schule* (Pädagogische Psychologie und Entwicklungspsychologie: Bd. 80). Waxmann.

Hagenauer, G. & Hascher, T. (2011). Schulische Lernfreude in der Sekundarstufe 1 und deren Beziehung zu Kontroll- und Valenzkognitionen. *Zeitschrift für pädagogische Psychologie*, *25*(1), 63–80. https://doi.org/10.1024/1010-0652/a000026

Hagenauer, G. & Hascher, T. (2014). Early Adolescents' Enjoyment Experienced in Learning Situations at School and Its Relation to Student Achievement. *Journal of Education and Training Studies*, *2*(2). https://doi.org/10.11114/jets.v2i2.254

Hagenauer, G. & Hascher, T. (2018). Editorial. In G. Hagenauer & T. Hascher (Hrsg.), *Emotionen und Emotionsregulation in Schule und Hochschule* (S. 9–11). Waxmann.

Hagenauer, G., Klaß, S. & Gläser-Zikuda, M. (2016). Emotionales Erleben von SchülerInnen im Kontext von Portfolioarbeit im Physikunterricht. In S. Ziegelbauer & M. Gläser-Zikuda (Hrsg.), *Das Portfolio als Innovation in Schule, Hochschule und LehrerInnenbildung: Perspektiven aus Sicht von Praxis, Forschung und Lehre* (S. 100–117). Klinkhardt, Julius.

Hänze, M. (1998). *Denken und Gefühl: Wechselwirkung zwischen Emotion und Kognition im Unterricht. Pädagogik - Theorie und Praxis*. Luchterhand.

Harris, M. B. (2000). Correlates and characteristics of boredom proneness and boredom. *Journal of Applied Social Psychology*, *30*(3), 576–598. https://doi.org/10.1111/j.1559-1816.2000.tb02497.x

Hartinger, A. (1997). *Interessenförderung: Eine Studie zum Sachunterricht*. Klinkhardt.

Hartinger, A. (2001a). Das Empfinden von Selbstbestimmung im Unterricht. In M. Fölling-Albers, S. Richter, H. Brügelmann & A. Speck-Hamdan (Hrsg.), *Beiträge zur Reform der Grundschule/Sonderband: Bd. 62. Fragen der Praxis – Befunde der Forschung: Jahrbuch Grundschule III* (S. 177–179). Grundschulverband – Arbeitskreis Grundschule.

Hartinger, A. (2001b). Selbstbestimmung im Unterricht – die Sicht der Schüler/innen. In H.-G. Roßbach, K. Nölle & K. Czerwenka (Hrsg.), *Jahrbuch Grundschulforschung: Bd. 4. Forschungen zu Lehr- und Lernkonzepten für die Grundschule* (S. 93–101). Leske + Budrich.

Hartinger, A. (2002). Selbstbestimmungsempfinden in offenen Lernsituationen. Eine Pilotstudie zum Sachunterricht. In K. Spreckelsen, K. Möller & A. Hartinger (Hrsg.), *Ansätze und Methoden empirischer Forschung zum Sachunterricht* (S. 174–184). Klinkhardt.

Hartinger, A. (2005). Verschiedene Formen der Öffnung von Unterricht und ihre Auswirkung auf das Selbstbestimmungsempfinden von Grundschulkindern. *Zeitschrift für Pädagogik*, *51*(3), 397–414. http://nbn-resolving.de/urn:nbn:de:0111-opus-47623

Hartinger, A. (2006). Interesse durch Öffnung des Unterrichts - wodurch? *Unterrichtswissenschaft*, *34*(3), 272–288. https://doi.org/10.25656/01:5519

Hascher, T. (2003). Well-being in school - why students need social support. In P. Mayring & C. von Rhoeneck (Hrsg.), *Learning Emotions. The Influence of Affective Factors on Classroom Learning* (S. 127–142). Peter Lang.

Hascher, T. (Hrsg.). (2004a). *Schule positiv erleben: Ergebnisse und Erkenntnisse zum Wohlbefinden von Schülerinnen und Schülern* (Schulpädagogik – Fachdidaktik – Lehrerbildung: Bd. 10). Haupt.

Hascher, T. (2004b). *Wohlbefinden in der Schule* (Pädagogische Psychologie und Entwicklungspsychologie: Bd. 40). Waxmann.

Hascher, T. (2005). Emotionen im Schulalltag: Wirkungen und Regulationsformen. *Zeitschrift für Pädagogik, 51*(5), 611–625.

Hascher, T. & Edlinger, H. (2009). Positive Emotionen und Wohlbefinden in der Schule – Ein Überblick über Forschungszugänge und Erkenntnisse. *Psychologie in Erziehung und Unterricht, 56*(2), 105–122.

Hascher, T. & Hagenauer, G. (2011). Emotionale Aspekte des Lehrens und Lernens. In S. T. Brandt (Hrsg.), *Lehren und Lernen im Unterricht* (Professionswissen für Lehrerinnen und Lehrer: Bd. 2, S. 127–148). Schneider Hohengehren.

Hascher, T. & Schmitz, B. (2018). Emotionen in Schule und Hochschule - Perspektiven. In G. Hagenauer & T. Hascher (Hrsg.), *Emotionen und Emotionsregulation in Schule und Hochschule* (S. 339–343). Waxmann.

Hatfield, E., Cacioppo, J. T. & Rapson, R. L. (1994). *Emotional contagion.* Cambridge Univ. Press.

Hattie, J. (2009). *Visible learning: A synthesis of over 800 meta-analyses relating to achievement.* Routledge.

Hattie, J. & Zierer, K. (2018). *Visible Learning: Auf den Punkt gebracht.* Schneider Hohengehren.

Heck, R. H., Thomas, S. L. & Tabata, L. N. (2010). *Multilevel and longitudinal modeling with IBM SPSS. Quantitative methodology series.* Routledge.

Heider, F. (1958). *The psychology of interpersonal relations.* Wiley.

Heise, E. & Neumann, R. (2006). Welche Eigenschaften wünschen sich Schülerinnen und Schüler von ihren Lehrkräften und von ihren Eltern? *Empirische Pädagogik, 20*(1), 32–48.

Helmke, A. (1993). Die Entwicklung der Lernfreude vom Kindergarten bis zur 5. Klassenstufe. *Zeitschrift für pädagogische Psychologie, 7*(2-3), 77–86.

Helmke, A. (2009). *Unterrichtsqualität und Lehrerprofessionalität: Diagnose, Evaluation und Verbesserung des Unterrichts* (2., aktualisierte Aufl.). Klett/Kallmeyer.

Hembree, R. (1988). Correlates, Causes, Effects, and Treatment of Test Anxiety. *Review of Educational Research, 58*(1), 47–77. https://doi.org/10.2307/1170348

Henrich, J., Heine, S. J. & Norenzayan, A. (2010). The weirdest people in the world? *The Behavioral and brain sciences, 33*, 61-83. https://doi.org/10.1017/S0140525X0999152X

Hess, U. & Kappas, A. (2009). Appraisaltheorien: Komplexe Reizbewertung und Reaktionsselektion. In G. Stemmler (Hrsg.), *Psychologie der Emotion* (Enzyklopädie der Psychologie: Bd. 3, S. 247–290). Hogrefe.

Hill, A. B. & Perkins, R. E. (1985). Towards a model of boredom. *British Journal of Psychology, 76*, 235–240. https://doi.org/10.1111/j.2044-8295.1985.tb01947.x

Hinz, A. (2014). Sind konfirmatorische Faktorenanalysen wirklich konfirmatorisch?. *Psychotherapie, Psychosomatik, medizinische Psychologie, 64*(1), 41–42. https://doi.org/10.1055/s-0033-1359982

Hock, M. & Kohlmann, C.-W. (2009). Angst und Furcht. In V. Brandstätter & J. H. Otto (Hrsg.), *Handbuch der allgemeinen Psychologie - Motivation und Emotion* (Handbuch der Psychologie: Bd. 11, S. 623–632). Hogrefe.

Hodapp, V. (2000). Ärger. In J. H. Otto, H. A. Euler & H. Mandl (Hrsg.), *Emotionspsychologie: Ein Handbuch* (S. 199–208). Beltz Psychologie-Verl.-Union.

Hodapp, V. & Bongard, S. (2009). Ärger. In V. Brandstätter & J. H. Otto (Hrsg.), *Handbuch der allgemeinen Psychologie - Motivation und Emotion* (Handbuch der Psychologie: Bd. 11, S. 612–622). Hogrefe.

Hofmann, K., Reichert, J. & Ricken, G. (1998). Typisch Offener Unterricht? Eine Rekonstruktion der Merkmalsordnung bei Lehrern. *Zeitschrift für pädagogische Psychologie, 12*(4), 250–259.

Holmbeck, G. N. (1997). Toward terminological, conceptual, and statistical clarity in the study of mediators and moderators: Examples from the child-clinical and pediatric psychology literatures. *Journal of Consulting and Clinical Psychology, 65*(4), 599–610. https://doi.org/10.1037/0022-006X.65.4.599

Hospel, V. & Galand, B. (2016). Are both classroom autonomy support and structure equally important for students' engagement? A multilevel analysis. *Learning and Instruction, 41*, 1–10. https://doi.org/10.1016/j.learninstruc.2015.09.001

Hubrig, C., Hallerbach, B., Wosnitza, T. & Herzenberger, R. (2015). *Lernen und Lehren mit Hirn: Ergebnisse der Hirnforschung für den Schulalltag nutzen.* Carl Auer.

Hüther, G. (2010). Auf dem Weg zu einer anderen Schulkultur: Die Bedeutung von Geist und Haltung aus neurobiologischer Sicht. In E. Jürgens & J. Standop (Hrsg.), *Was ist "guter" Unterricht? Namhafte Expertinnen und Experten geben Antwort* (S. 223–231). Klinkhardt.

Izard, C. E. (1977). *Human emotions*. Plenum Press.

Izard, C. E. (1999). *Die Emotionen des Menschen: Eine Einführung in die Grundlagen der Emotionspsychologie* (4., neu ausgestattete Aufl.). Beltz Psychologie-Verl.-Union.

Jacob, B. (1996). *Leistungsemotionen bei Schülern: Entwicklung und Validierung eines diagnostischen Instruments* (Schriftliche Hausarbeit für das 1. Staatsexamen im Lehramt Grundschule). LMU München.

Jacob, B. & Markus, S. (2012). Fragebogen zu State-Leistungsemotionen (FSLE). In *Classroom under Sail. Emotional experiences of students in an adventure pedagogical setting* (Unveröffentlichtes Codebook). FAU Erlangen-Nürnberg.

Jacobs, J. K., Hiebert, J., Givvin, K. B., Hollingsworth, H., Garnier, H. & Wearne, D. (2006). Does eighth-grade mathematics teaching in the United States align with the NCTM Standards? Results from the TIMSS 1995 and 1999 video studies. *Journal for Research in Mathematics Education, 37*(1), 5–32.

James, W. (1884). What is an emotion? *Mind, 9*, 188–205.

Jang, H., Reeve, J. & Deci, E. L. (2010). Engaging students in learning activities: It is not autonomy support or structure but autonomy support and structure. *Journal of Educational Psychology, 102*(3), 588–600. https://doi.org/10.1037/a0019682

Jang, H., Reeve, J. & Halusic, M. (2016). A New Autonomy-Supportive Way of Teaching That Increases Conceptual Learning: Teaching in Students' Preferred Ways. *The journal of experimental education*, *84*(4), 686–701. https://doi.org/10.1080/00220973.2015.1083522

Jerusalem, M. & Hopf, D. (Hrsg.). (2002). *Selbstwirksamkeit und Motivationsprozesse in Bildungsinstitutionen* (Zeitschrift für Pädagogik Beiheft: Bd. 44). Beltz.

Jerusalem, M. & Mittag, W. (1999). Selbstwirksamkeit, Bezugsnormen, Leistung und Wohlbefinden in der Schule. In M. Jerusalem & R. Pekrun (Hrsg.), *Emotion, Motivation und Leistung* (S. 223–245). Hogrefe.

Jerusalem, M. & Satow, L. (1999). Schulbezogene Selbstwirksamkeitserwartung. In R. Schwarzer & M. Jerusalem (Hrsg.), *Skalen zur Erfassung von Lehrer- und Schülermerkmalen: Dokumentation der psychometrischen Verfahren im Rahmen der wissenschaftlichen Begleitung des Modellversuchs Selbstwirksame Schulen* (S. 15–16).

Jerusalem, M. & Schwarzer, R. (1991). Entwicklung des Selbstkonzepts in verschiedenen Lernumwelten. In R. Pekrun & H. Fend (Hrsg.), *Schule und Persönlichkeitsentwicklung: Ein Resumée der Längsschnittforschung* (S. 115–130). Enke.

Jürgens, E. (2004). *Die "neue" Reformpädagogik und die Bewegung Offener Unterricht: Theorie Praxis und Forschungslage* (6., unveränd. Aufl.). Academia-Verlag.

Kane, M. (1996). The precision of measurements. *Applied Measurement in Education*, *9*(4), 355–379.

Kasper, H. (Hrsg.). (1990a). *Lasst die Kinder lernen: Offene Lernsituation* (Praxis Pädagogik). Westermann.

Kasper, H. (1990b). Offener Unterricht. Modewort oder Besinnung auf schulische Lernkultur? In H. Kasper (Hrsg.), *Lasst die Kinder lernen: Offene Lernsituation* (Praxis Pädagogik, S. 5). Westermann.

Katz, I. & Assor, A. (2007). When choice motivates and when it does not. *Educational Psychology Review*, *19*, 429–442. https://doi.org/10.1007/s10648-006-9027-y

Kerr, D. (2002). Devoid of Community: Examining Conceptions of Autonomy in Education. *Educational Theory*, *52*(1), 13–25.

Killi, U. (2006). *Emotionales Erleben in Mathematik: Entwicklung von Selbstberichtsskalen für das Vor- und frühe Grundschulalter* [Dissertation]. Ludwig-Maximilians-Universität, München.

Kingston, N. & Nash, B. (2011). Formative assessment: a meta-analysis and a call for research. *Educational Measurement: Issues and Practice*, *30*, 28–37.

Kirschner, P. A., Sweller, J. & Clark, R. E. (2006). Why minimal guidance during instruction does not work: an analysis of the failure of constructivist, discovery, problem-based, experiential, and inquiry-based teaching. *Educational Psychologist*, *41*, 75–86.

Klauer, K. C. & Hecker, U. von. (2009). Gedächtnis und Emotion. In V. Brandstätter & J. H. Otto (Hrsg.), *Handbuch der allgemeinen Psychologie - Motivation und Emotion* (Handbuch der Psychologie: Bd. 11, S. 661–667). Hogrefe.

Kleinginna, P. R. & Kleinginna, A. M. (1981). A categorized list of emotion definitions, with suggestions for a consensual definition. *Motivation and Emotion*, *5*(4), 345–379. https://doi.org/10.1007/BF00992553

Klieme, E., Schümer, G. & Knoll, S. (2001). Mathematikunterricht in der Sekundarstufe I: "Aufgabenkultur" und Unterrichtsgestaltung. In Bundesministerium für Bildung und Forschung (Hrsg.), *TIMSS - Impulse für Schule und Unterricht: Forschungsbefunde, Reforminitiativen, Praxisberichte und Video-Dokumente* (S. 43–57). BMBF.

Kline, P. (2000). *The handbook of psychological testing* (2nd ed.). Routledge.

Kline, R. B. (2016). *Principles and practice of structural equation modeling* (Methodology in the Social Sciences, 4. Aufl.). The Guilford Press.

Klippert, H. (2010). *Heterogenität im Klassenzimmer. Wie Lehrkräfte effektiv und zeitsparend damit umgehen können.* Beltz.

Knollmann, M. & Wild, E. (2004). Schüleremotionen in schulischen und häuslichen Lernkontexten: Der Einfluss von Motivation und wahrgenommener Instruktionsqualität. In T. Hascher (Hrsg.), *Schule positiv erleben: Ergebnisse und Erkenntnisse zum Wohlbefinden von Schülerinnen und Schülern* (Schulpädagogik – Fachdidaktik – Lehrerbildung: Bd. 10, S. 67–87). Haupt.

Koka, A. & Hein, V. (2005). The effect of perceived teacher feedback on intrinsic motivation in physical education. *International Journal of Sport Psychology*, *36*, 91–106.

Köller, O., Trautwein, U., Lüdtke, O. & Baumert, J. (2006). Zum Zusammenspiel von schulischer Leistung, Selbstkonzept und Interesse in der gymnasialen Oberstufe. *Zeitschrift für pädagogische Psychologie*, *20*(1–2), 27–39.

Kounin, J. S. (1976). *Techniken der Klassenführung.* Huber.

Krapp, A. (2002). An Educational-Psychological Theory of Interest and its Relation to SDT. In E. L. Deci & R. M. Ryan (Hrsg.), *Handbook of self-determination research* (S. 405–429). Univ. of Rochester Press.

Krapp, A. (2005a). Basic needs and the development of interest and intrinsic motivational orientations. *Learning and Instruction*, *15*(5), 381–395. https://doi.org/10.1016/j.learninstruc.2005.07.007

Krapp, A. (2005b). Das Konzept der grundlegenden psychologischen Bedürfnisse: Ein Erklärungsansatz für die positiven Effekte von Wohlbefinden und intrinsischer Motivation im Lehr-Lerngeschehen. *Zeitschrift für Pädagogik*, *51*(5), 626–641. https://doi.org/10.25656/01:4772

Krapp, A. & Prenzel, M. (Hrsg.). (1992). *Interesse, Lernen, Leistung: Neuere Ansätze der pädagogisch-psychologischen Interessenforschung.* Aschendorff.

Krieger, C. G. (1994). *Mut zur Freiarbeit: Praxis und Theorie des freien Arbeitens für die Sekundarstufe; ein allgemeingültiges Konzept von Freiarbeit naturwissenschaftlicher Unterricht und Freiarbeit die historische Wurzel der Freiarbeit* (Grundlagen der Schulpädagogik: Bd. 9). Schneider-Verl. Hohengehren.

Krijgsman, C., Vansteenkiste, M., van Tartwijk, J., Maes, J., Borghouts, L., Cardon, G., Mainhard, T. & Haerens, L. (2017). Performance grading and motivational functioning and fear in physical education: A self-determination theory perspective. *Learning and Individual Differences*, *55*, 202–211. https://doi.org/10.1016/j.lindif.2017.03.017

Krohne, H. W. (1996). *Angst und Angstbewältigung.* Kohlhammer.

Kunter, M. (2005). *Multiple Ziele im Mathematikunterricht* (Pädagogische Psychologie und Entwicklungspsychologie: Bd. 51). Waxmann.

Kunter, M., Baumert, J., Blum, W., Klusmann, U., Krauss, S. & Neubrand, M. (2011). *Professionelle Kompetenz von Lehrkräften: Ergebnisse des Forschungsprogramms COACTIV*. Waxmann.

Larson, R. W. & Richards, M. H. (1991). Boredom in the middle school years: Blaming schools versus blaming students. *American Journal of Education, 99*(4), 418–443. https://doi.org/10.1086/443992

Lazarus, R. S. (1974). Psychological stress and coping in adaptation and illness. *International Journal of Psychiatry in Medicine, 5*, 321–333. https://doi.org/10.2190/T43T-84P3-QDUR-7RTP

Lazarus, R. S. (1991). *Emotion and adaptation*. Oxford University Press.

Lazarus, R. S. & Folkman, S. (1984). *Stress, appraisal, and coping*. Springer Publishing Company.

Leary, M. R., Rogers, P. A., Canfield, R. W. & Coe, C. (1986). Boredom in interpersonal encounters: Antecedents and social implications. *Journal of Personality and Social Psychology, 51*(5), 968–975. https://doi.org/10.1037/0022-3514.51.5.968

Ledergerber, C. (2015). *Unterrichtskommunikation und motivational-emotionale Aspekte des Lernens: Eine videobasierte Analyse im Mathematikunterricht* (Empirische Erziehungswissenschaft: Bd. 61). Waxmann.

Lee, W. & Reeve, J. (2012). Teachers' estimates of their students' motivation and engagement: Being in synch with students. *Educational Psychology, 32*, 727–747. https://doi.org/10.1080/01443410.2012.732385

Lench, H. C., Flores, S. A. & Bench, S. W. (2011). Discrete emotions predict changes in cognition, judgment, experience, behavior, and physiology: a meta-analysis of experimental emotion elicitations. *Psychological Bulletin, 137*(5), 834–855. https://doi.org/10.1037/a0024244

Lichtenfeld, S., Pekrun, R., Stupnisky, R. H., Reiss, K. & Murayama, K. (2012). Measuring students' emotions in the early years: The Achievement Emotions Questionnaire-Elementary School (AEQ-ES). *Learning and Individual Differences, 22*(2), 190–201. https://doi.org/10.1016/j.lindif.2011.04.009

Liebert, R. M. & Morris, L. W. (1967). Cognitive and emotional components of test anxiety: A distinction and some initial data. *Psychological Reports, 20*, 975–978. https://doi.org/10.2466/pr0.1967.20.3.975

Lienert, G. A. & Raatz, U. (1998). *Testaufbau und Testanalyse* (6. Aufl.). Psychologie Verl. Union Beltz.

Limprecht, S., Janko, T. & Gläser-Zikuda, M. (2013). Achievement Emotions of Boys and Girls in Physics Instruction: Does a Portfolio Make a Difference? *ORBIS SCHOLAE, 7*(2), 43–66.

Linnenbrink-Garcia, L., Patall, E. A. & Pekrun, R. (2016). Adaptive Motivation and Emotion in Education: Research and Principles for Instructional Design. *Policy Insights from the Behavioral and Brain Sciences, 3*(2), 228–236. https://doi.org/10.1177/2372732216644450

Linnenbrink-Garcia, L. & Pekrun, R. (2011). Students' emotions and academic engagement: Introduction to the special issue. *Contemporary Educational Psychology, 36*(1), 1–3. https://doi.org/10.1016/j.cedpsych.2010.11.004

Lipowsky, F. (2002). Zur Qualität offener Lernsituationen im Spiegel empirischer Forschung: Auf die Mikroebene kommt es an. In U. Drews & W. Wallrabenstein (Hrsg.), *Freiarbeit in der Grundschule: Offener Unterricht in Theorie, Forschung und Praxis* (Beiträge zur Reform der Grundschule: Bd. 114). Grundschulverband.

Lipowsky, F. & Lotz, M. (2015). Ist Individualisierung der Königsweg zum Lernen? Eine Auseinandersetzung mit Theorien, Konzepten und empirischen Befunden. In F. Mehlhorn, F. Schulz & K. Schöppe (Hrsg.), *Begabungen entwickeln and Kreativität fördern* (S. 155–219). Kopaed.

Lohrmann, K. & Hartinger, A. (2014). Lernemotionen, Lernmotivation und Interesse. In W. Einsiedler, M. Götz, A. Hartinger, F. Heinzel, J. Kahlert & U. Sandfuchs (Hrsg.), *Handbuch Grundschulpädagogik und Grundschuldidaktik* (4. Aufl., S. 275–279). Klinkhardt.

Lonsdale, C., Hall, A. M., Williams, G. C., McDonough, S. M., Ntoumanis, N., Murray, A. & Hurley, D. A. (2012). Communication style and exercise compliance in physiotherapy (CONNECT): a cluster randomized controlled trial to test a theory-based intervention to increase chronic low back pain patients' adherence to physiotherapists' recommendations: study rationale, design, and methods. *BMC musculoskeletal disorders, 13*, 104–119. https://doi.org/10.1186/1471-2474-13-104

Lüdtke, O., Köller, O., Artelt, C., Stanat, P. & Baumert, J. (2002). Eine Überprüfung von Modellen zur Genese akademischer Selbstkonzepte: Ergebnisse aus der PISA-Studie. *Zeitschrift für pädagogische Psychologie, 16*(3/4), 151–164.

Lüdtke, O., Trautwein, U., Kunter, M. & Baumert, J. (2006). Analyse von Lernumwelten: Ansätze zur Bestimmung der Reliabilität und Übereinstimmung von Schülerwahrnehmungen. *Zeitschrift für pädagogische Psychologie, 20*(1/2), 85–96.

Lukesch, H. (1982). Fachspezifische Prüfungsängste: Eine deskriptive Analyse der schulsystem- und schulartbezogenen Verbreitung der Ängste von Schülern vor mündlichen und schriftlichen Prüfungen. *Psychologie in Erziehung und Unterricht, 29*(5), 257–267.

Macha, H. (1988). Der Sinn des Emotionalen in der Erziehung: Vom angemessenen Umgang mit Gefühlen. Heinrich Kanz zum 60. Geburtstag. *Pädagogische Rundschau, 42*(4), 421–442.

Markus, S. (2019). *Autonomieunterstützung und emotionales Erleben in der Sekundarstufe. Effekte der Öffnung von Unterricht auf Lern- und Leistungsemotionen* [Unveröffentlichte Dissertation]. FAU Erlangen-Nürnberg.

Markus, S., Jacob, B. & Eberle, T. (2018). Individualisierung durch Autonomiegewährung: Wirkungen auf Lern- und Leistungsemotionen. In K. Rabenstein, K. Kunze, M. Martens, T.-S. Idel, M. Proske & S. Strauß (Hrsg.), *Individualisierung von Unterricht: Transformationen – Wirkungen – Reflexionen* (S. 164–180). Klinkhardt.

Marsh, H. W. (1987). The big-fish-little-pond-effect on academic self-concept. *Journal of Educational Psychology, 79*, 280–295.

Marsh, H. W., Byrne, B. M. & Shavelson, R. J. (1988). A multifaceted academic self-concept: Its hierarchical structure and its relation to academic achievement. *Journal of Educational Psychology, 80*(3), 366–380. https://doi.org/10.1037/0022-0663.80.3.366

Marsh, H. W. & Yeung, A. S. (1996). The Distinctiveness of Affects in Specific School Subjects: An Application of Confirmatory Factor Analysis with the National Educational Longitudinal Study of 1988. *American Educational Research Journal, 33*(3), 665–689.

Martschinke, S. (2015). Facetten adaptiven Unterrichts aus der Sicht der Unterrichtsforschung. In K. Liebers, B. Landwehr, A. Marquardt & K. Schlotter (Hrsg.), *Lernprozessbegleitung und adaptives Lernen in der Grundschule* (15-32). Springer.

Matsumoto, D. & Sanders, M. (1988). Emotional experiences during engagement in intrinsically and extrinsically motivated tasks. *Motivation and Emotion, 12*(4), 353–369. https://doi.org/10.1007/BF00992359

Mauss, I. B., Levenson, R. W., McCarter, L., Wilhelm, F. H. & Gross, J. J. (2005). The tie that binds? Coherence among emotion experience, behavior, and physiology. *Emotion, 5*(2), 175–190. https://doi.org/10.1037/1528-3542.5.2.175

Mayring, P. (2000). Freude und Glück. In J. H. Otto, H. A. Euler & H. Mandl (Hrsg.), *Emotionspsychologie: Ein Handbuch* (S. 221–230). Beltz Psychologie-Verl.-Union.

Mayring, P. (2009). Freude und Glück. In V. Brandstätter & J. H. Otto (Hrsg.), *Handbuch der allgemeinen Psychologie - Motivation und Emotion* (Handbuch der Psychologie: Bd. 11, S. 585–595). Hogrefe.

McCaslin, M. & Good, T. L. (1996). The informal curriculum. In D. C. Berliner & R. C. Calfee (Hrsg.), *Handbook of educational psychology* (S. 622–670). MacMillan.

Meier, A. (2015). *Motivation, Emotion und kognitive Prozesse beim Lernen in der Lernwerkstatt: Ergebnisse einer quantitativen Fragebogenstudie und einer qualitativen Videostudie mit Grundschulkindern.* Logos Berlin.

Meyer, W.-U., Reisenzein, R. & Schützwohl, A. (2001). *Einführung in die Emotionspsychologie: Die Emotionstheorien von Watson, James und Schachter* (Bd. 1, 2. Aufl.). Huber.

Middleton, J. A. & Spanias, P. A. (1999). Motivation for achievement in mathematics: Findings, generalizations, and criticisms of the research. *Journal for Research in Mathematics Education, 30*, 65–88.

Miserandino, M. (1996). Children who do well in school: Individual differences in perceived competence and autonomy in above-average children. *Journal of Educational Psychology, 88*(2), 203–214. https://doi.org/10.1037/0022-0663.88.2.203

Mittag, W., Bieg, S., Hiller, F., Metz, K. & Melenk, H. (2009). Förderung selbstbestimmter Lernmotivation im Deutschunterricht. *Psychologie in Erziehung und Unterricht, 56*(4), 271–286.

Möller, J. & Köller, O. (2004). Die Genese akademischer Selbstkonzepte: Effekte dimensionaler und sozialer Vergleiche. *Psychologische Rundschau, 55*(1), 19–27.

Montada, L. (1989). Bildung der Gefühle? *Zeitschrift für Pädagogik, 35*(3), 293–312. https://doi.org/10.25656/01:14514

Mouratidis, A., Vansteenkiste, M., Lens, W. & Sideridis, G. (2008). The Motivating Role of Positive Feedback in Sport and Physical Education: Evidence for a Motivational Model. *Journal of Sport and Exercise Psychology, 30*(2), 240–268. https://doi.org/10.1123/jsep.30.2.240

Murray, H. A. (1938). *Explorations in personality: A clinical and experimental study of 50 men of college age*. Oxford Univ. Press.

Nett, U. E., Goetz, T. & Hall, N. C. (2011). Coping with boredom in school: An experience sampling perspective. *Contemporary Educational Psychology, 36*(1), 49–59. https://doi.org/10.1016/j.cedpsych.2010.10.003

Neuhaus-Siemon, E. (1996). Reformpädagogik und offener Unterricht: Reformpädagogische Modelle als Vorbilder für die heutige Grundschule? *Grundschule, 28*(6), 19–24.

Op't Eynde, P. & Turner, J. E. (2006). Focusing on the Complexity of Emotion Issues in Academic Learning: A Dynamical Component Systems Approach. *Educational Psychology Review, 18*(4), 361–376. https://doi.org/10.1007/s10648-006-9031-2

Ortony, A. & Turner, T. J. (1990). What's Basic About Basic Emotions? *Psychological Review, 97*(3), 315–331.

Overskeid, G. & Svartdal, F. (1996). Effect of reward on subjective autonomy and interest when initial interest is low. *The Psychological Record, 46*, 319–331.

Paris, S. G. & Paris, A. H. (2001). Classroom applications of research on self-regulated learning. *Educational Psychologist, 36*, 89–101. https://doi.org/10.1207/S15326985EP3602_4

Patall, E., Dent, A., Oyer, M. & Wynn, S. (2013). Student autonomy and course value: The unique and cumulative roles of various teacher practices. *Motivation & Emotion, 37*(1), 14–32. https://doi.org/10.1007/s11031-012-9305-6

Patrick, B. C., Skinner, E. A. & Connell, J. P. (1993). What motivates children's behavior and emotion? Joint effects of perceived control and autonomy in the academic domain. *Journal of Personality and Social Psychology, 65*(4), 781–791. https://doi.org/10.1037/0022-3514.65.4.781

Pauli, C., Reusser, K., Waldis, M. & Grob, U. (2003). "Erweiterte Lehr- und Lernformen" im Mathematikunterricht der Deutschschweiz. *Unterrichtswissenschaft, 31*(4), 291–320. https://doi.org/10.25656/01:6780

Peixoto, F., Mata, L., Monteiro, V., Sanches, C. & Pekrun, R. (2015). The Achievement Emotions Questionnaire: Validation for pre-adolescent students. *European Journal of Developmental Psychology, 12*(4), 472–481. https://doi.org/10.1080/17405629.2015.1040757

Pekrun, R. (1983). *Schulische Persönlichkeitsentwicklung: Theorieenentwicklungen und empirische Erhebungen zur Persönlichkeitsentwicklung von Schülern der 5. bis 10. Klassenstufe* (Europäische Hochschulschriften /06: Bd. 121). Lang.

Pekrun, R. (1988). *Emotion, Motivation und Persönlichkeit* (Fortschritte der psychologischen Forschung: Bd. 1). Psychologie-Verl.-Union.

Pekrun, R. (1992). The impact of emotions on learning and achievement: Towards a theory of cognitive/motivational mediators. *Applied Psychology: An International Review, 41*(4), 359–376. https://doi.org/10.1111/j.1464-0597.1992.tb00712.x

Pekrun, R. (1998). *Schüleremotionen und ihre Förderung: Ein blinder Fleck der Unterrichtsforschung* (Regensburger Beiträge zur Lehr-Lern-Forschung: Bd. 2). Univ. Regensburg.

Pekrun, R. (2000). A Social- Cognitive, Control- Value Theory of Achievement Emotions. In J. Heckhausen (Hrsg.), *Motivational psychology of human development* (S. 143–164). Elsevier.

Pekrun, R. (2006). The Control-Value Theory of Achievement Emotions: Assumptions, Corollaries, and Implications for Educational Research and Practice. *Educational Psychology Review*, *18*(4), 315–341. https://doi.org/10.1007/s10648-006-9029-9

Pekrun, R. (2009). Emotions at School. In K. R. Wentzel & A. Wigfield (Hrsg.), *Handbook of motivation at school* (Educational psychology handbook series, S. 575–604). Routledge.

Pekrun, R. (2014). Achievement emotions. In M. J. Furlong, R. Gilman & E. S. Huebner (Hrsg.), *Handbook of positive psychology in schools* (Educational psychology handbook series, 2. Aufl., S. 146–164). Routledge.

Pekrun, R. & Bühner, M. (2014). Self-report measures of academic emotions. In R. Pekrun & L. Linnenbrink-Garcia (Hrsg.), *International Handbook of Emotions in Education* (Educational Psychology Handbook Series, S. 561–579). Routledge.

Pekrun, R. & Frenzel, A. C. (2009). Persönlichkeit und Emotion. In V. Brandstätter & J. H. Otto (Hrsg.), *Handbuch der allgemeinen Psychologie - Motivation und Emotion* (Handbuch der Psychologie: Bd. 11, S. 686–696). Hogrefe.

Pekrun, R., Frenzel, A. C., Goetz, T. & Perry, R. P. (2007). The Control-Value Theory of Achievement Emotions: An Integrative Approach to Emotions in Education. In P. A. Schutz & R. Pekrun (Hrsg.), *Emotions in education* (S. 13–36). Academic Press.

Pekrun, R., Goetz, T., Daniels, L. M., Stupnisky, R. H. & Perry, R. P. (2010). Boredom in achievement settings: Exploring control–value antecedents and performance outcomes of a neglected emotion. *Journal of Educational Psychology*, *102*(3), 531–549. https://doi.org/10.1037/a0019243

Pekrun, R., Goetz, T. & Frenzel, A. C. (2005). *Achievement Emotions Questionnaire – Mathematics (AEQ-M) – User's Manual*. München. Department of Psychology, University of Munich.

Pekrun, R., Goetz, T., Frenzel, A. C., Barchfeld, P. & Perry, R. P. (2011). Measuring emotions in students' learning and performance: The Achievement Emotions Questionnaire (AEQ). *Contemporary Educational Psychology*, *36*(1), 36–48. https://doi.org/10.1016/j.cedpsych.2010.10.002

Pekrun, R., Goetz, T. & Perry, R. P. (2005). *Academic Emotions Questionnaire (AEQ) – User's Manual*. München. Department of Psychology, University of Munich.

Pekrun, R., Goetz, T., Titz, W. & Perry, R. P. (2002a). Academic Emotions in Students' Self-Regulated Learning and Achievement: A Program of Qualitative and Quantitative Research. *Educational Psychologist*, *37*(2), 91–105. https://doi.org/10.1207/S15326985EP3702_4

Pekrun, R., Goetz, T., Titz, W. & Perry, R. P. (2002b). Positive emotions in education. In E. Frydenberg (Hrsg.), *Beyond coping: Meeting goals visions and challenges* (S. 149–173). Oxford Univ. Press.

Pekrun, R., Hall, N. C., Goetz, T. & Perry, R. P. (2014). Boredom and academic achievement: Testing a model of reciprocal causation. *Journal of Educational Psychology*, *106*(3), 696–710. https://doi.org/10.1037/a0036006

Pekrun, R. & Hofmann, H. (1999). Lern- und Leistungsemotionen: Erste Befunde eines Forschungsprogramms. In M. Jerusalem & R. Pekrun (Hrsg.), *Emotion, Motivation und Leistung* (S. 247–267). Hogrefe.

Pekrun, R. & Jerusalem, M. (1996). Leistungsbezogenes Denken und Fühlen: Eine Übersicht zur psychologischen Forschung. In J. Möller & O. Köller (Hrsg.), *Emotionen, Kognitionen und Schulleistung. Literaturangaben* (S. 3–22). Beltz Psychologie-Verlags-Union.

Pekrun, R., Lichtenfeld, S., Marsh, H. W., Murayama, K. & Goetz, T. (2017). Achievement Emotions and Academic Performance: Longitudinal Models of Reciprocal Effects. *Child development, 88*(5), 1653–1670. https://doi.org/10.1111/cdev.12704

Pekrun, R. & Linnenbrink-Garcia, L. (2012). Academic Emotions and Student Engagement. In S. L. Christenson, A. L. Reschly & C. Wylie (Hrsg.), *Handbook of Research on Student Engagement* (S. 259–282). Springer US. https://doi.org/10.1007/978-1-4614-2018-7_12

Pekrun, R. & Linnenbrink-Garcia, L. (Hrsg.). (2014a). *International Handbook of Emotions in Education* (Educational Psychology Handbook Series). Routledge.

Pekrun, R. & Linnenbrink-Garcia, L. (2014b). Conclusions and future directions. In R. Pekrun & L. Linnenbrink-Garcia (Hrsg.), *International Handbook of Emotions in Education* (Educational Psychology Handbook Series, S. 659–675). Routledge.

Pekrun, R. & Linnenbrink-Garcia, L. (2014c). Introduction to emotions in education. In R. Pekrun & L. Linnenbrink-Garcia (Hrsg.), *International Handbook of Emotions in Education* (Educational Psychology Handbook Series, S. 1–10). Routledge.

Pekrun, R. & Perry, R. P. (2014). Control-value theory of achievement emotions. In R. Pekrun & L. Linnenbrink-Garcia (Hrsg.), *International Handbook of Emotions in Education* (Educational Psychology Handbook Series, S. 120–141). Routledge.

Pekrun, R., Vom Hofe, R., Blum, W., Frenzel, A. C., Goetz, T. & Wartha, S. (2007). Development of mathematical competencies in adolescence. In M. Prenzel (Hrsg.), *Studies on the educational quality of schools: The final report on the DFG Priority Programme* (S. 17–37). Waxmann.

Pekrun, R., Vom Hofe, R., Blum, W., Götz, T., Wartha, S., Frenzel, A. C. & Julliene, S. (2006). Projekt zur Analyse der Leistungsentwicklung in Mathematik (PALMA): Entwicklungsverläufe, Schülervoraussetzungen und Kontextbedingungen von Mathematikleistungen in der Sekundarstufe I. In M. Prenzel & L. Allolio-Näcke (Hrsg.), *Untersuchungen zur Bildungsqualität von Schule. Abschlussbericht des DFG-Schwerpunktprogramms* (S. 21–53). Waxmann.

Perry, R. P. (2003). Perceived (Academic) Control and Causal Thinking in Achievement Settings. *Canadian Psychology/Psychologie canadienne, 44*(4), 312–331. https://doi.org/10.1037/h0086956

Peschel, F. (2002a). *Offener Unterricht. Idee, Realität, Perspektive und ein praxiserprobtes Konzept zur Diskussion. 1. Allgemeindidaktische Überlegungen* (Basiswissen Grundschule Bd. 9). Schneider-Verl. Hohengehren.

Peschel, F. (2002b). *Offener Unterricht. Idee, Realität, Perspektive und ein praxiserprobtes Konzept zur Diskussion. 2. Fachdidaktische Überlegungen* (Basiswissen Grundschule Bd. 10). Schneider-Verl. Hohengehren.

Peschel, F. (2003). *Offener Unterricht: Idee, Realität, Perspektive und ein praxiserprobtes Konzept in der Evaluation: Teil I.* Schneider-Verl. Hohengehren.

Plutchik, R. (1980). *Emotion: A psychoevolutionary synthesis.* Harper & Row.

Preckel, F., Goetz, T., Pekrun, R. & Kleine, M. (2008). Gender Differences in Gifted and Average-Ability Students. *Gifted Child Quarterly, 52*(2), 146–159. https://doi.org/10.1177/0016986208315834

Prenzel, M. (1993). Autonomie und Motivation im Lernen Erwachsener. *Zeitschrift für Pädagogik, 39,* 239–253. https://doi.org/10.25656/01:11174

Rakoczy, K. (2006). Motivationsunterstützung im Mathematikunterricht: Zur Bedeutung von Unterrichtsmerkmalen für die Wahrnehmung der Schülerinnen und Schüler. *Zeitschrift für Pädagogik, 52*(6), 822–843. https://doi.org/10.25656/01:4490

Rakoczy, K. (2008). *Motivationsunterstützung im Mathematikunterricht: Unterricht aus der Perspektive von Lernenden und Beobachtern* (Pädagogische Psychologie und Entwicklungspsychologie: Bd. 65). Waxmann.

Ramseger, J. (1977). *Offener Unterricht in der Erprobung: Erfahrungen mit einem didaktischen Modell. Materialien.* Juventa Verl.

Rathunde, K. & Csikszentmihalyi, M. (2005). Middle School Students' Motivation and Quality of Experience: A Comparison of Montessori and Traditional School Environments. *American Journal of Education, 111*(3), 341–371.

Reeve, J. (2002). Self-Determination Theory Applied to Educational Settings. In E. L. Deci & R. M. Ryan (Hrsg.), *Handbook of self-determination research* (S. 183–203). Univ. of Rochester Press.

Reeve, J. (2009). Why Teachers Adopt a Controlling Motivating Style Toward Students and How They Can Become More Autonomy Supportive. *Educational Psychologist, 44*(3), 159–175. https://doi.org/10.1080/00461520903028990

Reeve, J. (2016). Autonomy-Supportive Teaching: What It Is, How to Do It. In W. C. Liu, J. C. K. Wang & R. M. Ryan (Hrsg.), *Building autonomous learners: Perspectives from research and practice using self-determination theory* (S. 129–152). Springer.

Reeve, J., Deci, E. L. & Ryan, R. M. (2004). Self-Determination Theory: A Dialectical Framework for Understanding Sociocultural Influences on Student Motivation. In D. M. McInerney (Hrsg.), *Research on sociocultural influences on motivation and learning: Bd. 4. Big theories revisited* (S. 31–60). IAP Information Age Publ.

Reeve, J. & Jang, H. (2006). What teachers say and do to support students' autonomy during a learning activity. *Journal of Educational Psychology, 98*(1), 209–218. https://doi.org/10.1037/0022-0663.98.1.209

Reeve, J., Jang, H., Hardre, P. & Omura, M. (2002). Providing a Rationale in an Autonomy-Supportive Way as a Strategy to Motivate Others During an Uninteresting Activity. *Motivation & Emotion, 26*(3), 183–207. https://doi.org/10.1023/A:1021711629417

Reeve, J., Nix, G. & Hamm, D. (2003). Testing models of the experience of self-determination in intrinsic motivation and the conundrum of choice. *Journal of Educational Psychology, 95*(2), 375–392. https://doi.org/10.1037/0022-0663.95.2.375

Reisenzein, R. (2009). Einschätzung (Appraisal). In V. Brandstätter & J. H. Otto (Hrsg.), *Handbuch der allgemeinen Psychologie - Motivation und Emotion* (Handbuch der Psychologie: Bd. 11, S. 435–445). Hogrefe.

Reiß, G. & Werner, B. (2007). Offener Unterricht. In U. Heimlich & F. B. Wember (Hrsg.), *Heil- und Sonderpädagogik. Didaktik des Unterrichts im Förderschwerpunkt Lernen: Ein Handbuch für Studium und Praxis* (S. 112–124). Kohlhammer.

Reusser, K. & Pauli, C. (2015). Co-constructivism in educational theory and practice. In J. D. Wright (Hrsg.), *International encyclopedia of the social & behavioral sciences* (Bd. 3, S. 913–917). Elsevier.

Rheinberg, F. & Wendland, M. (2002). Veränderung der Lernmotivation in Mathematik: Eine Komponentenanalyse auf der Sekundarstufe I. In M. Prenzel & J. Doll (Hrsg.), *Bildungsqualität von Schule: Schulische und außerschulische Bedingungen mathematischer, naturwissenschaftlicher und überfachlicher Kompetenzen* (Zeitschrift für Pädagogik, Beiheft 45, S. 308–319). Beltz.

Rheinberg, F. & Wendland, M. (2003). *Komponenten der Lernmotivation in Mathematik: Abschlussbericht DFG-Projekt (Rh 14/8-1)*. https://publishup.uni-potsdam.de/opus4-ubp/frontdoor/index/index/year/2006/docId/545

Robinson, M. D. & Clore, G. L. (2002, November). Belief and feeling: Evidence for an accessibility model of emotional self-report. *Psychological Bulletin, 128*(6), 934–960. https://doi.org/10.1037/0033-2909.128.6.934

Röder, B. & Kleine, D. (2009). Selbstbestimmung/Autonomie. In M. Jerusalem, S. Drössler, D. Kleine, J. Klein-Heßling, W. Mittag & B. Röder (Hrsg.), *Förderung von Selbstwirksamkeit und Selbstbestimmung im Unterricht: Skalen zur Erfassung von Lehrer- und Schülermerkmalen* (S. 33–34).

Rogers, C. R. (1974). *Lernen in Freiheit: Zur inneren Reform von Schule und Universität.* Kösel-Verl.

Roos, J. (2000). Peinlichkeit, Scham und Schuld. In J. H. Otto, H. A. Euler & H. Mandl (Hrsg.), *Emotionspsychologie: Ein Handbuch* (S. 264–271). Beltz Psychologie-Verl.-Union.

Roos, J. (2009). Stolz, Scham, Peinlichkeit und Schuld. In V. Brandstätter & J. H. Otto (Hrsg.), *Handbuch der allgemeinen Psychologie - Motivation und Emotion* (Handbuch der Psychologie: Bd. 11, S. 650–657). Hogrefe.

Roth, G. (2010). Die Bedeutung von Motivation und Emotionen für den Lernerfolg. In E. Jürgens & J. Standop (Hrsg.), *Was ist "guter" Unterricht? Namhafte Expertinnen und Experten geben Antwort* (S. 233–246). Klinkhardt.

Rothermund, K. & Eder, A. (2011). Emotion. In K. Rothermund & A. Eder (Hrsg.), *Allgemeine Psychologie: Motivation und Emotion* (S. 165–204). VS Verlag für Sozialwissenschaften. https://doi.org/10.1007/978-3-531-93420-4_5

Russell, J. A. (1991). Culture and the categorization of emotions. *Psychological Bulletin, 110*(3), 426–450. https://doi.org/10.1037/0033-2909.110.3.426

Ryan, R. M. (1982). Control and information in the intrapersonal sphere: An extension of cognitive evaluation theory. *Journal of Personality and Social Psychology, 43*(3), 450–461. https://doi.org/10.1037/0022-3514.43.3.450

Ryan, R. M. & Connell, J. P. (1989). Perceived locus of causality and internalization: Examining reasons for acting in two domains. *Journal of Personality and Social Psychology*, *57*(5), 749–761. https://doi.org/10.1037/0022-3514.57.5.749

Ryan, R. M. & Deci, E. L. (2000). Self-determination theory and the facilitation of intrinsic motivation, social development, and well-being. *American Psychologist*, *55*(1), 68–78. https://doi.org/10.1037/0003-066X.55.1.68

Ryan, R. M. & Deci, E. L. (2002). An overview of Self-Determination Theory: An organismic-dialectical perspective. In E. L. Deci & R. M. Ryan (Hrsg.), *Handbook of self-determination research* (S. 3–33). Univ. of Rochester Press.

Ryan, R. M. & Deci, E. L. (2017). *Self-determination theory: Basic psychological needs in motivation development and wellness*. The Guilford Press.

Ryan, R. M. & Grolnick, W. S. (1986). Origins and pawns in the classroom: Self-report and projective assessments of individual differences in children's perceptions. *Journal of Personality and Social Psychology*, *50*(3), 550–558. https://doi.org/10.1037/0022-3514.50.3.550

Sadler, D. R. (1989). Formative assessment and the design of instructional systems. *Instructional Science*, *18*, 119–144.

Sarason, I. G. (1984). Stress, anxiety, and cognitive interference: Reactions to tests. *Journal of Personality and Social Psychology*, *46*(4), 929–938. https://doi.org/10.1037/0022-3514.46.4.929

Schachter, S. & Singer, J. E. (1962). Cognitive, social, and physiological determinants of emotional state. *Psychological Review*, *69*(5), 379–399.

Scherer, K. R. (1984). On the nature and function of emotion: A component process approach. In K. R. Scherer & P. Ekman (Hrsg.), *Approaches to emotion* (S. 293–317). Erlbaum.

Scherer, K. R. (1990). Theorien und aktuelle Probleme der Emotionspsychologie. In K. R. Scherer (Hrsg.), *Psychologie der Emotion* (Enzyklopädie der Psychologie /C /4: Bd. 3, S. 1–38). Verl. für Psychologie Hogrefe.

Scherer, K. R. (2009). The dynamic architecture of emotion: Evidence for the component process model. *Cognition and Emotion*, *23*(7), 1307–1351. https://doi.org/10.1080/02699930902928969

Schmitt, N. (1996). Uses and abuses of coefficient alpha. *Psychological assessment*, *8*(4), 350.

Schraw, G., Flowerday, T. & Reisetter, M. F. (1998). The role of choice in reader engagement. *Journal of Educational Psychology*, *90*(4), 705–714. https://doi.org/10.1037/0022-0663.90.4.705

Schukajlow, S., Leiss, D., Pekrun, R., Blum, W., Muller, M. & Messner, R. (2012). Teaching methods for modelling problems and students' task-specific enjoyment, value, interest and self-efficacy expectations. *Educational Studies in Mathematics*, *79*, 215–237.

Schukajlow, S., Rakoczy, K. & Pekrun, R. (2017). Emotions and motivation in mathematics education: Theoretical considerations and empirical contributions. *ZDM*, *49*(3), 307–322. https://doi.org/10.1007/s11858-017-0864-6

Schutz, P. A., DeCuir-Gunby, J. T. & Williams-Johnson, M. R. (2016). Using Multiple and Mixed Methods to Investigate Emotions in Educational Contexts. In M. Zembylas & P. A. Schutz (Hrsg.), *Methodological Advances in Research on Emotion and Education* (S. 217–229). Springer International Publishing. https://doi.org/10.1007/978-3-319-29049-2_17

Schutz, P. A. & Pekrun, R. (Hrsg.). (2007). *Emotions in education*. Academic Press.

Schwarzer, R. & Jerusalem, M. (2002). Das Konzept der Selbstwirksamkeit. In M. Jerusalem & D. Hopf (Hrsg.), *Selbstwirksamkeit und Motivationsprozesse in Bildungsinstitutionen* (Zeitschrift für Pädagogik, Beiheft: Bd. 44, S. 28–53). Beltz.

Scollon, C. N., Kim-Prieto, C. & Diener, E. (2003). Experience Sampling: Promises and pitfalls, strengths and weaknesses. *Journal of Happiness Studies*, *4*(1), 5–34. https://doi.org/10.1023/A:1023605205115

Sennlaub, G. (1990). Auf die Reform sind wir stolz. In G. Sennlaub (Hrsg.), *Mit Feuereifer dabei: Praxisberichte über Freie Arbeit und Wochenplan* (Lesebuch für Grundschullehrer: Bd. 2, 5. Aufl., S. 9–18). Agentur Dieck.

Shuman, V. & Scherer, K. R. (2014). Concepts and structures of emotions. In R. Pekrun & L. Linnenbrink-Garcia (Hrsg.), *International Handbook of Emotions in Education* (Educational Psychology Handbook Series, S. 13–35). Routledge.

Sierens, E., Vansteenkiste, M., Goossens, L., Soenens, B. & Dochy, F. (2009). The synergistic relationship of perceived autonomy support and structure in the prediction of self-regulated learning. *The British journal of educational psychology*, *79*(1), 57–68. https://doi.org/10.1348/000709908X304398

Skinner, E. A. (1996). A guide to constructs of control. *Journal of Personality and Social Psychology*, *71*(3), 549–570. https://doi.org/10.1037/0022-3514.71.3.549

Skinner, E. A. & Belmont, M. J. (1993). Motivation in the classroom: Reciprocal effects of teacher behavior and student engagement across the school year. *Journal of Educational Psychology*, *85*(4), 571–581. https://doi.org/10.1037/0022-0663.85.4.571

Smith, C. A. & Lazarus, R. S. (1993). Appraisal components, core relational themes, and the emotions. *Cognition and Emotion*, *7*, 233–269.

Snow, R. E. (1989). Aptitude-treatment interaction as a framework of research in individual differences in learning. In P. L. Ackerman, R. J. Sternberg & R. Glaser (Hrsg.), *Learning and individual differences: Advances in theory and research* (S. 13–59). Freeman.

Spacks, P. M. (1995). *Boredom: The literary history of a state of mind*. Univ. of Chicago Press.

Spielberger, C. D. (Hrsg.). (1972). *Anxiety: current trends in theory and research*. Academic Press.

Spitzer, M. (2010). Medizin für die Schule: Plädoyer für eine evidenzbasierte Pädagogik. In R. Caspary (Hrsg.), *Lernen und Gehirn: Der Weg zu einer neuen Pädagogik* (7. Aufl., S. 23–35). Herder.

Standop, J. (2001). Zusammenhänge zwischen Emotionen und Lernen – was geschieht im Gehirn? *unterrichten/erziehen*, *20*(6), 291–294.

Stefanou, C. R., Perencevich, K. C., DiCintio, M. & Turner, J. C. (2004). Supporting Autonomy in the Classroom: Ways Teachers Encourage Student Decision Making and Ownership. *Educational Psychologist, 39*(2), 97–110. https://doi.org/10.1207/s15326985ep3902_2

Stipek, D. J. & Mason, T. C. (1987). Attributions, emotions, and behavior in the elementary school classroom. *Journal of Classroom Interaction, 22*, 122–130.

Strittmatter, P. (1997). *Schulangstreduktion: Abbau von Angst in schulischen Leistungssituationen* (Praxishilfen Schule, 2. überarb. Aufl). Luchterhand.

Sundberg, N. D., Latkin, C. A., Farmer, R. F. & Saoud, J. (1991). Boredom in young adults: Gender and cultural comparisons. *Journal of Cross Cultural Psychology, 22*, 209–223. https://doi.org/10.1177/0022022191222003

Taylor, G. (1985). *Pride, shame, and guilt: Emotions of self-assessment*. Clarendon Pr.

Thorndike, E. L. (1920). A constant error in psychological ratings. *Journal of Applied Psychology, 4*(1), 25–29. https://doi.org/10.1037/h0071663

Titz, W. (2001). *Emotionen von Studierenden in Lernsituationen: Explorative Analysen und Entwicklung von Selbstberichtskalen*. Waxmann.

Tracy, J. L. & Robins, R. W. (2007). Emerging insights into the nature and function of pride. *Current Directions in Psychological Science, 16*, 147–150. https://doi.org/10.1111/j.1467-8721.2007.00493.x

Trautmann, M. & Wischer, B. (2011). *Heterogenität in der Schule. Eine kritische Einführung*. VS Verlag für Sozialwissenschaften.

Tsai, Y.-M., Kunter, M., Lüdtke, O., Trautwein, U. & Ryan, R. M. (2008). What makes lessons interesting? The role of situational and individual factors in three school subjects. *Journal of Educational Psychology, 100*(2), 460–472. https://doi.org/10.1037/0022-0663.100.2.460

Tulis, M. & Ainley, M. (2011). Interest, enjoyment and pride after failure experiences? Predictors of students' state-emotions after success and failure during learning in mathematics. *Educational Psychology, 31*(7), 779–807. https://doi.org/10.1080/01443410.2011.608524

Turner, J. C., Meyer, D. K., Cox, K. E., Logan, C., DiCintio, M. & Thomas, C. T. (1998). Creating contexts for involvement in mathematics. *Journal of Educational Psychology, 90*(4), 730–745. https://doi.org/10.1037/0022-0663.90.4.730

Turner, J. E. & Schallert, D. L. (2001). Expectancy-value relationships of shame reactions and shame resiliency. *Journal of Educational Psychology, 93*(2), 320–329. https://doi.org/10.1037/0022-0663.93.2.320

Ulich, D. (1995). *Das Gefühl: Eine Einführung in die Emotionspsychologie* (3., neu ausgest. Aufl.). Beltz Psychologie-Verlags-Union.

Vansteenkiste, M., Sierens, E., Goossens, L., Soenens, B., Dochy, F., Mouratidis, A., Aelterman, N., Haerens, L. & Beyers, W. (2012). Identifying configurations of perceived teacher autonomy support and structure: Associations with self-regulated learning, motivation and problem behavior. *Learning and Instruction, 22*(6), 431–439. https://doi.org/10.1016/j.learninstruc.2012.04.002

Vock, M. & Gronostaj, A. (2017). *Umgang mit Heterogenität in Schule und Unterricht*. Friedrich-Ebert-Stiftung.

Wallrabenstein, W. (1994). *Offene Schule - offener Unterricht: Ratgeber für Eltern und Lehrer* (4. Aufl.). Rowohlt.

Weiber, R. & Mühlhaus, D. (2014). *Strukturgleichungsmodellierung: Eine anwendungsorientierte Einführung in die Kausalanalyse mit Hilfe von AMOS, SmartPLS und SPSS* (2. Aufl.). Springer Gabler.

Weiner, B. (1972). *Theories of motivation from mechanism to cognition*. Markham.

Weiner, B. (1985). An attributional theory of achievement motivation and emotion. *Psychological Review, 92*(4), 548–573. https://doi.org/10.1037/0033-295X.92.4.548

Weiner, B. (2007). Examining emotional diversity in the classroom: An attribution theorist considers the moral emotions. In P. A. Schutz & R. Pekrun (Hrsg.), *Emotions in education* (S. 55–84). Academic Press.

Weinert, F. E. & Helmke, A. (1995). Learning from wise mother nature or big brother instructor: The wrong choice as seen from an educational perspective. *Educational Psychologist, 30*(3), 135–142. https://doi.org/10.1207/s15326985ep3003_4

Weise, G. (1975). *Psychologische Leistungstests*. Hogrefe.

West, S. G., Finch, J. F. & Curran, P. J. (1995). Structural equation models with nonnormal variables: Problems and remedies. In R. H. Hoyle (Hrsg.), *Structural equation modeling: Concepts, issues, and applications* (S. 56–75). SAGE.

White, R. W. (1959). Motivation reconsidered: The concept of competence. *Psychological Review, 66*(5), 297–333. https://doi.org/10.1037/h0040934

Wigfield, A., Eccles, J. S. & Pintrich, P. R. (1996). Development between the ages of 11 to 25. In D. C. Berliner & R. C. Calfee (Hrsg.), *Handbook of educational psychology* (S. 148–185). MacMillan.

Wiliam, D. (2010). The role of formative assessment in effective learning environments. In H. Dumont, D. Istance & F. Benavides (Hrsg.), *The nature of learning. Using research to inspire practice* (S. 135–159). OECD.

Williams, G. C. & Deci, E. L. (1996). Internalization of biopsychosocial values by medical students: A test of self-determination theory. *Journal of Personality and Social Psychology, 70*(4), 767–779. https://doi.org/10.1037/0022-3514.70.4.767

Wubbels, T. & Brekelmans, M. (2005). Two decades of research on teacher–student relationships in class. *International Journal of Educational Research, 43*(1-2), 6–24. https://doi.org/10.1016/j.ijer.2006.03.003

Zeidner, M. (1998). *Test anxiety: The state of the art*. Plenum Press.

Zeidner, M. (2014). Anxiety in Education. In R. Pekrun & L. Linnenbrink-Garcia (Hrsg.), *International Handbook of Emotions in Education* (Educational Psychology Handbook Series, S. 265–288). Routledge.

Ziegelbauer, S. & Gläser-Zikuda, M. (Hrsg.). (2016). *Das Portfolio als Innovation in Schule, Hochschule und LehrerInnenbildung: Perspektiven aus Sicht von Praxis, Forschung und Lehre*. Klinkhardt.

Zurbriggen, C. & Venetz, M. (2018). Diversität und aktuelles emotionales Erleben von Schülerinnen und Schülern im inklusiven Unterricht. In G. Hagenauer & T. Hascher (Hrsg.), *Emotionen und Emotionsregulation in Schule und Hochschule* (S. 87–102). Waxmann.

Abbildungsverzeichnis

Tabellenverzeichnis